건축설계
AutoCAD 2D 완결판

서인원 · 방종은 · 김영진

예문사

건축설계 AutoCAD 2D 완결판

PREFACE

건축을 배운 지 20년, CAD를 시작한 지 30년 가까이 되었습니다. 오랜 경험을 바탕으로 여러 교육현장에서 건축 CAD와 배관 CAD 강의를 하며 습득한 노하우를 엮어 책으로 출간하게 되었습니다.

이 책은 100% 건축실무에 활용하도록 기획된 것으로 순수하게 건축인만을 위해 서술하였습니다.

AutoCAD의 수많은 명령어 중 건축실무에서 사용하지 않는 명령어는 과감히 배제하고, 기존 알파벳 순서나 메뉴 순서가 아닌 실제 작도순서에 따라 명령어를 열거했습니다. 또한 도면 작도 시 꼭 이해해야 할 핵심 내용들을 상세히 설명하고, 단계별 실무 예제를 많이 수록하여 실무에서 명령어를 활용하는 방법을 익힐 수 있도록 했습니다.

건축 CAD를 구사하는 최종 목표는 건축도면을 완성하는 것입니다. 수작업보다 느린 CAD는 무용지물입니다. 이 책은 단기간 내 CAD 숙련자가 되고자 하는 건축인, 전산응용건축제도기능사 실기 시험을 준비하는 수험생들에게 좋은 지침서가 될 것입니다.

공부를 하다가 질문이 있다면 저자가 운영하는 http://cafe.daum.net/joongangcad 카페 게시판에 글을 남겨 주시면 성의껏 답변해 드리겠습니다.

아무쪼록 이 책이 나오기까지 수고해 주신 도서출판 예문사 정용수 사장님과 편집부 여러분께 깊은 감사를 드립니다. 더불어 사랑하는 부모님과 원고를 탈고하기까지 물심양면으로 도와준 친구에게도 고마움을 전합니다.

저자 **서인원**

CONTENTS

이 책의 **차례**

::PART 01 이론편

CHAPTER 01
AutoCAD 기본 사항
및 도면 작업환경
설정하기

01 버전별 AutoCAD 화면 구성	10
02 메뉴 구성 및 명령어 실행	12
03 MVSETUP(엠브이셋업) 명령	16
04 객체 선택과 관련된 환경 설정	18
05 제도 설정	20
06 DDOSNAP(객체 스냅) 명령	22

CHAPTER 02
기초 도형
그리기

01 Line(라인) 명령	30
02 Erase(이레이즈) 명령	51
03 Save(세이브) 명령	53
04 New(뉴) 명령	55
05 Open(오픈) 명령	56
06 Quit(퀴트) 명령	57
07 Circle(서클) 명령	59
08 Arc(아크) 명령	94

CHAPTER

03 기초 편집명령

01 Copy(카피) 명령   116

02 Move(무브) 명령   150

03 Offset(오프셋) 명령   152

04 Trim(트림) 명령   159

05 Mirror(미러) 명령   168

06 Rectangle(렉탱글) 명령   172

07 Chamfer(챔퍼) 명령   176

08 Fillet(필렛) 명령   184

09 Extend(익스텐드) 명령   200

CHAPTER

04 도형 완성 및 편집명령 마무리

01 Xline(엑스라인) 명령   206

02 Rotate(로테이트) 명령   217

03 Polygon(폴리건) 명령   226

04 2D Solid(솔리드) 명령   231

05 Ellipse(일립스) 명령   237

06 Divide(디바이드) 명령   248

07 Array(어레이) 명령   256

08 Pline(폴리라인) 명령   271

09 Bhatch(비해치) 명령   277

10 Explode(익스플로드) 명령   284

11 Pedit(피에디트) 명령   286

12 Break(브레이크) 명령   296

13 Join(조인) 명령   300

14 Stretch(스트레치) 명령   302

15 Scale(스케일) 명령   307

CONTENTS

CHAPTER 05

도면 완성을 위한 명령

01	Layer(레이어) 명령	314
02	LineType(라인타입) 명령	323
03	Match Properties(매치 프로퍼티스) 명령	328
04	Style(스타일) 명령	341
05	DText(디텍스트) 명령	343
06	MText(엠텍스트) 명령	360
07	특수 문자 쓰기	371
08	Dimstyle(딤스타일) 명령	380
09	Dimlinear(딤라이너) 명령	384
10	Dimbaseline(딤베이스라인) 명령	394
11	Dimcontinue(딤컨티뉴) 명령	399
12	Dimangular(딤앵귤러) 명령	407
13	Dimaligned(딤얼라인) 명령	410
14	Dimdiameter(딤다이아미터) 명령	420
15	Dimradius(딤라디우스) 명령	423
16	Isometric(아이소메트릭) 도면 작성	427

CHAPTER 06

도면출력 및 도면합성 기능

01	Plot(플롯) 명령	449
02	Block(블록) 명령	455
03	Insert(인서트) 명령	458
04	Wblock(더블유블록) 명령	464
05	Ctrl + C 명령(복사)	469
06	Ctrl + V 명령	471

CHAPTER

07 나만의 AutoCAD 작업환경 설정하기

01 단축키 설정하기   477

02 AutoCAD 화면에 치수와 그리기 막대 불러오기   480

03 디자인 센터 불러오기   482

::PART 02 실전편

실습 예제 도면   **486**

::PART 03 부록편

단독주택 건축물 모형   **592**

ARCHITECTURAL DESIGN
AutoCAD 2D

PART 1

건축설계 AutoCAD 2D 완결판

이론편

01 AutoCAD 기본 사항 및 도면 작업환경 설정하기

02 기초 도형 그리기

03 기초 편집명령

04 도형 완성 및 편집명령 마무리

05 도면 완성을 위한 명령

06 도면출력 및 도면합성 기능

07 나만의 AutoCAD 작업환경 설정하기

01 AutoCAD 기본 사항 및 도면 작업환경 설정하기

건축설계 AutoCAD 2D 완결판

01 버전별 AutoCAD 화면 구성

매년 AutoCAD의 최신 버전이 출시되고 있으며 현재 2021버전까지 출시되었다. 하지만 가장 많이 사용되는 2D도면, 설계도면, 기능사 실기도면을 작업하는 데는 버전에 관계없이 약 50개의 명령어 기능만 숙달하면 그 어떤 설계도면도 작업이 가능하고 건축제도 실기시험 도면도 전문가처럼 작업할 수 있어 합격의 영광을 누릴 수 있을 것이다. 참고로 많이 사용하고 있는 AutoCAD 버전별 메인화면을 비교하면 풀다운 메뉴와 리본 메뉴의 아이콘모양과 위치가 조금 변경되어 있는 것을 확인할 수 있다.

1 2009 버전

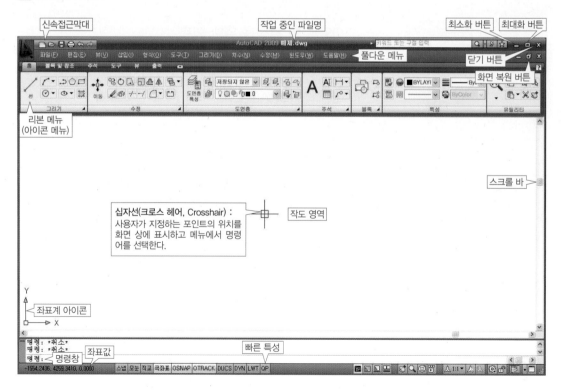

2 2011 버전

3 2015 버전

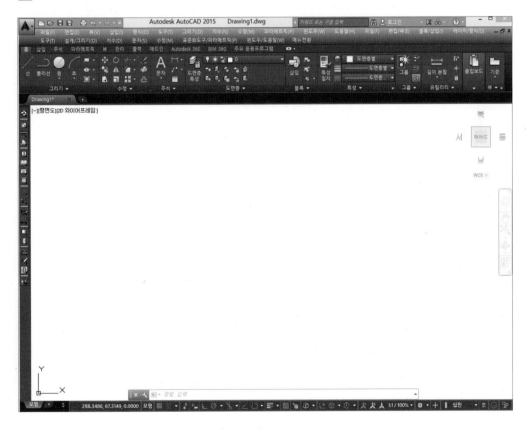

02 메뉴 구성 및 명령어 실행

1 풀다운 메뉴(Pull Down Menu) 실행

풀다운 메뉴-파일-저장, 풀다운 메뉴-그리기-선, 풀다운 메뉴-수정-이동을 클릭하여 명령을
실행하여 사용한다.

2 아이콘 메뉴 실행(리본 메뉴로 변경)

리본 메뉴의 저장아이콘, 선아이콘, 이동아이콘 모양을 클릭하여 명령을 실행하여 사용한다.

3 키보드 입력 실행(Command 명령창에 입력)

```
C:\DOCUME~1\ADMINI~1\LOCALS~1\Temp\Autocad기본사항_1_1_9538.sv$(으)로 자동 저장 ...
명령:

명령: |
-39.0933, 1759.2813, 0.0000    스냅 모눈 직교 극좌표 OSNAP OTRACK DUCS DYN LWT QP
```

키보드를 이용한 명령어 입력과 현재 실행 중인 명령어의 진행 상황을 표시한다.

4 특수 기능키

① SPACE BAR(스페이스바) 키

AutoCAD에서 Space Bar 키는 Enter 키와 동일한 기능을 한다. 단, 문자 입력 시에는 빈칸을 만드는 기능을 한다.

② ESC 키

모든 명령의 종료 및 취소 기능을 한다.

③ F3 키

화면 상에 그려진 객체의 정확한 점(끝점, 중간점, 교차점, 중심점 등)을 지정하는 객체 스냅 기능을 켜거나 끄는 역할을 한다.

④ F7 키

사용자가 입력한 간격으로 모눈종이를 화면에 켜거나 끄는 역할을 한다.

⑤ F8 키

직교 모드를 켜거나 끄는 역할을 한다.

▶ 직교 모드는 선을 그릴 때 수직선이나 수평선만을 그리는 용도로 사용한다.

⑥ F9 키

스냅 모드를 켜거나 끄는 역할을 한다.

▶ 스냅 모드는 커서가 정해진 간격에 맞게 이동하게 하는 스냅기능을 제어한다.

⑦ F10 키

극좌표를 켜거나 끄는 역할을 한다.

▶ 극좌표란 미리 지정한 각도별로 추적을 하며 선을 그리는 보조 수단으로 사용한다.(극좌표 추적을 사용하여 90°, 60°, 45°, 30°, 22.5°, 18°, 15°, 10° 및 5°의 극좌표 각도 증분을 따라 추적하거나 다른 각도를 지정할 수 있다.)

▶ 극좌표 버튼 위에서 마우스 오른쪽(Sub Menu) 버튼을 클릭하면 아래 그림과 같은 메뉴가 뜬다. 이때 원하는 각도를 클릭하면 된다.(단, 전산응용건축제도에서는 15°로 지정하는 게 사용 시 편리하다.)

⑧ F11 키

객체 스냅 추적하기 기능을 켜거나 끄는 역할을 한다.

⑨ 동적 입력 표시 키

명령어나 데이터값을 명령창이 아닌 마우스 포인터 부분에 자동으로 표시하게 하는 기능이다.

⑩ 선 가중치 표시 키

사용자가 설정한 선분의 선 가중치를 화면 상에 선 굵기로 표시하는 기능이다.(화면 상 모든 선은 같은 굵기로 표시된다. 실제 종이에 출력된 것처럼 굵은 선은 굵게, 가는 선은 가늘게 화면 상에 나타낸다.)

5 마우스 버튼 기능

① Pick(왼쪽) 버튼 : 클릭 및 드래그의 기능을 한다.(포인트 지정 및 메뉴 선택)

② Wheel(가운데) 버튼 : Wheel(휠) 버튼을 굴리면 화면이 확대/축소한다.

▶ Wheel(휠) 버튼을 누른 상태에서 마우스를 움직이면 도면 영역(화면)이 이동하고, Wheel(휠) 버튼을 더블클릭
하면 전체도면 영역이 표시된다.(Zoom(줌) 기능)

③ Sub Menu(오른쪽) 버튼 : 메뉴 옵션 및 바로가기 메뉴가 실행된다.

새 도면으로 작업할 때 가장 먼저 할 일은 도면의 크기를 지정하는 것이다. AutoCAD의 작업공간은 무한대이므로 출력하고자 하는 용지의 크기를 정해야 한다. MVSETUP에서는 도면용지 크기뿐만 아니라 축척도 같이 설정한다.

1 도면용지별 크기

도면의 크기라고 하면 보통 제도용지의 크기를 말한다. 제도용지의 규격은 한국산업규격(KS)을 따르고, 대상물의 크기나 내용의 복잡성 등을 고려해서 제도용지 안에 그릴 수 있는 범위 내에서 가능한 한 최소의 크기를 선정한다.

제도용지의 크기나 양식은 KS에 규정되어 있고, 그 양식에 따라 작도해야 한다. 용지 크기는 A0(1189mm ×841mm)에서부터 A4(297mm×210mm)까지 6종으로 규격화되어 있다. 다만, 이 규격에 들어가지 않는 경우에는 별도로 규정된 연장 사이즈의 용지를 사용한다.

▲ 용지별 크기

일반적인 제도용지로는 켄트지나 방안지, 트레이싱 페이퍼 등이 있다. 제도를 하는 경우에는 A4 사이즈의 용지를 제외하고는 길이가 긴 변을 가로로 놓고 사용한다. 다만, A4 사이즈의 용지는 길이가 짧은 변을 가로로 놓고 사용해도 된다.

: 참고

1. 제도의 표준 규격
- 도면을 작성하는 데 정해진 약속과 규칙을 제도의 표준규격이라 한다.
- 제품의 호환성, 품질 향상, 원가 절감, 생산성 향상 및 소비자에게 많은 편리함을 준다.
- 제품의 표준 규격   ① 공업 표준화법(1961년 제정) ⇒ 한국산업규격(KS)
                    ② 제도 통칙 : KS A 0005(1966년 제정)

2. 건축도면의 분류
- 평면도 : 건축물을 창틀 위에서 수평으로 잘라 하늘에서 내려다본 형태로 그린 도면(수평 투상도)으로 실의 배치 상태와 크기, 창문의 위치, 가구의 배치상태를 나타낸다.
- 단면도 : 건축물의 중요한 부분을 수직으로 잘라 단면을 나타낸 도면. 쉽게 말하면 건축물의 평면상에서 중요한 지점의 단면을 설정하여 그 지점을 칼로 잘랐을 때 모습을 상세하게 그린 도면으로 단면의 모양과 수직방향의 치수를 나타낸다.
- 입면도 : 건축물의 정면에서 바라본 모양, 즉 눈으로 보여지는 모습을 그린 도면으로 남측 입면도(=정면도), 동측 입면도(=우측면도) 등으로 표현한다.
- 상세도 : 건축물 중요지점의 세부적인 모습을 알기 쉽게 확대하거나 자세한 치수나 도식을 나타낸 도면

2 명령 실행방법

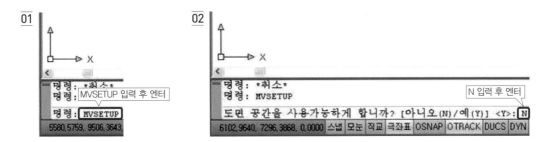

01
명령: *취소*
명령: MVSETUP 입력 후 엔터

명령: MVSETUP
5580, 5759, 9506, 3643,

02
명령: *취소*
명령: MVSETUP

N 입력 후 엔터

도면 공간을 사용가능하게 합니까? [아니오(N)/예(Y)] <Y>: N
6102, 9640, 7296, 3868, 0,0000 스냅 모눈 직교 극좌표 OSNAP OTRACK DUCS DYN

03
명령: MVSETUP
도면 공간을 사용가능하게 합니까? [아니오(N)/예(Y)] <Y>:   M 입력 후 엔터
단위 유형 입력 [공학(S)/십진(D)/엔지니어링(E)/건축(A)/미터법(M)]: M
5944, 8728, 7063, 0351, 0,0000 스냅 모눈 직교 극좌표 OSNAP OTRACK DUCS DYN LWT QP

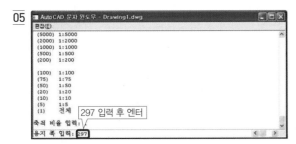

04
AutoCAD 문자 윈도우 - Drawing1.dwg
편집(E)
```
(5000)  1:5000
(2000)  1:2000
(1000)  1:1000
(500)   1:500
(200)   1:200

(100)   1:100
(75)    1:75
(50)    1:50
(20)    1:20
(10)    1:10
(5)     1:5
(1)     전체
```
A4(297×210) 용지를 1:1 비율로
설정하기 위해 1 입력 후 엔터
축척 비율 입력: 1

🖉 노하우 Tip
전산응용건축제도에서는 축척 비율을 단면도에서는 40, 입면도에서는 50으로 설정한다.

05
AutoCAD 문자 윈도우 - Drawing1.dwg
편집(E)
```
(5000)  1:5000
(2000)  1:2000
(1000)  1:1000
(500)   1:500
(200)   1:200

(100)   1:100
(75)    1:75
(50)    1:50
(20)    1:20
(10)    1:10
(5)     1:5
(1)     전체
```
297 입력 후 엔터
축척 비율 입력:
용지 폭 입력: 297

🖉 노하우 Tip
전산응용건축제도에서는 A3(420×297) 용지를 사용한다.

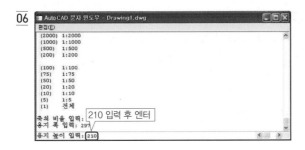

06
AutoCAD 문자 윈도우 - Drawing1.dwg
편집(E)
```
(2000)  1:2000
(1000)  1:1000
(500)   1:500
(200)   1:200

(100)   1:100
(75)    1:75
(50)    1:50
(20)    1:20
(10)    1:10
(5)     1:5
(1)     전체
```
210 입력 후 엔터
축척 비율 입력:
용지 폭 입력: 297
용지 높이 입력: 210

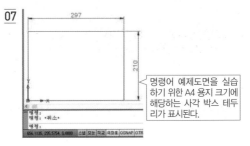

07

297

210

명령어 예제도면을 실습
하기 위한 A4 용지 크기에
해당하는 사각 박스 테두
리가 표시된다.

명령:
명령: *취소*
명령:
656, 1135, 295, 5754, 0,0000 스냅 모눈 직교 극좌표 OSNAP OTR

1 명령 실행방법

① AutoCAD 화면 직도 영역에서 마우스 오른쪽 비튼을 클릭하면 바로가기 메뉴가 나다난다.
그 다음 옵션란을 클릭한다.

② 옵션란을 클릭하면 아래 그림과 같이 대화상자가 나타난다. 옵션 대화상자가 나타나면 이제부
터 Cad 작업을 원활하게 하기 위해서 앞에서부터 환경설정을 한다. 먼저 '화면표시' 부분에서
는 AutoCAD에 기본적으로 지정되어 있는 값을 그대로 사용하는 것이 좋다. 그러나 작도자의
편의를 위해서 AutoCAD에서 설정한 기본값을 변경한다. AutoCAD를 처음 실행하면 흰색 화
면이 나타난다. 흰색을 그대로 사용해도 되지만 노란색이나 흰색으로 표시되는 선들이 흰색 바
탕에서는 잘 보이지 않기 때문에 좀 더 색을 잘 구분하기 위해서 화면바탕색을 검은색으로 변
경한다.

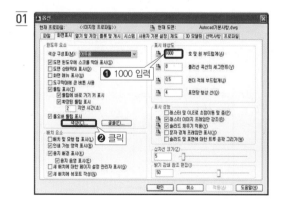

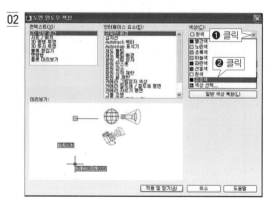

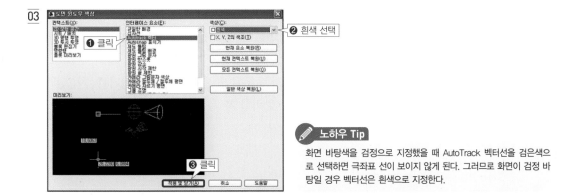

03

❶ 클릭

❷ 흰색 선택

❸ 클릭

🖊 노하우 Tip

화면 바탕색을 검정으로 지정했을 때 AutoTrack 벡터선을 검은색으로 선택하면 극좌표 선이 보이지 않게 된다. 그러므로 화면이 검정 바탕일 경우 벡터선은 흰색으로 지정한다.

③ 십자선 크기는 사용자가 원하는 대로 조정할 수 있다. 십자선 크기를 100으로 변경한 후 확인란을 클릭하면 아래 그림과 같이 커서가 커지는 것을 볼 수 있다.

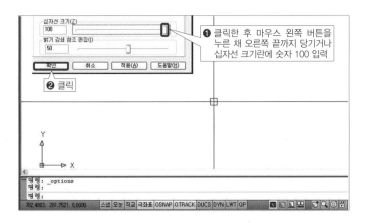

❶ 클릭한 후 마우스 왼쪽 버튼을 누른 채 오른쪽 끝까지 당기거나 십자선 크기란에 숫자 100 입력

❷ 클릭

④ 십자선 크기를 원래 크기값인 5로 변경하기 위해서 마우스 오른쪽 버튼을 클릭하고 옵션란을 선택한 다음 화면 표시란에 십자선 크기를 5로 입력하고 확인란을 클릭한다. 다시 커서의 크기가 작아진 것을 확인할 수 있다.

⑤ 열기 및 저장, 플롯 및 게시, 시스템, 사용자 기본설정, 제도, 3D모델링값 등은 AutoCAD에서 지정한 기본값을 그대로 사용하는 것이 좋다. 도면 작도 시 사용자의 취향에 따라 기본값을 조정하려면 변경하고자 하는 위치에서 적절히 수정하면 된다.

⑥ 선택사항에서 선택상자 크기값이 너무 작으면 도면 작도 시 불편할 수 있으니 적당한 크기값으로 늘려준다.

클릭

적당한 크기로 늘려준다.

⑦ 선택 사항란의 선택 모드에서 체크사항을 점검한다. '명사/동사 선택 사항(N)'이 체크되어 있지 않으면 키보드에서 Delete 키가 작동되지 않으니 반드시 체크되어 있는지 확인한다. 'Shift 키를 사용하여 선택에 추가(F)'는 만일 체크되어 있으면 체크사항을 해제한다. 이 항목이 체크되어 있으면 객체를 선택하여 추가할 때 반드시 Shift 키를 누르고 선택해야 하는 번거로움이 있기 때문이다. 그 외 다른 곳은 건드리지 말고 확인란을 클릭한 후 옵션대화상자를 닫는다.

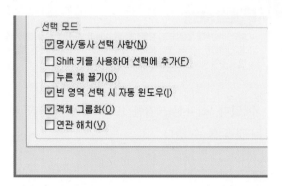

05 제도 설정

1 기능

도면 작성을 위한 객체 스냅 환경 설정

2 명령 실행방법

① AutoCAD 화면 아랫부분, 즉 상태막대의 그리기 도구부분의 'OSNAP' 도구에 마우스 커서를 갖다 대고 마우스 오른쪽 버튼을 클릭하면 바로가기 메뉴가 나타난다. 제도 설정 객체 스냅값을 지정하기 위해 설정란을 클릭한다.

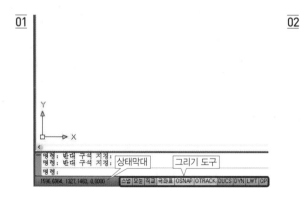

② 설정란을 클릭하면 아래 그림과 같이 객체 스냅을 지정하기 위한 대화상자가 나타난다.

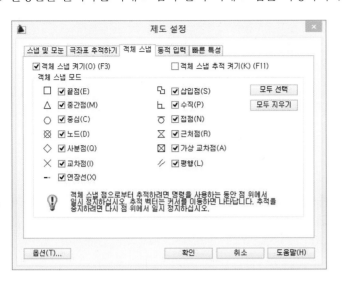

③ 대부분 AutoCAD에서 설정한 기본값을 이용하는 것이 편리하지만 작도자의 작업환경에 따라 변경하여 사용할 때도 있다. 위 그림과 같이 객체 스냅모드가 모두 체크되어 있으면 실제로 편리할 것 같지만, 작도 시 객체에 스냅이 너무 많이 걸리기 때문에 불편하다. 따라서 객체 스냅란에 보편적으로 사용하는 환경으로 설정값을 변경하기로 한다. 아래 그림과 같이 자주 사용하는 것만 체크하고 나머지는 체크사항을 해제한다.

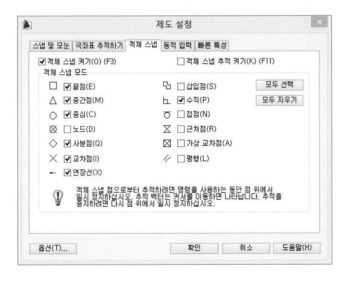

④ 마지막으로 확인란을 클릭한다.

⑤ 체크되지 않은 객체 스냅은 많이 사용하지 않는 기능이다. 그러나 도면작업 시 체크되지 않은 기능을 사용할 때가 있는데 이때는 One Shot(원샷 : Shift + 마우스 오른쪽 버튼 클릭) 명령을 이용하면 편리하게 사용할 수 있다.

1 기능

객체 스냅이란 AutoCAD상에서 중요한 기능으로 어떠한 상황에서도 자유롭게 AutoCAD를 사용할 수 있도록 사용자가 원하는 지점(point점)을 정확하게 찾아주는 기능이다.

2 명령 실행방법

키보드로 명령을 실행하거나 AutoCAD 화면 아랫부분, 즉 상태막대의 그리기 도구부분의 'OSNAP' ▢ 아이콘 도구에 마우스 커서를 갖다 대고 마우스 오른쪽 버튼을 클릭하면 바로가기 메뉴가 나타난다. 도형객체를 그리거나 편집할 경우 특정 point점을 자동으로 스냅하려면 필요한 객체 스냅(point점)을 클릭하여 활성화한다.

활성화되지 않은 객체 스냅(point점)을 1회성 기능으로 사용하려면 One Shot(원샷 : Shift + 마우스 오른쪽 버튼 클릭) 명령을 이용하여 필요한 객체 스냅(point점)을 선택하여 사용한다.

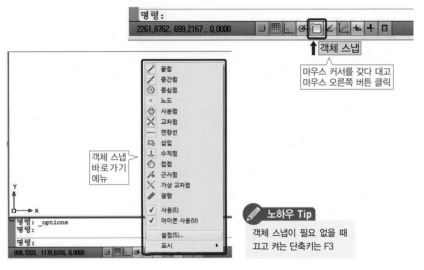

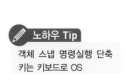

노하우 Tip
객체 스냅 명령실행 단축키는 키보드로 OS

노하우 Tip
객체 스냅이 필요 없을 때 끄고 켜는 단축키는 F3

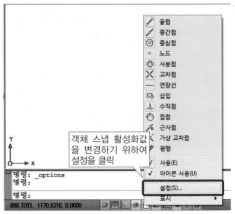

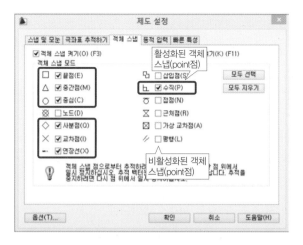

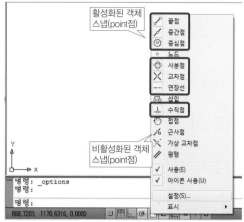

3 객체 스냅(point점) 이해하기

화면에 표시된 도형 객체부분의 특정 point점(끝점, 중심점 등)에 선을 긋고자 할 경우 객체 스냅을 사용하면 정확하게 point점을 찾아 도형객체를 작도할 수 있다.

객체 스냅을 활성화한 후 선을 긋기 위하여 point점(끝점, 중심점 등) 근처에 마우스를 이동하면 자석처럼 어떠한 특정 지점(마우스 커서에 가장 근접한 활성화된 객체 스냅 point점)에서 스냅이 되면서 표식기가 생성된다. 이러한 기능이 바로 객체 스냅이다. 어떠한 어려운 지점에서도 객체의 시작점, 끝점 등 특정 point점을 지정할 수 있다.

원하는 지점 위에 정확하게 마우스를 이동하지 않고 근처에 마우스를 가져가기만 해도 원하는 point점에 자석처럼 스냅이 된다.

① 끝점(E)은 호, 타원형 호, 선, 여러 줄, 폴리선, 스플라인, 영역 또는 광선의 가장 근접한 끝점 또는 구석으로 스냅한다.

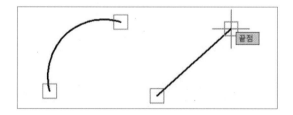

② 중간점(M)은 호, 타원형 호, 선, 여러 줄, 폴리선, 솔리드, 스플라인, 영역 또는 X선의 중간점으로 스냅한다.

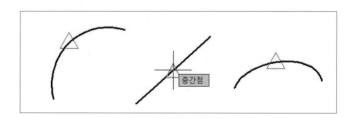

③ 중심(C)은 호, 원, 타원 또는 타원형 호의 중심점으로 스냅한다.

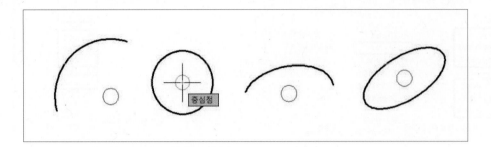

④ 노드(D)는 등분점, 점 객체, 치수 정의점 또는 치수 문자 원점으로 스냅한다.

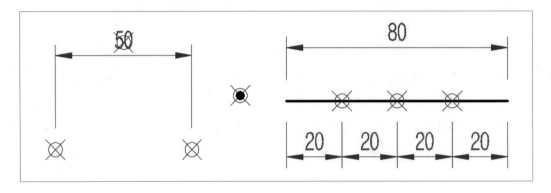

⑤ 사분점(Q)은 호, 원, 타원 또는 타원형 호의 사분점으로 스냅한다.

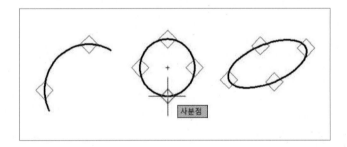

⑥ 교차점(I)은 호, 원, 타원, 타원형 호, 선, 여러 줄, 폴리선, 광선, 영역. 스플라인 또는 X선의 교차점으로 스냅한다. 확장 교차점은 활성 객체 스냅으로 활용할 수 없다.

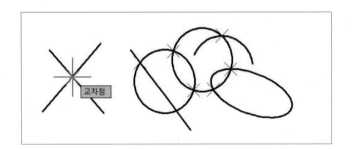

⑦ 연장선(X)은 객체의 끝점에 커서를 가져가면 임시 치수보조선 또는 호가 표시되어 치수보조선에 점을 지정할 수 있다.

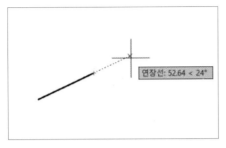
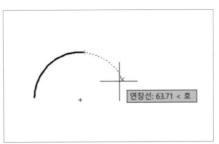

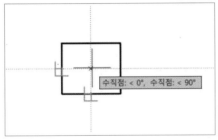

⑧ 삽입점(S)은 속성, 블록, 셰이프 또는 문자의 삽입점으로 스냅한다.

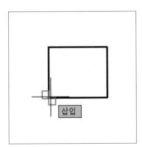

⑨ 수직(P)은 호, 원, 타원, 타원형 호, 선, 여러 줄, 폴리선, 광선, 영역, 솔리드, 스플라인 또는 X선에 수직인 점으로 스냅한다.

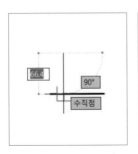
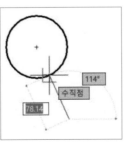
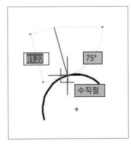
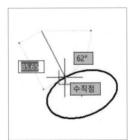

⑩ 접점(N)은 호, 원, 타원, 타원형 호 또는 스플라인의 접점으로 스냅한다.

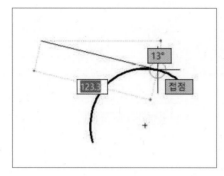
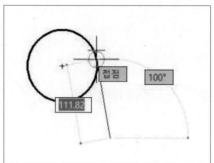

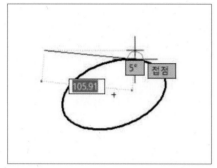

⑪ 근처점(R)은 호, 원, 타원, 타원형 호, 선, 점, 여러 줄, 폴리선, 광선, 스플라인 또는 X선의 가장 근접한 점으로 스냅한다.

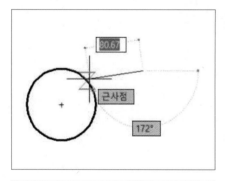
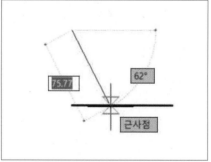

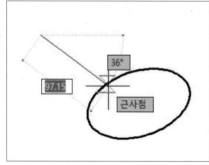
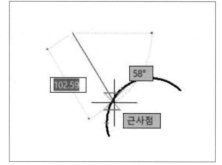

⑫ 가상 교차점(A)은 같은 평면에 없는 두 객체의 가시적 교차점으로 스냅하지만 현재 뷰에서 교
차하는 것으로 나타난다.

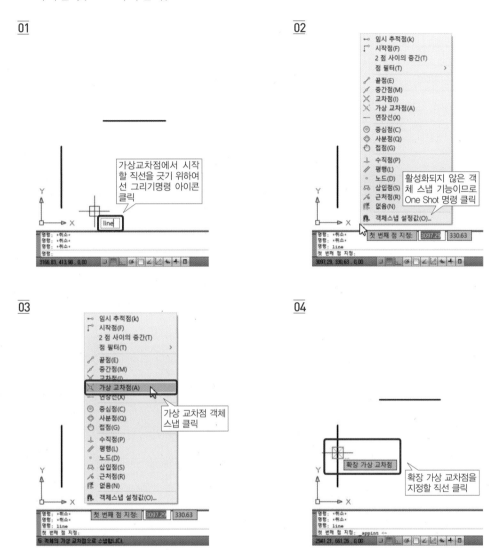

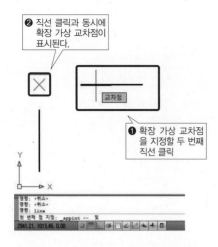

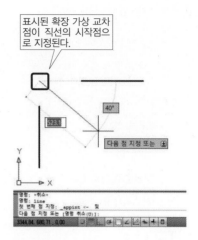

⑬ 평행(L)은 선, 폴리선, 광선, X선을 다른 선형 객체와 평행이 되도록 한다. 선형 객체의 첫 번째 점을 지정한 후 평행 객체 스냅을 지정한다. 다른 객체 스냅모드와 달리 커서를 이동한 후 각도가 확보될 때까지 다른 선형 객체 위에 머무르고, 그런 다음 커서를 작성 중인 객체로 다시 이동한다. 객체의 경로가 이전 선형 객체와 평행하면 평행 객체를 작성하는 데 사용할 수 있는 정렬 경로가 표시된다.

01   02

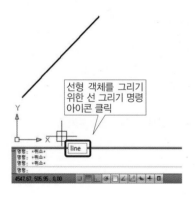

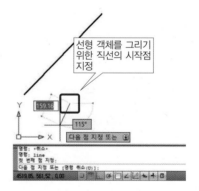

<u>03</u>

<u>04</u>

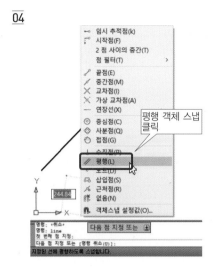

<u>05</u>

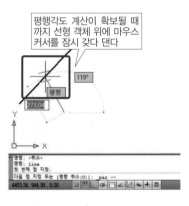

<u>06</u>

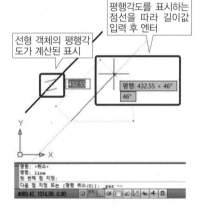

<u>07</u>

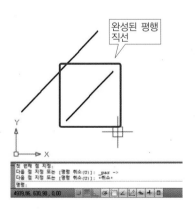

CHAPTER

02

기초 도형 그리기

01 Line(라인) 명령(단축키 : L)

1 기능

수직선, 수평선, 사선을 그릴 때 사용하는 명령어이다.

2 명령 실행방법

선 그리기 아이콘을 클릭하거나 명령창에 단축키 L을 입력한 후 엔터를 누른다.

노하우 Tip

복합도형 작성법

① 초급단계 : 편집명령 없이 선 그리기 명령으로만 작성한다.

② 중급단계 : '3장 기초 편집명령'을 학습한 후 효율성이 높도록 정밀한 도형을 작성하는 방법은 기존 선에서 선을 간격 띄우기 한 다음 원하는 길이에 맞게 자르거나 확장하여 도형을 완성하는 것이다.

3 명령어기능 핵심요약

① 수평선, 수직선 긋기

- 키보드로 입력하는 방법(극좌표 입력)

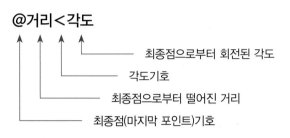

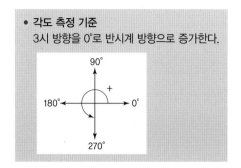

- 각도 측정 기준
  3시 방향을 0°로 반시계 방향으로 증가한다.

예 수평선 @50<0, 수직선 @50<90

- 마우스를 이용하는 방법(가장 편한 방법)

F8 키를 눌러 직교모드를 켜고 선을 긋고자 하는 방향으로 마우스를 이동한 후 거리값을 입력하고 엔터를 누른다.

② 사선 그리기

- 키보드로 입력하는 방법(극좌표 입력)

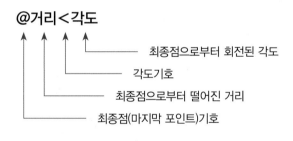

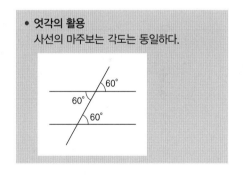

- 엇각의 활용
  사선의 마주보는 각도는 동일하다.

예 경사선 @50<60

③ 닫기(C) 옵션

최초의 시작점과 마지막 끝점을 직선으로 연결하고 명령을 종료하는 기능으로, 도형 작도 시 마지막 선분은 닫기(C) 옵션을 사용하면 편리하다.

④ 명령 취소(U) 옵션

선 그리기 명령 수행 중에 명령을 취소하지 않고 바로 직전의 직선에 대한 명령을 취소할 경우 사용하며 직선을 그은 순서의 역순으로 하나씩 하나씩 삭제하고 새로운 직선을 그을 수 있도록 한다.

4 연습

| 예제 01 | 한 변의 길이가 50인 정사각형 그리기(수평선, 수직선 그리기 첫 번째) |

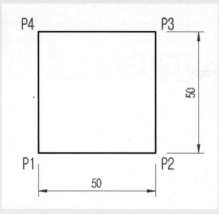

🎯 **핵심요약**

키보드로 극좌표를 입력하여 수평선/수직선을 긋는 정석적인 방법으로 정사각형을 완성하는 방법

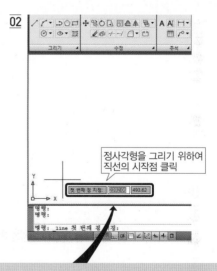

🎯 **핵심요약**

만약 십자선 커서 밑에 위의 메시지가 보이지 않는다면 본 교재 p.14 동적 입력 표시 키를 참고하여 동적 입력 표시 키를 마우스로 클릭하여 OFF된 상태를 ON시킨다.

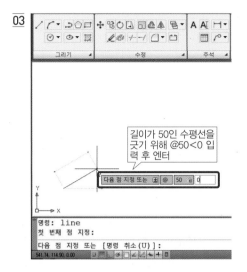

03

길이가 50인 수평선을
긋기 위해 @50<0 입
력 후 엔터

```
명령: line
첫 번째 점 지정:
다음 점 지정 또는 [명령 취소(U)]:
```

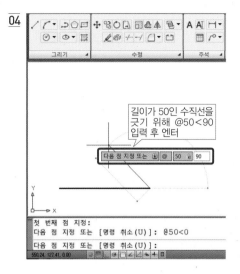

04

길이가 50인 수직선을
긋기 위해 @50<90
입력 후 엔터

```
첫 번째 점 지정:
다음 점 지정 또는 [명령 취소(U)]: @50<0
다음 점 지정 또는 [명령 취소(U)]:
```

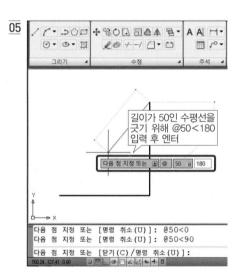

05

길이가 50인 수평선을
긋기 위해 @50<180
입력 후 엔터

```
다음 점 지정 또는 [명령 취소(U)]: @50<0
다음 점 지정 또는 [명령 취소(U)]: @50<90
다음 점 지정 또는 [닫기(C)/명령 취소(U)]:
```

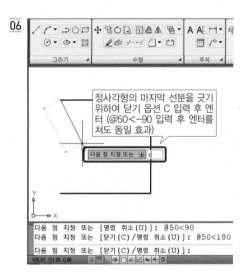

06

정사각형의 마지막 선분을 긋기
위하여 닫기 옵션 C 입력 후 엔
터 (@50<-90 입력 후 엔터를
쳐도 동일 효과)

```
다음 점 지정 또는 [명령 취소(U)]: @50<90
다음 점 지정 또는 [닫기(C)/명령 취소(U)]: @50<180
다음 점 지정 또는 [닫기(C)/명령 취소(U)]:
```

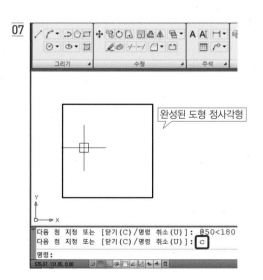

07

완성된 도형 정사각형

```
다음 점 지정 또는 [닫기(C)/명령 취소(U)]: @50<180
다음 점 지정 또는 [닫기(C)/명령 취소(U)]: C
명령:
```

예제 02 문자 F, 느낌표 도안 그리기(수평선, 수직선 그리기 두 번째)

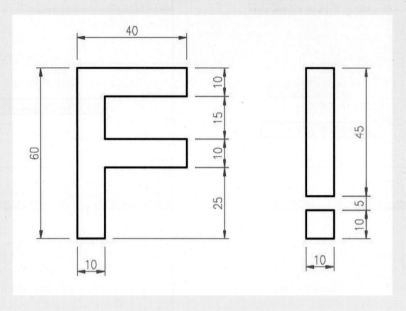

🎯 **핵심요약**

마우스를 이용하는 방법(가장 편한 방법)으로 F8 키를 눌러 직교모드를 켜고 선을 긋고자 하는 방향으로 마우스를 이동한 후 거리값을 입력하고 엔터

❶ 문자 F 도안 그리기

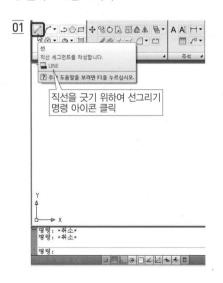

직선을 긋기 위하여 선그리기
명령 아이콘 클릭

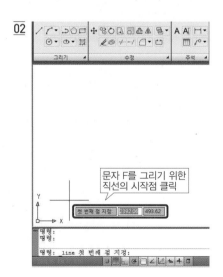

문자 F를 그리기 위한
직선의 시작점 클릭

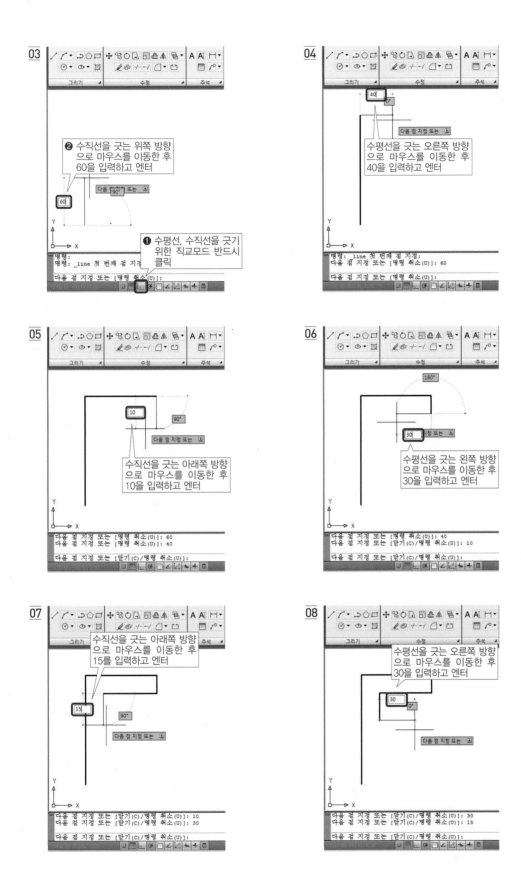

03

❷ 수직선을 긋는 위쪽 방향
으로 마우스를 이동한 후
60을 입력하고 엔터

60

다음 [90° 또는 ⊞

❶ 수평선, 수직선을 긋기
위한 직교모드 반드시
클릭

명령:
명령: _line 첫 번째 점 지정:

다음 점 지정 또는 [명령 취소

04

40

다음 점 지정 또는 ⊞

수평선을 긋는 오른쪽 방향
으로 마우스를 이동한 후
40을 입력하고 엔터

명령: _line 첫 번째 점 지정:
다음 점 지정 또는 [명령 취소(U)]: 60

다음 점 지정 또는 [명령 취소(U)]:

05

10

90°

다음 겹 지정 또는 ⊞

수직선을 긋는 아래쪽 방향
으로 마우스를 이동한 후
10을 입력하고 엔터

다음 점 지정 또는 [명령 취소(U)]: 60
다음 점 지정 또는 [명령 취소(U)]: 40

다음 점 지정 또는 [닫기(C)/명령 취소(U)]:

06

180°

30

지정 또는 ⊞

수평선을 긋는 왼쪽 방향
으로 마우스를 이동한 후
30을 입력하고 엔터

다음 점 지정 또는 [명령 취소(U)]: 40
다음 점 지정 또는 [닫기(C)/명령 취소(U)]: 10

다음 점 지정 또는 [닫기(C)/명령 취소(U)]:

07

수직선을 긋는 아래쪽 방향
으로 마우스를 이동한 후
15를 입력하고 엔터

15

90°

다음 점 지정 또는 ⊞

다음 점 지정 또는 [닫기(C)/명령 취소(U)]: 10
다음 점 지정 또는 [닫기(C)/명령 취소(U)]: 30

다음 점 지정 또는 [닫기(C)/명령 취소(U)]:

08

수평선을 긋는 오른쪽 방향
으로 마우스를 이동한 후
30을 입력하고 엔터

30

0°

다음 점 지정 또는 ⊞

다음 점 지정 또는 [닫기(C)/명령 취소(U)]: 30
다음 점 지정 또는 [닫기(C)/명령 취소(U)]: 15

다음 점 지정 또는 [닫기(C)/명령 취소(U)]:

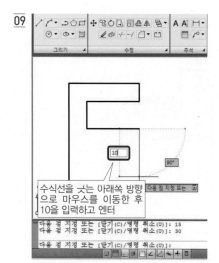

09

수식선을 긋는 아래쪽 방향으로 마우스를 이동한 후 10을 입력하고 엔터

```
다음 점 지정 또는 [닫기(C)/명령 취소(U)]: 15
다음 점 지정 또는 [닫기(C)/명령 취소(U)]: 30
다음 점 지정 또는 [닫기(C)/명령 취소(U)]:
```

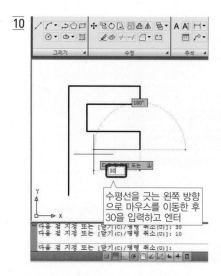

10

수평선을 긋는 왼쪽 방향으로 마우스를 이동한 후 30을 입력하고 엔터

```
다음 점 지정 또는 [닫기(C)/명령 취소(U)]: 30
다음 점 지정 또는 [닫기(C)/명령 취소(U)]: 10
다음 점 지정 또는 [닫기(C)/명령 취소(U)]:
```

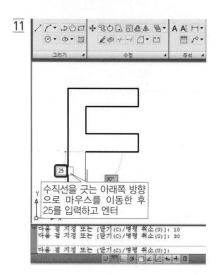

11

수직선을 긋는 아래쪽 방향으로 마우스를 이동한 후 25를 입력하고 엔터

```
다음 점 지정 또는 [닫기(C)/명령 취소(U)]: 10
다음 점 지정 또는 [닫기(C)/명령 취소(U)]: 30
다음 점 지정 또는 [닫기(C)/명령 취소(U)]:
```

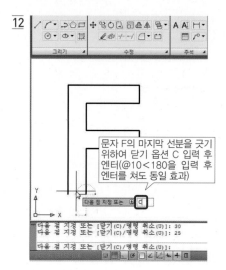

12

문자 F의 마지막 선분을 긋기 위하여 닫기 옵션 C 입력 후 엔터(@10<180을 입력 후 엔터를 쳐도 동일 효과)

```
다음 점 지정 또는 [닫기(C)/명령 취소(U)]: 30
다음 점 지정 또는 [닫기(C)/명령 취소(U)]: 25
다음 점 지정 또는 [닫기(C)/명령 취소(U)]:
```

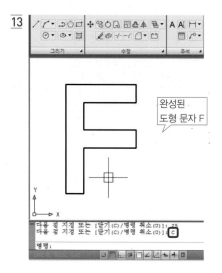

13

완성된 도형 문자 F

```
다음 점 지정 또는 [닫기(C)/명령 취소(U)]: 25
다음 점 지정 또는 [닫기(C)/명령 취소(U)]: C
명령:
```

❷ 느낌표 도안 그리기

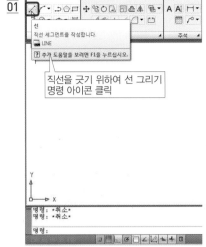

01

직선을 긋기 위하여 선 그리기
명령 아이콘 클릭

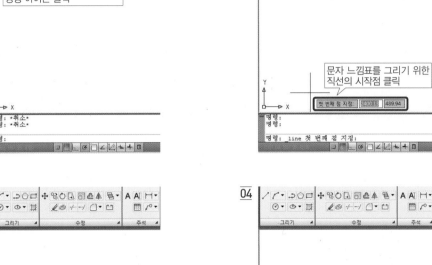

02

문자 느낌표를 그리기 위한
직선의 시작점 클릭

03

수평선, 수직선을 긋
기 위한 직교모드를
반드시 확인(OFF되
어 있으면 클릭하여
ON시킨다)

04

수평선을 긋는 오른쪽 방향
으로 마우스를 이동한 후
10을 입력하고 엔터

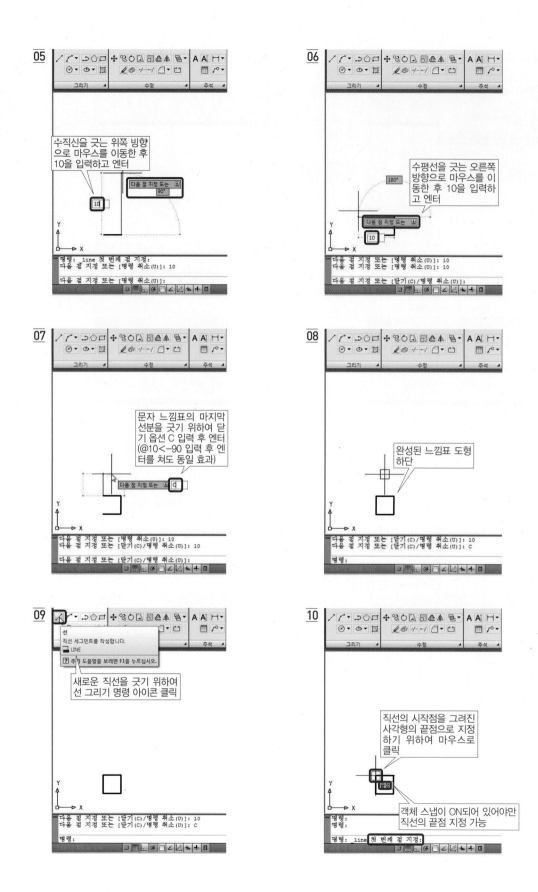

05 수직선을 긋는 위쪽 방향으로 마우스를 이동한 후 10을 입력하고 엔터

06 수평선을 긋는 오른쪽 방향으로 마우스를 이동한 후 10을 입력하고 엔터

07 문자 느낌표의 마지막 선분을 긋기 위하여 닫기 옵션 C 입력 후 엔터 (@10<-90 입력 후 엔터를 쳐도 동일 효과)

08 완성된 느낌표 도형 하단

09 새로운 직선을 긋기 위하여 선 그리기 명령 아이콘 클릭

선
직선 세그먼트를 작성합니다.
LINE
추가 도움말을 보려면 F1을 누르십시오.

10 직선의 시작점을 그려진 사각형의 끝점으로 지정하기 위하여 마우스로 클릭

객체 스냅이 ON되어 있어야만 직선의 끝점 지정 가능

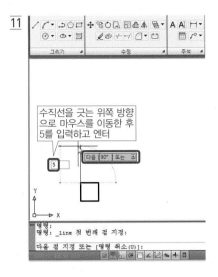

11

수직선을 긋는 위쪽 방향
으로 마우스를 이동한 후
5를 입력하고 엔터

5

다음 [90° | 또는 ⊡

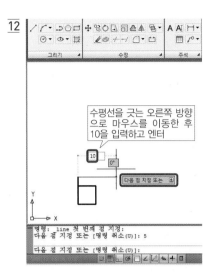

12

수평선을 긋는 오른쪽 방향
으로 마우스를 이동한 후
10을 입력하고 엔터

10

0°

다음 점 지정 또는 ⊡

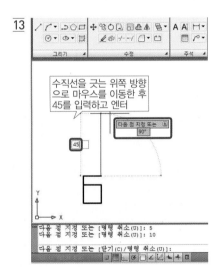

13

수직선을 긋는 위쪽 방향
으로 마우스를 이동한 후
45를 입력하고 엔터

45

다음 점 지정 또는 ⊡
90°

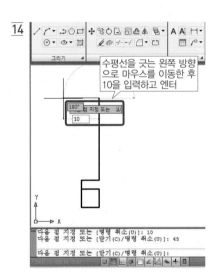

14

수평선을 긋는 왼쪽 방향
으로 마우스를 이동한 후
10을 입력하고 엔터

180° 점 지정 또는

10

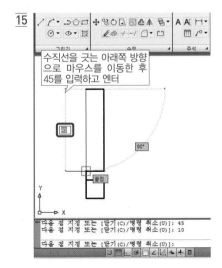

15

수직선을 긋는 아래쪽 방향
으로 마우스를 이동한 후
45를 입력하고 엔터

90°

끝점

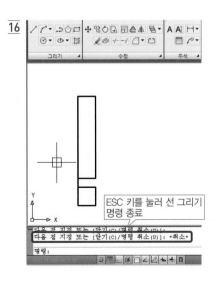

16

ESC 키를 눌러 선 그리기
명령 종료

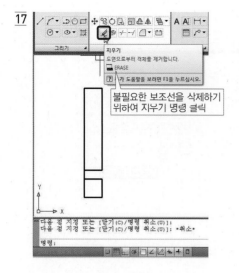

17 불필요한 보조선을 삭제하기
위하여 지우기 명령 클릭

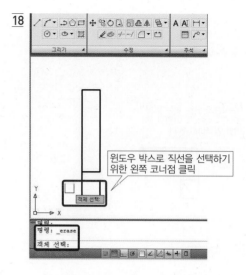

18 윈도우 박스로 직선을 선택하기
위한 왼쪽 코너점 클릭

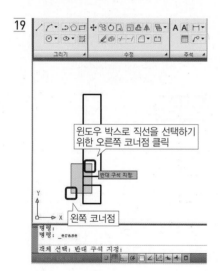

19 윈도우 박스로 직선을 선택하기
위한 오른쪽 코너점 클릭

왼쪽 코너점

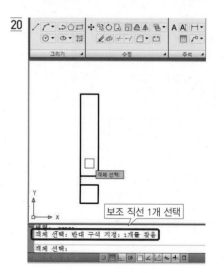

20 보조 직선 1개 선택

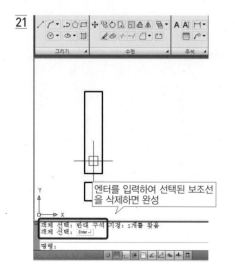

21 엔터를 입력하여 선택된 보조선
을 삭제하면 완성

예제 03 한 변의 길이가 60인 정삼각형 그리기(경사선 그리기)

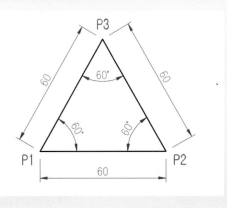

01

직선을 긋기 위하여 선 그리기
명령 아이콘 클릭

02

삼각형을 그리기 위한
직선의 시작점 클릭

03

수평선을 긋는 오른쪽 방향
으로 마우스를 이동한 후
60을 입력하고 엔터

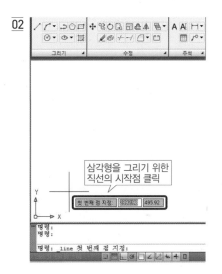

04

길이 60인 경사선을
긋기 위해 @60<120
입력 후 엔터

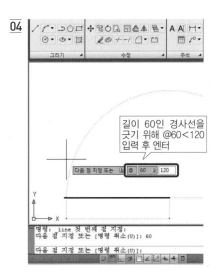

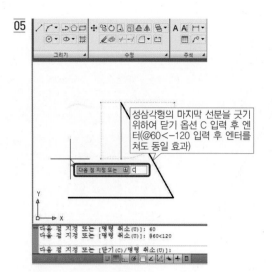

05 성삼각형의 마지막 선분을 긋기
위하여 닫기 옵션 C 입력 후 엔
터(@60<-120 입력 후 엔터를
쳐도 동일 효과)

다음 점 지정 또는 [명령 취소(U)]: 60
다음 점 지정 또는 [명령 취소(U)]: @60<120
다음 점 지정 또는 [닫기(C)/명령 취소(U)]:

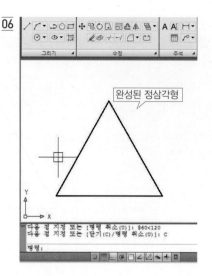

06 완성된 정삼각형

다음 점 지정 또는 [명령 취소(U)]: @60<120
다음 점 지정 또는 [닫기(C)/명령 취소(U)]: C
명령:

예제 04

복합도형 그리기

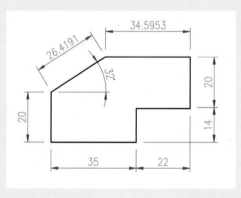

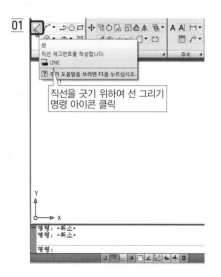

01 직선을 긋기 위하여 선 그리기
명령 아이콘 클릭

명령: *취소*
명령: *취소*
명령:

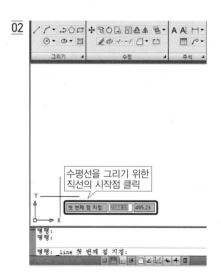

02 수평선을 그리기 위한
직선의 시작점 클릭

첫 번째 점 지정: 495.23

명령:
명령: line 첫 번째 점 지정:

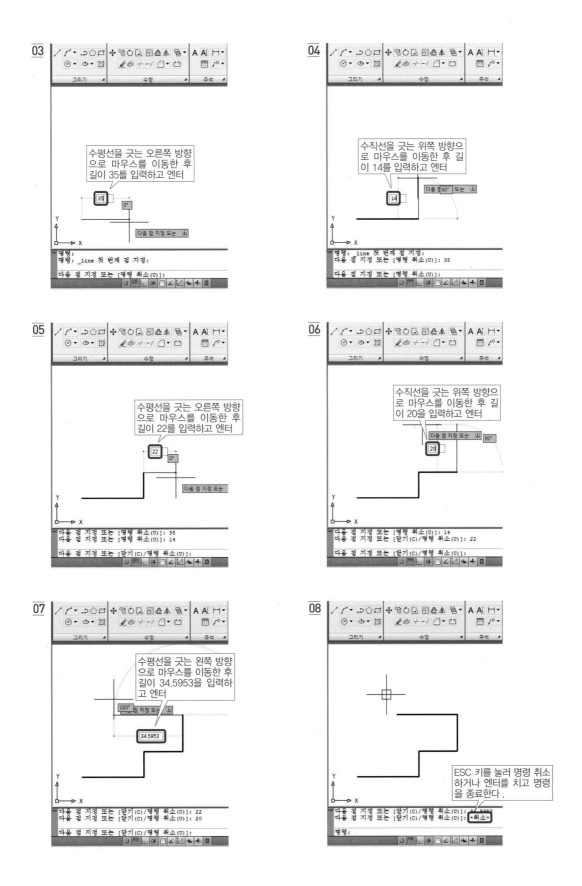

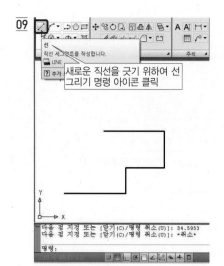

09 새로운 직선을 긋기 위하여 선 그리기 명령 아이콘 클릭

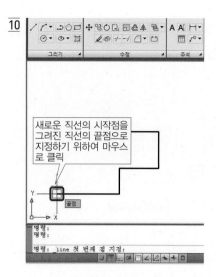

10 새로운 직선의 시작점을 그려진 직선의 끝점으로 지정하기 위하여 마우스로 클릭

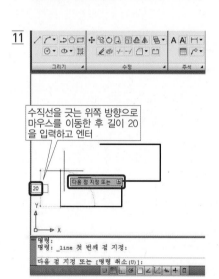

11 수직선을 긋는 위쪽 방향으로 마우스를 이동한 후 길이 20을 입력하고 엔터

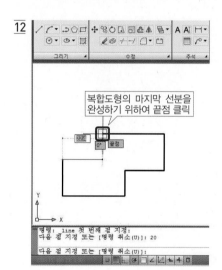

12 복합도형의 마지막 선분을 완성하기 위하여 끝점 클릭

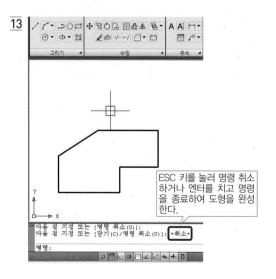

13 ESC 키를 눌러 명령 취소하거나 엔터를 치고 명령을 종료하여 도형을 완성한다.

기초 도형 그리기 : Line 실습 1

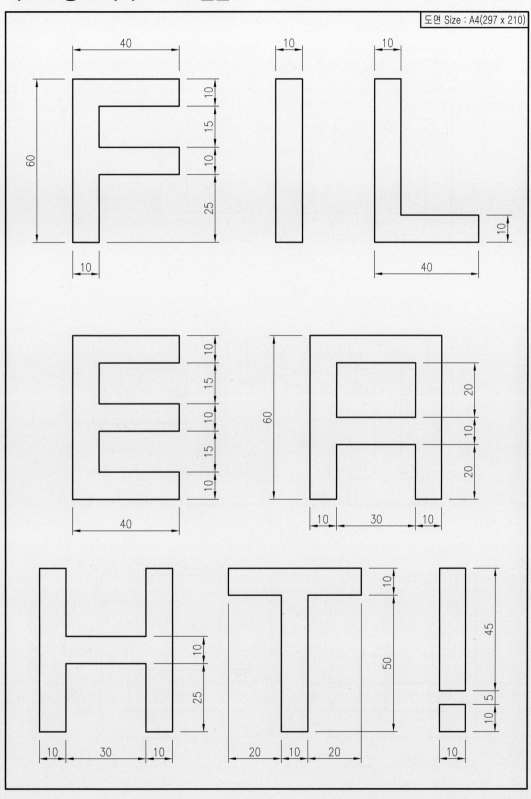

도면 Size : A4(297 x 210)

기초 도형 그리기 : Line 실습 2

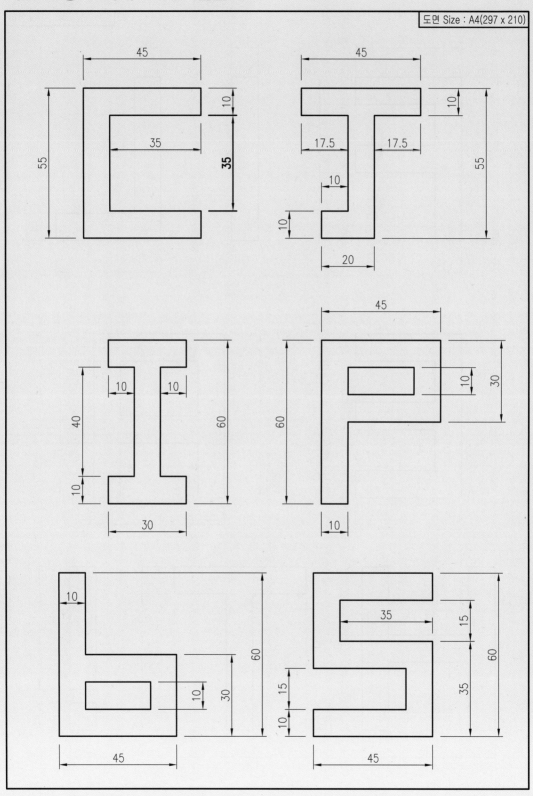

기초 도형 그리기 : Line 실습 3

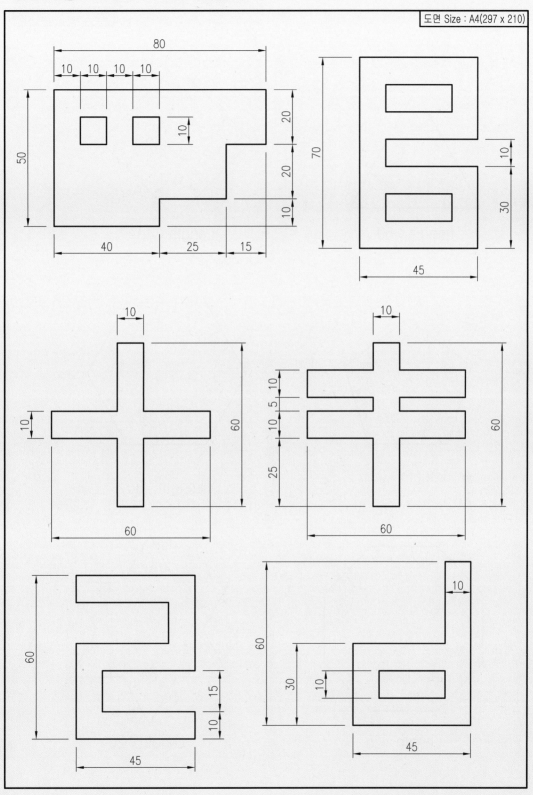

기초 도형 그리기 : Line 실습 4

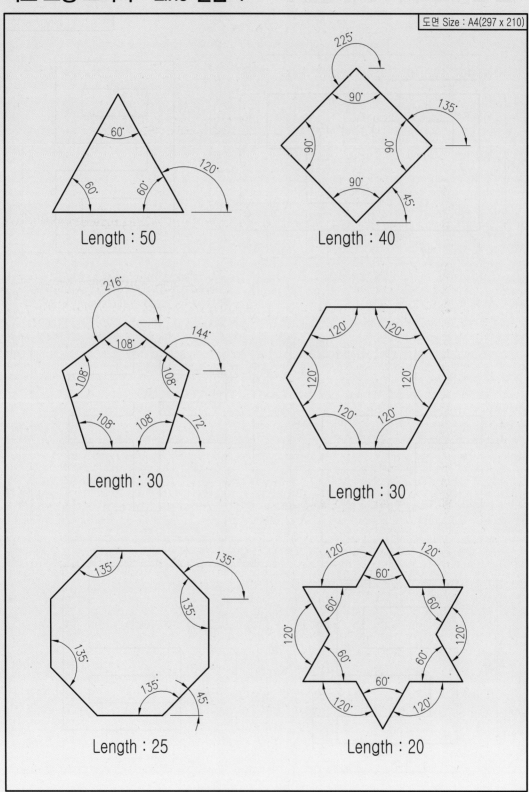

Length : 50

Length : 40

Length : 30

Length : 30

Length : 25

Length : 20

기초 도형 그리기 : Line 실습 5

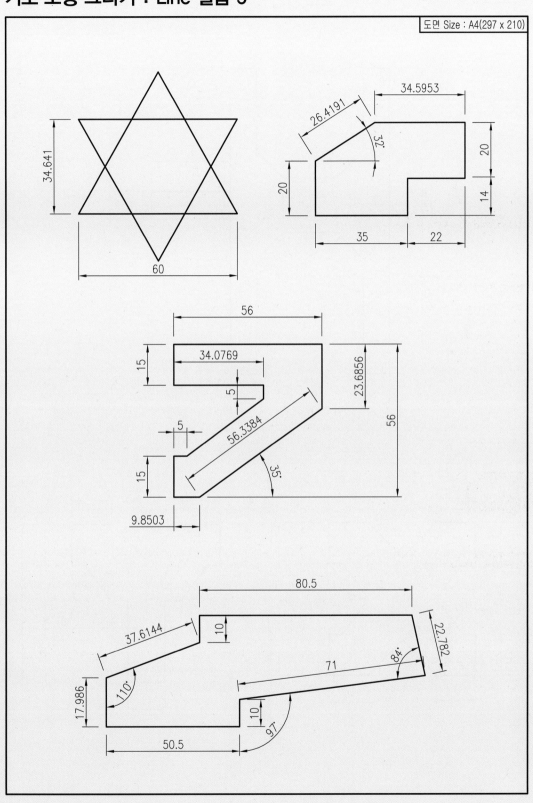

기초 도형 그리기 : Line 실습 6

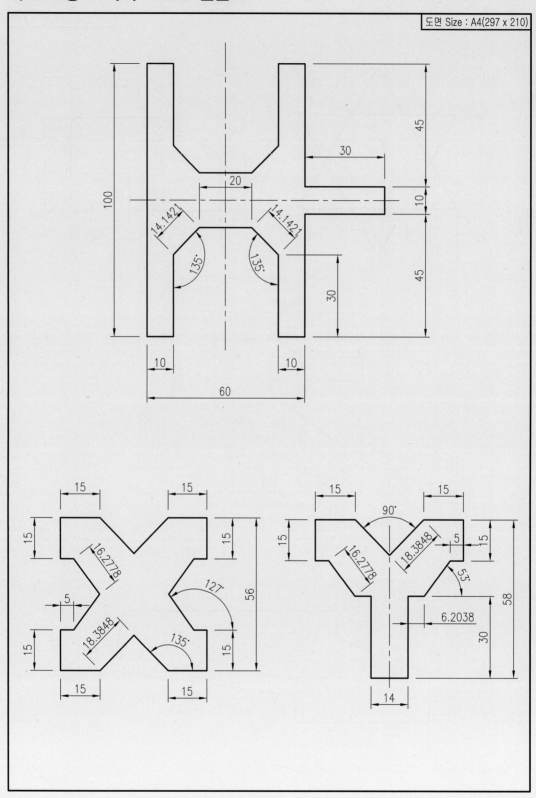

■ 기능

도면에서 불필요한 객체들을 선택하여 지우는 명령어이다.

② 명령 실행방법

① 지울 객체를 선택한다.

② 지우기 아이콘을 클릭하거나 명령창에 단축키 E를 입력한 후 엔터를 누른다.

③ 객체 선택방법(삭제할 대상 선택방법)

① 윈도우 방식 : 선택하고자 하는 위치에서 마우스를 클릭하고 좌측에서 우측으로 드래그한 다음 선택하고자 하는 위치의 마지막 지점에서 클릭한다. 이때 사각형 범위 안에 완전히 포함된 객체만 선택된다. 객체를 선택하고 단축키 E를 누르면 선택된 객체가 지워진다.

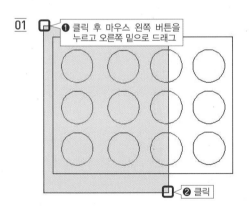

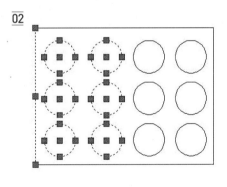

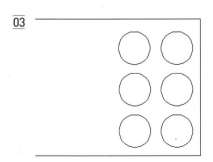

② 크로스 방식 : 윈도우 방식과는 달리 사각형 범위 안의 객체는 물론 사각형 박스에 닿아 있는 객체까지 모두 선택된다. 우측에서 좌측으로 마우스를 드래그한 다음, 선택하고자 하는 위치의 마지막 지점에서 클릭하면 된다. 객체를 선택하고 단축키 E를 누르면 선택된 객체가 지워진다.

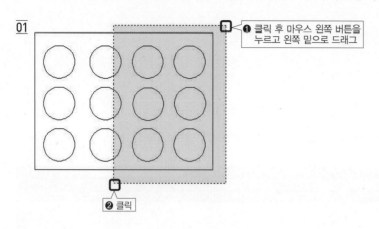

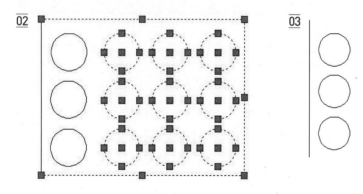

4 연습

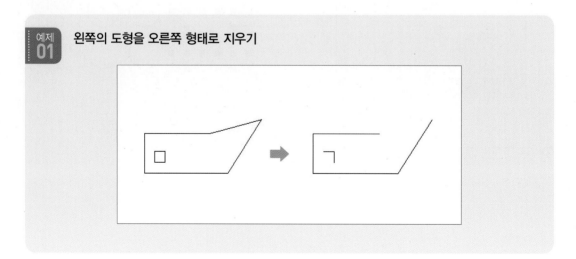

예제 01 : 왼쪽의 도형을 오른쪽 형태로 지우기

❶ 지울 객체를 선택한다.

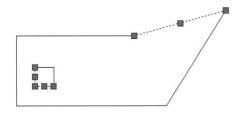

❷ 지우개 아이콘을 클릭하거나 단축키 E를 눌러 삭제한다.

03 Save(세이브) 명령

1 기능

현재 도면 이름이나 사용자가 지정하는 이름으로 저장하며, 최근에 저장된 내용 중에서 변경된 사항을 저장한다.

2 명령 실행방법

저장 아이콘을 클릭하거나 명령창에 Save를 입력한 후 엔터를 누른다.

③ 연습

한 변이 50인 정사각형을 작도한 후 바탕화면에 저장하기

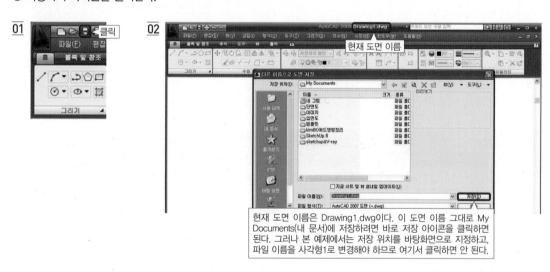

❶ 라인 명령을 이용하여 한 변이 50인 정사각형을 작도하고 대각선 방향으로 라인을 긋는다.

❷ 저장하기 아이콘을 클릭한다.

현재 도면 이름은 Drawing1.dwg이다. 이 도면 이름 그대로 My Documents(내 문서)에 저장하려면 바로 저장 아이콘을 클릭하면 된다. 그러나 본 예제에서는 저장 위치를 바탕화면으로 지정하고, 파일 이름을 사각형1로 변경해야 하므로 여기서 클릭하면 안 된다.

❸ 저장 위치는 My Documents(내 문서)가 아니라 바탕화면으로 지정하고, 파일 이름을 사각형1이라 저장한다.

03

Drawing1.dwg에서 사각형1로
변경된 것을 확인할 수 있다.

04 New(뉴) 명령

1 기능

새 도면을 작성할 때 사용하는 명령어이다.

2 명령 실행방법

새 도면 단축 아이콘을 클릭하거나 명령창에 New를 입력한 후 엔터를 누른다.

새 도면 아이콘을 클릭하거나
명령창에 NEW 입력 후 엔터

acadiso.dwt를 클릭하거나 '템플릿 ·
미터법 없이 열기(M)'를 클릭

❶ 클릭

❷ 클릭

1 기능

이미 완성된 도면이나 작업 중이던 도면을 다시 불러올 때 사용하는 명령어이다.

2 명령 실행방법

열기 아이콘을 클릭하거나 명령창에 Open을 입력한 후 엔터를 누른다.

3 연습

예제 **01** 바탕화면에 파일 이름을 사각형1로 저장한 AutoCAD 파일 불러오기

❶ 열기 아이콘을 클릭한 다음 바탕화면에 저장한 사각형1 파일을 불러온다.

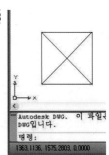

06 Quit(퀴트) 명령

1 기능

현재 도면 상태에서 AutoCAD를 종료할 때 쓰는 명령어이다.

2 명령 실행방법

나가기 아이콘을 클릭하거나 명령창에 Quit 혹은 Exit를 입력한 후 엔터를 누른다.

종료 아이콘을 클릭하거나
명령창에 QUIT 입력 후 엔터

3 연습

 예제 01   바탕화면에 저장된 사각형1 파일을 불러온 상태에서 종료하기

❶ 열기 아이콘을 클릭하여 바탕화면에 저장된 사각형1 파일을 불러온다.

❷ 나가기 아이콘을 클릭하여 현재 열려 있는 사각형1 파일을 종료한다.

연습 1   사각형1 파일 수정 후 저장하기

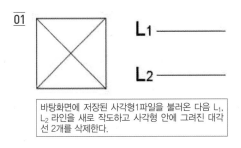

01

바탕화면에 저장된 사각형1파일을 불러온 다음 L1, L2 라인을 새로 작도하고 사각형 안에 그려진 대각선 2개를 삭제한다.

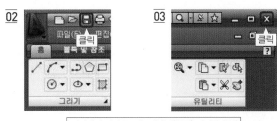

저장하기 아이콘 또는 나가기(종료) 아이콘 클릭

04

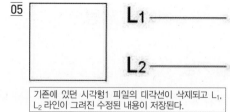

05

기존에 있던 사각형1 파일의 대각선이 삭제되고 L₁, L₂ 라인이 그려진 수정된 내용이 저장된다.

연습 2 사각형1 파일 수정된 내용 취소하기(원본 파일 그대로 유지)

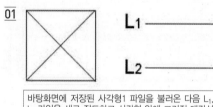

01

바탕화면에 저장된 사각형1 파일을 불러온 다음 L₁, L₂ 라인을 새로 작도하고 사각형 안에 그려진 대각선 2개를 삭제한다.

02

03

04

열기 아이콘을 재클릭하여 사각형1 파일을 불러들여 확인하면 원본 그대로 다시 저장되어 있는 것을 볼 수 있다.

1 기능

여러 가지(6가지) 방법으로 원을 작성하는 명령으로 기본 방법은 중심과 반지름을 지정하는 방법이다.

2 명령 실행방법

① 원 그리기 아이콘을 클릭하거나 명령창에 단축키 C를 입력한 후 엔터를 누른다.

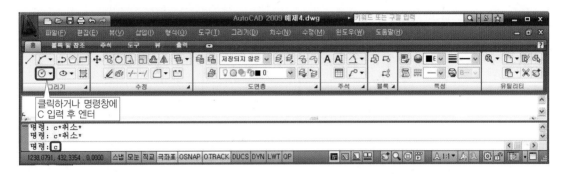

② 풀다운 메뉴(Pull Down Menu)를 이용하거나, 아이콘 옆 작은 화살표를 클릭해서 원하는 옵션을 선택한다.(반지름의 원을 그릴지, 지름의 원을 그릴지, 아니면 2점, 3점, 접선을 이용해서 그릴지 선택)

방법 1 리본 메뉴에서 선택할 경우

방법 2 풀다운 메뉴에서 선택할 경우

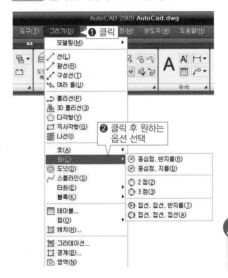

📝 **노하우 Tip**

접점은 객체가 다른 객체와 교차하지 않고 만나는 점이다.

① ⟨중심점, 반지름⟩ : 기본 방법으로 중심과 반지름을 지정하여 원 그리기

② ⟨중심점, 지름⟩ : 중심과 지름을 지정하여 원 그리기

③ ⟨2 점⟩ : 원주를 정의하는 지름에 해당하는 2개의 점을 지정하여 원 그리기

④ ⟨3 점⟩ : 원주를 정의하는 3개의 점을 지정하여 원 그리기

⑤ ⟨접선, 접선, 반지름⟩ : 두 곡선에 접하는 접점, 접점 지정 후 반지름을 지정하여 원 그리기

⑥ ⟨접선, 접선, 접선⟩ : 세 곡선에 접하는 접점, 접점, 접점을 지정하여 원그리기

TIP ⟨접선, 접선, 반지름⟩ ⟨접선, 접선, 접선⟩ **방법으로 원 그리기**

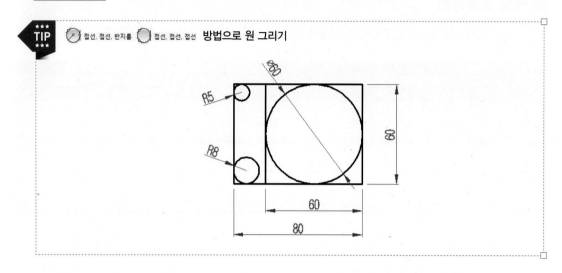

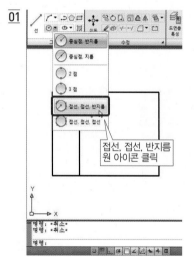

접선, 접선, 반지름
원 아이콘 클릭

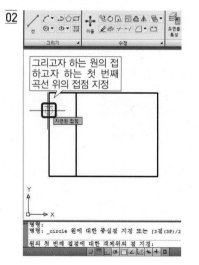

그리고자 하는 원의 접
하고자 하는 첫 번째
곡선 위의 접점 지정

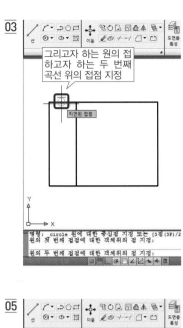

03 그리고자 하는 원의 접
하고자 하는 두 번째
곡선 위의 접점 지정

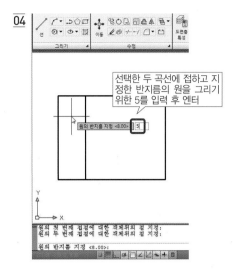

04 선택한 두 곡선에 접하고 지
정한 반지름의 원을 그리기
위한 5를 입력 후 엔터

05 완성된 두 직선에 접하고
반지름이 5인 원

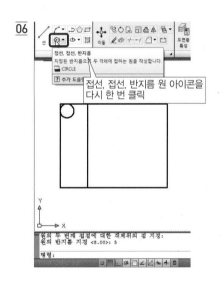

06 접선, 접선, 반지름 원 아이콘을
다시 한 번 클릭

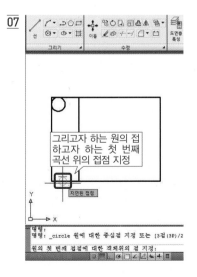

07 그리고자 하는 원의 접
하고자 하는 첫 번째
곡선 위의 접점 지정

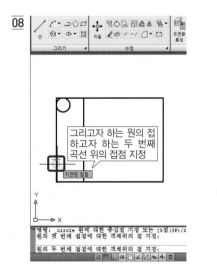

08 그리고자 하는 원의 접
하고자 하는 두 번째
곡선 위의 접점 지정

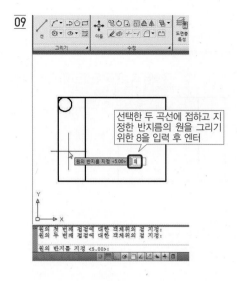

09

선택한 두 곡선에 접하고 지정한 반지름의 원을 그리기 위한 8을 입력 후 엔터

원의 첫 번째 접점에 대한 객체위의 점 지정:
원의 두 번째 접점에 대한 객체위의 점 지정:
원의 반지름 지정 <5.00>:

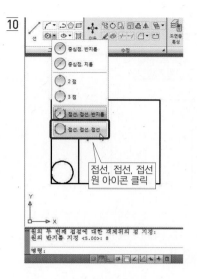

10

접선, 접선, 접선 원 아이콘 클릭

원의 두 번째 접점에 대한 객체위의 점 지정:
원의 반지름 지정 <5.00>: 8
명령:

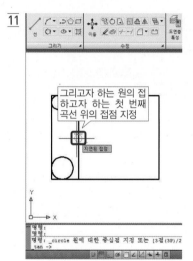

11

그리고자 하는 원의 접하고자 하는 첫 번째 곡선 위의 접점 지정

지연된 접점

명령:
명령:
명령: _circle 원에 대한 중심점 지정 또는 [3점(3P)/2
_tan ->

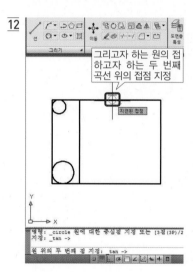

12

그리고자 하는 원의 접하고자 하는 두 번째 곡선 위의 접점 지정

지연된 접점

명령: _circle 원에 대한 중심점 지정 또는 [3점(3P)/2
지정: _tan ->
원 위의 두 번째 점 지정: _tan ->

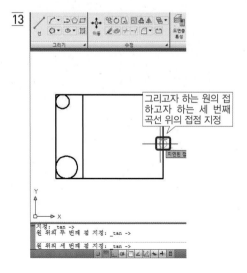

13

그리고자 하는 원의 접하고자 하는 세 번째 곡선 위의 접점 지정

지연된 접

지정: _tan ->
원 위의 두 번째 점 지정: _tan ->
원 위의 세 번째 점 지정: _tan ->

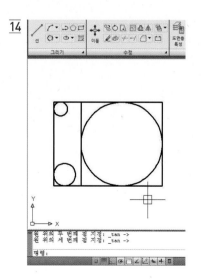

14

원 위의 두 번째 점 지정: _tan ->
원 위의 세 번째 점 지정: _tan ->
명령:

핵심요약

3개의 직선에 접하는 원 완성 치수를 입력하지 않아도 정확하게 3개의 직선에 접하는 원이므로 ∅60인 원이다.

3 연습

반지름, 지름, 2점 원 아이콘 명령을 사용하여 복합도형 완성하기

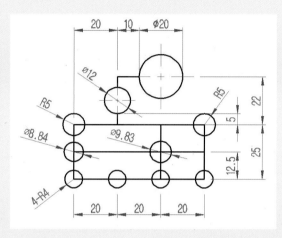

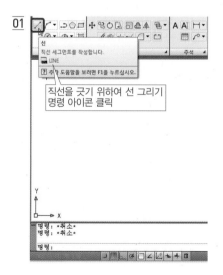

직선을 긋기 위하여 선 그리기
명령 아이콘 클릭

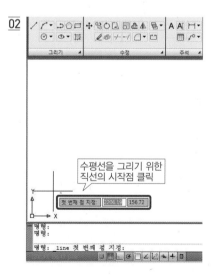

수평선을 그리기 위한
직선의 시작점 클릭

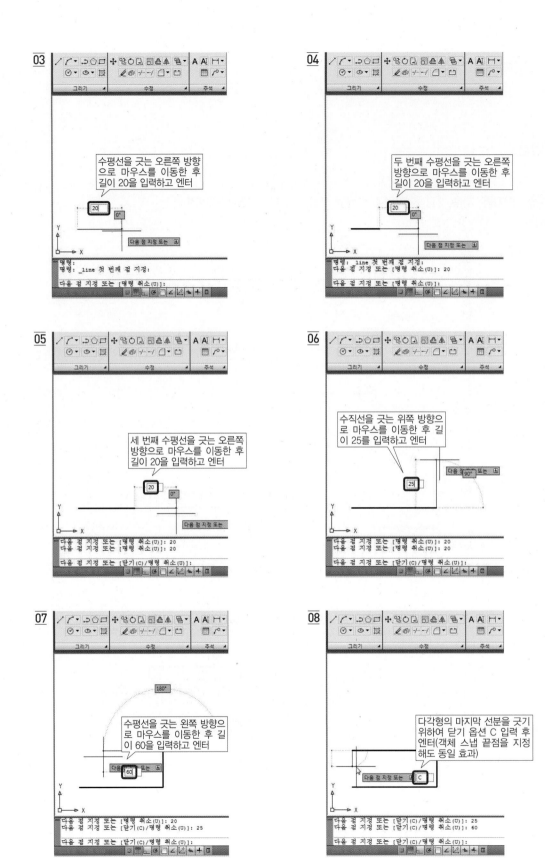

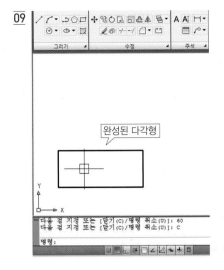

09

완성된 다각형

다음 점 지정 또는 [닫기(C)/명령 취소(U)] : 60
다음 점 지정 또는 [닫기(C)/명령 취소(U)] : C

명령:

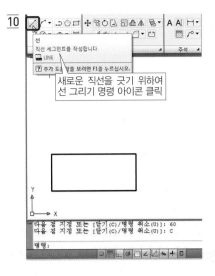

10

선
직선 세그먼트를 작성합니다.
LINE
추가 도움말을 보려면 F1을 누르십시오.

새로운 직선을 긋기 위하여
선 그리기 명령 아이콘 클릭

다음 점 지정 또는 [닫기(C)/명령 취소(U)] : 60
다음 점 지정 또는 [닫기(C)/명령 취소(U)] : C

명령:

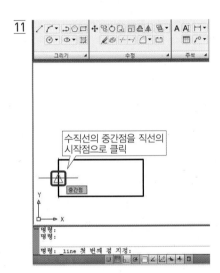

11

수직선의 중간점을 직선의
시작점으로 클릭

중간점

명령:
명령:

명령: _line 첫 번째 점 지정:

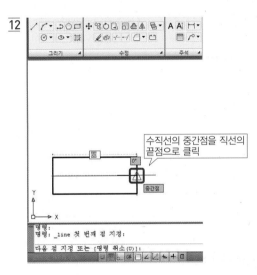

12

수직선의 중간점을 직선의
끝점으로 클릭

0°

중간점

명령:
명령: _line 첫 번째 점 지정:

다음 점 지정 또는 [명령 취소(U)]:

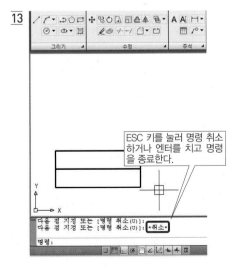

13

ESC 키를 눌러 명령 취소
하거나 엔터를 치고 명령
을 종료한다.

다음 점 지정 또는 [명령 취소(U)]:
다음 점 지정 또는 [명령 취소(U)]: *취소*

명령:

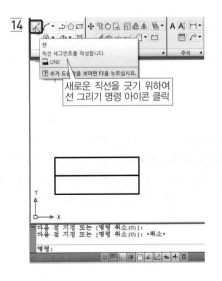

14

선
직선 세그먼트를 작성합니다.
LINE
추가 도움말을 보려면 F1을 누르십시오.

새로운 직선을 긋기 위하여
선 그리기 명령 아이콘 클릭

다음 점 지정 또는 [명령 취소(U)]:
다음 점 지정 또는 [명령 취소(U)]: *취소*

명령:

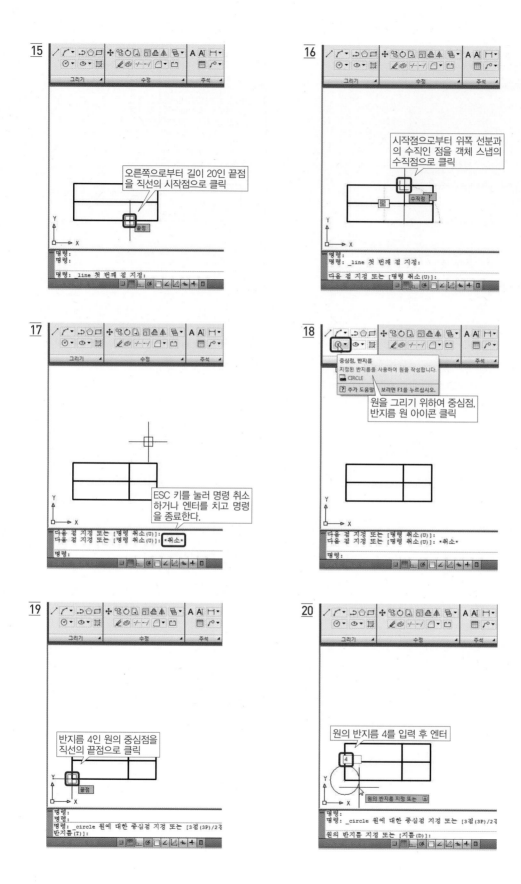

15

오른쪽으로부터 길이 20인 끝점을 직선의 시작점으로 클릭

명령:
명령:
명령: _line 첫 번째 점 지정:

16

시작점으로부터 위쪽 선분과의 수직인 점을 객체 스냅의 수직점으로 클릭

명령:
명령: _line 첫 번째 점 지정:
다음 점 지정 또는 [명령 취소(U)]:

17

ESC 키를 눌러 명령 취소하거나 엔터를 치고 명령을 종료한다.

다음 점 지정 또는 [명령 취소(U)]:
다음 점 지정 또는 [명령 취소(U)]: *취소*
명령:

18

원을 그리기 위하여 중심점, 반지름 원 아이콘 클릭

중심점, 반지름
지정된 반지름을 사용하여 원을 작성합니다.
CIRCLE
추가 도움말 | 보려면 F1을 누르십시오.

다음 점 지정 또는 [명령 취소(U)]:
다음 점 지정 또는 [명령 취소(U)]: *취소*
명령:

19

반지름 4인 원의 중심점을 직선의 끝점으로 클릭

명령:
명령:
명령: _circle 원에 대한 중심점 지정 또는 [3점(3P)/2점반지름(T)]:

20

원의 반지름 4를 입력 후 엔터

원의 반지름을 지정 또는 [⌀]

명령:
명령: _circle 원에 대한 중심점 지정 또는 [3점(3P)/2점
원의 반지름 지정 또는 [지름(D)]:

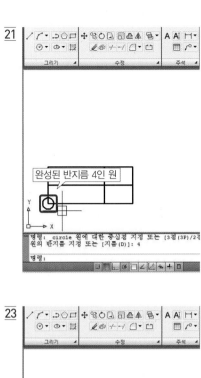

21 완성된 반지름 4인 원

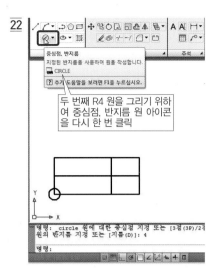

22 두 번째 R4 원을 그리기 위하여 중심점, 반지름 원 아이콘을 다시 한 번 클릭

중심점, 반지름
지정된 반지름을 사용하여 원을 작성합니다.
CIRCLE
추가 도움말을 보려면 F1을 누르십시오.

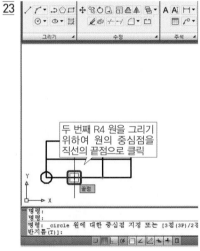

23 두 번째 R4 원을 그리기 위하여 원의 중심점을 직선의 끝점으로 클릭

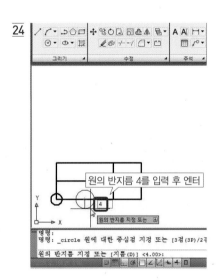

24 원의 반지름 4를 입력 후 엔터

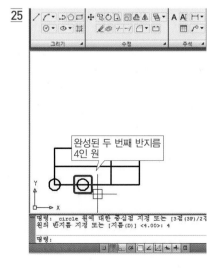

25 완성된 두 번째 반지름 4인 원

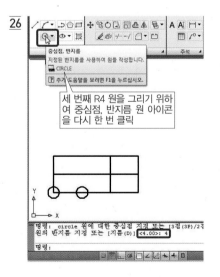

26 세 번째 R4 원을 그리기 위하여 중심점, 반지름 원 아이콘을 다시 한 번 클릭

중심점, 반지름
지정된 반지름을 사용하여 원을 작성합니다.
CIRCLE
추가 도움말을 보려면 F1을 누르십시오.

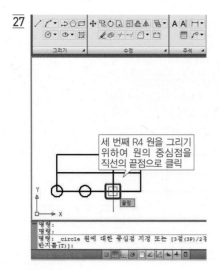

27 세 번째 R4 원을 그리기 위하여 원의 중심점을 직선의 끝점으로 클릭

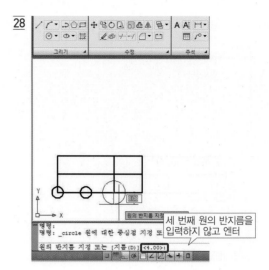

28 세 번째 원의 반지름을 입력하지 않고 엔터

TIP 기본 입력값의 활용

사용자가 마지막으로 입력한 수치값이 기본 입력값으로 저장된다. 그러므로 반지름 4가 기본 입력값으로 저장되어 아무것도 입력하지 않고 엔터를 치면 〈기본 입력값〉에 저장된 값이 자동 입력된다.

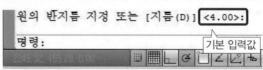

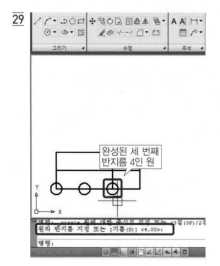

29 완성된 세 번째 반지름 4인 원

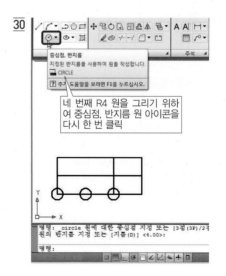

30 네 번째 R4 원을 그리기 위하여 중심점, 반지름 원 아이콘을 다시 한 번 클릭

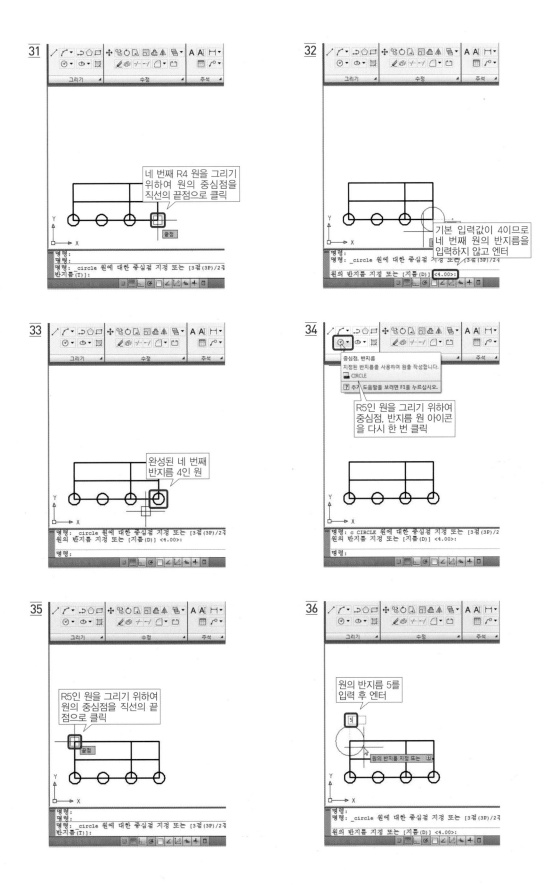

31

네 번째 R4 원을 그리기
위하여 원의 중심점을
직선의 끝점으로 클릭

끝점

명령:
명령:
명령: _circle 원에 대한 중심점 지정 또는 [3점(3P)/2점
반지름(T)]:

32

기본 입력값이 4이므로
네 번째 원의 반지름을
입력하지 않고 엔터

명령:
명령: _circle 원에 대한 중심점 지정 또는 [3점(3P)/2점
원의 반지름 지정 또는 [지름(D)] <4.00>:

33

완성된 네 번째
반지름 4인 원

명령: _circle 원에 대한 중심점 지정 또는 [3점(3P)/2점
원의 반지름 지정 또는 [지름(D)] <4.00>:
명령:

34

중심점, 반지름
지정된 반지름을 사용하여 원을 작성합니다.
CIRCLE
추가 도움말을 보려면 F1을 누르십시오.

R5인 원을 그리기 위하여
중심점, 반지름 원 아이콘
을 다시 한 번 클릭

명령: c CIRCLE 원에 대한 중심점 지정 또는 [3점(3P)/2점
원의 반지름 지정 또는 [지름(D)] <4.00>:
명령:

35

R5인 원을 그리기 위하여
원의 중심점을 직선의 끝
점으로 클릭

끝점

명령:
명령:
명령: _circle 원에 대한 중심점 지정 또는 [3점(3P)/2점
반지름(T)]:

36

원의 반지름 5를
입력 후 엔터

5

원의 반지름을 지정 또는

명령:
명령: _circle 원에 대한 중심점 지정 또는 [3점(3P)/2점
원의 반지름 지정 또는 [지름(D)] <4.00>:

37

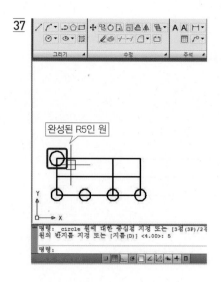

완성된 R5인 원

명령: _circle 원에 대한 중심점 지정 또는 [3점(3P)/2건
원의 반지름 지정 또는 [지름(D)] <4.00>: 5
명령:

38

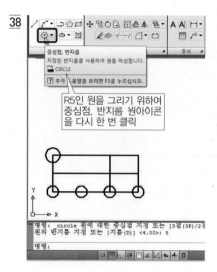

중심점, 반지름
지정된 반지름을 사용하여 원을 작성합니다.
🔲 CIRCLE
❓ 추가 도움말을 보려면 F1을 누르십시오.

R5인 원을 그리기 위하여
중심점, 반지름 원아이콘
을 다시 한 번 클릭

명령: _circle 원에 대한 중심점 지정 또는 [3점(3P)/2건
원의 반지름 지정 또는 [지름(D)] <4.00>: 5
명령:

39

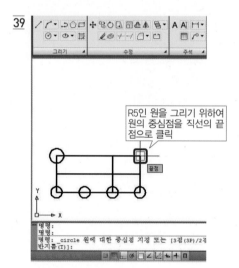

R5인 원을 그리기 위하여
원의 중심점을 직선의 끝
점으로 클릭

끝점

명령:
명령:
명령: _circle 원에 대한 중심점 지정 또는 [3점(3P)/2건
반지름(T)]:

40

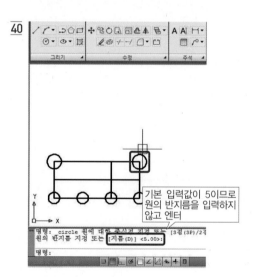

기본 입력값이 5이므로
원의 반지름을 입력하지
않고 엔터

명령: _circle 원에 대한 중심점 지정 또는 [3점(3P)/2건
원의 반지름 지정 또는 [지름(D)] <5.00>:
명령:

41

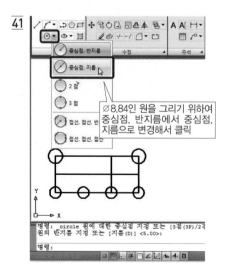

중심점, 반지름
중심점, 지름
2점
3점
접선, 접선, 반
접선, 접선, 접선

∅8.84인 원을 그리기 위하여
중심점, 반지름에서 중심점,
지름으로 변경해서 클릭

명령: _circle 원에 대한 중심점 지정 또는 [3점(3P)/2건
원의 반지름 지정 또는 [지름(D)] <5.00>:
명령:

42

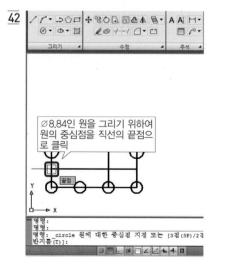

∅8.84인 원을 그리기 위하여
원의 중심점을 직선의 끝점으
로 클릭

끝점

명령:
명령:
명령: _circle 원에 대한 중심점 지정 또는 [3점(3P)/2건
반지름(T)]:

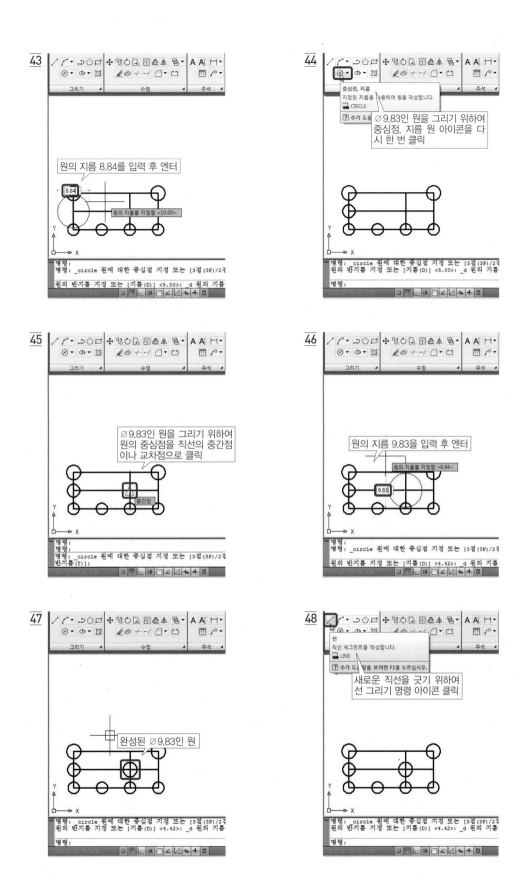

43 원의 지름 8.84를 입력 후 엔터

44 ∅9.83인 원을 그리기 위하여 중심점, 지름 원 아이콘을 다시 한 번 클릭

45 ∅9.83인 원을 그리기 위하여 원의 중심점을 직선의 중간점이나 교차점으로 클릭

46 원의 지름 9.83을 입력 후 엔터

47 완성된 ∅9.83인 원

48 새로운 직선을 긋기 위하여 선 그리기 명령 아이콘 클릭

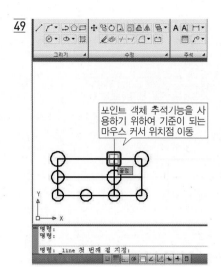

49

포인트 객체 추적기능을 사
용하기 위하여 기준이 되는
마우스 커서 위치점 이동

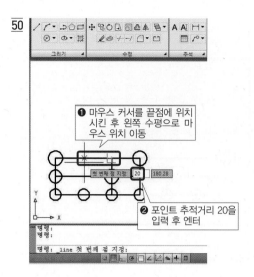

50

❶ 마우스 커서를 끝점에 위치
시킨 후 왼쪽 수평으로 마
우스 위치 이동

첫 번째 점 지정: 20   180.26

❷ 포인트 추적거리 20을
입력 후 엔터

TIP ★★★

객체 추적(Object Tracking)기능의 활용

객체 추적이란 카메라로 촬영되는 영상에서 사람, 동물, 차량 등 특정 객체(object)의 위치 변화를 찾는 컴퓨
터 비전(Computer Vision)기술을 말한다. 캐드시스템의 객체 추적기능은 포인트 객체 추적기능으로 마우스 커
서가 위치한 첫 번째 포인트 객체에서 수평방향(X축) 또는 수직방향(Y축)으로 사용자가 입력한 거리만큼 포인
트를 추적하여 입력포인트로 지정할 수 있는 포인트 추적기능이다. 따라서 마우스 커서가 위치한 점이 아니라
그 점으로부터 입력거리만큼 떨어진 포인트점을 지정할 수 있는 전문숙련 기능이다.

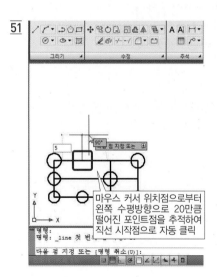

51

마우스 커서 위치점으로부터
왼쪽 수평방향으로 20만큼
떨어진 포인트점을 추적하여
직선 시작점으로 자동 클릭

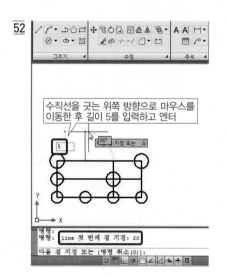

52

수직선을 긋는 위쪽 방향으로 마우스를
이동한 후 길이 5를 입력하고 엔터

line 첫 번째 점 지정: 20

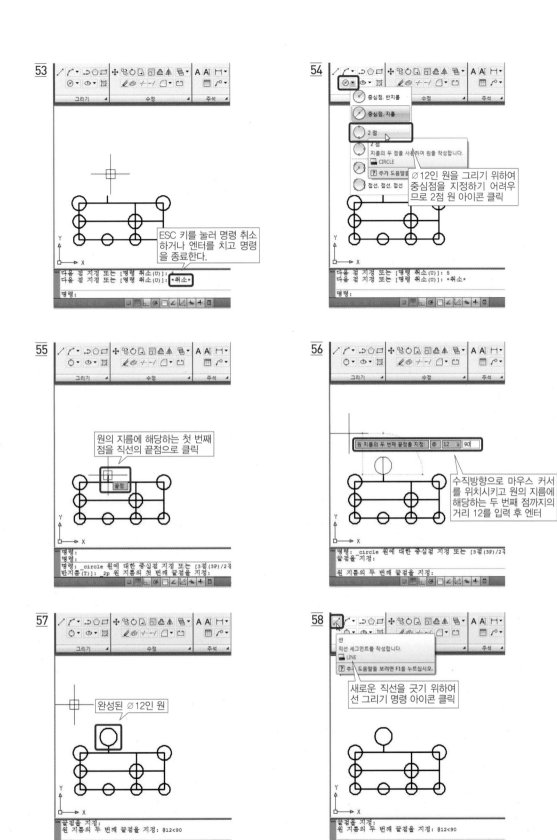

53

ESC 키를 눌러 명령 취소
하거나 엔터를 치고 명령
을 종료한다.

54

∅ 12인 원을 그리기 위하여
중심점을 지정하기 어려우
므로 2점 원 아이콘 클릭

55

원의 지름에 해당하는 첫 번째
점을 직선의 끝점으로 클릭

56

수직방향으로 마우스 커서
를 위치시키고 원의 지름에
해당하는 두 번째 점까지의
거리 12를 입력 후 엔터

57

완성된 ∅ 12인 원

58

새로운 직선을 긋기 위하여
선 그리기 명령 아이콘 클릭

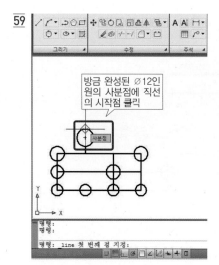

59

방금 완성된 ∅12인 원의 사분점에 직선의 시작점 클릭

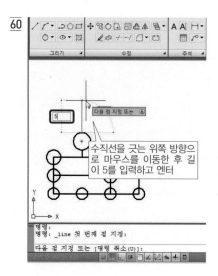

60

수직선을 긋는 위쪽 방향으로 마우스를 이동한 후 길이 5를 입력하고 엔터

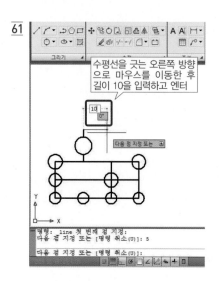

61

수평선을 긋는 오른쪽 방향으로 마우스를 이동한 후 길이 10을 입력하고 엔터

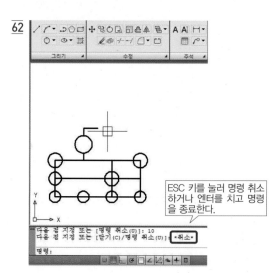

62

ESC 키를 눌러 명령 취소하거나 엔터를 치고 명령을 종료한다.

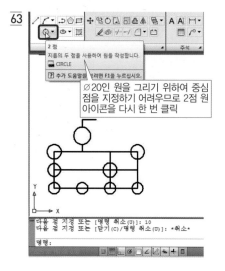

63

2 점
지름의 두 점을 사용하여 원을 작성합니다.
CIRCLE
추가 도움말을 보려면 F1을 누르십시오.

∅20인 원을 그리기 위하여 중심점을 지정하기 어려우므로 2점 원 아이콘을 다시 한 번 클릭

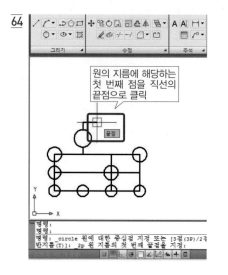

64

원의 지름에 해당하는 첫 번째 점을 직선의 끝점으로 클릭

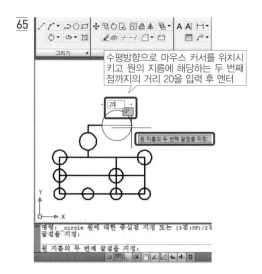

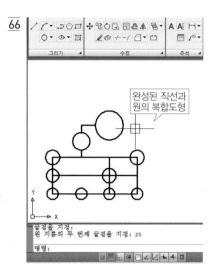

반지름, 지름, 접선 원 아이콘 명령을 사용하여 복합도형 완성하기

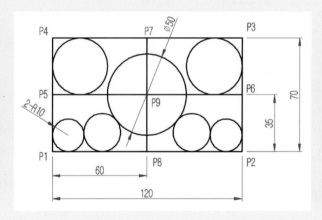

❶ 선 그리기 아이콘을 클릭하거나 명령창에 선 그리기 단축키인 L을 입력한 후 엔터를 누른다.

❷ P1에서부터 P2방향이나 P4방향으로 직선을 작도하면서 사각형을 작도한다.

❸ 사각형 안의 십자선은 중간점 객체 스냅(Osnap)을 이용하여 작도한다.

❹ 십자선을 다 작도했다면 지름이 50인 원을 작도하기 위해 명령창에 'C'를 입력하거나 풀다운 메뉴를 이용하거나 아이콘 옆 작은 화살표를 클릭해서 '중심점, 지름'을 선택한 다음 P9를 중심점으로 지름이 50인 원을 작도한다.

연습 1 원 그리기 아이콘에서 실행하는 경우

01

02
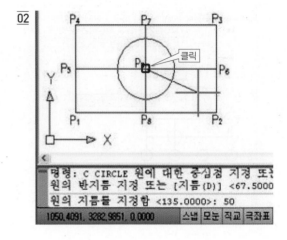

03
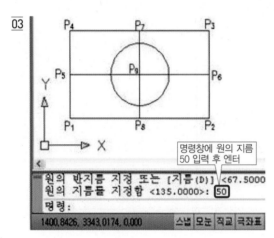

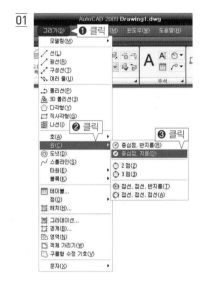

01

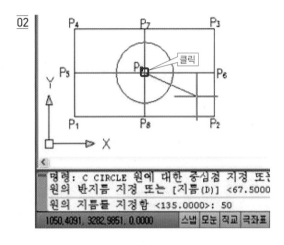

02

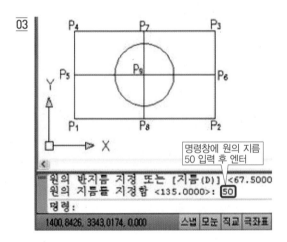

03

명령창에 원의 지름
50 입력 후 엔터

❺ 접선을 이용해서 P3, P4 부분에 있는 원을 작도한다. 크기를 알 수 없지만 자세히 보면 세 개의 선분에 맞닿아 있는 것을 확인할 수 있다. 그러므로 풀다운 메뉴에서 그리기를 선택하고 원을 클릭한 다음 '접선, 접선, 접선'을 선택해서 작도한다.

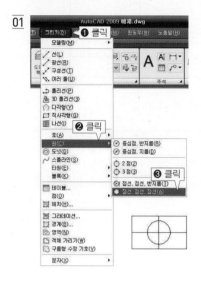

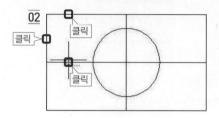

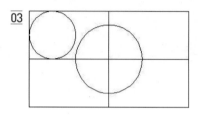

반복 명령을 사용하기 위해 마우스 오른쪽 버튼을 누르면 화면에 바로가기 메뉴가 나타난다. 반복 명령을 사용하면 접선의 원을 보다 쉽게 작도할 수 있다.

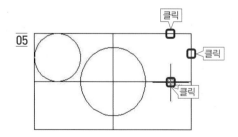

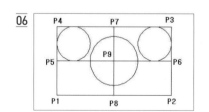

아이콘 메뉴를 이용해서 접선의 원을 그릴 수도 있다. 하지만 아이콘 메뉴는 명령 옵션이 추가된 반복 명령이 실행되지 않기 때문에 작업이 번거롭다. 반면 풀다운 메뉴는 명령 옵션이 추가된 반복 명령이 실행되므로 하나의 원이 아닌 두 개 이상의 같은 원을 그릴 때는 아이콘 메뉴보다 풀다운 메뉴를 이용하는 것이 좋다.

❻ P1과 P2 부분에 반지름이 10인 접선의 원을 그리기 위해 아이콘 메뉴가 아닌 풀다운 메뉴를 클릭해서 작도한다.

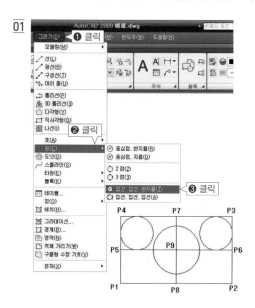

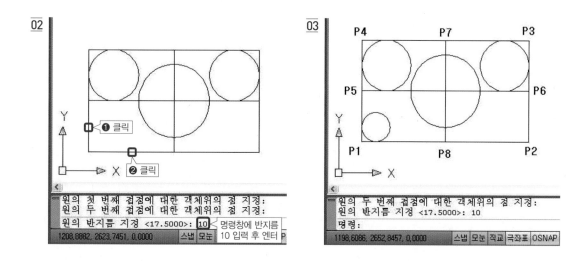

❼ P2 부분에 있는 반지름이 10인 접선의 원을 그리기 위해 반복 명령을 사용한다. 마우스 오른쪽 버튼을 누르면 바로가기 메뉴가 나타난다.

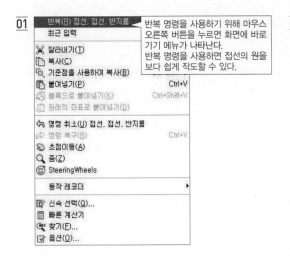

반복 명령을 사용하기 위해 마우스 오른쪽 버튼을 누르면 화면에 바로가기 메뉴가 나타난다.
반복 명령을 사용하면 접선의 원을 보다 쉽게 작도할 수 있다.

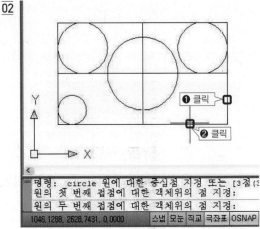

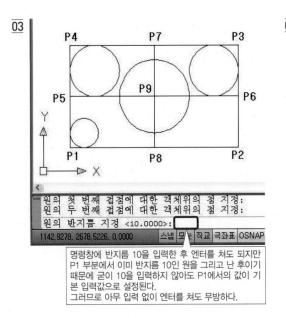

명령창에 반지름 10을 입력한 후 엔터를 쳐도 되지만 P1 부분에서 이미 반지름 10인 원을 그리고 난 후이기 때문에 굳이 10을 입력하지 않아도 P1에서의 값이 기본 입력값으로 설정된다.
그러므로 아무 입력 없이 엔터를 쳐도 무방하다.

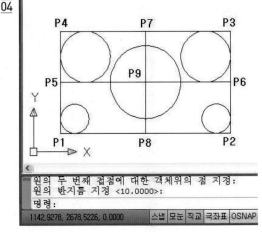

❽ P1, P2 부분에 있는 원과 지름이 50인 원에 접선으로 닿아 있는 원을 그리기 위해 풀다운 메뉴를 이용한다. 여기서 한 가지 작도의 순서를 생각해 볼 필요가 있다. P1, P2 부분에 있는 반지름이 10인 원을 먼저 그렸다면 '접선, 접선, 접선'의 원을 P3, P4 부분에 있는 접선의 원을 반복 명령을 이용해서 한 번에 그릴 수 있었는데 다시 명령을 실행해서 그려야 하기 때문에 그만큼 시간이 더 많이 걸린다.

01

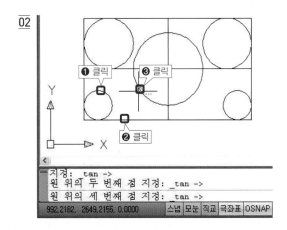

02

지정: _tan ->
원 위의 두 번째 점 지정: _tan ->
원 위의 세 번째 점 지정: _tan ->
992.2182, 2649.2155, 0.0000　스냅 모눈 직교 극좌표 OSNAP

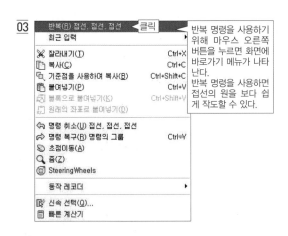

03

반복 명령을 사용하기 위해 마우스 오른쪽 버튼을 누르면 화면에 바로가기 메뉴가 나타난다.
반복 명령을 사용하면 접선의 원을 보다 쉽게 작도할 수 있다.

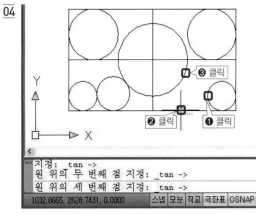

04

지정: _tan ->
원 위의 두 번째 점 지정: _tan ->
원 위의 세 번째 점 지정: _tan ->
1032.8665, 2628.7431, 0.0000　스냅 모눈 직교 극좌표 OSNAP

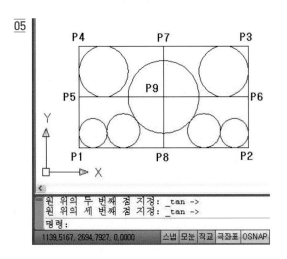

05

원 위의 두 번째 점 지정: _tan ->
원 위의 세 번째 점 지정: _tan ->
명령:
1139.5167, 2694.7927, 0.0000　스냅 모눈 직교 극좌표 OSNAP

예제 03 한 변이 65인 정삼각형 작도 후 2점, 3점 원 아이콘 명령을 사용하여 복합도형 완성하기

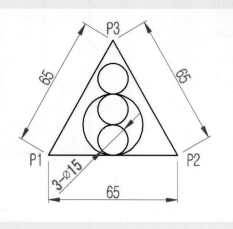

❶ 먼저 라인 명령을 실행하여 한 변이 65인 정삼각형을 그린다.

❷ 지름이 15인 원을 작도하기 위해, 풀다운 메뉴에서 그리기를 클릭한 다음 원을 클릭, '2점(2)'을 선택해서 지름이
15인 원을 하나 그린다.

01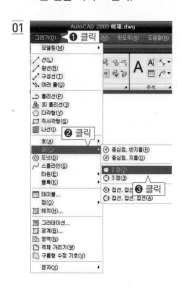

02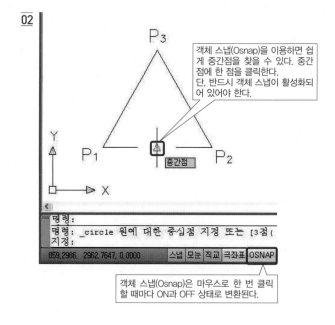

객체 스냅(Osnap)을 이용하면 쉽
게 중간점을 찾을 수 있다. 중간
점에 한 점을 클릭한다.
단, 반드시 객체 스냅이 활성화되
어 있어야 한다.

객체 스냅(Osnap)은 마우스로 한 번 클릭
할 때마다 ON과 OFF 상태로 변환된다.

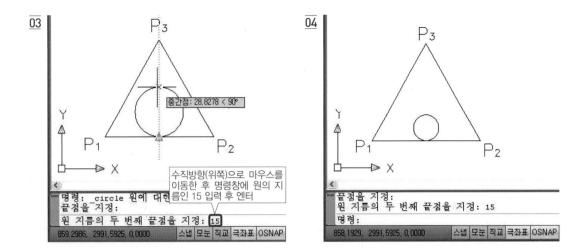

❸ 반복 명령을 이용해서 나머지 원 두 개를 완성한다. 마우스 오른쪽 버튼을 클릭하면 바로가기 메뉴가 화면에 나타난다.

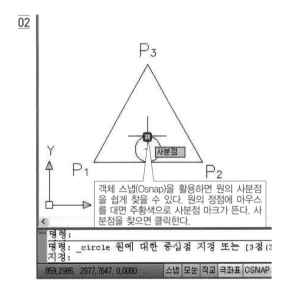

객체 스냅(Osnap)을 활용하면 원의 사분점을 쉽게 찾을 수 있다. 원의 정점에 마우스를 대면 주황색으로 사분점 마크가 뜬다. 사분점을 찾으면 클릭한다.

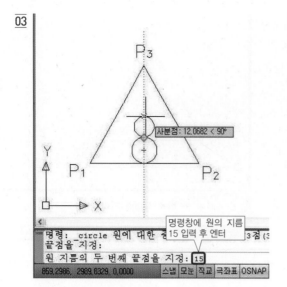

03

명령: _circle 원에 대한 ~~중~~ 3점 (3
끝점을 지정:
원 지름의 두 번째 끝점을 지정: [15]

859,2986, 2989,8329, 0,0000   스냅 | 모눈 | 직교 | 극좌표 | OSNAP

> 명령창에 원의 지름
> 15 입력 후 엔터

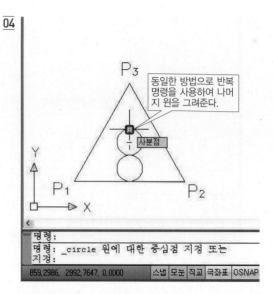

04

명령:
명령: _circle 원에 대한 중심점 지정 또는
지정:

859,2986, 2992,7647, 0,0000   스냅 | 모눈 | 직교 | 극좌표 | OSNAP

> 동일한 방법으로 반복
> 명령을 사용하여 나머
> 지 원을 그려준다.

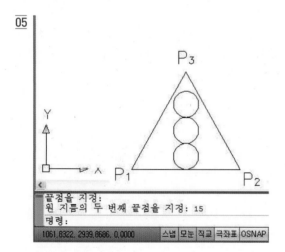

05

끝점을 지정:
원 지름의 두 번째 끝점을 지정: 15
명령:

1061,8322, 2939,8686, 0,0000   스냅 | 모눈 | 직교 | 극좌표 | OSNAP

❹ 계속해서 반복 명령을 이용하여, 지름 15인 원 두 개를 포함하고 있는 원을 그려 준다.

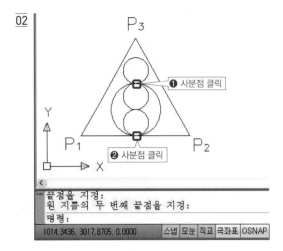

❺ 마지막으로 정삼각형 바깥에 그려진 원을 그릴 경우에는 굳이 마우스를 여러 번 클릭할 필요 없이 원 그리기 아이콘 메뉴에서 '3점'을 클릭한다. 그 이유는 명령 옵션이 추가된 반복 명령을 사용하지 않는 경우이기 때문이다.

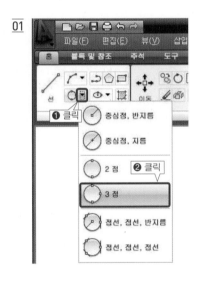

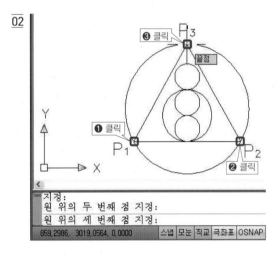

기초 도형 그리기 : CIRCLE 실습 1 (중심점, 반지름) (중심점, 지름) (2점 이용)

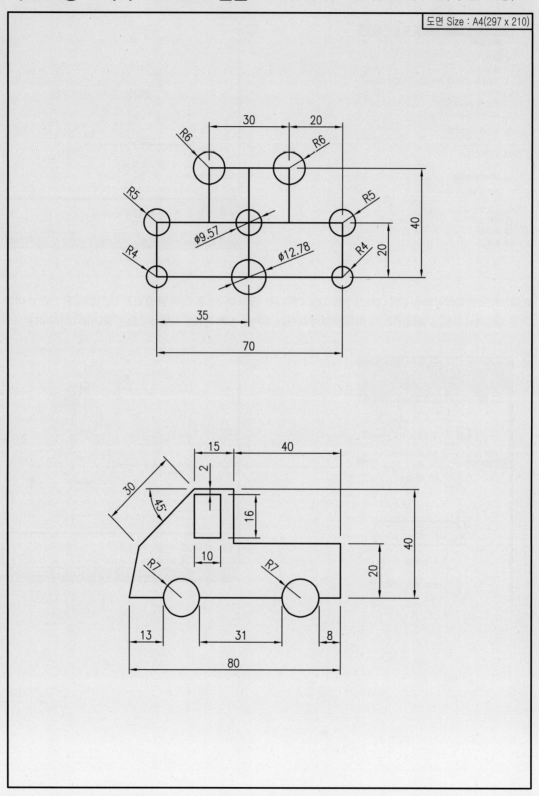

기초 도형 그리기 : CIRCLE 실습 2 (3점 이용) (접선, 접선, 반지름) (접선, 접선, 접선)

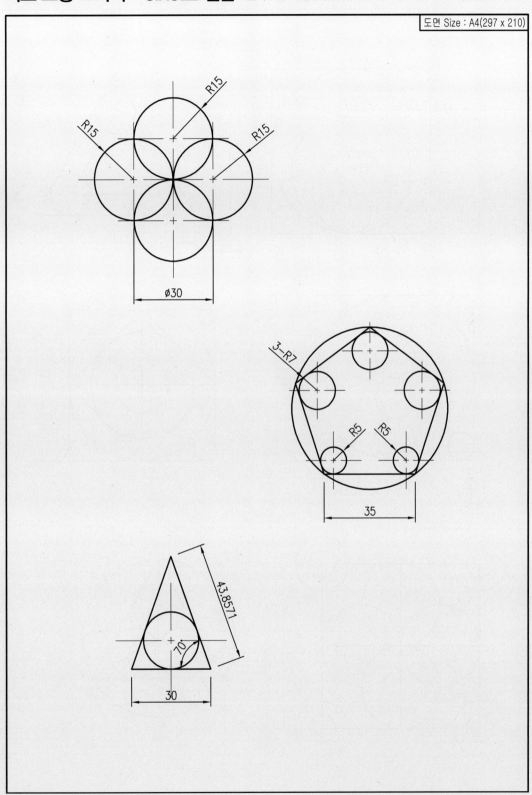

기초 도형 그리기 : CIRCLE 실습 3

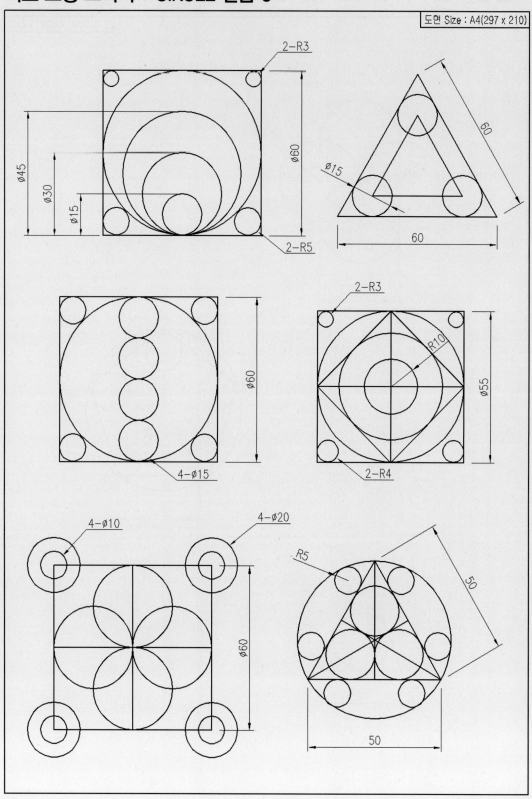

기초 도형 그리기 : CIRCLE 실습 4

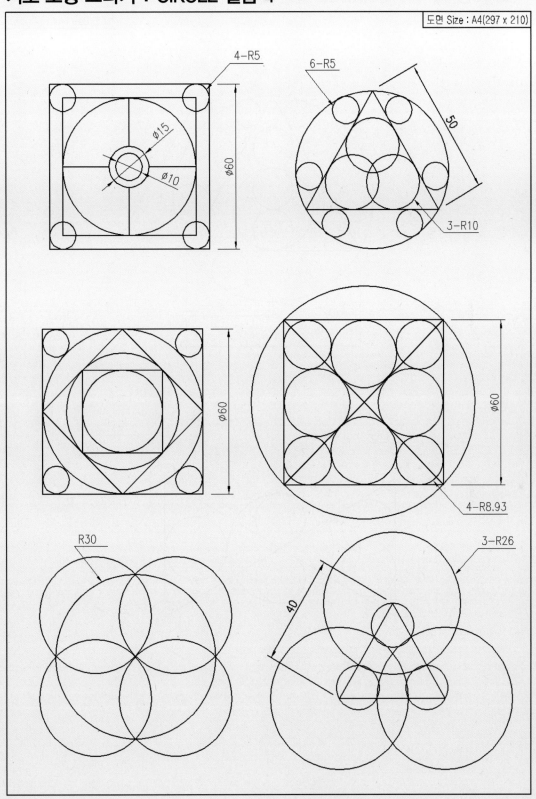

기초 도형 그리기 : CIRCLE 실습 5

도면 Size : A4(297 x 210)

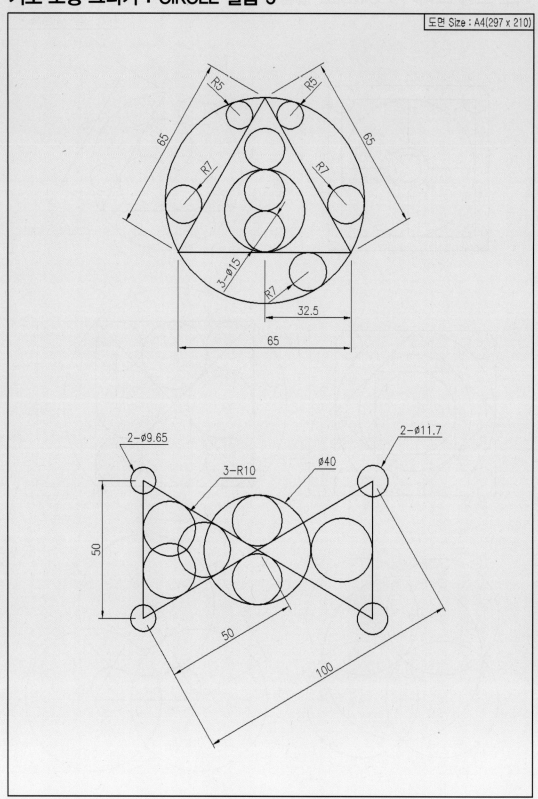

기초 도형 그리기 : CIRCLE 실습 6

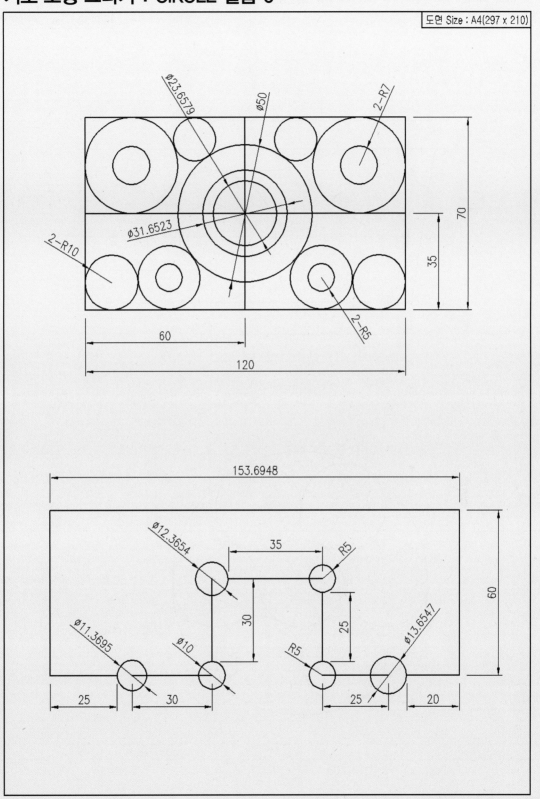

도면 Size : A4(297 x 210)

기초 도형 그리기 : CIRCLE 실습 7

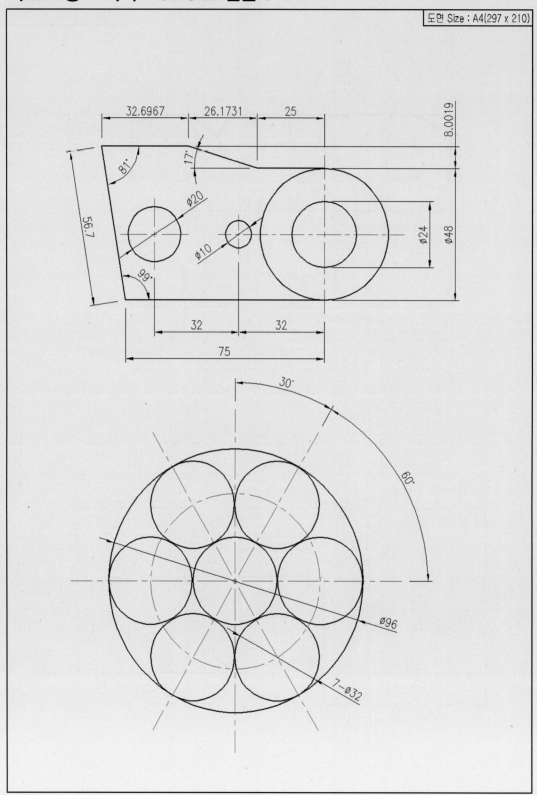

기초 도형 그리기 : CIRCLE 실습 8

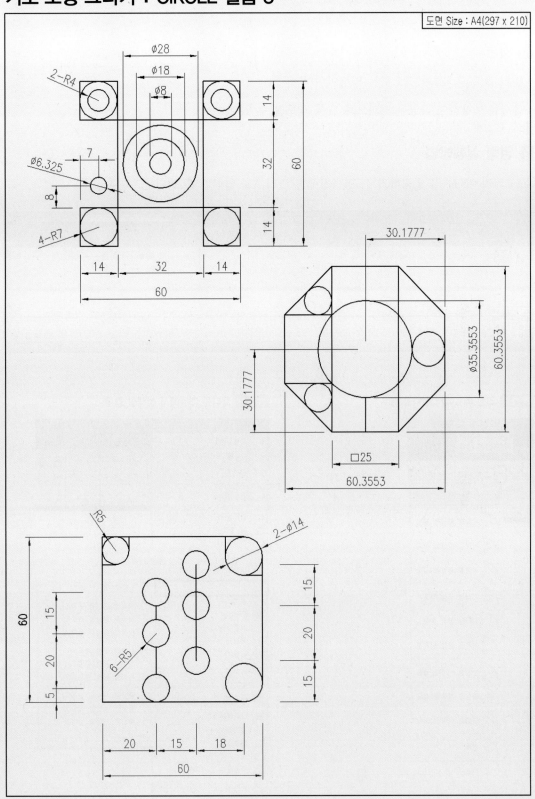

1 기능

• 원의 일부분인 호를 작도하는 명령어이다.

• 옵션을 이용하여 다양한 방법으로 호를 작도할 수 있다.

2 명령 실행방법

호 그리기 아이콘을 클릭하거나, 명령창에 단축키 A를 입력한 후 엔터를 누른다.

방법 1 리본 메뉴에서 선택할 경우

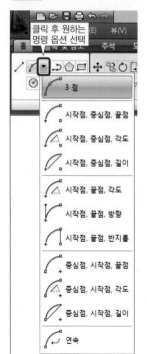

방법 2 풀다운 메뉴에서 선택할 경우

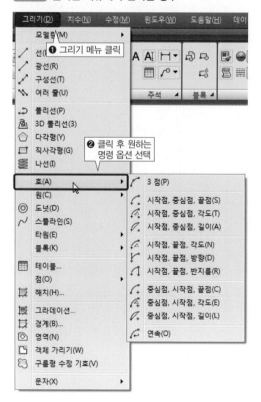

3 명령어기능 핵심요약

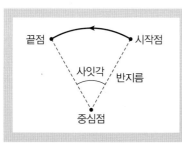

- 호를 그리기 위한 3개의 점과 2개의 수치값을 파악한 후 가장 쉬운 방법을 선택한다.
- AutoCAD에서 호를 그릴 때는 반드시 시작점에서 끝점을 시계 반대 방향으로 그려야 한다.
- 호의 사잇각
  +각 : 시계 반대 방향(↺)
  −각 : 시계 방향(↻)

① ⌐ 3점 ⌐ : 세 점을 지정하여 호 그리기

② ⌐ 시작점, 중심점, 끝점 ⌐ : 시작점, 중심점, 끝점을 지정하여 호 그리기

  ▶ 세 점의 위치를 알고 있고 마우스로 각 점을 스냅할 수 있는 경우 사용

③ ⌐ 시작점, 중심점, 각도 ⌐ : 시작점, 중심점, 각도를 지정하여 호 그리기

  ▶ 호의 끝점은 사잇각에 의해 결정된다. 양 끝점은 알고 있지만 중심점에 스냅할 수 없는 경우에는 시작점, 끝점, 각도 방법을 사용한다.

④ ⌐ 시작점, 중심점, 길이 ⌐ : 시작점, 중심점, 길이를 지정하여 호 그리기

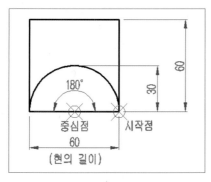

  ▶ 스냅할 수 있는 시작점 및 중심점이 있고 현의 길이를 아는 경우 시작점, 중심점, 길이 또는 중심점, 시작점, 길이 옵션을 사용한다. 사잇각은 호의 현 길이에 의해 결정된다.

⑤ ⌐ 시작점, 끝점, 각도 ⌐ : 시작점, 끝점, 각도를 지정하여 호 그리기

⑥ ⌐ 시작점, 끝점, 방향 ⌐ : 시작점, 끝점, 방향을 지정하여 호 그리기

⑦ ⌐ 시작점, 끝점, 반지름 ⌐ : 시작점, 끝점, 반지름을 지정하여 호 그리기

  ▶ 시작점 및 끝점을 스냅할 수 있는 경우 시작점, 끝점, 방향 또는 시작점, 끝점, 반지름 옵션을 사용한다. 길이를 입력하거나, 마우스를 시계방향 또는 시계반대방향으로 이동한 다음 클릭하여 거리를 지정하면 반지름과 접선 방향값을 설정할 수 있다.

⑧ ⌐ 중심점, 시작점, 끝점 ⌐ : 중심점, 시작점, 끝점을 지정하여 호 그리기

⑨ ⌐ 중심점, 시작점, 각도 ⌐ : 중심점, 시작점, 각도를 지정하여 호 그리기

⑩ ⌐ 중심점, 시작점, 길이 ⌐ : 중심점, 시작점, 길이를 지정하여 호 그리기

⑪ [　🔗 연속　] : 호를 그린 다음 바로 LINE 명령을 실행하고 첫 번째 점 지정 프롬프트에서 엔
터를 눌러 끝점에서 호의 접선을 그릴 수 있다. 사용자는 접선의 길이만 지정하면 된다.

▶ 반대로 선을 그린 다음 ARC 명령을 실행하고 첫 번째 점 지정 프롬프트에서 엔터를 눌러 끝점에서 선에 접하
는 호를 그릴 수 있다. 사용자는 호의 끝점만 지정하면 된다. 연속적으로 그려진 호를 같은 방법으로 연결할 수
있다.

④ 연습

예제
01

시작점, 끝점, 각도 호 아이콘 명령을 사용하여 복합도형 완성하기(양 끝점을 스냅할 수 있
고 중심점에 스냅할 수 없는 경우에 사용한다.)

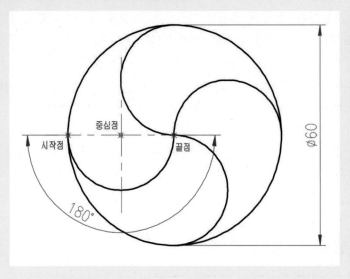

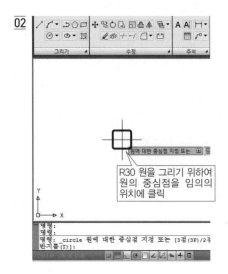

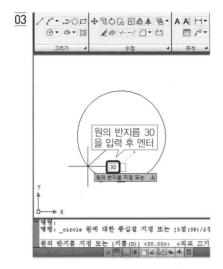

03

원의 반지름 30
을 입력 후 엔터

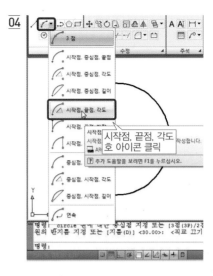

04

시작점, 끝점, 각도
호 아이콘 클릭

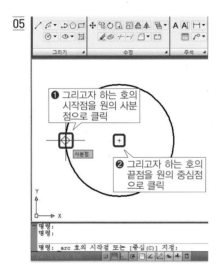

05

❶ 그리고자 하는 호의
시작점을 원의 사분
점으로 클릭

❷ 그리고자 하는 호의
끝점을 원의 중심점
으로 클릭

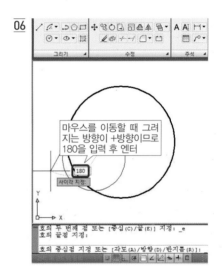

06

마우스를 이동할 때 그려
지는 방향이 +방향이므로
180을 입력 후 엔터

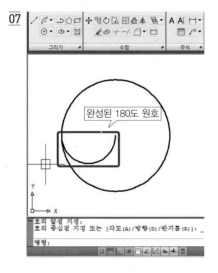

07

완성된 180도 원호

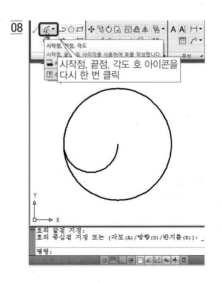

08

시작점, 끝점, 각도 호 아이콘을
다시 한 번 클릭

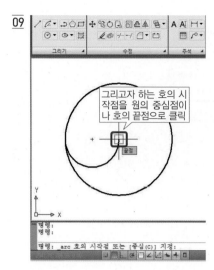

09 그리고자 하는 호의 시작점을 웜의 중심점이나 호의 끝점으로 클릭

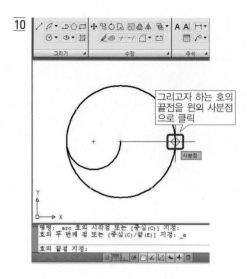

10 그리고자 하는 호의 끝점을 원의 사분점으로 클릭

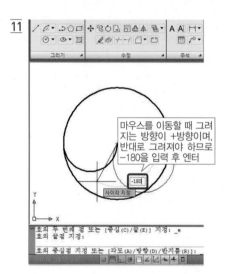

11 마우스를 이동할 때 그려지는 방향이 +방향이며, 반대로 그려져야 하므로 −180을 입력 후 엔터

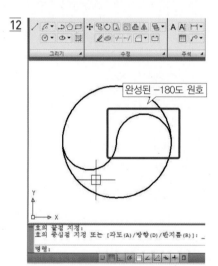

12 완성된 −180도 원호

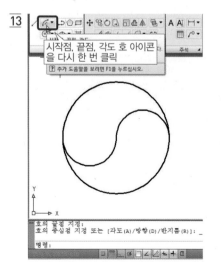

13 시작점, 끝점, 각도 호 아이콘을 다시 한 번 클릭

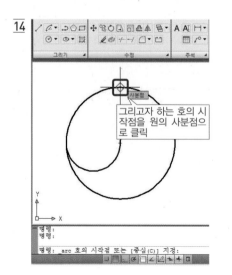

14 그리고자 하는 호의 시작점을 원의 사분점으로 클릭

15

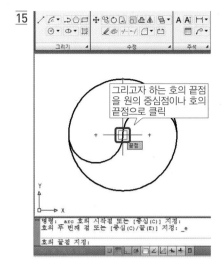

그리고자 하는 호의 끝점을 원의 중심점이나 호의 끝점으로 클릭

끝점

명령: _arc 호의 시작점 또는 [중심(C)] 지정:
호의 두 번째 점 또는 [중심(C)/끝(E)] 지정: _e
호의 끝점 지정:

16

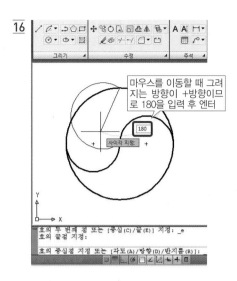

마우스를 이동할 때 그려지는 방향이 +방향이므로 180을 입력 후 엔터

180

사이각 지정:

호의 중심점 지정 또는 [각도(A)/방향(D)/반지름(R)]:

17

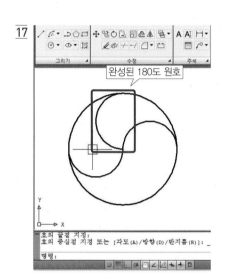

완성된 180도 원호

호의 끝점 지정:
호의 중심점 지정 또는 [각도(A)/방향(D)/반지름(R)]: _
명령:

18

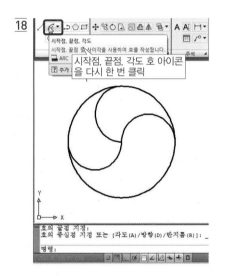

시작점, 끝점, 각도
시작점, 끝점 및 사이각을 사용하여 호를 작성합니다.
ARC
추가
시작점, 끝점, 각도 호 아이콘을 다시 한 번 클릭

호의 끝점 지정:
호의 중심점 지정 또는 [각도(A)/방향(D)/반지름(R)]: _
명령:

19

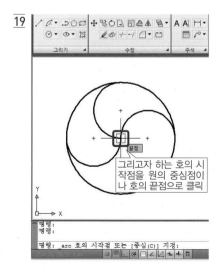

끝점

그리고자 하는 호의 시작점을 원의 중심점이나 호의 끝점으로 클릭

명령:
명령:
명령: arc 호의 시작점 또는 [중심(C)] 지정:

20

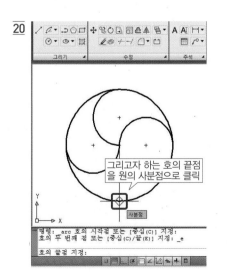

그리고자 하는 호의 끝점을 원의 사분점으로 클릭

사분점

명령: _arc 호의 시작점 또는 [중심(C)] 지정:
호의 두 번째 점 또는 [중심(C)/끝(E)] 지정: _e
호의 끝점 지정:

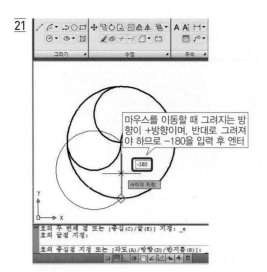

21

마우스를 이동할 때 그려지는 방향이 +방향이며, 반대로 그려져야 하므로 −180을 입력 후 엔터

-180

사이각 지정:

호의 두 번째 점 또는 [중심(C)/끝(E)] 지정: _e
호의 끝점 지정:

호의 중심점 지정 또는 [각도(A)/방향(D)/반지름(R)]:

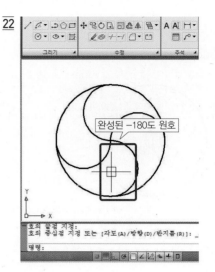

22

완성된 −180도 원호

호의 끝점 지정:
호의 중심점 지정 또는 [각도(A)/방향(D)/반지름(R)]: _

명령:

주의

다른 방법으로 그려도 완성되는 도형은 동일하므로 사용자가 편한 방법을 선택하여 작도하면 된다.

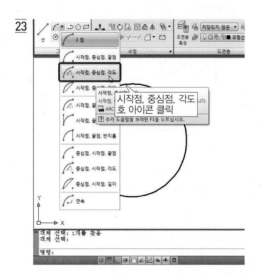

23

3점

시작점, 중심점, 끝점

시작점, 중심점, 각도

시작점, 중심점, 길이

시작점, 끝점, 각도

시작점, 끝점, 방향

ARC

시작점, 끝점, 반지름

중심점, 시작점, 끝점

중심점, 시작점, 각도

중심점, 시작점, 길이

연속

시작점, 중심점, 각도
호 아이콘 클릭

객체 선택: 1개를 찾음
객체 선택:
명령:

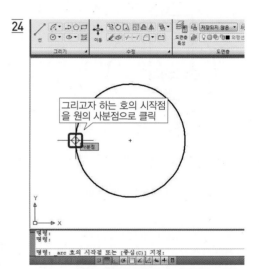

24

그리고자 하는 호의 시작점을 원의 사분점으로 클릭

사분점

명령:
명령:
명령: _arc 호의 시작점 또는 [중심(C)] 지정:

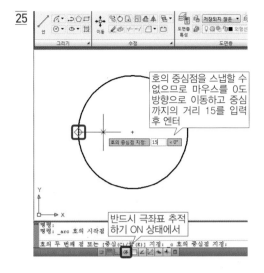

25

호의 중심점을 스냅할 수
없으므로 마우스를 0도
방향으로 이동하고 중심
까지의 거리 15를 입력
후 엔터

반드시 극좌표 추적
하기 ON 상태에서

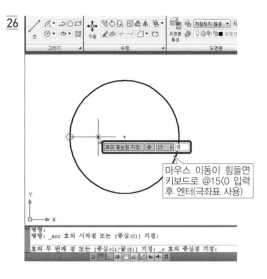

26

마우스 이동이 힘들면
키보드로 @15<0 입력
후 엔터(극좌표 사용)

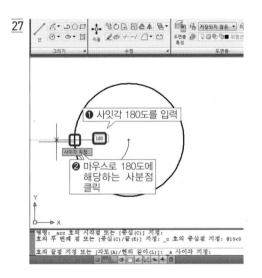

27

❶ 사잇각 180도를 입력

❷ 마우스로 180도에
해당하는 사분점
클릭

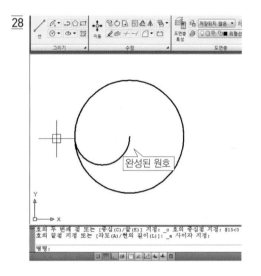

28

완성된 원호

01

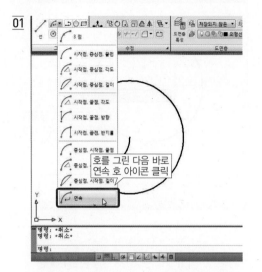

호를 그린 다음 바로
연속 호 아이콘 클릭

02

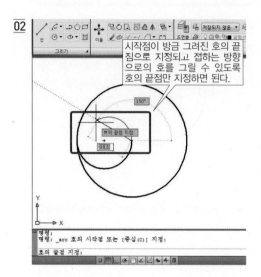

시작점이 방금 그려진 호의 끝
짐으로 지정되고 접하는 방향
으로의 호를 그릴 수 있도록
호의 끝점만 지정하면 된다.

03

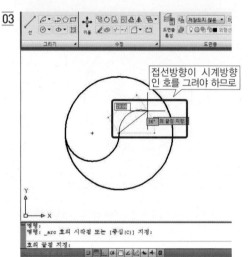

접선방향이 시계방향
인 호를 그려야 하므로

04

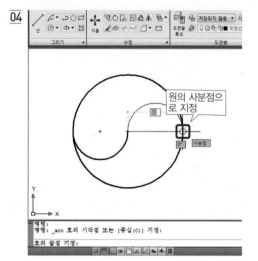

원의 사분점으
로 지정

예제 02 시작점, 끝점, 방향 호 아이콘 명령을 사용하여 복합도형 완성하기

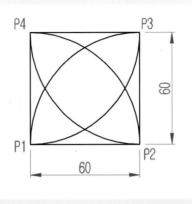

01

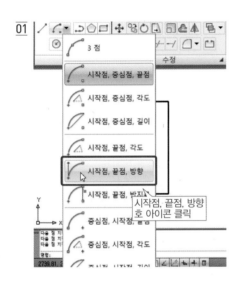

시작점, 끝점, 방향 호 아이콘 클릭

02

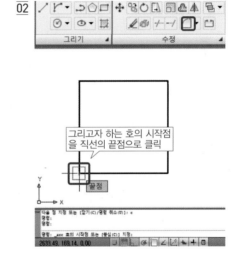

그리고자 하는 호의 시작점을 직선의 끝점으로 클릭

03

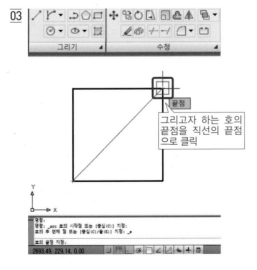

그리고자 하는 호의 끝점을 직선의 끝점으로 클릭

04

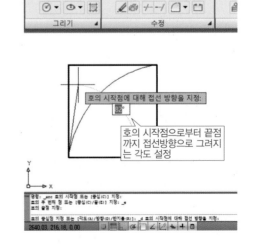

호의 시작점으로부터 끝점까지 접선방향으로 그려지는 각도 설정

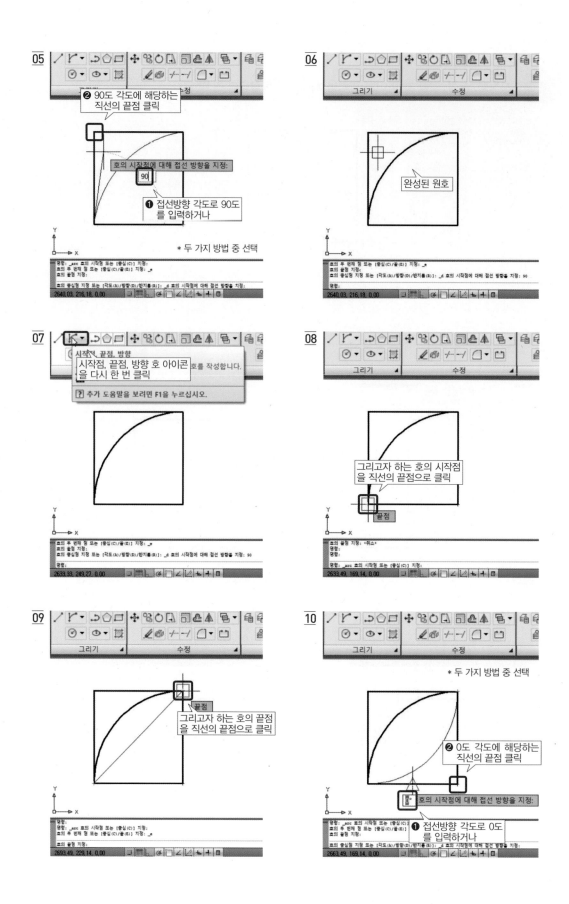

<u>11</u>

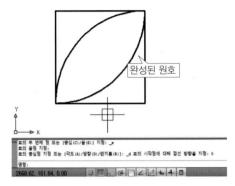

완성된 원호

호의 두 번째 점 또는 [중심(C)/끝(E)] 지정: _e
호의 끝점 지정:
호의 중심점 지정 또는 [각도(A)/방향(D)/반지름(R)]: _d 호의 시작점에 대해 접선 방향을 지정: 0
명령:
2668.62, 161.84, 0.00

노하우 Tip

① 시작점과 끝점의 위치가 동일하지만 접선방향 각도값에 따라 방향이 반대인 호가 작성된다.
② 접선방향 각도값은 마우스로 포인트를 지정하거나 수치를 입력하는 두 가지 방법 중 편한 방법을 선택한다.

<u>12</u>

시작점, 끝점, 방향

시작점, 끝점, 방향 호 아이콘
을 다시 한 번 클릭

호를 작성합니다.

? 추가 도움말을 보려면 F1을 누르십시오.

호의 두 번째 점 또는 [중심(C)/끝(E)] 지정: _e
호의 끝점 지정:
호의 중심점 지정 또는 [각도(A)/방향(D)/반지름(R)]: _d 호의 시작점에 대해 접선 방향을 지정: 0
명령:
2623.30, 249.57, 0.00

<u>13</u>

그리고자 하는 호의 시작
점을 직선의 끝점이나 호
의 중심점으로 클릭

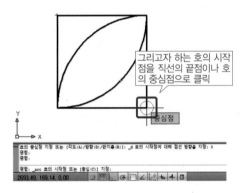

중심점

호의 중심점 지정 또는 [각도(A)/방향(D)/반지름(R)]: _d 호의 시작점에 대해 접선 방향을 지정: 0
명령:
명령: _arc 호의 시작점 또는 [중심(C)] 지정:
2693.49, 169.14, 0.00

<u>14</u>

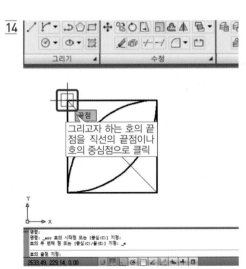

끝점

그리고자 하는 호의 끝
점을 직선의 끝점이나
호의 중심점으로 클릭

명령: _arc 호의 시작점 또는 [중심(C)] 지정:
호의 두 번째 점 또는 [중심(C)/끝(E)] 지정: _e
호의 끝점 지정:
2633.49, 229.14, 0.00

<u>15</u>

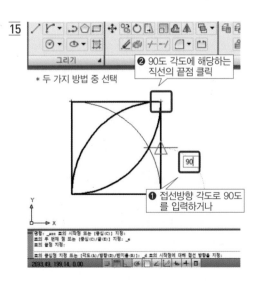

❷ 90도 각도에 해당하는
직선의 끝점 클릭

* 두 가지 방법 중 선택

90

❶ 접선방향 각도로 90도
를 입력하거나

명령: _arc 호의 시작점 또는 [중심(C)] 지정:
호의 두 번째 점 또는 [중심(C)/끝(E)] 지정: _e
호의 끝점 지정:
호의 중심점 지정 또는 [각도(A)/방향(D)/반지름(R)]: _d 호의 시작점에 대해 접선 방향을 지정:
2693.49, 199.14, 0.00

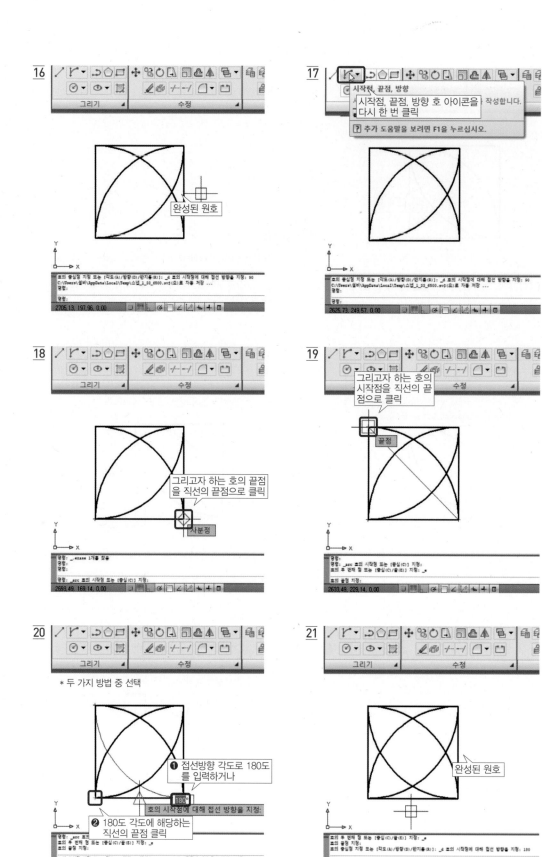

16

완성된 원호

17

시작점, 끝점, 방향
시작점, 끝점, 방향 호 아이콘을 작성합니다.

다시 한 번 클릭

? 추가 도움말을 보려면 F1을 누르십시오.

18

그리고자 하는 호의 끝점
을 직선의 끝점으로 클릭

사분점

19

그리고자 하는 호의
시작점을 직선의 끝
점으로 클릭

끝점

20

* 두 가지 방법 중 선택

❶ 접선방향 각도로 180도
를 입력하거나

180°

호의 시작점에 대해 접선 방향을 지정:

❷ 180도 각도에 해당하는
직선의 끝점 클릭

21

완성된 원호

예제 03	시작점, 중심점, 끝점 호 아이콘 명령을 사용하여 복합도형 완성하기(세 점의 위치를 알고 있고 마우스로 각 점을 스냅할 수 있는 경우 사용한다.)

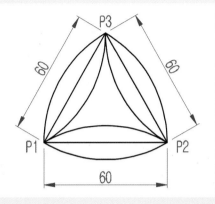

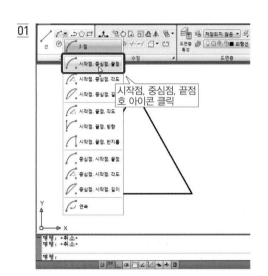

01

시작점, 중심점, 끝점
호 아이콘 클릭

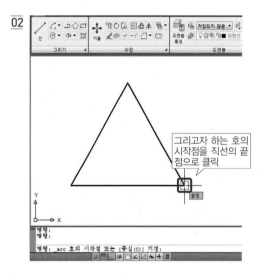

02

그리고자 하는 호의
시작점을 직선의 끝
점으로 클릭

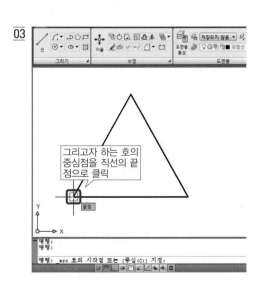

03

그리고자 하는 호의
중심점을 직선의 끝
점으로 클릭

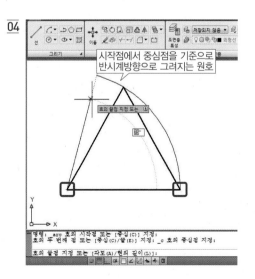

04

시작점에서 중심점을 기준으로
반시계방향으로 그려지는 원호

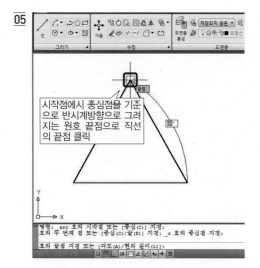

05

시작점에서 중심점을 기준
으로 반시계방향으로 그려
지는 원호 끝점으로 직선
의 끝점 클릭

06

시작점, 중심점, 끝점, 호 아이콘
을 다시 한 번 클릭

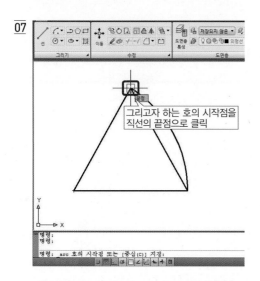

07

그리고자 하는 호의 시작점을
직선의 끝점으로 클릭

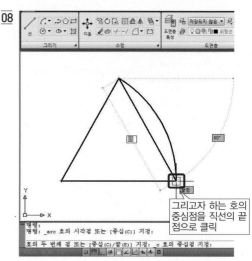

08

그리고자 하는 호의
중심점을 직선의 끝
점으로 클릭

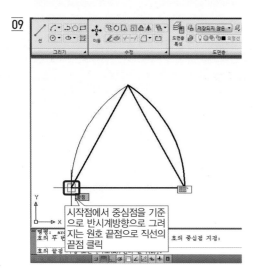

09

시작점에서 중심점을 기준
으로 반시계방향으로 그려
지는 원호 끝점으로 직선의
끝점 클릭

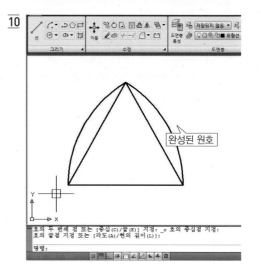

10

완성된 원호

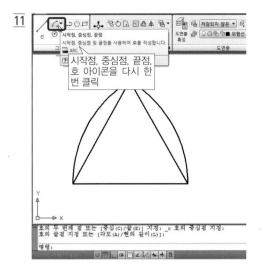

11 시작점, 중심점, 끝점, 호 아이콘을 다시 한 번 클릭

호의 두 번째 점 또는 [중심(C)/끝(E)] 지정: _c 호의 중심점 지정:
호의 끝점 지정 또는 [각도(A)/현의 길이(L)]:
명령:

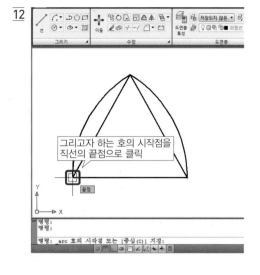

12 그리고자 하는 호의 시작점을 직선의 끝점으로 클릭

명령:
명령:
명령: _arc 호의 시작점 또는 [중심(C)] 지정:

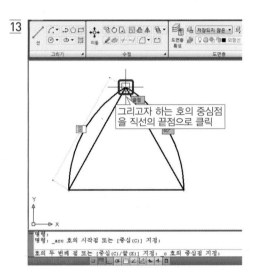

13 그리고자 하는 호의 중심점을 직선의 끝점으로 클릭

명령:
명령: _arc 호의 시작점 또는 [중심(C)] 지정:

호의 두 번째 점 또는 [중심(C)/끝(E)] 지정: _c 호의 중심점 지정:

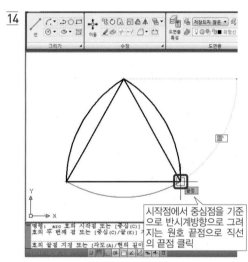

14 시작점에서 중심점을 기준으로 반시계방향으로 그려지는 원호 끝점으로 직선의 끝점 클릭

명령: _arc 호의 시작점 또는 [중심(C)]
호의 두 번째 점 또는 [중심(C)/끝(E)]

호의 끝점 지정 또는 [각도(A)/현의 길이

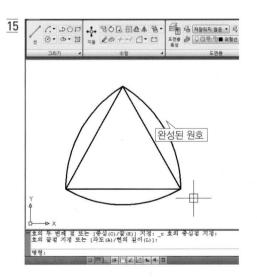

15 완성된 원호

호의 두 번째 점 또는 [중심(C)/끝(E)] 지정: _c 호의 중심점 지정:
호의 끝점 지정 또는 [각도(A)/현의 길이(L)]:
명령:

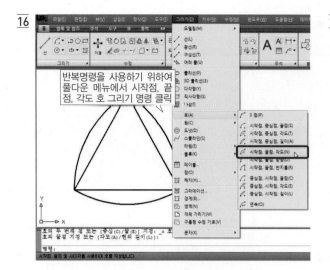

16 반복명령을 사용하기 위하여
풀다운 메뉴에서 시작점, 끝
점, 각도 호 그리기 명령 클릭

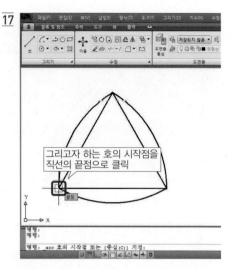

17 그리고자 하는 호의 시작점을
직선의 끝점으로 클릭

18 그리고자 하는 호의 끝점
을 직선의 끝점으로 클릭

19 ❷ 60도 사잇각에 해당하는
직선의 끝점 클릭

❶ 호의 사잇각으로 60도
를 입력하거나

* 두 가지 방법 중 선택

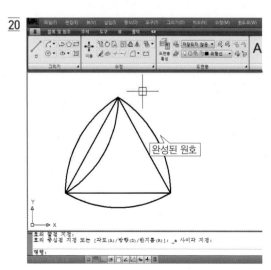

20 완성된 원호

노하우 Tip

명령을 실행하지 않고 화면상에서 마우스 오른쪽 버튼을 클릭
하면 방금 전에 실행한 명령을 옵션까지 포함하여 반복해서 실
행할 수 있다.(단, 풀다운 메뉴에서 명령을 클릭해야 한다.)

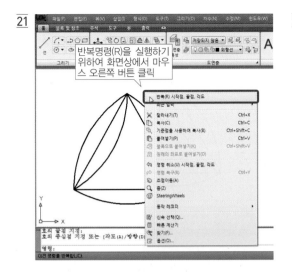

21 반복명령(R)을 실행하기 위하여 화면상에서 마우스 오른쪽 버튼 클릭

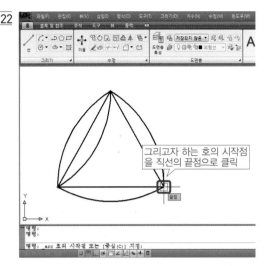

22 그리고자 하는 호의 시작점을 직선의 끝점으로 클릭

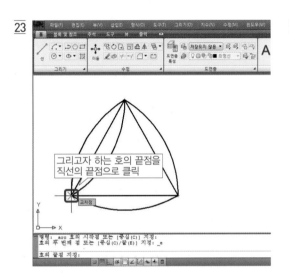

23 그리고자 하는 호의 끝점을 직선의 끝점으로 클릭

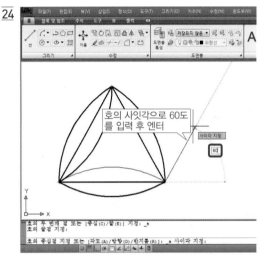

24 호의 사잇각으로 60도를 입력 후 엔터

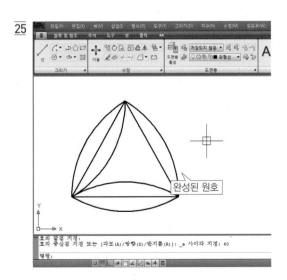

25 완성된 원호

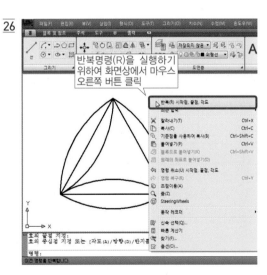

26 반복명령(R)을 실행하기 위하여 화면상에서 마우스 오른쪽 버튼 클릭

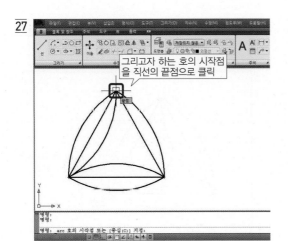

27 그리고자 하는 호의 시작점을 직선의 끝점으로 클릭

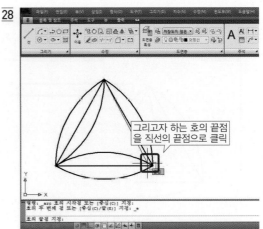

28 그리고자 하는 호의 끝점을 직선의 끝점으로 클릭

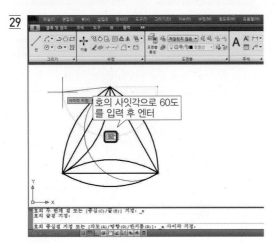

29 호의 사잇각으로 60도를 입력 후 엔터

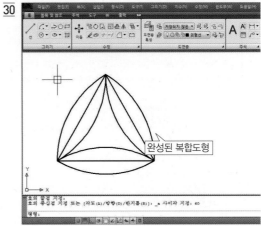

30 완성된 복합도형

TIP 마우스를 이동했을 때 호가 그려지는 방향이 +방향이므로 60도를 입력한다. 만약 반대방향으로 그리려면 −60도를 입력하면 된다.

기초 도형 그리기 : ARC 실습 1

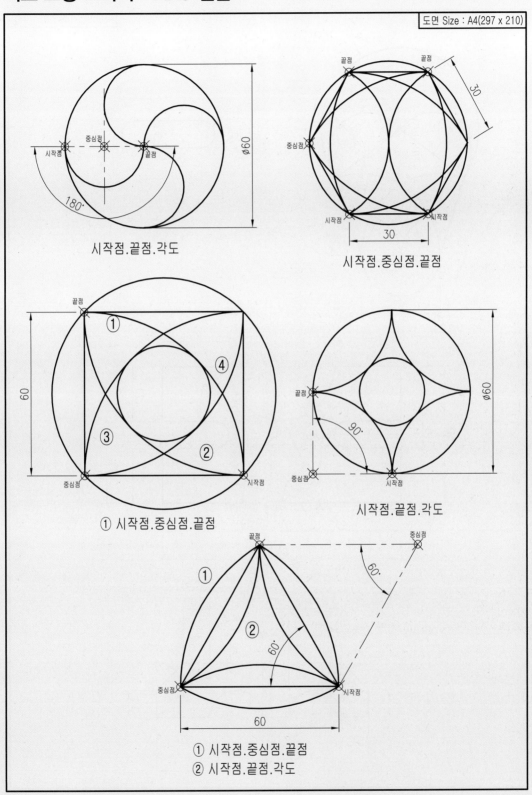

도면 Size : A4(297 x 210)

시작점.끝점.각도

시작점.중심점.끝점

① 시작점.중심점.끝점

시작점.끝점.각도

① 시작점.중심점.끝점
② 시작점.끝점.각도

기초 도형 그리기 : ARC 실습 2

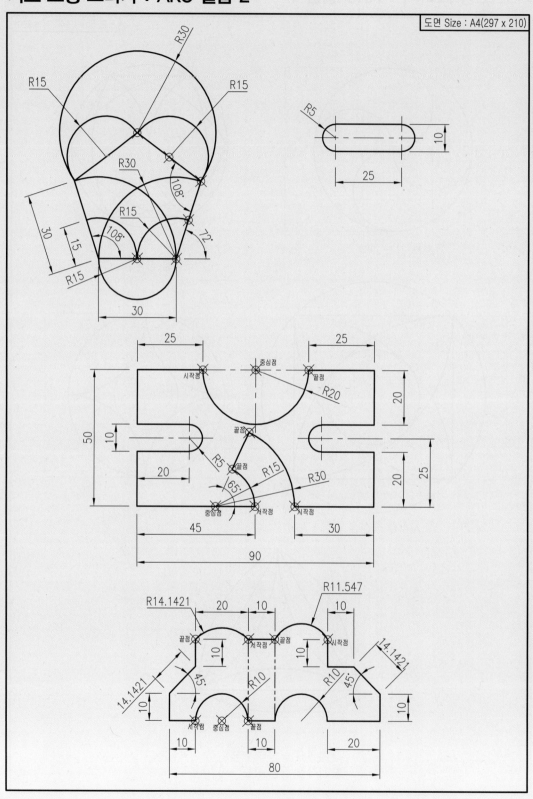

도면 Size : A4(297 x 210)

기초 도형 그리기 : ARC 실습 3

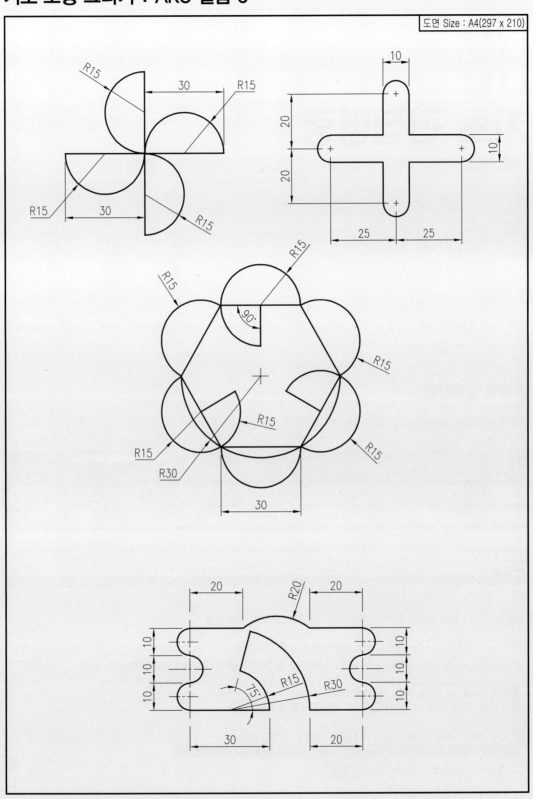

도면 Size : A4(297 x 210)

03

기초 편집명령

건축설계 AutoCAD 2D 완결판

01 Copy(카피) 명령(단축키 : CO)

1 기능

원본 객체로부터 지정된 방향으로 지정된 거리만큼 떨어진 곳에 정밀하게 객체의 사본을 복사할 때 사용하는 명령어이다.

2 명령 실행방법

복사 아이콘을 클릭하거나 명령창에 단축키 CO를 입력한 후 엔터를 누른다.

복사명령 아이콘을 클릭하거나
명령창에 단축키 CO 입력 후 엔터

방법 1 모드(O) 옵션 활용 : 단일복사 모드에서 다중복사 모드로 설정 변경

▶ 복사(COPY) 명령이 자동 반복되도록 다중복사 모드를 설정한다.

2010 버전 이상부터는 다중복사 모드가 기본적으로 설정되어 있어 사용자가 변경할 필요가 없다.

```
현재 설정:   복사 모드 = 다중(M)
기본점 지정 또는 [변위(D)/모드(O)] <변위(D)>: o

복사 모드 옵션 입력 [단일(S)/다중(M)] <다중(M)>:
```
1784.5347, 815.4364 , 0.0000

– 단일(S) : 단일복사(COPY) 모드로 설정
– 다중(M) : 다중복사(COPY) 모드로 설정

▶ 시스템 변수로 변경하는 방법 : COPYMODE 시스템 변수 – 복사(COPY) 명령의 자동 반복 여부를 제어

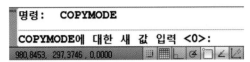

– 복사(COPY) 명령을 다중복사(COPY) 모드로 설정한다.

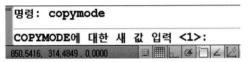

– 하나의 사본을 작성하도록 단일복사(COPY) 모드로 설정한다

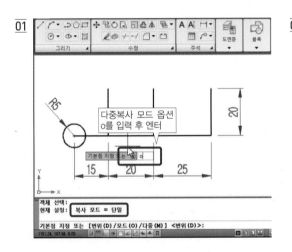

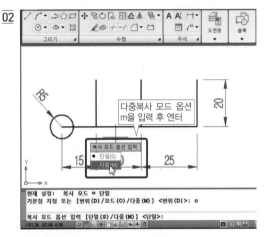

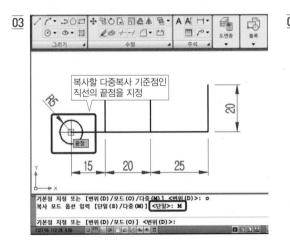

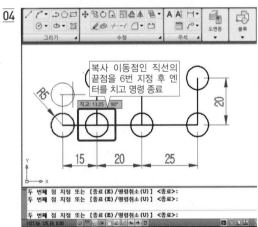

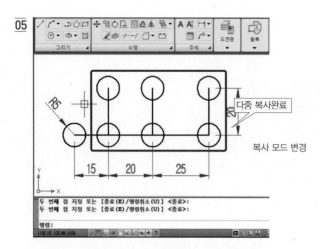

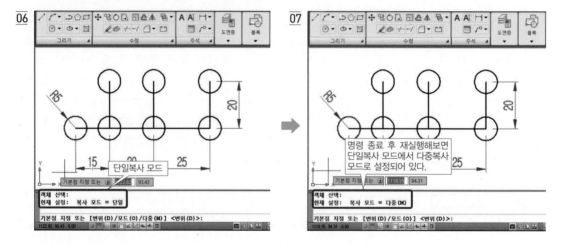

🎯 **핵심요약**

단일복사 모드로 변경하기 전까지는 복사(COPY) 명령이 자동 반복되어 다중복사가 가능하다.

방법 2 점(point)을 이용하는 방식 : 두 점을 지정하여 복사

❶ 기준점과 그 다음 두 번째 점으로 지정한 거리 및 방향을 사용하여 객체를 복사한다.

❷ 복사할 원본 객체를 선택하고 복사할 기준점(P1)을 지정한 다음 두 번째 복사 이동점(P2)을 지정한다.

❸ 객체는 점 P1에서 점 P2의 거리 및 방향으로 복사된다.(지정한 두 점은 복사한 객체를 이동할 거리 및 방향을 나타내는 벡터로 정의된다.)

01

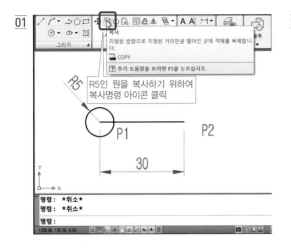

복사
지정된 방향으로 지정된 거리만큼 떨어진 곳에 객체를 복제합니다.
COPY
추가 도움말을 보려면 F1을 누르십시오.

R5인 원을 복사하기 위하여
복사명령 아이콘 클릭

R5

P1   P2

30

명령: *취소*
명령: *취소*
명령:

02

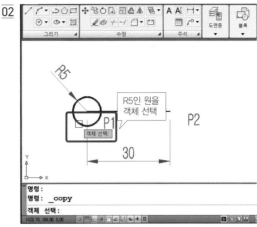

R5

R5인 원을
객체 선택

P1   P2

객체 선택:

30

명령: _copy
객체 선택:

03

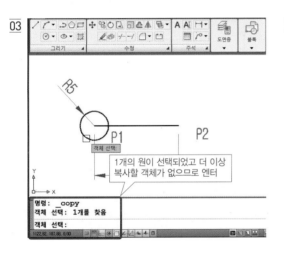

R5

P1   P2

객체 선택:

1개의 원이 선택되었고 더 이상
복사할 객체가 없으므로 엔터

명령: _copy
객체 선택: 1개를 찾음
객체 선택:

04

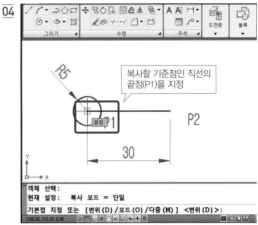

복사할 기준점인 직선의
끝점(P1)을 지정

R5

끝점   P2

30

객체 선택:
현재 설정: 복사 모드 = 단일
기본점 지정 또는 [변위(D)/모드(O)/다중(M)] <변위(D)>:

05

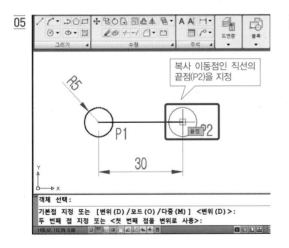

복사 이동점인 직선의
끝점(P2)을 지정

R5

P1   끝점 P2

30

객체 선택:
기본점 지정 또는 [변위(D)/모드(O)/다중(M)] <변위(D)>:
두 번째 점 지정 또는 <첫 번째 점을 변위로 사용>:

06

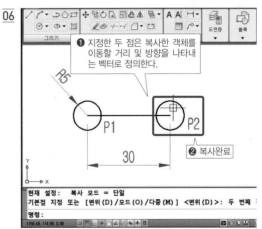

❶ 지정한 두 점은 복사한 객체를
이동할 거리 및 방향을 나타내
는 벡터로 정의한다.

R5

P1   P2

30

❷ 복사완료

현재 설정: 복사 모드 = 단일
기본점 지정 또는 [변위(D)/모드(O)/다중(M)] <변위(D)>: 두 번째
명령:

방법 3 **이동거리를 이용하는 방식 : 객체를 입력한 이동 거리만큼(좌우, 위아래) 떨어진 곳에 복사**

▸ 기준점과 이동복사점을 마우스로 포인트 지정하기 힘든 경우에 사용하는 방식으로 반드시 기준점(point)을 지정하지 않고 좌(또는 우), 위(또는 아래) 이동 거리값 입력 후 엔터 2번을 친다.

- 좌측/아래 : − 값
- 우측/위 : + 값

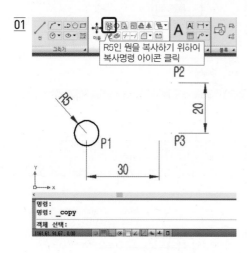

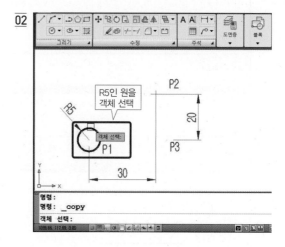

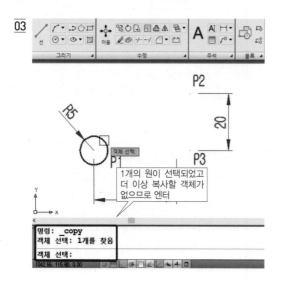

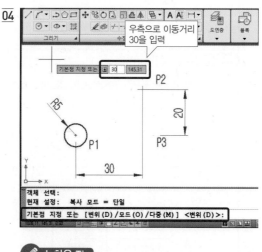

노하우 Tip

반드시 마우스로 기준점(point)을 지정하지 않고 키보드로 이동 거리값을 입력해야 한다.

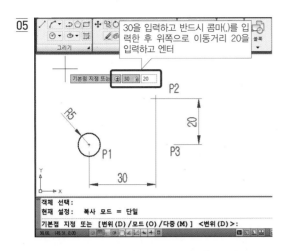

05 30을 입력하고 반드시 콤마(,)를 입력한 후 위쪽으로 이동거리 20을 입력하고 엔터

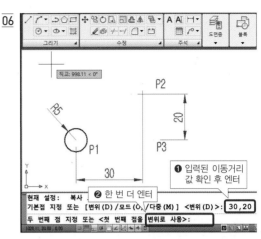

06 ❶ 입력된 이동거리 값 확인 후 엔터
❷ 한 번 더 엔터

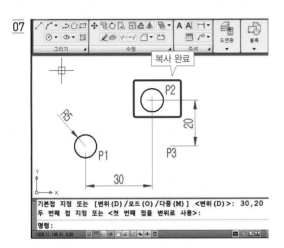

07 복사 완료

방법 4 변위(D) 옵션 활용 : 변위값 지정에 의한 복사(이동거리를 이용하는 방식과 동일)

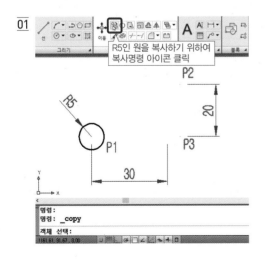

01 R5인 원을 복사하기 위하여 복사명령 아이콘 클릭

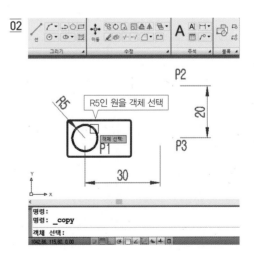

02 R5인 원을 객체 선택

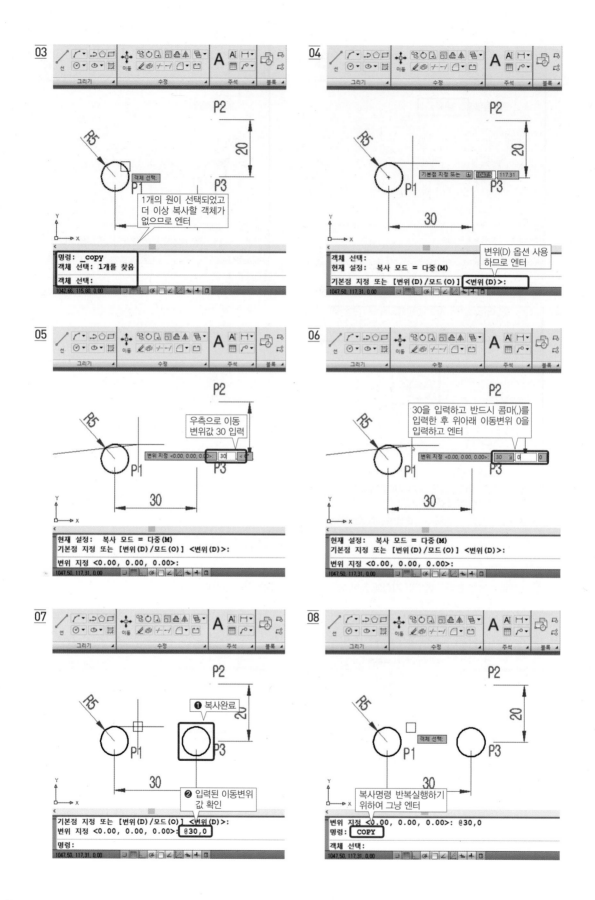

03

1개의 원이 선택되었고 더 이상 복사할 객체가 없으므로 엔터

```
명령: _copy
객체 선택: 1개를 찾음
객체 선택:
1042.66, 115.80, 0.00
```

04

변위(D) 옵션 사용 하므로 엔터

```
객체 선택:
현재 설정:   복사 모드 = 다중(M)
기본점 지정 또는 [변위(D)/모드(O)] <변위(D)>:
1047.50, 117.31, 0.00
```

05

우측으로 이동 변위값 30 입력

```
현재 설정:   복사 모드 = 다중(M)
기본점 지정 또는 [변위(D)/모드(O)] <변위(D)>:
변위 지정 <0.00, 0.00, 0.00>:
1047.50, 117.31, 0.00
```

06

30을 입력하고 반드시 콤마(,)를 입력한 후 위아래 이동변위 0을 입력하고 엔터

```
현재 설정:   복사 모드 = 다중(M)
기본점 지정 또는 [변위(D)/모드(O)] <변위(D)>:
변위 지정 <0.00, 0.00, 0.00>:
1047.50, 117.31, 0.00
```

07

❶ 복사완료

❷ 입력된 이동변위 값 확인

```
기본점 지정 또는 [변위(D)/모드(O)] <변위(D)>:
변위 지정 <0.00, 0.00, 0.00>: @30,0
명령:
1047.50, 117.31, 0.00
```

08

복사명령 반복실행하기 위하여 그냥 엔터

```
변위 지정 <0.00, 0.00, 0.00>: @30,0
명령: COPY
객체 선택:
1047.50, 117.31, 0.00
```

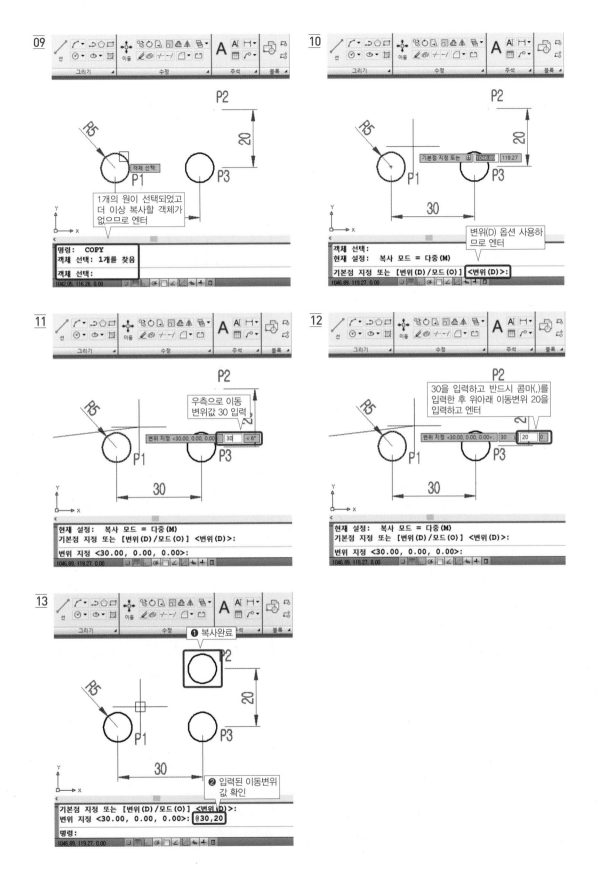

09

1개의 원이 선택되었고
더 이상 복사할 객체가
없으므로 엔터

```
명령: COPY
객체 선택: 1개를 찾음

객체 선택:
```

10

변위(D) 옵션 사용하
므로 엔터

```
객체 선택:
현재 설정:    복사 모드 = 다중(M)
기본점 지정 또는 [변위(D)/모드(O)] <변위(D)>:
```

11

우측으로 이동
변위값 30 입력

```
현재 설정:    복사 모드 = 다중(M)
기본점 지정 또는 [변위(D)/모드(O)] <변위(D)>:

변위 지정 <30.00, 0.00, 0.00>:
```

12

30을 입력하고 반드시 콤마(,)를
입력한 후 위아래 이동변위 20을
입력하고 엔터

```
현재 설정:    복사 모드 = 다중(M)
기본점 지정 또는 [변위(D)/모드(O)] <변위(D)>:

변위 지정 <30.00, 0.00, 0.00>:
```

13

❶ 복사완료

❷ 입력된 이동변위
값 확인

```
기본점 지정 또는 [변위(D)/모드(O)] <변위(D)>:
변위 지정 <30.00, 0.00, 0.00>: @30,20

명령:
```

▶ 임의의 기준점 지정 후 수평선, 수직선 긋는 것과 동일하게 복사하고자 하는 수평, 수직 방향으로 마우스를 위치하고 복사 이동거리값을 입력한 후 엔터(반드시 직교 모드 ON 또는 극좌표 추적하기 ON 상태를 확인한다.)

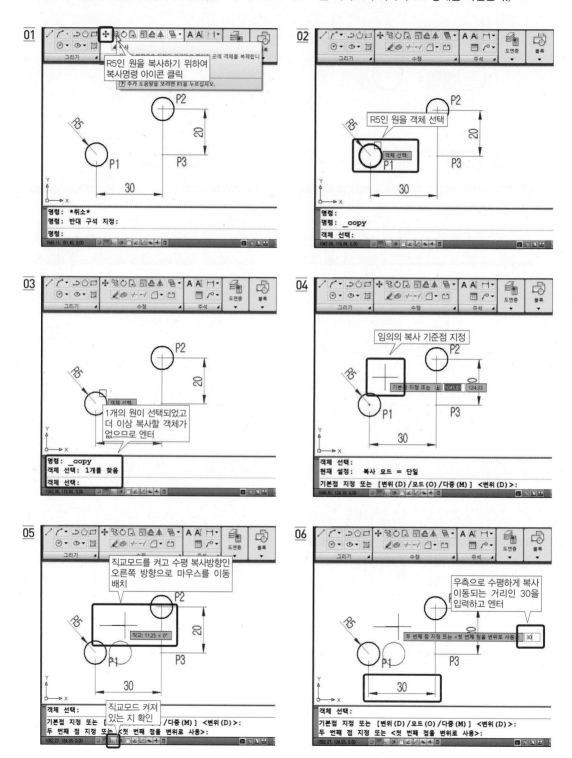

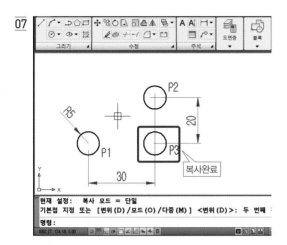

현재 설정: 복사 모드 = 단일
기본점 지정 또는 [변위 (D) /모드 (O) /다중 (M)] <변위 (D)>: 두 번째
명령:
1052,27, 124,18, 0.00

✏️ **노하우 Tip**

이동거리를 이용할 경우에는 30,0을 입력 후 엔터 2번을 치면
되고 사용자가 편한 방법을 사용하면 된다.

방법 6 다중(M) 옵션 활용 : 복사 이동점을 반복 지정하여 다중 복사본을 작성

▸ 1회성 다중복사 옵션명령으로 복사 이동점을 엔터키를 누를 때까지 반복적으로 지정하여 다중 복사본을 작성한
다. 명령이 종료되면 다시 단일복사 모드로 전환된다.

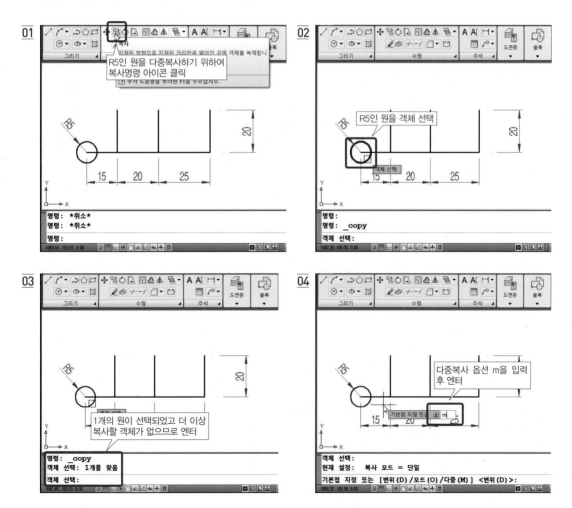

05

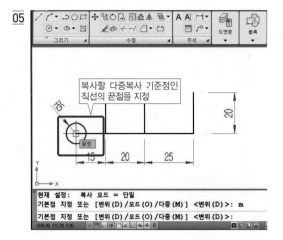

복사할 다중복사 기준점인
직선의 끝점을 지정

끝점

R5
15   20   25
20

```
현재 설정:  복사 모드 = 단일
기본점 지정 또는 [변위(D)/모드(O)/다중(M)] <변위(D)>: m
기본점 지정 또는 [변위(D)/모드(O)/다중(M)] <변위(D)>:
```

06

복사 이동점인 직선의
끝점을 지정

끝점

R5
15   20   25
20

```
현재 설정:  복사 모드 = 단일
기본점 지정 또는 [변위(D)/모드(O)/다중(M)] <변위(D)>:
두 번째 점 지정 또는 <첫 번째 점을 변위로 사용>:
```

07

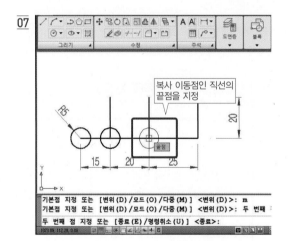

복사 이동점인 직선의
끝점을 지정

끝점

R5
15   20   25
20

```
기본점 지정 또는 [변위(D)/모드(O)/다중(M)] <변위(D)>: m
기본점 지정 또는 [변위(D)/모드(O)/다중(M)] <변위(D)>: 두 번째
두 번째 점 지정 또는 [종료(E)/명령취소(U)] <종료>:
```

08

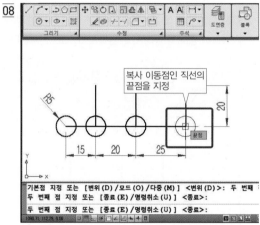

복사 이동점인 직선의
끝점을 지정

끝점

R5
15   20   25
20

```
기본점 지정 또는 [변위(D)/모드(O)/다중(M)] <변위(D)>: 두 번째
두 번째 점 지정 또는 [종료(E)/명령취소(U)] <종료>:
두 번째 점 지정 또는 [종료(E)/명령취소(U)] <종료>:
```

09

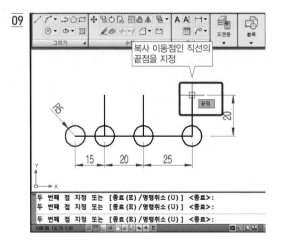

복사 이동점인 직선의
끝점을 지정

끝점

R5
15   20   25
20

```
두 번째 점 지정 또는 [종료(E)/명령취소(U)] <종료>:
두 번째 점 지정 또는 [종료(E)/명령취소(U)] <종료>:
두 번째 점 지정 또는 [종료(E)/명령취소(U)] <종료>:
```

10

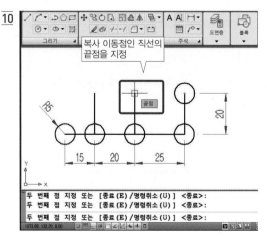

복사 이동점인 직선의
끝점을 지정

끝점

R5
15   20   25
20

```
두 번째 점 지정 또는 [종료(E)/명령취소(U)] <종료>:
두 번째 점 지정 또는 [종료(E)/명령취소(U)] <종료>:
두 번째 점 지정 또는 [종료(E)/명령취소(U)] <종료>:
```

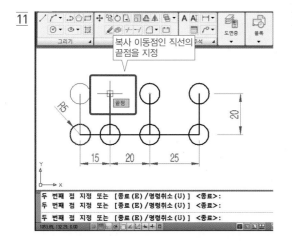

11

복사 이동점인 직선의
끝점을 지정

끝점

R5

20

15 20 25

두 번째 점 지정 또는 [종료(E)/명령취소(U)] <종료>:
두 번째 점 지정 또는 [종료(E)/명령취소(U)] <종료>:
두 번째 점 지정 또는 [종료(E)/명령취소(U)] <종료>:

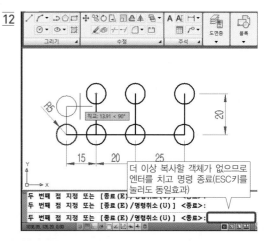

12

R5

직교: 13.91 < 90°

20

15 20 25

더 이상 복사할 객체가 없으므로
엔터를 치고 명령 종료(ESC키를
눌러도 동일효과)

두 번째 점 지정 또는 [종료(E)/명령취소(U)] <종료>:
두 번째 점 지정 또는 [종료(E)/명령취소(U)] <종료>:
두 번째 점 지정 또는 [종료(E)/명령취소(U)] <종료>:

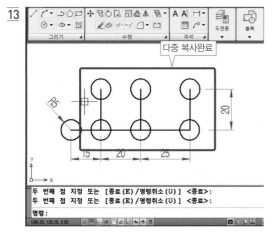

13

다중 복사완료

R5

20

15 20 25

두 번째 점 지정 또는 [종료(E)/명령취소(U)] <종료>:
두 번째 점 지정 또는 [종료(E)/명령취소(U)] <종료>:
명령:

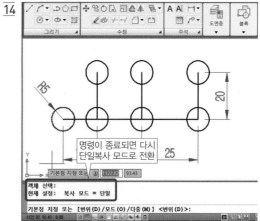

14

R5

20

명령이 종료되면 다시
단일복사 모드로 전환

25

기본점 지정 또

객체 선택:
현재 설정: 복사 모드 = 단일

기본점 지정 또는 [변위(D)/모드(O)/다중(M)] <변위(D)>:

③ 연습

예제
01
한 변이 60인 정사각형을 작도하고, 4개의 꼭짓점에 있는 동심원 복사하기

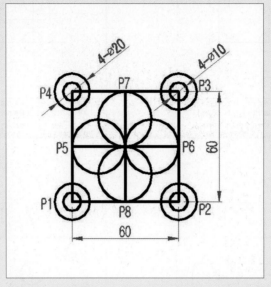

01
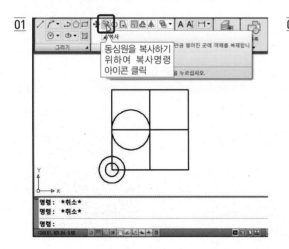

동심원을 복사하기
위하여 복사명령
아이콘 클릭

02
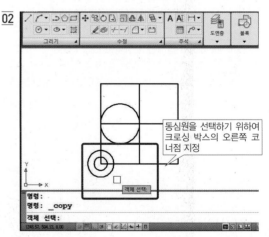

동심원을 선택하기 위하여
크로싱 박스의 오른쪽 코
너점 지정

03

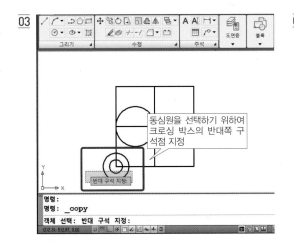

동심원을 선택하기 위하여
크로싱 박스의 반대쪽 구
석점 지정

반대 구석 지정:

명령:
명령: _copy
객체 선택: 반대 구석 지정:

04

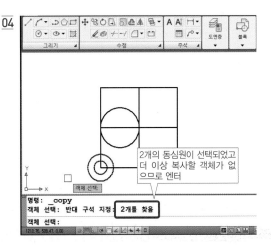

2개의 동심원이 선택되었고
더 이상 복사할 객체가 없
으므로 엔터

객체 선택:

명령: _copy
객체 선택: 반대 구석 지정: 2개를 찾음

05

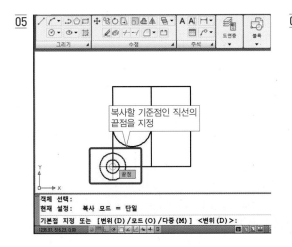

복사할 기준점인 직선의
끝점을 지정

끝점

객체 선택:
현재 설정: 복사 모드 = 단일
기본점 지정 또는 [변위 (D) /모드 (O) /다중 (M)] <변위 (D) >:

06

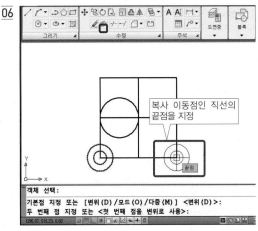

복사 이동점인 직선의
끝점을 지정

끝점

객체 선택:
기본점 지정 또는 [변위 (D) /모드 (O) /다중 (M)] <변위 (D) >:
두 번째 점 지정 또는 <첫 번째 점을 변위로 사용>:

07

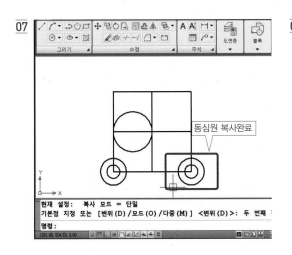

동심원 복사완료

현재 설정: 복사 모드 = 단일
기본점 지정 또는 [변위 (D) /모드 (O) /다중 (M)] <변위 (D) >: 두 번째
명령:

08

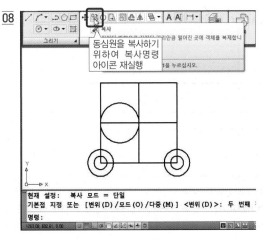

복사

동심원을 복사하기
위하여 복사명령
아이콘 재실행

1을 누르십시오.

현재 설정: 복사 모드 = 단일
기본점 지정 또는 [변위 (D) /모드 (O) /다중 (M)] <변위 (D) >: 두 번째
명령:

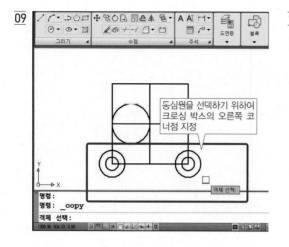

09

동심원을 선택하기 위하여
크로싱 박스의 오른쪽 코
너점 지정

명령:
명령: _copy
객체 선택:

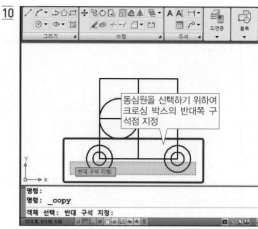

10

동심원을 선택하기 위하여
크로싱 박스의 반대쪽 구
석점 지정

반대 구석 지정:

명령:
명령: _copy
객체 선택: 반대 구석 지정:

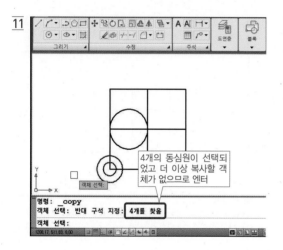

11

4개의 동심원이 선택되
었고 더 이상 복사할 객
체가 없으므로 엔터

객체 선택:

명령: _copy
객체 선택: 반대 구석 지정: **4개를 찾음**
객체 선택:

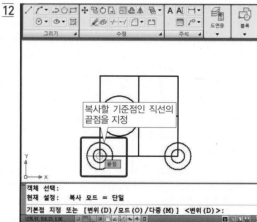

12

복사할 기준점인 직선의
끝점을 지정

끝점

객체 선택:
현재 설정: 복사 모드 = 단일
기본점 지정 또는 [변위 (D) /모드 (O) /다중 (M)] <변위 (D) >:

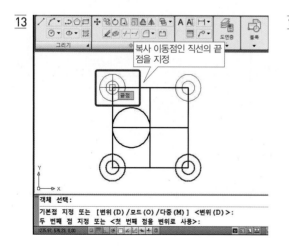

13

복사 이동점인 직선의 끝
점을 지정

끝점

객체 선택:
기본점 지정 또는 [변위 (D) /모드 (O) /다중 (M)] <변위 (D) >:
두 번째 점 지정 또는 <첫 번째 점을 변위로 사용>:

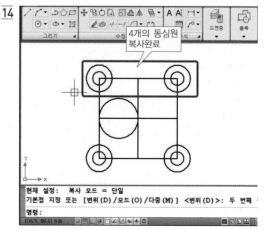

14

4개의 동심원
복사완료

현재 설정: 복사 모드 = 단일
기본점 지정 또는 [변위 (D) /모드 (O) /다중 (M)] <변위 (D) >: 두 번째
명령:

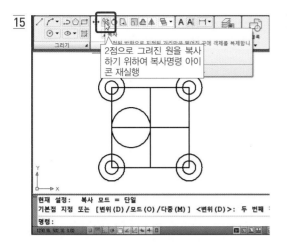

15 2점으로 그려진 원을 복사하기 위하여 복사명령 아이콘 재실행

현재 설정: 복사 모드 = 단일
기본점 지정 또는 [변위(D)/모드(O)/다중(M)] <변위(D)>: 두 번째
명령:

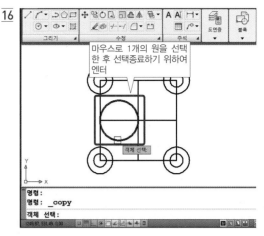

16 마우스로 1개의 원을 선택한 후 선택종료하기 위하여 엔터

객체 선택:

명령:
명령: _copy
객체 선택:

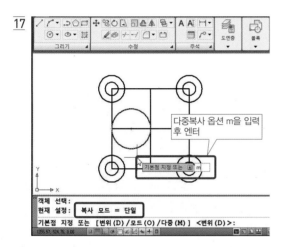

17 다중복사 옵션 m을 입력 후 엔터

기본점 지정 또는 m

객체 선택:
현재 설정: 복사 모드 = 단일
기본점 지정 또는 [변위(D)/모드(O)/다중(M)] <변위(D)>:

노하우 Tip

단일복사 기능으로 3번 복사명령을 실행해도 되지만 동일한 다중복사 기준점이므로 다중복사 옵션을 활용하는 것이 편하다.

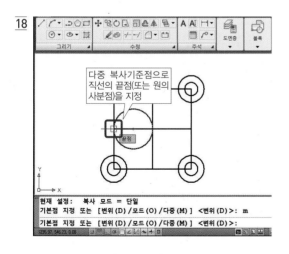

18 다중 복사기준점으로 직선의 끝점(또는 원의 사분점)을 지정

끝점

현재 설정: 복사 모드 = 단일
기본점 지정 또는 [변위(D)/모드(O)/다중(M)] <변위(D)>: m
기본점 지정 또는 [변위(D)/모드(O)/다중(M)] <변위(D)>:

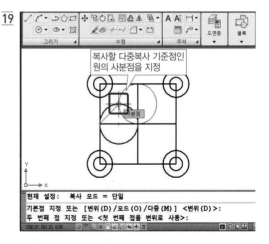

19 복사할 다중복사 기준점인 원의 사분점을 지정

사분점

현재 설정: 복사 모드 = 단일
기본점 지정 또는 [변위(D)/모드(O)/다중(M)] <변위(D)>:
두 번째 점 지정 또는 <첫 번째 점을 변위로 사용>:

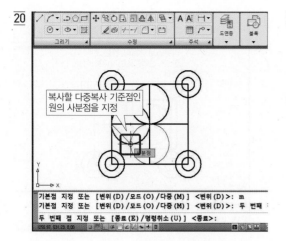

20

복사할 다중복사 기준점인
원의 사분점을 지정

```
기본점 지정 또는 [변위(D)/모드(O)/다중(M)] <변위(D)>: m
기본점 지정 또는 [변위(D)/모드(O)/다중(M)] <변위(D)>: 두 번째
두 번째 점 지정 또는 [종료(E)/명령취소(U)] <종료>:
```

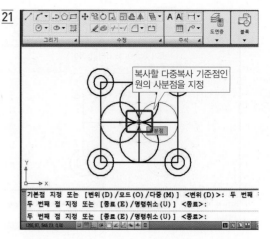

21

복사할 다중복사 기준점인
원의 사분점을 지정

```
기본점 지정 또는 [변위(D)/모드(O)/다중(M)] <변위(D)>: 두 번째
두 번째 점 지정 또는 [종료(E)/명령취소(U)] <종료>:
두 번째 점 지정 또는 [종료(E)/명령취소(U)] <종료>:
```

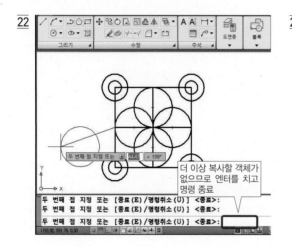

22

더 이상 복사할 객체가
없으므로 엔터를 치고
명령 종료

```
두 번째 점 지정 또는 [종료(E)/명령취소(U)] <종료>:
두 번째 점 지정 또는 [종료(E)/명령취소(U)] <종료>:
두 번째 점 지정 또는 [종료(E)/명령취소(U)] <종료>:
```

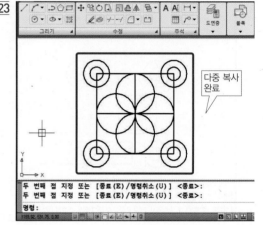

23

다중 복사
완료

```
두 번째 점 지정 또는 [종료(E)/명령취소(U)] <종료>:
두 번째 점 지정 또는 [종료(E)/명령취소(U)] <종료>:
명령:
```

예제 02 복사명령을 응용한 사각형 안의 슬롯 홀(slot hole) 복합도형 작도하기

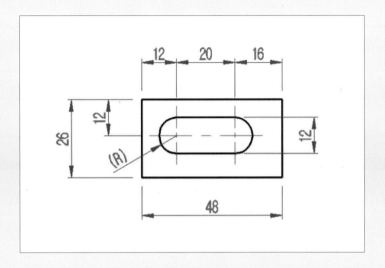

참고

슬롯 홀(slot hole)이란?
강 구조물 따위의 지지부 활동단에서 온도 변화에 따른 신축에 대비하기 위하여 길쭉하게 낸 앵커 볼트 구멍

핵심요약

사각형 안쪽에 표시된 선과 호가 결합된 복합도형인 슬롯 홀(slot hole)을 작도하기 위해서 중요한 사항은 홀의 중심점 위치를 지정하는 방법이다. 중심의 위치를 지정해야 나머지 홀을 완성할 수 있다.

방법 1 단순한 기초적인 방법

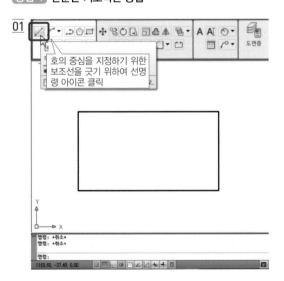

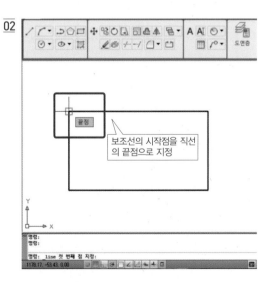

03

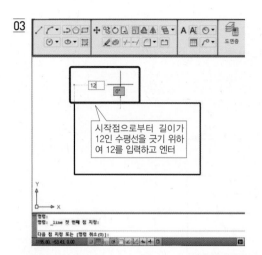

시작점으로부터 길이가
12인 수평선을 긋기 위하
여 12를 입력하고 엔터

04

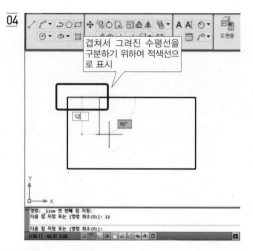

겹쳐서 그려진 수평선을
구분하기 위하여 적색선으
로 표시

참고

본 교재에서는 겹쳐서 그려진 수평선을 표시하기 위하여 적색선으로 색상을 변경하였고, 실습할 때는 적색선으로
표시되지 않고 동일한 흑색선으로 표시된다.

05

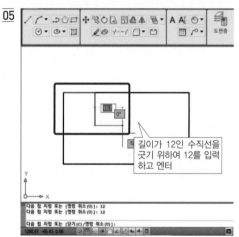

길이가 12인 수직선을
긋기 위하여 12를 입력
하고 엔터

06

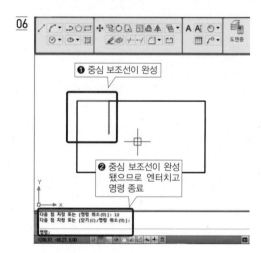

❶ 중심 보조선이 완성

❷ 중심 보조선이 완성
됐으므로 엔터치고
명령 종료

07

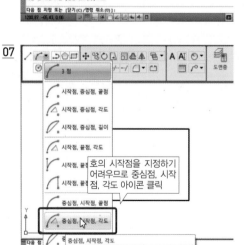

호의 시작점을 지정하기
어려우므로 중심점, 시작
점, 각도 아이콘 클릭

3 점

시작점, 중심점, 끝점

시작점, 중심점, 각도

시작점, 중심점, 길이

시작점, 끝점, 각도

중심점, 시작점, 끝점

중심점, 시작점, 각도

중심점, 시작점, 각도
중심점, 시작점 및 사이각을 사용하여 호를 작성합니다.

ARC

08

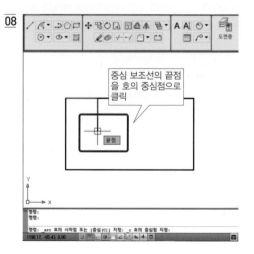

중심 보조선의 끝점
을 호의 중심점으로
클릭

끝점

09 호의 시작점을 마우스로 지정하기 어려우므로 상대거리 입력기호인 @를 입력

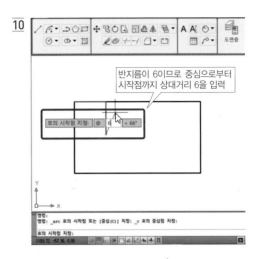

10 반지름이 6이므로 중심으로부터 시작점까지 상대거리 6을 입력

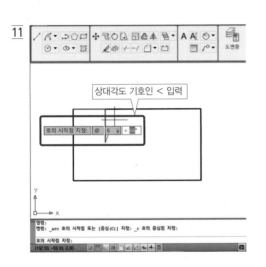

11 상대각도 기호인 < 입력

12 중심으로부터 시작점까지 이루는 각도는 90도 방향이므로 90을 입력하고 엔터

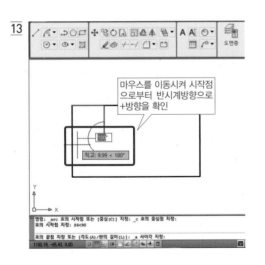

13 마우스를 이동시켜 시작점으로부터 반시계방향으로 +방향을 확인

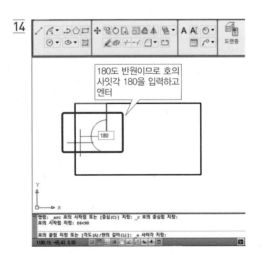

14 180도 반원이므로 호의 사잇각 180을 입력하고 엔터

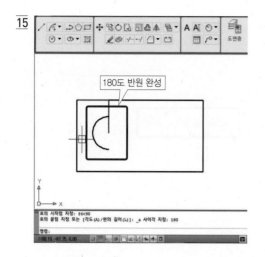

15 180도 반원 완성

16 반원의 끝점에서 시작되는 접선을 긋기 위하여 선명령 아이콘 클릭

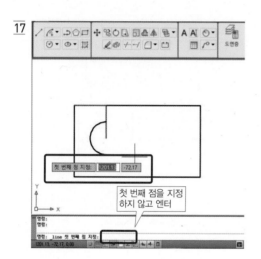

17 첫 번째 점 지정: 1201.13 -72.17

첫 번째 점을 지정하지 않고 엔터

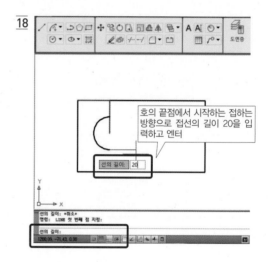

18 호의 끝점에서 시작하는 접하는 방향으로 접선의 길이 20을 입력하고 엔터

선의 길이: 20

참고

본 교재 96페이지 호명령 11번 옵션 연속 을 참조

호를 그린 다음 바로 LINE 명령을 실행하고 첫 번째 점 지정 프롬프트에서 엔터를 눌러 끝점에서 접하는 방향으로 시작하는 호의 접선을 그릴 수 있다. 단지 사용자는 접선의 길이만 지정하면 된다.

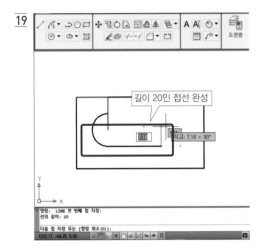

19

길이 20인 접선 완성

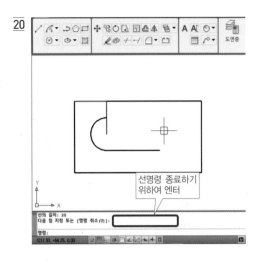

20

선명령 종료하기
위하여 엔터

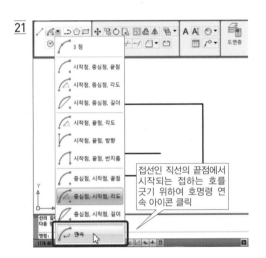

21

3 점

시작점, 중심점, 끝점

시작점, 중심점, 각도

시작점, 중심점, 길이

시작점, 끝점, 각도

시작점, 끝점, 방향

시작점, 끝점, 반지름

중심점, 시작점, 끝점

중심점, 시작점, 각도

중심점, 시작점, 길이

연속

접선인 직선의 끝점에서
시작되는 접하는 호를
긋기 위하여 호명령 연
속 아이콘 클릭

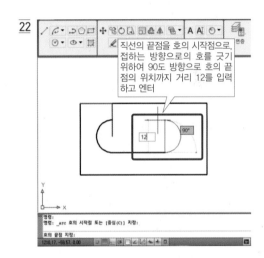

22

직선의 끝점을 호의 시작점으로,
접하는 방향으로의 호를 긋기
위하여 90도 방향으로 호의 끝
점의 위치까지 거리 12를 입력
하고 엔터

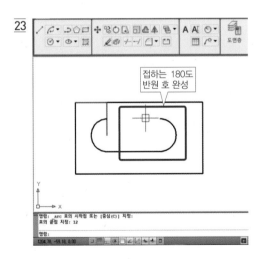

23

접하는 180도
반원 호 완성

24

반원의 끝점에서 시작되는
접선을 긋기 위하여 선명
령 아이콘 클릭

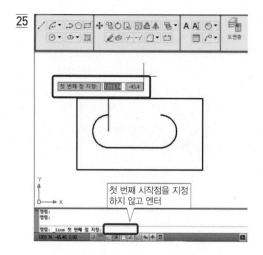

25

첫 번째 시작점을 지정
하지 않고 엔터

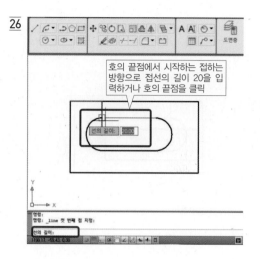

26

호의 끝점에서 시작하는 접하는
방향으로 접선의 길이 20을 입
력하거나 호의 끝점을 클릭

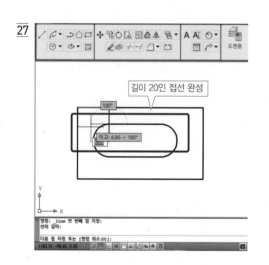

27

길이 20인 접선 완성

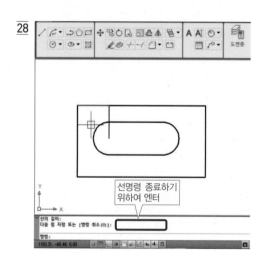

28

선명령 종료하기
위하여 엔터

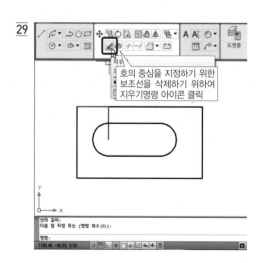

29

호의 중심을 지정하기 위한
보조선을 삭제하기 위하여
지우기명령 아이콘 클릭

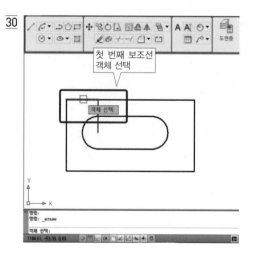

30

첫 번째 보조선
객체 선택

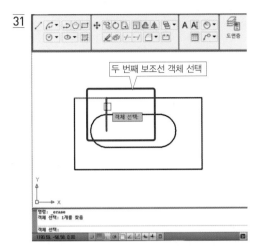

31 두 번째 보조선 객체 선택

32 총 2개의 객체 선택 삭제하기 위하여 엔터

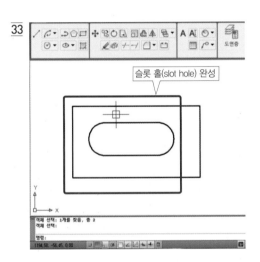

33 슬롯 홀(slot hole) 완성

방법 2 복사명령을 응용한 고수의 방법

01
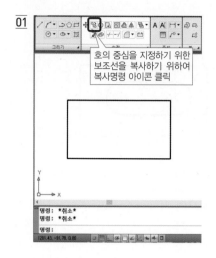
호의 중심을 지정하기 위한
보조선을 복사하기 위하여
복사명령 아이콘 클릭

02
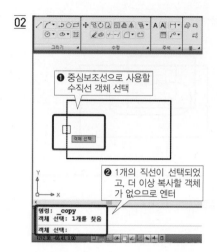
❶ 중심보조선으로 사용할
수직선 객체 선택

❷ 1개의 직선이 선택되었
고, 더 이상 복사할 객체
가 없으므로 엔터

03
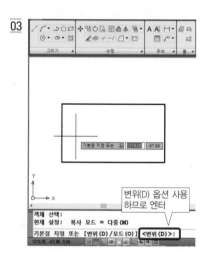
변위(D) 옵션 사용
하므로 엔터

04
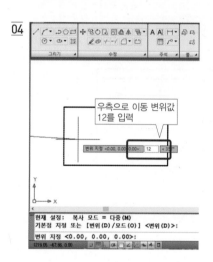
우측으로 이동 변위값
12를 입력

05
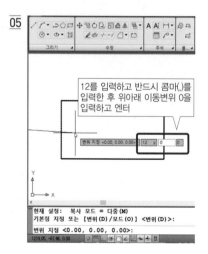
12를 입력하고 반드시 콤마(,)를
입력한 후 위아래 이동변위 0을
입력하고 엔터

06
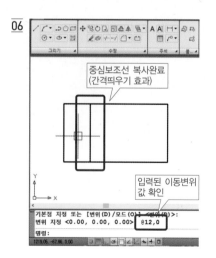
중심보조선 복사완료
(간격띄우기 효과)

입력된 이동변위
값 확인

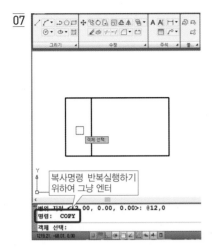

07

복사명령 반복실행하기
위하여 그냥 엔터

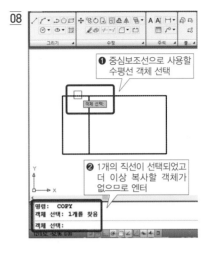

08

❶ 중심보조선으로 사용할
수평선 객체 선택

❷ 1개의 직선이 선택되었고
더 이상 복사할 객체가
없으므로 엔터

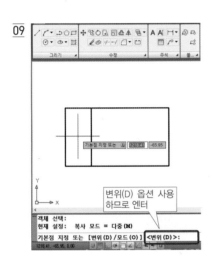

09

변위(D) 옵션 사용
하므로 엔터

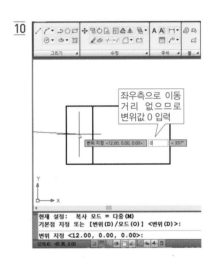

10

좌우측으로 이동
거리 없으므로
변위값 0 입력

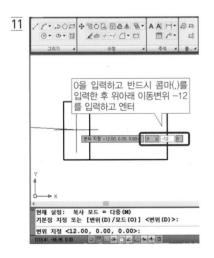

11

0을 입력하고 반드시 콤마(,)를
입력한 후 위아래 이동변위 −12
를 입력하고 엔터

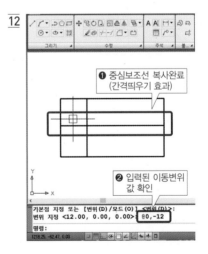

12

❶ 중심보조선 복사완료
(간격띄우기 효과)

❷ 입력된 이동변위
값 확인

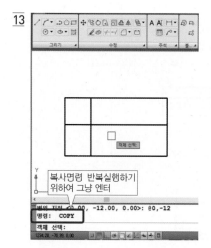

13

복사명령 반복실행하기
위하여 그냥 엔터

변위 지정 <0.00, -12.00, 0.00>: @0,-12
명령: COPY
객체 선택:
1234.28, -70.39, 0.00

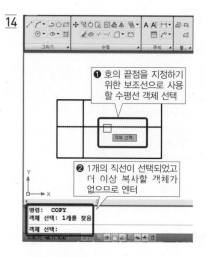

14

❶ 호의 끝점을 지정하기
위한 보조선으로 사용
할 수평선 객체 선택

객체 선택

❷ 1개의 직선이 선택되었고
더 이상 복사할 객체가
없으므로 엔터

명령: COPY
객체 선택: 1개를 찾음
객체 선택:

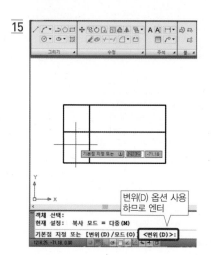

15

기본점 지정 또는

변위(D) 옵션 사용
하므로 엔터

객체 선택:
현재 설정: 복사 모드 = 다중(M)
기본점 지정 또는 【변위(D)/모드(O)】 <변위(D)>:
1218.25, -71.18, 0.00

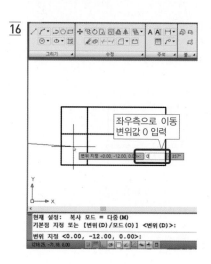

16

좌우측으로 이동
변위값 0 입력

변위 지정 <0.00, -12.00, 0.00>: 0

현재 설정: 복사 모드 = 다중(M)
기본점 지정 또는 【변위(D)/모드(O)】 <변위(D)>:
변위 지정 <0.00, -12.00, 0.00>:

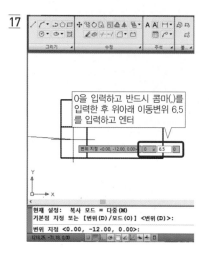

17

0을 입력하고 반드시 콤마(,)를
입력한 후 위아래 이동변위 6.5
를 입력하고 엔터

변위 지정 <0.00, -12.00, 0.00> 0 , 6.5

현재 설정: 복사 모드 = 다중(M)
기본점 지정 또는 【변위(D)/모드(O)】 <변위(D)>:
변위 지정 <0.00, -12.00, 0.00>:
1218.25, -71.18, 0.00

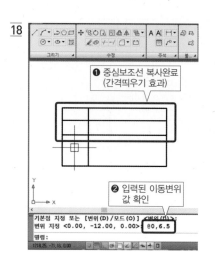

18

❶ 중심보조선 복사완료
(간격띄우기 효과)

❷ 입력된 이동변위
값 확인

기본점 지정 또는 【변위(D)/모드(O)】 <변위(D)>:
변위 지정 <0.00, -12.00, 0.00>: @0,6.5
명령:
1218.25, -71.18, 0.00

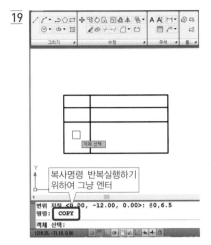

19

복사명령 반복실행하기
위하여 그냥 엔터

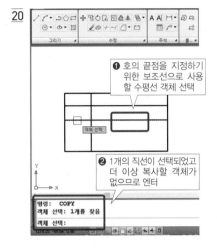

20

❶ 호의 끝점을 지정하기
위한 보조선으로 사용
할 수평선 객체 선택

객체 선택

❷ 1개의 직선이 선택되었고
더 이상 복사할 객체가
없으므로 엔터

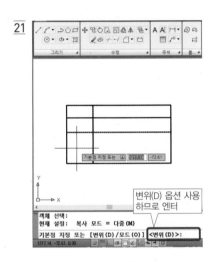

21

변위(D) 옵션 사용
하므로 엔터

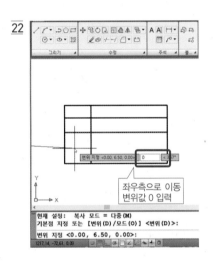

22

좌우측으로 이동
변위값 0 입력

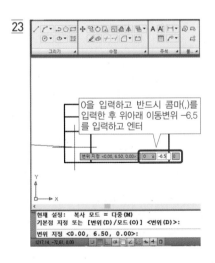

23

0을 입력하고 반드시 콤마(,)를
입력한 후 위아래 이동변위 −6.5
를 입력하고 엔터

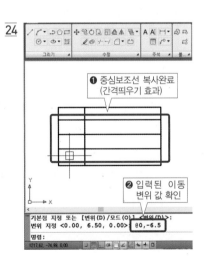

24

❶ 중심보조선 복사완료
(간격띄우기 효과)

❷ 입력된 이동
변위 값 확인

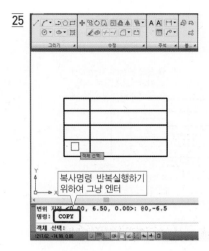

25

복사명령 반복실행하기
위하여 그냥 엔터

변위 지정 <0.00, 6.50, 0.00>: @0,-6.5
명령: COPY
객체 선택:

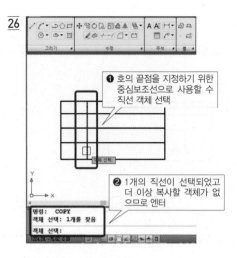

26

❶ 호의 끝점을 지정하기 위한
중심보조선으로 사용할 수
직선 객체 선택

❷ 1개의 직선이 선택되었고
더 이상 복사할 객체가 없
으므로 엔터

명령: COPY
객체 선택: 1개를 찾음
객체 선택:

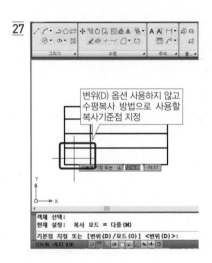

27

변위(D) 옵션 사용하지 않고
수평복사 방법으로 사용할
복사기준점 지정

객체 선택:
현재 설정: 복사 모드 = 다중(M)
기본점 지정 또는 [변위(D)/모드(O)] <변위(D)>:

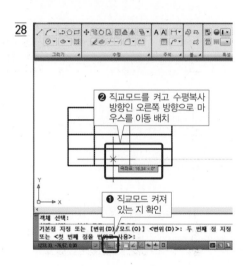

28

❷ 직교모드를 켜고 수평복사
방향인 오른쪽 방향으로 마
우스를 이동 배치

❶ 직교모드 켜져
있는 지 확인

객체 선택:
기본점 지정 또는 [변위(D)/모드(O)] <변위(D)>: 두 번째 점 지정
또는 <첫 번째 점을 변위로 사용>:

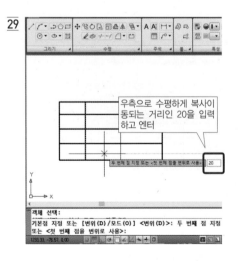

29

우측으로 수평하게 복사이
동되는 거리인 20을 입력
하고 엔터

객체 선택:
기본점 지정 또는 [변위(D)/모드(O)] <변위(D)>: 두 번째 점 지정
또는 <첫 번째 점을 변위로 사용>:

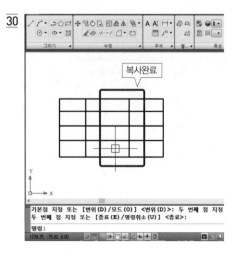

30

복사완료

기본점 지정 또는 [변위(D)/모드(O)] <변위(D)>: 두 번째 점 지정
두 번째 점 지정 또는 [종료(E)/명령취소(U)] <종료>:
명령:

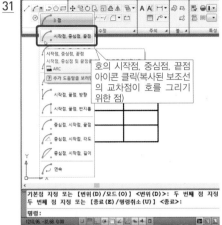

31

호의 시작점, 중심점, 끝점
아이콘 클릭(복사된 보조선
의 교차점이 호를 그리기
위한 점)

기본점 지정 또는 [변위(D)/모드(O)] <변위(D)>: 두 번째 점 지정
두 번째 점 지정 또는 [종료(E)/명령취소(U)] <종료>:
명령:

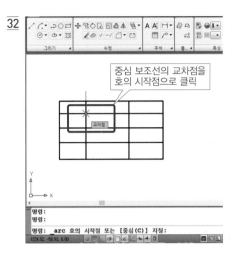

32

중심 보조선의 교차점을
호의 시작점으로 클릭

명령:
명령:
명령: _arc 호의 시작점 또는 [중심(C)] 지정:

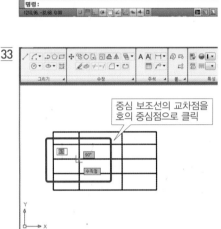

33

중심 보조선의 교차점을
호의 중심점으로 클릭

명령:
명령: _arc 호의 시작점 또는 [중심(C)] 지정:
호의 두 번째 점 또는 [중심(C)/끝(E)] 지정: _c 호의 중심점 지정

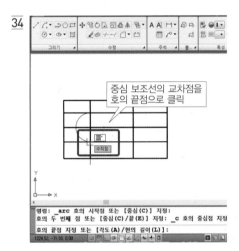

34

중심 보조선의 교차점을
호의 끝점으로 클릭

명령: _arc 호의 시작점 또는 [중심(C)] 지정:
호의 두 번째 점 또는 [중심(C)/끝(E)] 지정: _c 호의 중심점 지정
호의 끝점 지정 또는 [각도(A)/현의 길이(L)]:

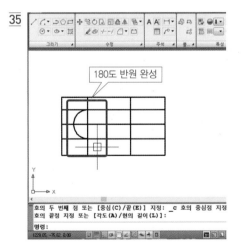

35

180도 반원 완성

호의 두 번째 점 또는 [중심(C)/끝(E)] 지정: _c 호의 중심점 지정
호의 끝점 지정 또는 [각도(A)/현의 길이(L)]:
명령:

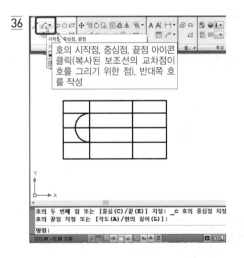

36

호의 시작점, 중심점, 끝점 아이콘
클릭(복사된 보조선의 교차점이
호를 그리기 위한 점), 반대쪽 호
를 작성

호의 두 번째 점 또는 [중심(C)/끝(E)] 지정: _c 호의 중심점 지정
호의 끝점 지정 또는 [각도(A)/현의 길이(L)]:
명령:

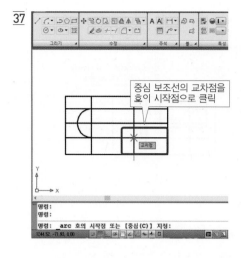

37

중심 보조선의 교차점을
호이 시작점으로 클릭

교차점

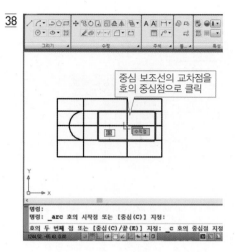

38

중심 보조선의 교차점을
호의 중심점으로 클릭

원   수직점

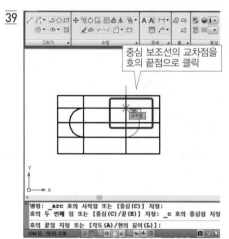

39

중심 보조선의 교차점을
호의 끝점으로 클릭

ARC: 1
교차점

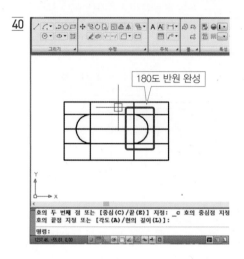

40

180도 반원 완성

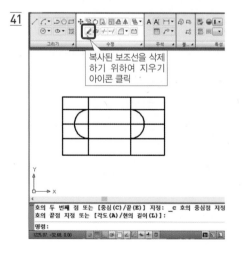

41

복사된 보조선을 삭제
하기 위하여 지우기
아이콘 클릭

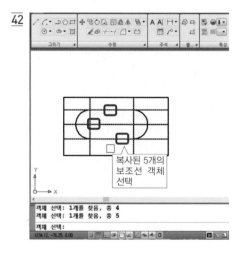

42

복사된 5개의
보조선 객체
선택

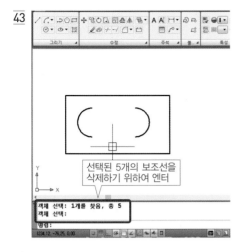

43

선택된 5개의 보조선을
삭제하기 위하여 엔터

객체 선택: 1개를 찾음, 총 5
객체 선택:
명령:

44

❷ 호의 끝점을 시작점
으로 클릭

끝점

❶ 홀을 구성하는 선을
긋기 위하여 선그리
기 명령 실행

명령:
명령:
명령: _line 첫 번째 점 지정:

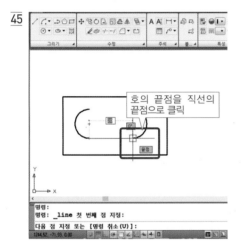

45

호의 끝점을 직선의
끝점으로 클릭

끝점

명령: _line 첫 번째 점 지정:
다음 점 지정 또는 [명령 취소(U)]:

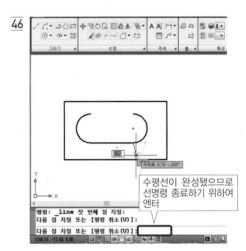

46

극화률: 5.75 < 285°

수평선이 완성됐으므로
선명령 종료하기 위하여
엔터

명령: _line 첫 번째 점 지정:
다음 점 지정 또는 [명령 취소(U)]:
다음 점 지정 또는 [명령 취소(U)]:

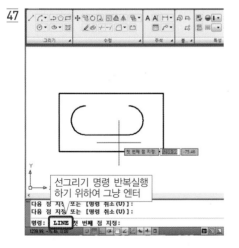

47

첫 번째 점 지정   -75.46

선그리기 명령 반복실행
하기 위하여 그냥 엔터

다음 점 지정 또는 [명령 취소(U)]:
다음 점 지정 또는 [명령 취소(U)]:
명령: LINE 첫 번째 점 지정:

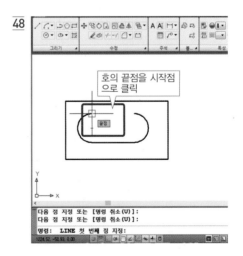

48

호의 끝점을 시작점
으로 클릭

끝점

다음 점 지정 또는 [명령 취소(U)]:
다음 점 지정 또는 [명령 취소(U)]:
명령: LINE 첫 번째 점 지정:

49

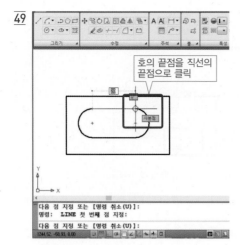

호의 끝점을 직선의
끝점으로 클릭

다음 점 지정 또는 [명령 취소 (U)]:
명령: LINE 첫 번째 점 지정:

다음 점 지정 또는 [명령 취소 (U)]:
1244,52, -68,93, 0,00

50

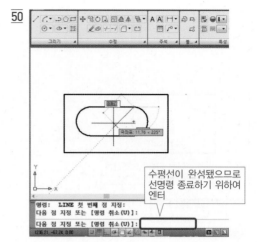

수평선이 완성됐으므로
선명령 종료하기 위하여
엔터

명령: LINE 첫 번째 점 지정:
다음 점 지정 또는 [명령 취소 (U)]:

다음 점 지정 또는 [명령 취소 (U)]:
1236,21, -67,24, 0,00

51

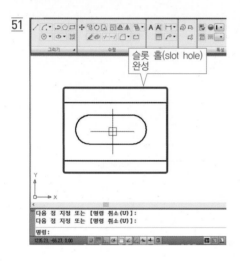

슬롯 홀(slot hole)
완성

다음 점 지정 또는 [명령 취소 (U)]:
다음 점 지정 또는 [명령 취소 (U)]:

명령:
1235,23, -66,27, 0,00

기초 편집명령 : COPY 실습

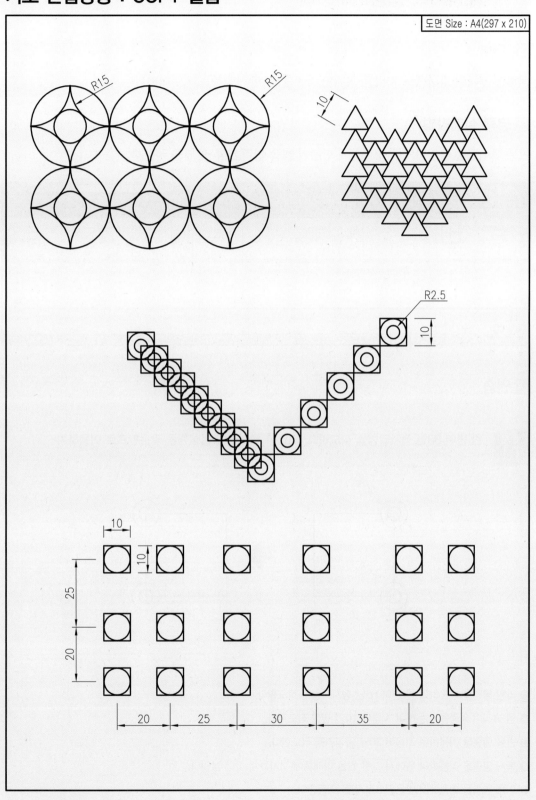

▮ 기능

객체를 지정된 방향으로 지정된 거리만큼 이동할 때 사용하는 명령어이다.

▯ 명령 실행방법

이동 아이콘을 클릭하거나 명령창에 단축키 M을 입력한 후 엔터를 누른다.

이동 아이콘을 클릭하거나 명령창에
이동 단축키 M 입력 후 엔터

▮ 연습

예제 **01** 한 변이 60인 정사각형을 작도하고, 지름이 10, 20인 동심원을 맞은편으로 이동하기

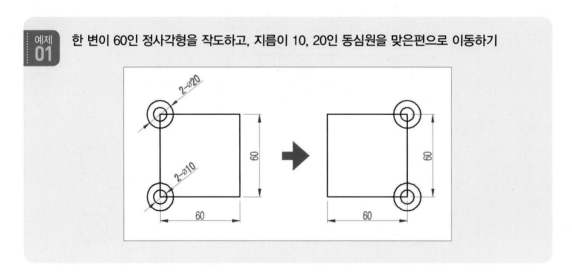

❶ 라인 명령을 이용하여 한 변이 60인 정사각형을 작도한다.

❷ 원 그리기 명령을 이용하여 지름이 10인 원을 작도한다.

❸ 반복 명령을 이용하여 지름이 20인 동심원을 작도한다.

❹ 복사 명령을 이용하여 위에서 그린 원을 아래쪽에 복사해서 갖다 붙인다.

❺ 이동 명령을 이용해서 맞은편으로 원을 이동한다.

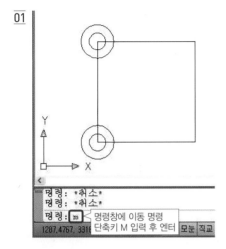

01

명령: *취소*
명령: *취소*
명령: m 명령창에 이동 명령
단축키 M 입력 후 엔터
1287.4767, 3316 모눈 직교

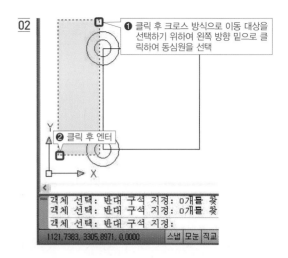

02

❶ 클릭 후 크로스 방식으로 이동 대상을
선택하기 위하여 왼쪽 방향 밑으로 클
릭하여 동심원을 선택

❷ 클릭 후 엔터

객체 선택: 반대 구석 지정: 0개를 찾
객체 선택: 반대 구석 지정: 0개를 찾
객체 선택: 반대 구석 지정:
1121.7383, 3305.8971, 0.0000 스냅 모눈 직교

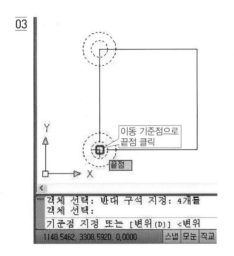

03

이동 기준점으로
끝점 클릭

끝점

객체 선택: 반대 구석 지정: 4개를
객체 선택:
기준점 지정 또는 [변위(D)] <변위
1148.5462, 3308.5920, 0.0000 스냅 모눈 직교

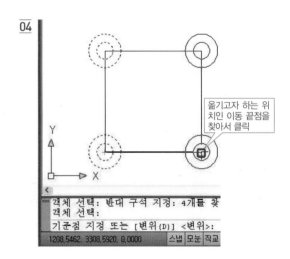

04

옮기고자 하는 위
치인 이동 끝점을
찾아서 클릭

객체 선택: 반대 구석 지정: 4개를 찾
객체 선택:
기준점 지정 또는 [변위(D)] <변위>:
1208.5462, 3308.5920, 0.0000 스냅 모눈 직교

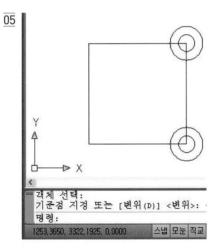

05

객체 선택:
기준점 지정 또는 [변위(D)] <변위>:
명령:
1253.3650, 3322.1925, 0.0000 스냅 모눈 직교

03 Offset(오프셋) 명령(단축키 : O)

1 기능

선택한 도형(선, 원, 호, 폴리선)을 일정한 거리(간격)만큼 수평, 수직 방향으로 평행복사할 때 사용하는 명령어이다.

2 명령 실행방법

오프셋(간격 띄우기) 아이콘을 클릭하거나 명령창에 단축키 O를 입력한 후 엔터를 누른다.

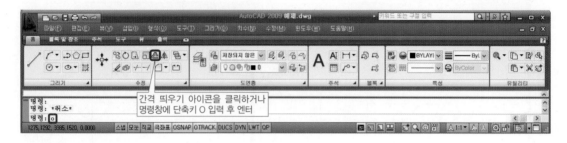

3 연습

| 예제 01 | 반지름 60인 원 작도 후 원 안쪽으로 거리 15만큼씩 간격 띄우기 |

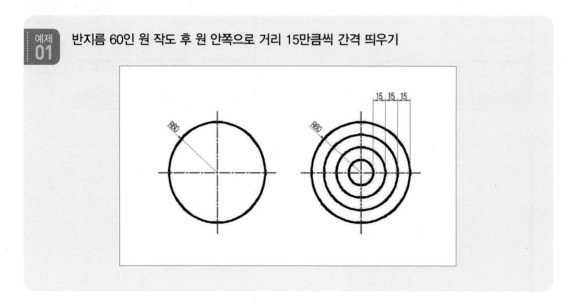

❶ 원 그리기 명령을 이용하여 반지름이 60인 원을 작도한다.

❷ 명령창에 오프셋(간격 띄우기) 명령 단축키 O를 입력한 후 엔터를 친다. 그 다음 거리값 15를 주고 간격 띄우기 할 객체, 즉 반지름이 50인 원을 클릭한 다음 안쪽으로 간격 띄우기를 한다.

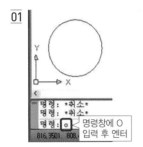

01

명령: *취소*
명령: *취소*
명령: o ← 명령창에 O
816.3501, 808.	입력 후 엔터

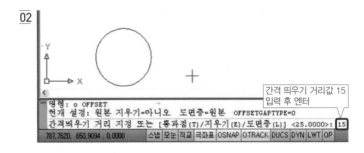

02

명령: o OFFSET
현재 설정: 원본 지우기=아니오 도면층=원본 OFFSETGAPTYPE=0
간격띄우기 거리 지정 또는 [통과점(T)/지우기(E)/도면층(L)] <25.0000>: 15 ← 간격 띄우기 거리값 15 입력 후 엔터
787.7620, 650.9094 , 0.0000	스냅 모눈 직교 극좌표 OSNAP OTRACK DUCS DYN LWT OP

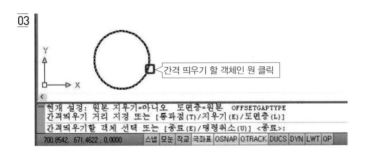

03

← 간격 띄우기 할 객체인 원 클릭

현재 설정: 원본 지우기=아니오 도면층=원본 OFFSETGAPTYPE
간격띄우기 거리 지정 또는 [통과점(T)/지우기(E)/도면층(L)]
간격띄우기할 객체 선택 또는 [종료(E)/명령취소(U)] <종료>:
700.8542, 671.4622 , 0.0000	스냅 모눈 직교 극좌표 OSNAP OTRACK DUCS DYN LWT OP

주의

객체의 간격 띄우기는 한 번에 하나씩만 가능하므로 순차적으로 선택하고 간격 띄우기를 해야 한다.

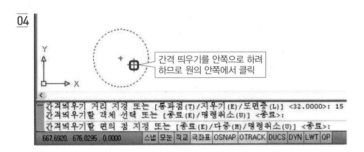

04

← 간격 띄우기를 안쪽으로 하려 하므로 원의 안쪽에서 클릭

간격띄우기 거리 지정 또는 [통과점(T)/지우기(E)/도면층(L)] <32.0000>: 15
간격띄우기할 객체 선택 또는 [종료(E)/명령취소(U)] <종료>:
간격띄우기할 면의 점 지정 또는 [종료(E)/다중(M)/명령취소(U)] <종료>:
667.6920, 576.0295 , 0.0000	스냅 모눈 직교 극좌표 OSNAP OTRACK DUCS DYN LWT OP

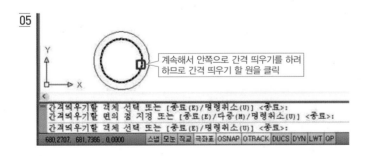

05

← 계속해서 안쪽으로 간격 띄우기를 하려 하므로 간격 띄우기 할 원을 클릭

간격띄우기할 객체 선택 또는 [종료(E)/명령취소(U)] <종료>:
간격띄우기할 면의 점 지정 또는 [종료(E)/다중(M)/명령취소(U)] <종료>:
간격띄우기할 객체 선택 또는 [종료(E)/명령취소(U)] <종료>:
680.2707, 681.7366 , 0.0000	스냅 모눈 직교 극좌표 OSNAP OTRACK DUCS DYN LWT OP

06

간격 띄우기를 안쪽으로 하려
하므로 원의 안쪽에서 클릭

```
간격띄우기할 면의 점 지정 또는 [종료(E)/다중(M)/명령취소(U)] <종료>:
간격띄우기할 객체 선택 또는 [종료(E)/명령취소(U)] <종료>:
간격띄우기할 면의 점 지정 또는 [종료(E)/다중(M)/명령취소(U)] <종료>:
663.1179, 676.0295, 0.0000
```

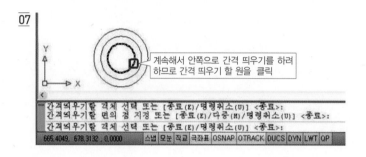

07

계속해서 안쪽으로 간격 띄우기를 하려
하므로 간격 띄우기 할 원을 클릭

```
간격띄우기할 객체 선택 또는 [종료(E)/명령취소(U)] <종료>:
간격띄우기할 면의 점 지정 또는 [종료(E)/다중(M)/명령취소(U)] <종료>:
간격띄우기할 객체 선택 또는 [종료(E)/명령취소(U)] <종료>:
665.4049, 678.3132, 0.0000
```

08

간격 띄우기를 안쪽으로 하려
하므로 원의 안쪽에서 클릭

```
간격띄우기할 면의 점 지정 또는 [종료(E)/다중(M)/명령취소(U)] <종료>:
간격띄우기할 객체 선택 또는 [종료(E)/명령취소(U)] <종료>:
간격띄우기할 면의 점 지정 또는 [종료(E)/다중(M)/명령취소(U)] <종료>:
652.8262, 682.8804, 0.0000
```

09

```
간격띄우기할 객체 선택 또는 [종료(E)/명령취소(U)] <종료>:
간격띄우기할 면의 점 지정 또는 [종료(E)/다중(M)/명령취소(U)] <종료>:
간격띄우기할 객체 선택 또는 [종료(E)/명령취소(U)] <종료>:
735.1599, 623.5056, 0.0000
```

예제 02 한 변이 40인 정사각형을 아래 그림과 같이 오프셋(간격 띄우기)하여 거리 10 간격으로 평행복사하기

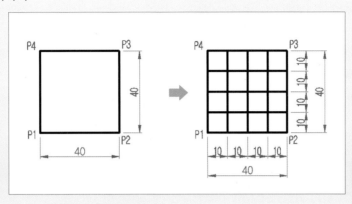

❶ 라인 명령을 실행하여 한 변이 40인 정사각형을 그린다.

❷ 오프셋(간격 띄우기)을 실행하여 거리값 10을 주고 사각형 안쪽으로 간격 띄우기를 한다. 수직과 수평의 순서는 관계없다.

01

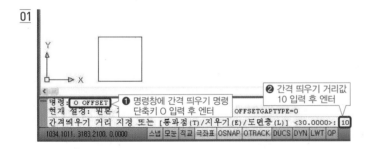

02

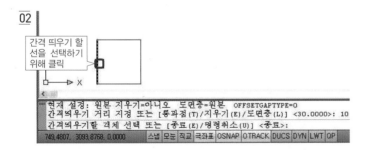

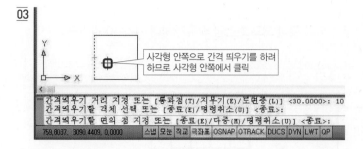

03

사각형 안쪽으로 간격 띄우기를 하려 하므로 사각형 안쪽에서 클릭

```
간격띄우기 거리 지정 또는 [통과점(T)/지우기(E)/도면층(L)] <30.0000>: 10
간격띄우기할 객체 선택 또는 [종료(E)/명령취소(U)] <종료>:
간격띄우기할 면의 점 지정 또는 [종료(E)/다중(M)/명령취소(U)] <종료>:
759.8037, 3090.4409, 0.0000
```

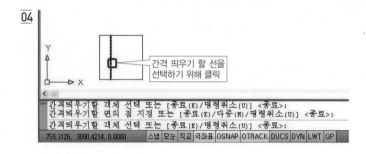

04

간격 띄우기 할 선을 선택하기 위해 클릭

```
간격띄우기할 객체 선택 또는 [종료(E)/명령취소(U)] <종료>:
간격띄우기할 면의 점 지정 또는 [종료(E)/다중(M)/명령취소(U)] <종료>:
간격띄우기할 객체 선택 또는 [종료(E)/명령취소(U)] <종료>:
759.3126, 3090.4214, 0.0000
```

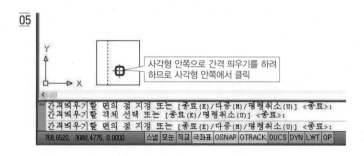

05

사각형 안쪽으로 간격 띄우기를 하려 하므로 사각형 안쪽에서 클릭

```
간격띄우기할 면의 점 지정 또는 [종료(E)/다중(M)/명령취소(U)] <종료>:
간격띄우기할 객체 선택 또는 [종료(E)/명령취소(U)] <종료>:
간격띄우기할 면의 점 지정 또는 [종료(E)/다중(M)/명령취소(U)] <종료>:
768.6520, 3088.4775, 0.0000
```

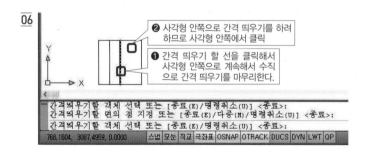

06

❷ 사각형 안쪽으로 간격 띄우기를 하려 하므로 사각형 안쪽에서 클릭

❶ 간격 띄우기 할 선을 클릭해서 사각형 안쪽으로 계속해서 수직 으로 간격 띄우기를 마무리한다.

```
간격띄우기할 객체 선택 또는 [종료(E)/명령취소(U)] <종료>:
간격띄우기할 면의 점 지정 또는 [종료(E)/다중(M)/명령취소(U)] <종료>:
간격띄우기할 객체 선택 또는 [종료(E)/명령취소(U)] <종료>:
768.1604, 3087.4959, 0.0000
```

❸ 수직으로 간격 띄우기를 마무리했으면 계속해서 수평으로 간격 띄우기를 한다.

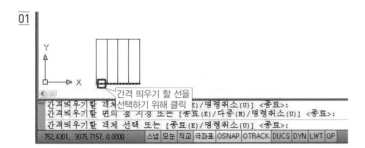

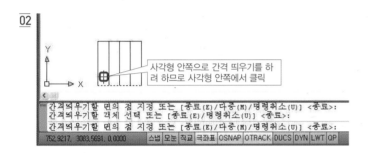

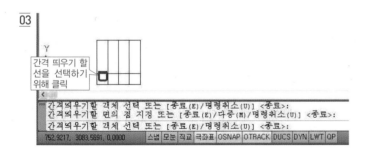

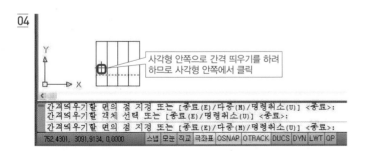

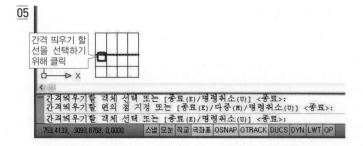

05

간격 띄우기 할
선을 선택하기
위해 클릭

```
간격띄우기할 객체 선택 또는 [종료(E)/명령취소(U)] <종료>:
간격띄우기할 면의 점 지정 또는 [종료(E)/다중(M)/명령취소(U)] <종료>:
간격띄우기할 객체 선택 또는 [종료(E)/명령취소(U)] <종료>:
753.4133, 3093.8768, 0.0000   스냅 모눈 직교 극좌표 OSNAP OTRACK DUCS DYN LWT QP
```

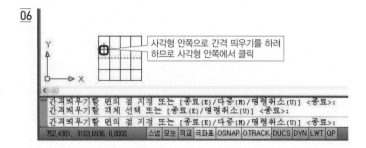

06

사각형 안쪽으로 간격 띄우기를 하려
하므로 사각형 안쪽에서 클릭

```
간격띄우기할 면의 점 지정 또는 [종료(E)/다중(M)/명령취소(U)] <종료>:
간격띄우기할 객체 선택 또는 [종료(E)/명령취소(U)] <종료>:
간격띄우기할 면의 점 지정 또는 [종료(E)/다중(M)/명령취소(U)] <종료>:
752.4301, 3103.6936, 0.0000   스냅 모눈 직교 극좌표 OSNAP OTRACK DUCS DYN LWT QP
```

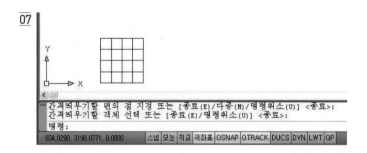

07

```
간격띄우기할 면의 점 지정 또는 [종료(E)/다중(M)/명령취소(U)] <종료>:
간격띄우기할 객체 선택 또는 [종료(E)/명령취소(U)] <종료>:
명령:
834.0290, 3190.0771, 0.0000   스냅 모눈 직교 극좌표 OSNAP OTRACK DUCS DYN LWT QP
```

04 Trim(트림) 명령(단축키 : TR)

1 기능

경계선을 기준으로 객체를 자르고자 할 때 사용하는 명령어이다.

2 명령 실행방법

자르기 아이콘을 클릭하거나 명령창에 단축키 TR을 입력한 후 엔터를 누른다.

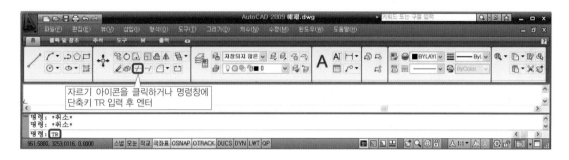

자르기 아이콘을 클릭하거나 명령창에
단축키 TR 입력 후 엔터

3 연습

예제 01
반지름 15, 30인 동심원을 작도하고, 사분점에서 직선을 그린 다음 반지름이 15인 원 안쪽의 선분 잘라내기

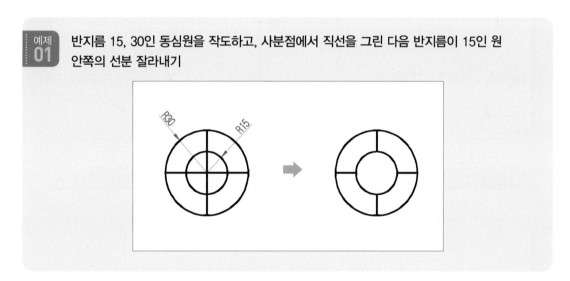

❶ 원 그리기 명령을 실행하여 반지름이 15, 30인 동심원을 작도한다.

❷ 라인 명령을 실행하여 사분점에서 사분점으로 이어지는 수직선과 수평선을 작도한다.

❸ 자르기 명령을 실행하여 반지름이 15인 원 안쪽의 선분을 잘라낸다.

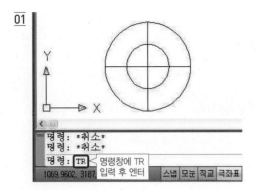

01

명령: *취소*
명령: *취소*
명령: **TR** ⟵ 명령창에 TR 입력 후 엔터
1069,9602, 3187 | 스냅 | 모눈 | 직교 | 극좌표 |

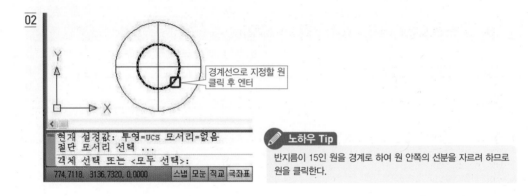

02

경계선으로 지정할 원
클릭 후 엔터

현재 설정값: 투영=UCS 모서리=없음
절단 모서리 선택 ...
객체 선택 또는 <모두 선택>:
774,7118, 3136,7320, 0,0000 | 스냅 | 모눈 | 직교 | 극좌표 |

✏️ 노하우 Tip

반지름이 15인 원을 경계로 하여 원 안쪽의 선분을 자르려 하므로
원을 클릭한다.

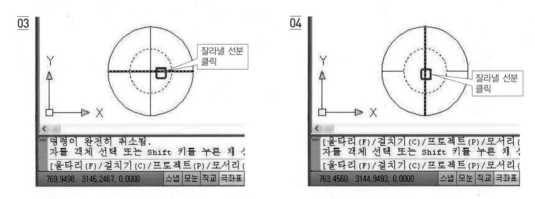

03

잘라낼 선분
클릭

명령이 완전히 취소됨.
자를 객체 선택 또는 Shift 키를 누른 채 선
[울타리(F)/걸치기(C)/프로젝트(P)/모서리(
769,9498, 3146,2467, 0,0000 | 스냅 | 모눈 | 직교 | 극좌표 |

04

잘라낼 선분
클릭

[울타리(F)/걸치기(C)/프로젝트(P)/모서리(
자를 객체 선택 또는 Shift 키를 누른 채 선
[울타리(F)/걸치기(C)/프로젝트(P)/모서리(
763,4560, 3144,9493, 0,0000 | 스냅 | 모눈 | 직교 | 극좌표 |

05

[울타리(F)/걸치기(C)/프로젝트(P)/모서리(
자를 객체 선택 또는 Shift 키를 누른 채 선
[울타리(F)/걸치기(C)/프로젝트(P)/모서리(
814,1071, 3143,2193, 0,0000 | 스냅 | 모눈 | 직교 | 극좌표 |

✏️ 노하우 Tip

반지름이 15인 원 안의 선분을 모두 잘라낸 다음 엔터를 쳐서 자
르기를 종료한다.

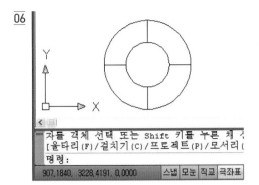

06

자를 객체 선택 또는 Shift 키를 누른 채
[울타리(F) / 걸치기(C) / 프로젝트(P) / 모서리(
명령:
907,1840, 3228,4191, 0,0000   스냅 모눈 직교 극좌표

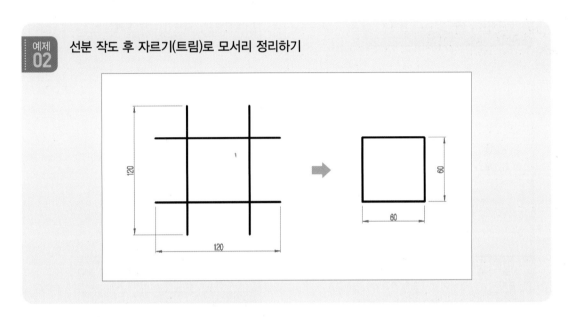

예제 02 선분 작도 후 자르기(트림)로 모서리 정리하기

❶ 라인 명령을 실행하여 수직선과 수평선을 작도한다.

❷ 자르기(트림) 명령을 실행하여 모서리를 정리한다.

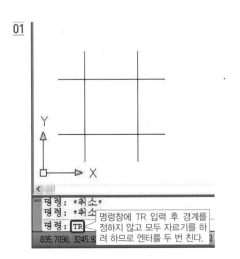

01

명령: *취소*
명령: *취소
명령: TR
835,7098, 3245,9

명령창에 TR 입력 후 경계를
정하지 않고 모두 자르기를 하
려 하므로 엔터를 두 번 친다.

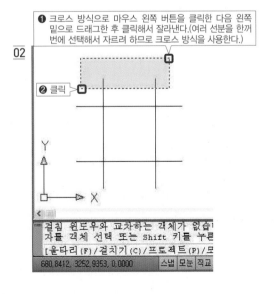

02

❶ 크로스 방식으로 마우스 왼쪽 버튼을 클릭한 다음 왼쪽
밑으로 드래그한 후 클릭해서 잘라낸다.(여러 선분을 한꺼
번에 선택해서 자르려 하므로 크로스 방식을 사용한다.)

❷ 클릭

걸침 윈도우와 교차하는 객체가 없습!
자를 객체 선택 또는 Shift 키를 누른
[울타리(F) / 걸치기(C) / 프로젝트(P) / 모
680,8412, 3252,9353, 0,0000   스냅 모눈 직교

03

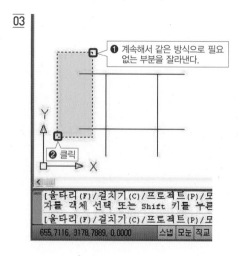

❶ 계속해서 같은 방식으로 필요 없는 부분을 잘라낸다.

❷ 클릭

04

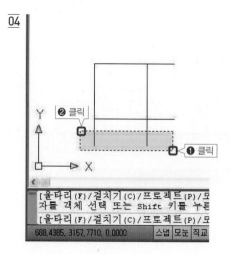

❷ 클릭

❶ 클릭

05

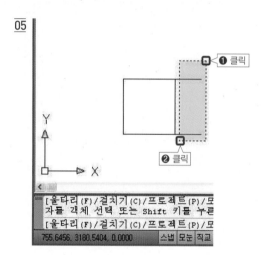

❶ 클릭

❷ 클릭

06

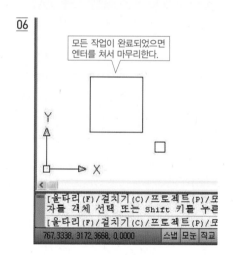

모든 작업이 완료되었으면 엔터를 쳐서 마무리한다.

07

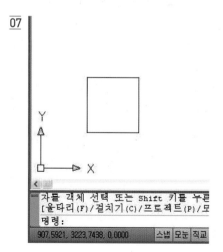

예제 03 크기가 다른 동심원을 작도하고 직선으로 사분점에서 사분점까지 선을 그은 다음 자르기 (트림)로 정리하기

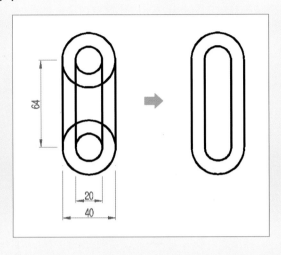

❶ 원 그리기 명령을 실행하여 크기가 다른 동심원을 작도한다.

❷ 크기가 다른 원을 다시 그리지 말고 복사 명령을 이용하여 수직방향으로 적당한 거리에 복사한다.

❸ 자르기(트림)로 필요 없는 부분을 잘라낸다.

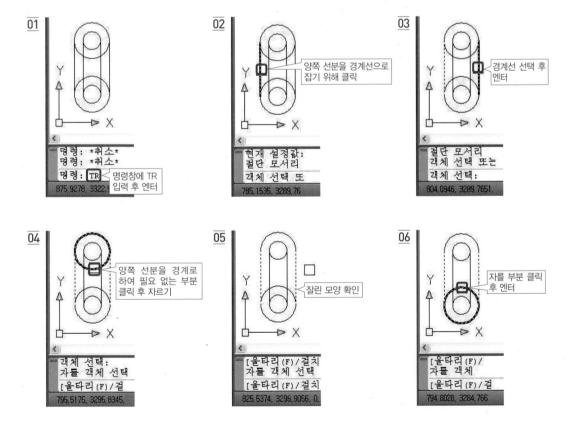

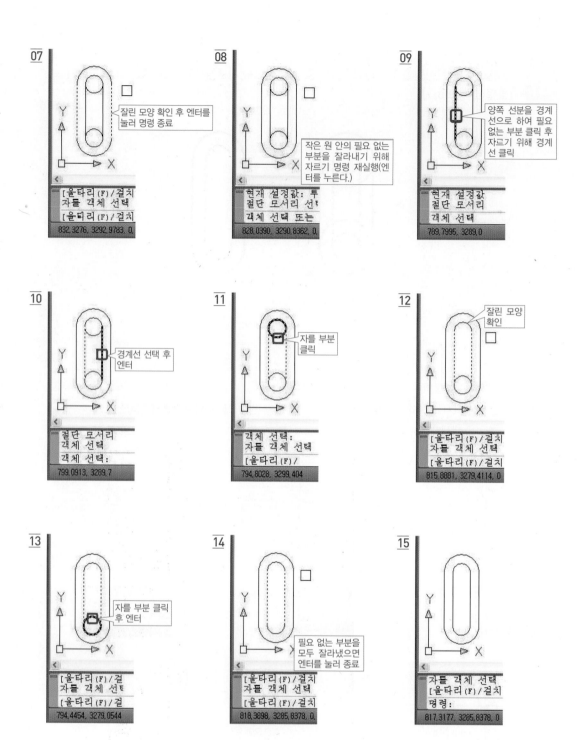

07 잘린 모양 확인 후 엔터를 눌러 명령 종료

[울타리(F)/걸치
자를 객체 선택
[울타리(F)/걸치
832.3276, 3292.9783, 0.

08 작은 원 안의 필요 없는 부분을 잘라내기 위해 자르기 명령 재실행(엔터를 누른다.)

현재 설정값: 투
절단 모서리 선택
객체 선택 또는
828.0390, 3290.8362, 0.

09 양쪽 선분을 경계 선으로 하여 필요 없는 부분 클릭 후 자르기 위해 경계 선 클릭

현재 설정값
절단 모서리
객체 선택
789.7995, 3289, 0

10 경계선 선택 후 엔터

절단 모서리
객체 선택
객체 선택:
799.0913, 3289.7

11 자를 부분 클릭

객체 선택:
자를 객체 선택
[울타리(F)/
794.8028, 3299.404

12 잘린 모양 확인

[울타리(F)/걸치
자를 객체 선택
[울타리(F)/걸치
815.8881, 3279.4114, 0

13 자를 부분 클릭 후 엔터

[울타리(F)/걸
자를 객체 선택
[울타리(F)/걸
794.4454, 3279.0544

14 필요 없는 부분을 모두 잘라냈으면 엔터를 눌러 종료

[울타리(F)/걸치
자를 객체 선택
[울타리(F)/걸치
818.3898, 3285.8378, 0.

15

자를 객체 선택
[울타리(F)/걸치
명령:
817.3177, 3285.8378, 0

기초 편집명령 : OFFSET, TRIM 실습 1

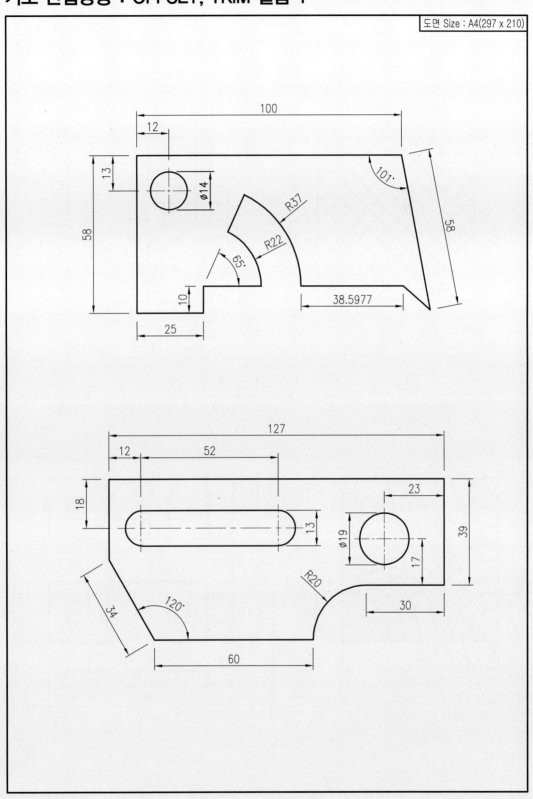

기초 편집명령 : OFFSET, TRIM 실습 2

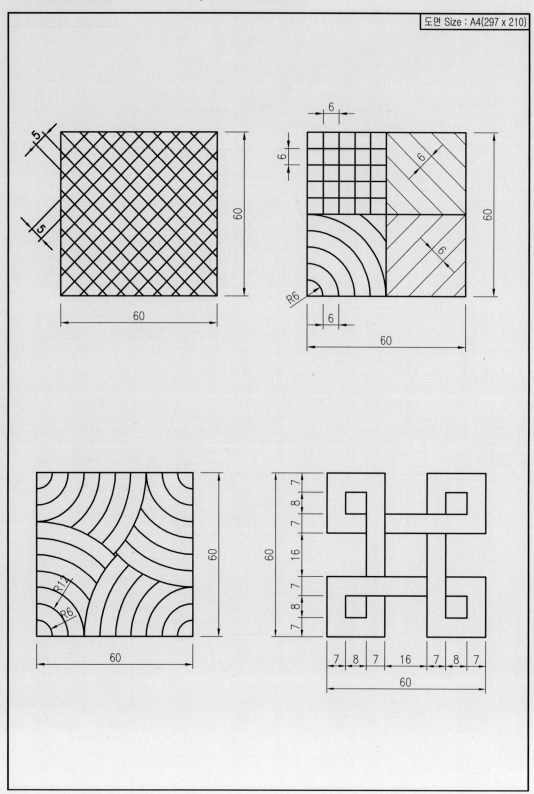

기초 편집명령 : OFFSET, TRIM 실습 3

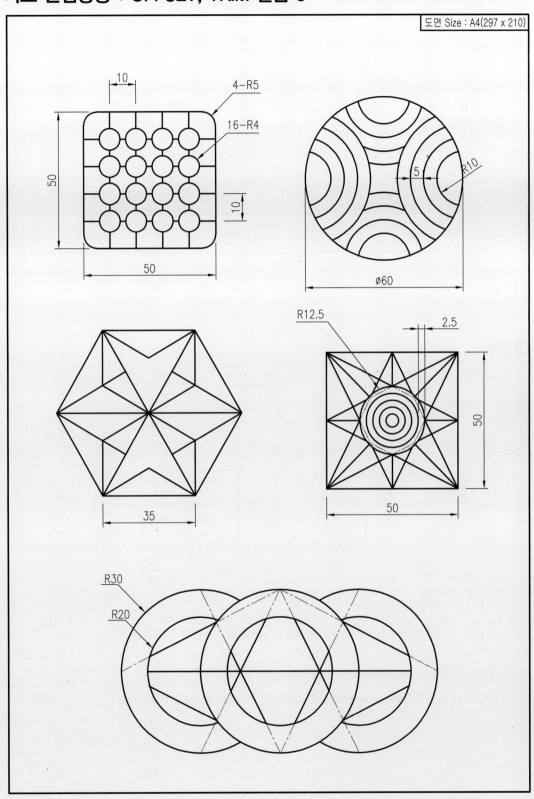

1 기능

대칭축을 기준으로 대칭복사할 때 사용하는 명령어이다.

2 명령 실행방법

대칭 아이콘을 클릭하거나 명령창에 단축키 MI를 입력한 후 엔터를 누른다.

3 연습

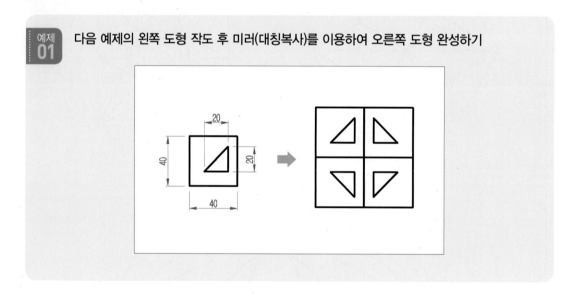

| 예제 01 | 다음 예제의 왼쪽 도형 작도 후 미러(대칭복사)를 이용하여 오른쪽 도형 완성하기 |

❶ 라인 명령을 이용하여 정사각형 안에 직각삼각형을 작도한다.

❷ 미러(대칭복사) 명령을 이용하여 수평방향으로 대칭복사한 후, 수직방향으로 대칭복사를 완료한다.

01

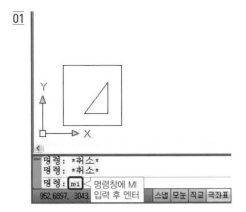

명령: *취소*
명령: *취소*
명령: mi ← 명령창에 MI
952,6897, 3043 입력 후 엔터   스냅 모눈 직교 극좌표

02

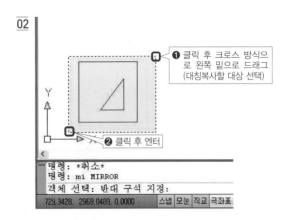

❶ 클릭 후 크로스 방식으로 왼쪽 밑으로 드래그 (대칭복사할 대상 선택)

❷ 클릭 후 엔터

명령: *취소*
명령: mi MIRROR
객체 선택: 반대 구석 지정:
729,3428, 2969,0489, 0,0000   스냅 모눈 직교 극좌표

03

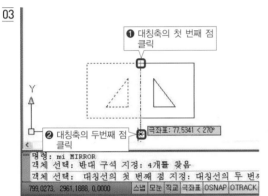

❶ 대칭축의 첫 번째 점 클릭

❷ 대칭축의 두번째 점 클릭

 극좌표: 77,5341 < 270°

명령: mi MIRROR
객체 선택: 반대 구석 지정: 4개를 찾음
객체 선택: 대칭선의 첫 번째 점 지정: 대칭선의 두 번째
799,0273, 2961,1888, 0,0000   스냅 모눈 직교 극좌표 OSNAP OTRACK

노하우 Tip

대칭축의 두 번째 점은 항상 첫 번째 클릭점과 일직선 상으로 클릭해야 한다. 하지만 예제와 같이 수직 대칭축의 경우 굳이 선분의 끝점을 찍지 않고 수직축 선 상의 한 점을 클릭하면 된다.

04

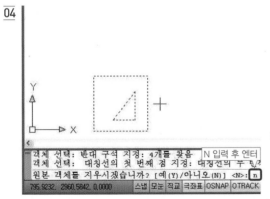

객체 선택: 반대 구석 지정: 4개를 찾음   N 입력 후 엔터
객체 선택: 대칭선의 첫 번째 점 지정: 대칭선의 두 번
원본 객체를 지우시겠습니까? [예(Y)/아니오(N)] <N>: n
795,9232, 2960,5842, 0,0000   스냅 모눈 직교 극좌표 OSNAP OTRACK

노하우 Tip

만약 Y를 입력 후 엔터를 치면 원본 객체가 지워지면서 대칭이동 된다. 원본 객체를 지우지 않고 대칭복사할 경우 그냥 엔터를 쳐도 무방하다.

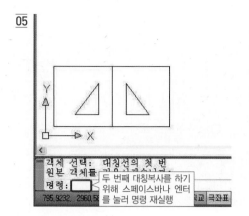

객체 선택: 대칭선의 첫 번

원본 객체를

명령:

두 번째 대칭복사를 하기
위해 스페이스바나 엔터
를 눌러 명령 재실행

795.9232, 2960.5   교 | 극좌표

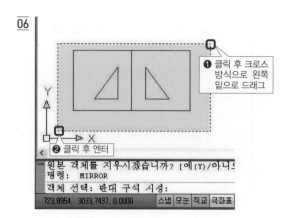

❶ 클릭 후 크로스
방식으로 왼쪽
밑으로 드래그

❷ 클릭 후 엔터

원본 객체를 지우시겠습니까? [예(Y)/아니오
명령: MIRROR
객체 선택: 반대 구석 지정:
723.8954, 3033.7437, 0.0000   스냅 | 모눈 | 직교 | 극좌표

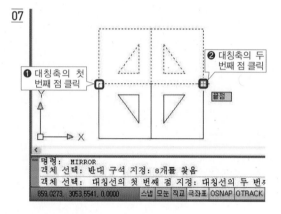

❷ 대칭축의 두
번째 점 클릭

❶ 대칭축의 첫
번째 점 클릭

끝점

명령: MIRROR
객체 선택: 반대 구석 지정: 8개를 찾음
객체 선택: 대칭선의 첫 번째 점 지정: 대칭선의 두 번
859.0273, 3053.5541, 0.0000   스냅 | 모눈 | 직교 | 극좌표 | OSNAP | OTRACK

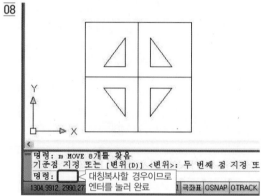

명령: m MOVE 8개를 찾음
기준점 지정 또는 [변위(D)] <변위>: 두 번째 점 지정 또
명령:

대칭복사할 경우이므로
엔터를 눌러 완료

1304.9912, 2990.27 | 극좌표 | OSNAP | OTRACK

기초 편집명령 : MIRROR 실습

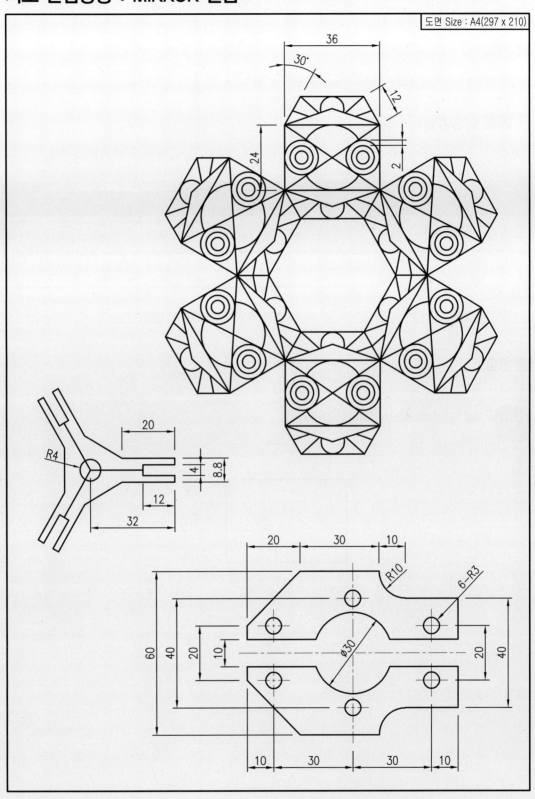

Rectangle(렉탱글) **명령**(단축키 : REC)

1 기능

직사각형이나 정사각형을 그릴 때 사용하는 명령어이다.

2 명령 실행방법

렉탱글(직사각형) 아이콘을 클릭하거나 명령창에 단축키 REC를 입력힌 후 엔디를 누른다.

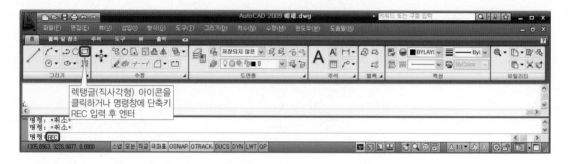

렉탱글(직사각형) 아이콘을
클릭하거나 명령창에 단축키
REC 입력 후 엔터

3 연습

| 예제 01 | 가로 60, 세로 40인 직사각형 그리기 |

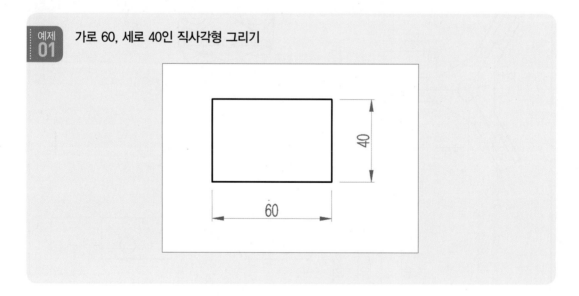

❶ 지금까지는 사각형을 작도할 때 라인 명령을 이용했다. 이제부터는 좀 더 빠른 작업을 위해 렉탱글(직사각형)을 이용한다. 명령창에 단축키 REC 입력 후 엔터를 친다. 새로운 사각형의 임의의 시작점을 클릭하고 @을 입력 후 가로 60, 세로 40 입력, 즉 @60,40을 입력한 후 엔터를 친다.

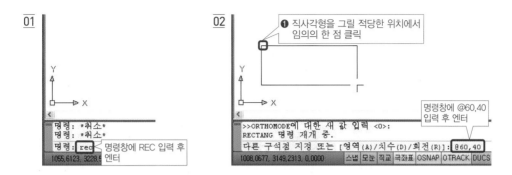

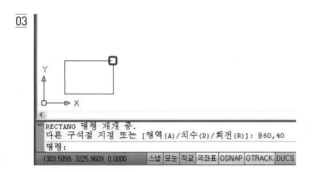

기초 편집명령 : RECTANGLE 실습 1

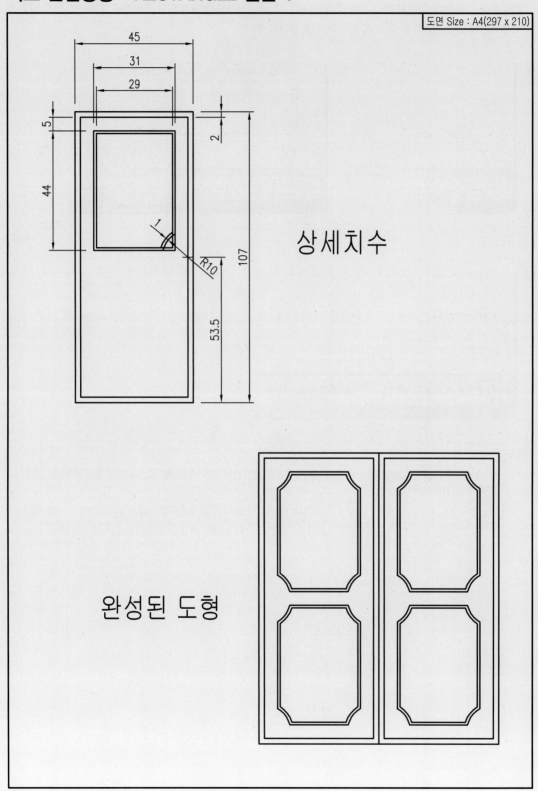

도면 Size : A4(297 x 210)

상세치수

완성된 도형

기초 편집명령 : RECTANGLE 실습 2

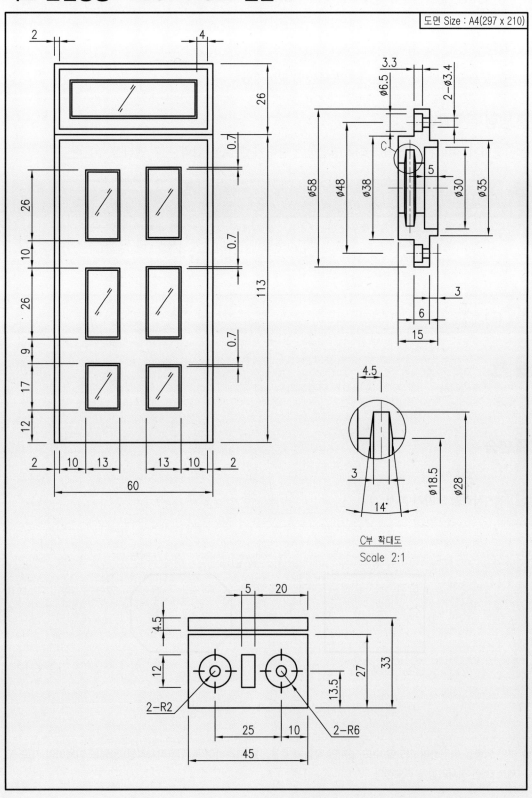

도면 Size : A4(297 x 210)

C부 확대도
Scale 2:1

🔲 기능

모서리 부분을 모따기 처리할 때 사용하는 명령어이다.

🔲 명령 실행방법

챔퍼(모따기) 아이콘을 클릭하거나 명령창에 단축키 CHA를 입력한 후 엔티를 누른다.

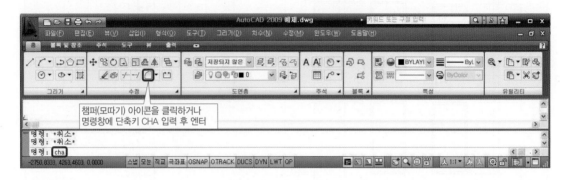

> **참고**
> 명령창에 입력하는 영문은 대 · 소문자를 구분하지 않는다.

🔲 연습

> 예제
> **01** **사각형 모따기 하기**

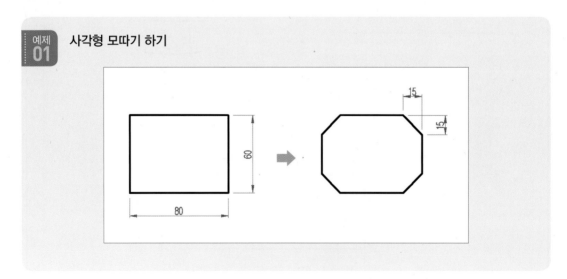

❶ 라인 명령을 이용하여 작도할 수도 있지만 작업의 효율성을 고려하여 렉탱글(직사각형) 명령을 이용하여 가로 80, 세로 60인 직사각형을 작도한다.

❷ 챔퍼(모따기) 명령을 이용하여 모따기를 한다.

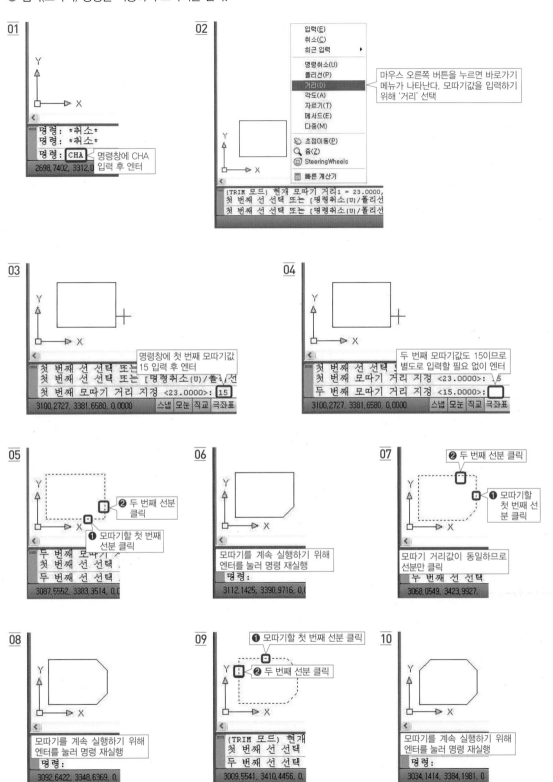

01

명령: *취소*
명령: *취소*
명령: CHA ← 명령창에 CHA 입력 후 엔터
2698.7402, 3312.0

02

입력(E)
취소(C)
최근 입력 ▶
명령취소(U)
폴리선(P)
거리(D)   ← 마우스 오른쪽 버튼을 누르면 바로가기
각도(A)   메뉴가 나타난다. 모따기값을 입력하기
자르기(T)   위해 '거리' 선택
메서드(E)
다중(M)
초점이동(P)
줌(Z)
SteeringWheels
빠른 계산기

(TRIM 모드) 현재 모따기 거리1 = 23.0000,
첫 번째 선 선택 또는 [명령취소(U)/폴리선
첫 번째 선 선택 또는 [명령취소(U)/폴리선

03

첫 번째 선 선택 또는
첫 번째 선 선택 또는 [명령취소(U)/폴/선
첫 번째 모따기 거리 지정 <23.0000>: 15 ← 명령창에 첫 번째 모따기값
15 입력 후 엔터
3100.2727, 3381.6580, 0.0000   스냅 모눈 직교 극좌표

04

첫 번째 선 선택 또는
첫 번째 선 선택 또는 [명령취소(U)/폴/선
두 번째 모따기 거리 지정 <15.0000>: 5 ← 두 번째 모따기값도 150이므로
별도로 입력할 필요 없이 엔터
3100.2727, 3381.6580, 0.0000   스냅 모눈 직교 극좌표

05

❷ 두 번째 선분
클릭
❶ 모따기할 첫 번째
선분 클릭
두 번째 모따기
첫 번째 선 선택
두 번째 선 선택
3087.5552, 3383.3514, 0.0

06

모따기를 계속 실행하기 위해
엔터를 눌러 명령 재실행
명령:
3112.1425, 3390.9716, 0.0

07

❷ 두 번째 선분 클릭
❶ 모따기할
첫 번째 선
분 클릭
모따기 거리값이 동일하므로
선분만 클릭
두 번째 선 선택
3068.0549, 3423.9927,

08

모따기를 계속 실행하기 위해
엔터를 눌러 명령 재실행
명령:
3092.6422, 3348.6369, 0.

09

❶ 모따기할 첫 번째 선분 클릭
❷ 두 번째 선분 클릭
(TRIM 모드) 현재
첫 번째 선 선택
두 번째 선 선택
3009.5541, 3410.4456, 0.

10

모따기를 계속 실행하기 위해
엔터를 눌러 명령 재실행
명령:
3034.1414, 3384.1981, 0.

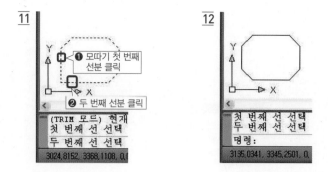

예제 02 **자르지 않고 모따기 처리하기**

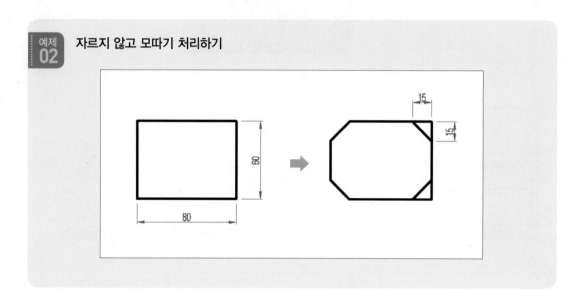

❶ 렉탱글(직사각형) 명령을 이용하여 가로 80, 세로 60인 직사각형을 작도한다.

❷ 챔퍼(모따기) 명령을 이용하여 모따기를 하되, 자르지 않기를 실행한다.

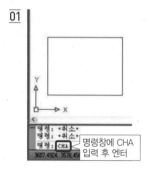

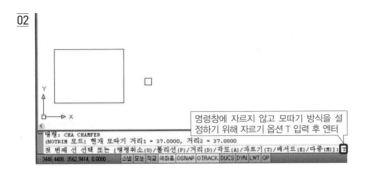

02

명령창에 자르지 않고 모따기 방식을 설정하기 위해 자르기 옵션 T 입력 후 엔터

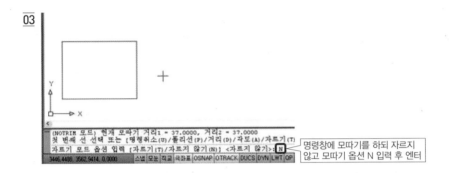

03

명령창에 모따기를 하되 자르지 않고 모따기 옵션 N 입력 후 엔터

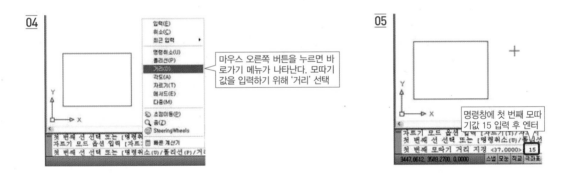

04

마우스 오른쪽 버튼을 누르면 바로가기 메뉴가 나타난다. 모따기 값을 입력하기 위해 '거리' 선택

05

명령창에 첫 번째 모따기값 15 입력 후 엔터

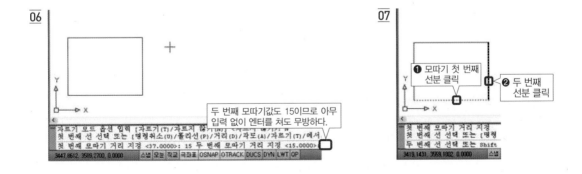

06

두 번째 모따기값도 15이므로 아무 입력 없이 엔터를 쳐도 무방하다.

07

❶ 모따기 첫 번째 선분 클릭

❷ 두 번째 선분 클릭

❷ 두 번째 선분 클릭

❶ 모따기 첫번째 선분 클릭

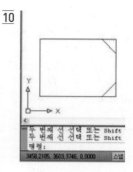

08 모따기를 계속 실행하기 위해 엔터를 눌러 명령 재실행

09

10

거리값이 다른 모따기 하기

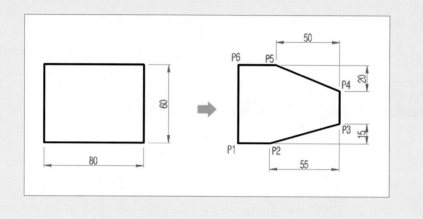

❶ 렉탱글(직사각형) 명령을 이용하여 직사각형을 작도한다.

❷ 챔퍼(모따기) 명령을 이용하여 P2에서 P3로 가는 모따기를 먼저 실시한다. 주의할 점은 명령창에 먼저 입력한 값이 첫 번째 모따기값이고, 두 번째 입력하는 값이 두 번째 모따기값이라는 것이다. 그러므로 모따기 할 곳을 선택할 때는 입력한 순서대로 클릭해야 한다.

01 명령창에 CHA 입력 후 엔터

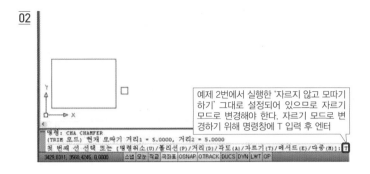

02

예제 2번에서 실행한 '자르지 않고 모따기 하기' 그대로 설정되어 있으므로 자르기 모드로 변경해야 한다. 자르기 모드로 변경하기 위해 명령창에 T 입력 후 엔터

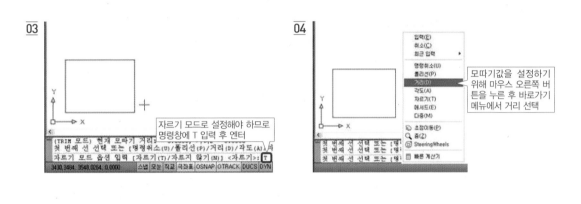

03

자르기 모드로 설정해야 하므로 명령창에 T 입력 후 엔터

04

모따기값을 설정하기 위해 마우스 오른쪽 버튼을 누른 후 바로가기 메뉴에서 거리 선택

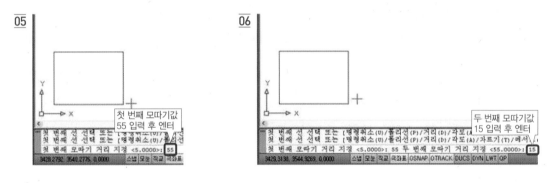

05

첫 번째 모따기값 55 입력 후 엔터

06

두 번째 모따기값 15 입력 후 엔터

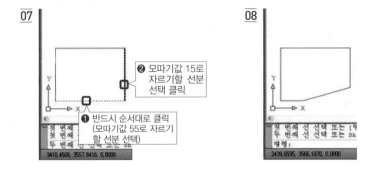

07

❷ 모따기값 15로 자르기할 선분 선택 클릭

❶ 반드시 순서대로 클릭 (모따기값 55로 자르기 할 선분 선택)

08

❸ 계속해서 P4에서 P5로 가는 모따기를 한다. 이때 앞에서 실시한 명령을 반복 실행하지 말고 방금 전 실행한 챔퍼 (모따기) 명령을 다시 이용한다. 명령 재실행을 이용하기 위해 스페이스바 혹은 엔터를 친다.

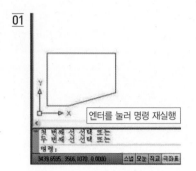

엔터를 눌러 명령 재실행

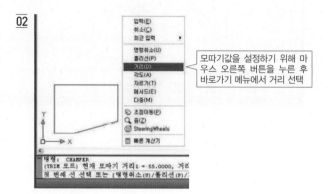

모따기값을 설정하기 위해 마 우스 오른쪽 버튼을 누른 후 바로가기 메뉴에서 거리 선택

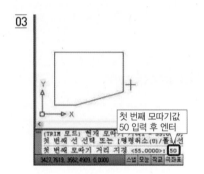

첫 번째 모따기값 50 입력 후 엔터

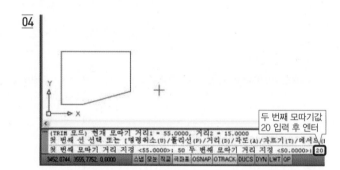

두 번째 모따기값 20 입력 후 엔터

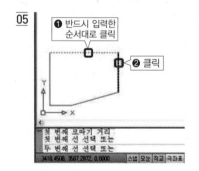

❶ 반드시 입력한 순서대로 클릭

❷ 클릭

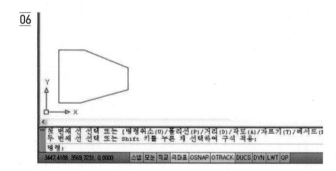

기초 편집명령 : CHAMFER 실습

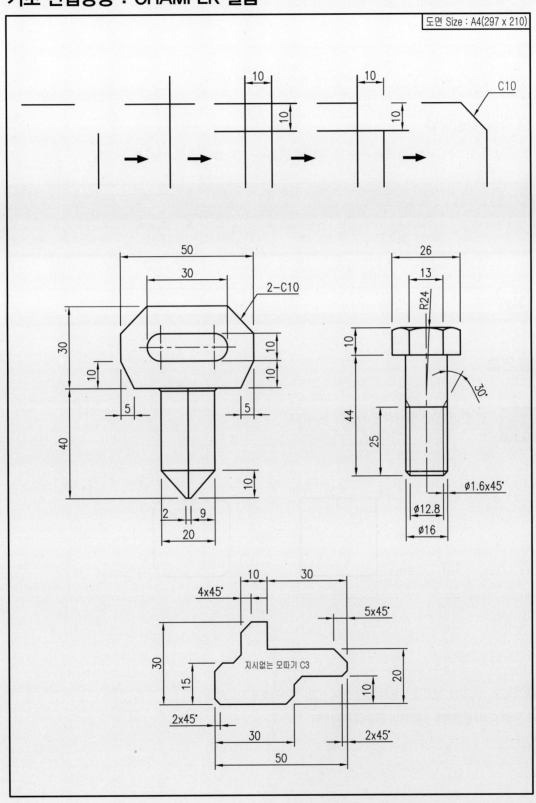

1 기능

모서리 부분을 라운딩(둥글게) 처리할 때 사용하는 명령어이다.

2 명령 실행방법

필렛(모깎기) 아이콘을 클릭하거나 명령창에 단축키 F를 입력한 후 엔터를 누른다.

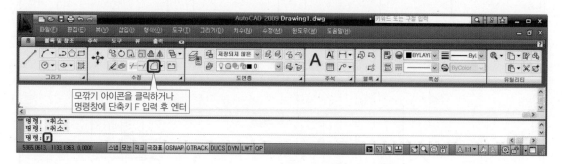

3 연습

| 예제 01 | 한 변이 60인 정사각형 라운딩 처리하기 |

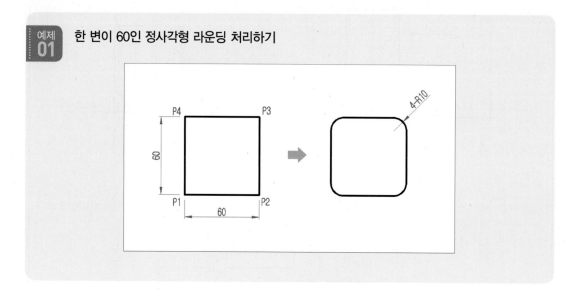

❶ 렉탱글(직사각형) 명령을 이용하여 한 변이 60인 정사각형을 작도한다.

❷ 필렛(모깎기) 명령을 이용하여 라운딩 처리한다.

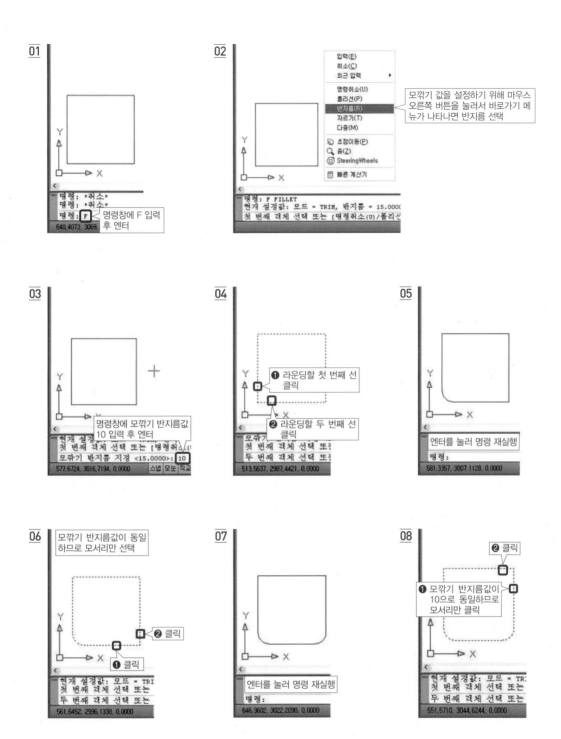

01

명령: *취소*
명령: *취소*
명령: **F** 명령창에 F 입력 후 엔터
640.4073, 3069.

02

입력(E)
취소(C)
최근 입력
명령취소(U)
폴리선(P)
반지름(R) ◀─── 모깎기 값을 설정하기 위해 마우스 오른쪽 버튼을 눌러서 바로가기 메뉴가 나타나면 반지름 선택
자르기(T)
다중(M)
초점이동(P)
줌(Z)
SteeringWheels
빠른 계산기

명령: F FILLET
현재 설정값: 모드 = TRIM, 반지름 = 15.0000
첫 번째 객체 선택 또는 [명령취소(U)/폴리선

03

현재 설정
첫 번째 객체 선택 또는 [명령취
모깎기 반지름 지정 <15.0000>: **10** 명령창에 모깎기 반지름값 10 입력 후 엔터
577.6724, 3016.7194, 0.0000 스냅 모눈 직교

04

❶ 라운딩할 첫 번째 선 클릭
❷ 라운딩할 두 번째 선 클릭

모깎기
첫 번째 객체 선택 또
두 번째 객체 선택 또
513.5637, 2987.4421, 0.0000

05

엔터를 눌러 명령 재실행
명령:
581.3357, 3007.1128, 0.0000

06

모깎기 반지름값이 동일하므로 모서리만 선택

❶ 클릭
❷ 클릭

현재 설정값: 모드 = TRI
첫 번째 객체 선택 또는
두 번째 객체 선택 또는
561.6452, 2996.1338, 0.0000

07

엔터를 눌러 명령 재실행
명령:
646.3602, 3022.2090, 0.0000

08

❷ 클릭
❶ 모깎기 반지름값이 10으로 동일하므로 모서리만 클릭

현재 설정값: 모드 = TRI
첫 번째 객체 선택 또는
두 번째 객체 선택 또는
551.5710, 3044.6244, 0.0000

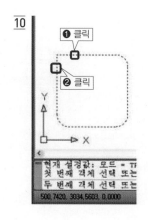

❶ 클릭

❷ 클릭

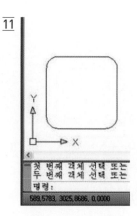

예제 02 다음 그림과 같이 모따기 되어 있는 부분을 이어주고, 필요 없는 선분을 필렛(모깎기)으로 정리하기 → 자르기(트림) 명령의 효과

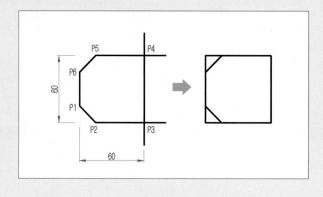

❶ 라인 명령 혹은 렉탱글(직사각형) 명령을 이용하여 사각형을 그린다.

❷ 챔퍼(모따기) 명령을 이용하여 P1~P2, P5~P6 부분을 모따기한다.

❸ P3, P4 밖으로 연장되어 있는 필요 없는 선분을 정리하기 위해 필렛(모깎기) 명령을 이용한다.

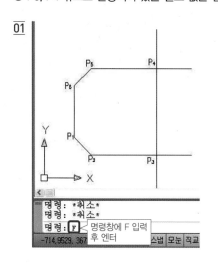

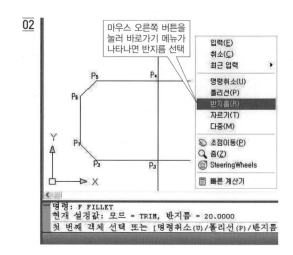

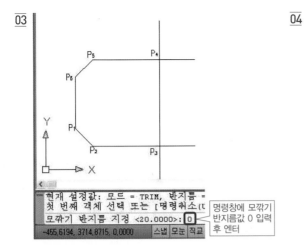

03

명령창에 모깎기
반지름값 0 입력
후 엔터

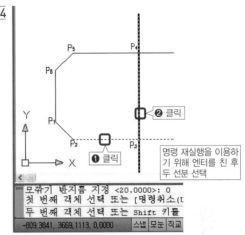

04

❷ 클릭

❶ 클릭

명령 재실행을 이용하기 위해 엔터를 친 후
두 선분 선택

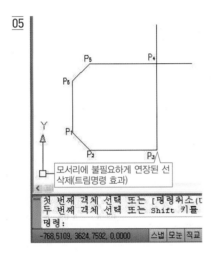

05

모서리에 불필요하게 연장된 선
삭제(트림명령 효과)

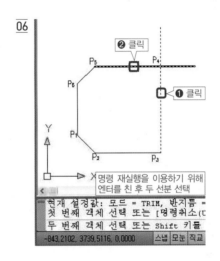

06

❷ 클릭

❶ 클릭

명령 재실행을 이용하기 위해
엔터를 친 후 두 선분 선택

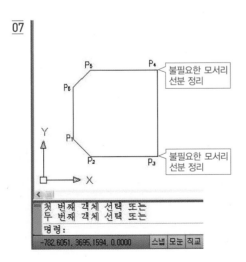

07

불필요한 모서리
선분 정리

불필요한 모서리
선분 정리

❹ P1~P2, P5~P6 선분을 이어주기 위해 계속해서 명령 재실행을 이용하여 마무리한다. 여기서 주의할 점은 명령 재실행은 방금 전 수행했던 명령이 실행되기 때문에 도중에 다른 작업을 하면 명령 재실행을 이용하여 필렛(모깎기)을 할 수 없다는 것이다. 필렛(모깎기)의 반지름값은 항상 전에 수행했던 값을 상속하기 때문에 혹시라도 반지름값을 새로 준 경우 선을 이어주기 위해서는 명령창에 0을 다시 입력해야 한다. 그러나 여기서는 필요 없는 선을 정리할 때 모깎기 반지름값을 0으로 두고 작업을 수행했기 때문에 굳이 반지름값을 다시 줄 필요가 없다.

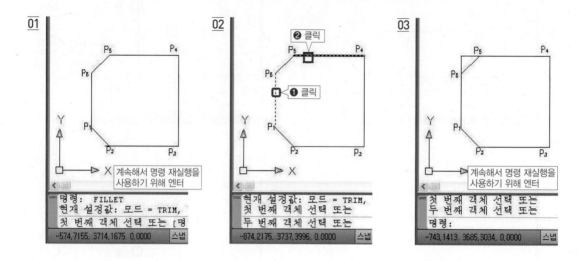

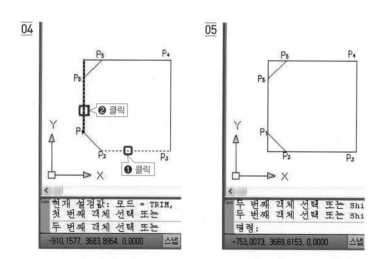

예제 03 길이가 같은 두 수직선이 있을 때, 필렛(모깎기)을 이용하여 라운딩 처리하기
(평행선의 라운딩 방법)

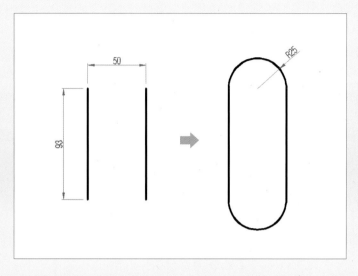

❶ 라인 명령을 이용하여 길이가 93인 수직선을 작도한다.

❷ 오프셋(간격 띄우기)을 이용하여 50만큼 떨어진 거리에 수직선을 평행복사한 다음 필렛(모깎기)을 이용하여 라운딩 처리를 한다.

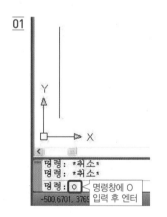

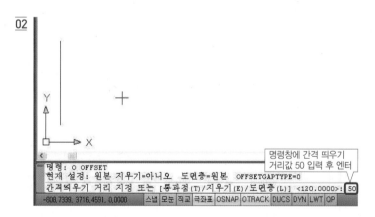

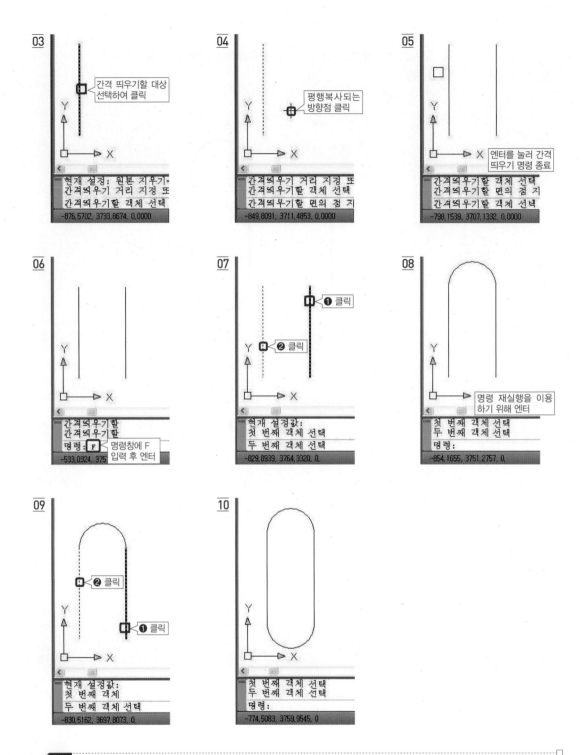

TIP

필렛(모깎기) 명령의 Tip

서로 평행한 두 선분, 즉 평행선에 모깎기(라운딩) 명령을 주면 모깎기 반지름과 상관없이 두 평행선을 이어주는 호가 무조건 그려진다.

첫 번째 선택한 선분의 끝점을 호의 시작점으로, 평행선의 간격을 지름으로 하는 반원이 생성된다.

예제 04 지름이 40, 20인 원을 작도하고 이 두 원과 접선을 이루고 있는 반지름이 60, 30인 호 작도 하기(원과 원의 라운딩)

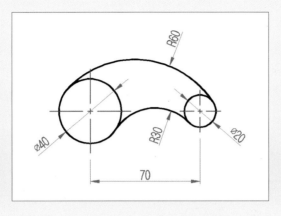

❶ 원 그리기 명령을 이용하여 지름이 40인 원을 작도하고 70만큼 떨어진 위치에 지름이 20인 원을 작도한다.

❷ 풀다운 메뉴에서 '그리기-원-접선, 접선, 반지름(T)'을 선택하여 반지름이 60인 원을 작도한다.

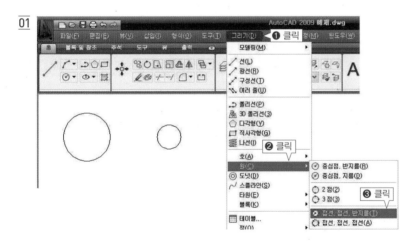

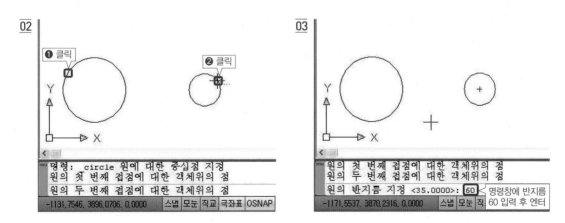

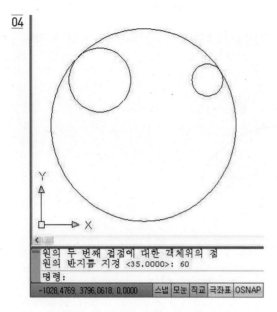

❸ 필요 없는 부분을 자르기(트림) 명령으로 정리한다.

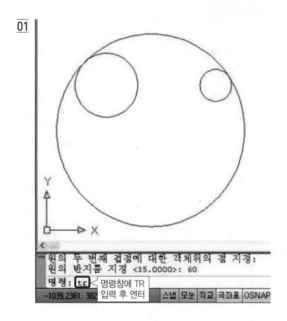

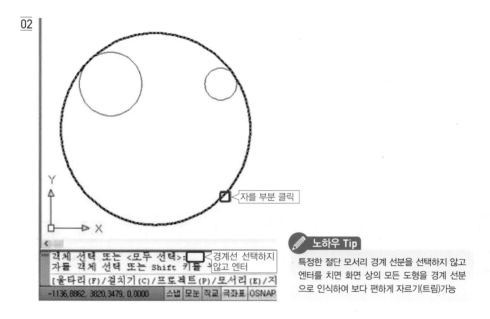

02

자를 부분 클릭

객체 선택 또는 <모두 선택>: [ ] 경계선 선택하지
자를 객체 선택 또는 Shift 키를 ꡓ않고 엔터

[울타리 (F) /걸치기 (C) /프로젝트 (P) /모서리 (E) /지

-1136.8862, 3820.3479, 0.0000   스냅 모눈 직교 극좌표 OSNAP

✎ **노하우 Tip**

특정한 절단 모서리 경계 선분을 선택하지 않고
엔터를 치면 화면 상의 모든 도형을 경계 선분
으로 인식하여 보다 편하게 자르기(트림)가능

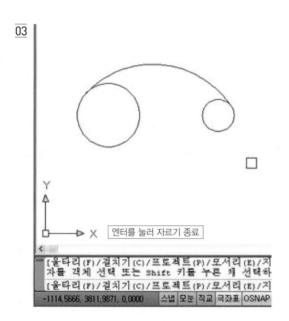

03

엔터를 눌러 자르기 종료

[울타리 (F) /걸치기 (C) /프로젝트 (P) /모서리 (E) /지
자를 객체 선택 또는 Shift 키를 누른 채 선택하
[울타리 (F) /걸치기 (C) /프로젝트 (P) /모서리 (E) /지

-1114.5666, 3811.9871, 0.0000   스냅 모눈 직교 극좌표 OSNAP

④ 접선을 이루고 있는 반지름이 30인 호를 작도할 때 '접선, 접선, 반지름(T)'을 이용할 수도 있지만, 필렛(모깎기)을 이용하면 보다 편리하게 작도할 수 있다.

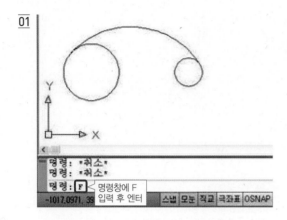

01

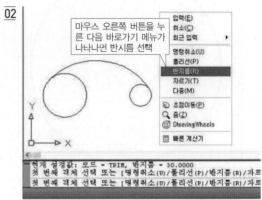

02

마우스 오른쪽 버튼을 누른 다음 바로가기 메뉴가 나타나면 반지름 선택

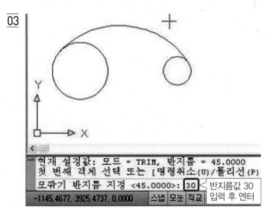

03

반지름값 30 입력 후 엔터

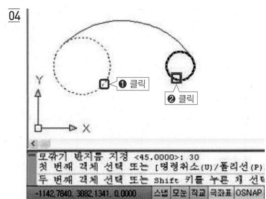

04

❶ 클릭

❷ 클릭

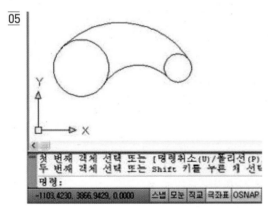

05

노하우 Tip

접하는 방향으로 라운딩호를 생성하기 때문에 원 안쪽 방향으로 선택점을 클릭해야 한다.

기초 편집명령 : FILLET 실습

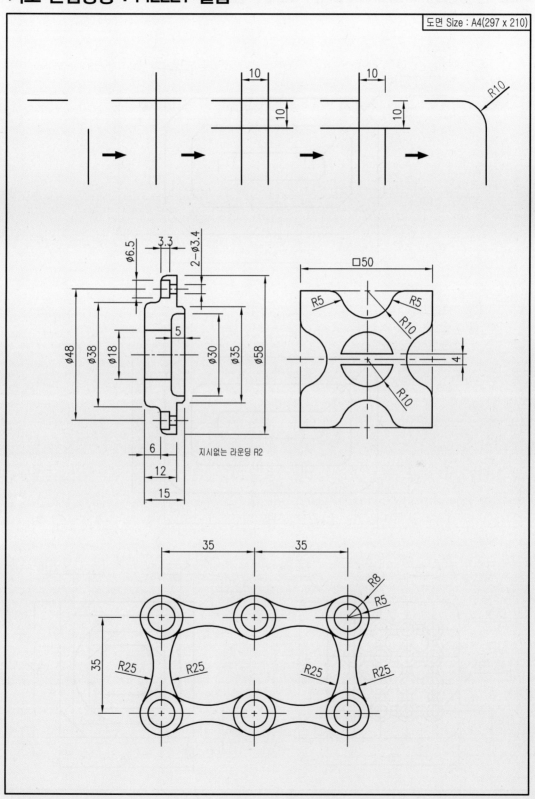

지시없는 라운딩 R2

기초 편집명령 : CHAMFER, FILLET 실습 1

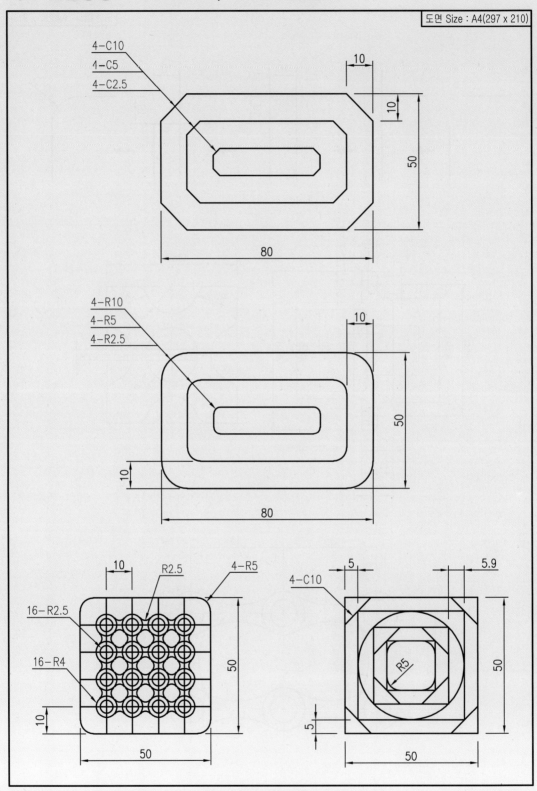

도면 Size : A4(297 x 210)

기초 편집명령 : CHAMFER, FILLET 실습 2

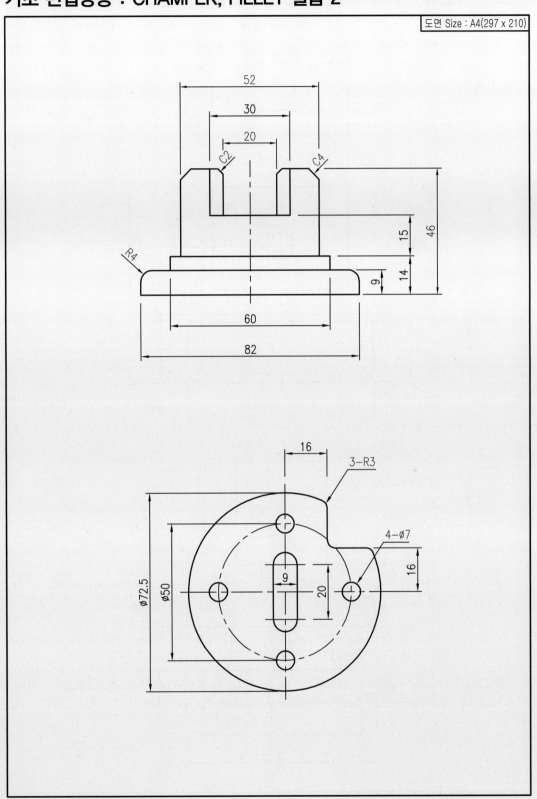

기초 편집명령 : CHAMFER, FILLET 실습 3

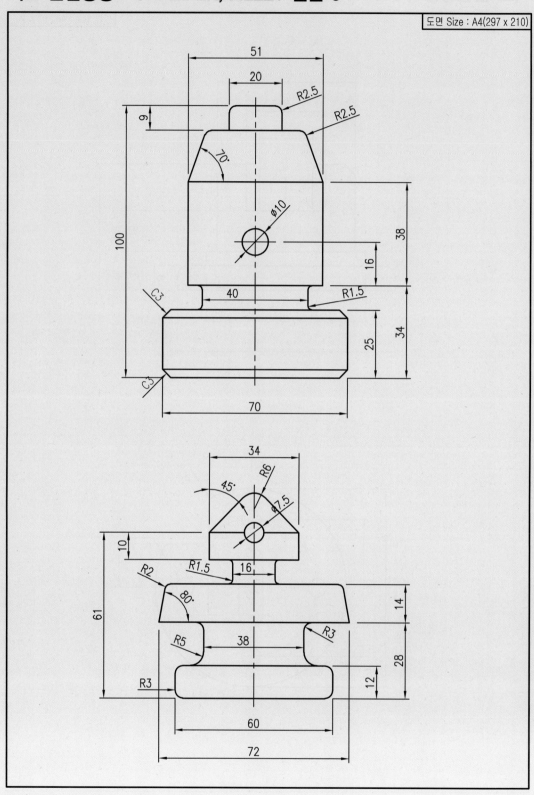

기초 편집명령 : CHAMFER, FILLET 실습 4

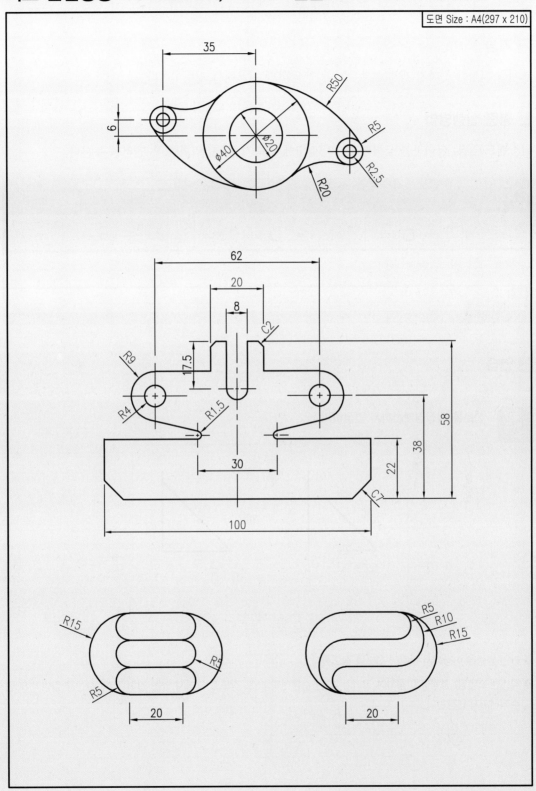

09 Extend(익스텐드) 명령(단축키 : EX)

1 기능

경계를 지정한 곳까지 객체(선분, 호)를 연장할 때 사용하는 명령어이다.

2 명령 실행방법

익스텐드(연장) 이이콘을 클릭히가나 명령창에 단축키 EX를 입력한 후 엔터를 누른다.

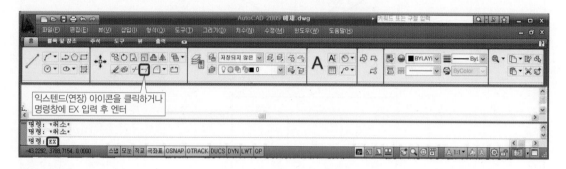

3 연습

| 예제 01 | 선분을 지정경계선까지 연장하기 |

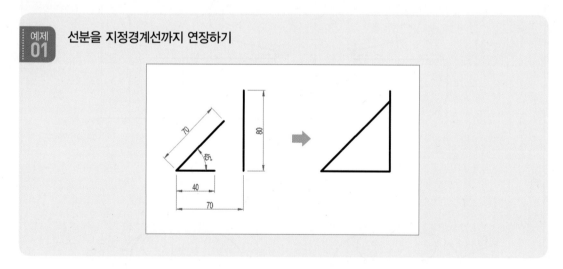

❶ 라인 명령을 이용해서 각각의 선분을 작도한다.

❷ 익스텐드(연장) 명령을 이용하여 길이가 40인 수평선과 45도 각도로 그어져 있는 길이 70의 사선을 길이가 80인
수직선까지 연장한다.

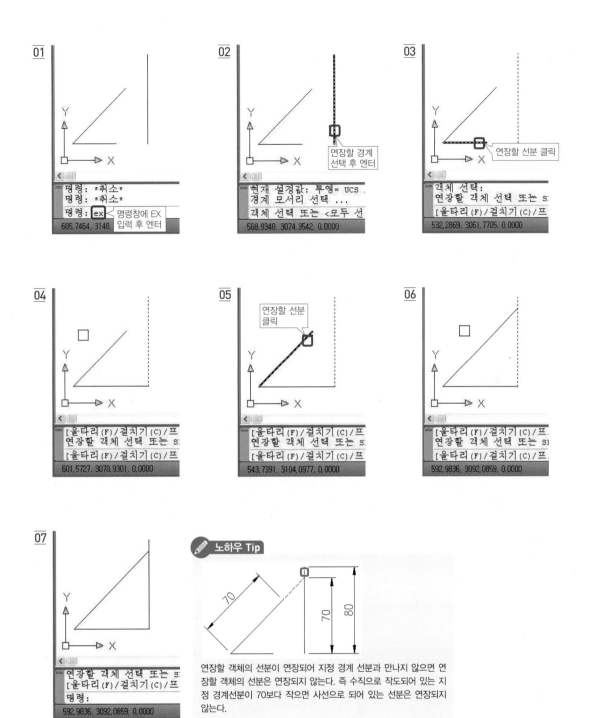

01

명령: *취소*
명령: *취소*
명령: ex 명령창에 EX
입력 후 엔터
685,7464, 3148,

02

연장할 경계
선택 후 엔터

현재 설정값: 투영= UCS
경계 모서리 선택 ...
객체 선택 또는 <모두 선
568,9340, 3074,3542, 0,0000

03

연장할 선분 클릭

객체 선택:
연장할 객체 선택 또는 s:
[울타리(F)/걸치기(C)/프
532,2869, 3061,7705, 0,0000

04

[울타리(F)/걸치기(C)/프
연장할 객체 선택 또는 s:
[울타리(F)/걸치기(C)/프
601,5727, 3078,9301, 0,0000

05

연장할 선분
클릭

[울타리(F)/걸치기(C)/프
연장할 객체 선택 또는 s:
[울타리(F)/걸치기(C)/프
543,7391, 3104,0977, 0,0000

06

[울타리(F)/걸치기(C)/프.
연장할 객체 선택 또는 s:
[울타리(F)/걸치기(C)/프.
592,9836, 3092,0859, 0,0000

07

연장할 객체 선택 또는 s:
[울타리(F)/걸치기(C)/프
명령:
592,9836, 3092,0859, 0,0000

✏️ 노하우 Tip

연장할 객체의 선분이 연장되어 지정 경계 선분과 만나지 않으면 연장할 객체의 선분은 연장되지 않는다. 즉 수직으로 작도되어 있는 지정 경계선분이 70보다 작으면 사선으로 되어 있는 선분은 연장되지 않는다.

여러 개의 선분을 지정경계까지 연장하기

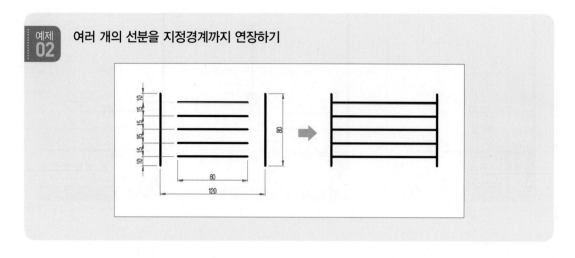

❶ 라인 명령을 이용하여 수직선과 수평선을 작도한다.

❷ 익스텐드(연장) 명령을 이용하여 지정 경계선분까지 늘려준다.

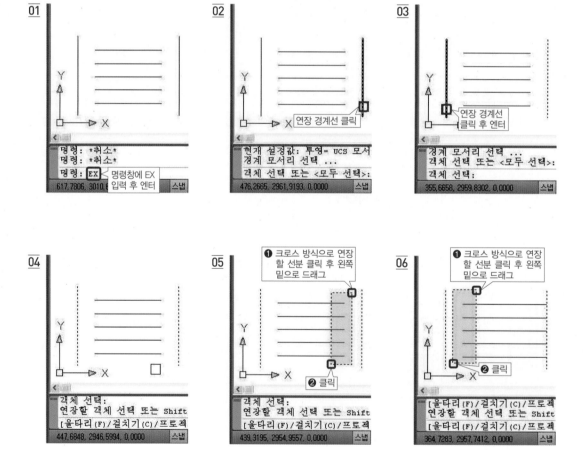

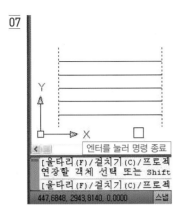

[울타리 (F) / 걸치기 (C) / 프로젝
연장할 객체 선택 또는 Shift
[울타리 (F) / 걸치기 (C) / 프로젝
447.6848, 2943.8140, 0.0000　　스냅

예제 03 원호 연장하기

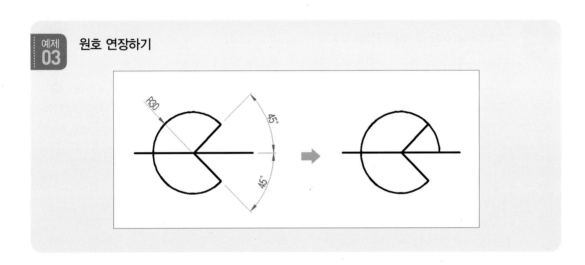

❶ 원 그리기 명령과 라인 명령, 트림 명령을 이용하여 예제의 왼쪽 도형을 작도한다.

❷ 익스텐드(연장) 명령을 이용하여 지정경계선분까지 연장할 객체를 선택하여 늘려준다.

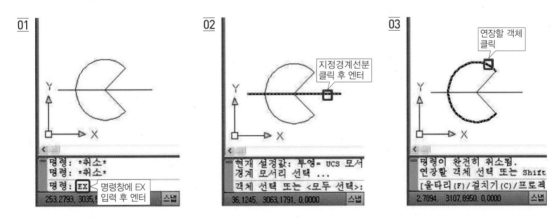

연장 완료 후 엔터를 눌러 종료

[울타리(F)/걸치기(C)/프로젝
연장할 객체 선택 또는 Shift
[울타리(F)/걸치기(C)/프로젝
69.4597, 3092.6725, 0.0000   스냅

TIP ★★★

• 그립점(Grip point)을 활용한 연장방법 1

❶ 명령 실행하지 않고 클릭

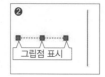
❷ 그립점 표시

❸ 끝점에 표시된 그립점을 클릭하면 빨간 그립점으로 변한다.

❹ 빨간 그립점 선택 후 연장할 곳까지 드래그하고 클릭

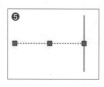
❺

연장할 객체가 하나일 경우 그립점 선택 후 연장할 곳까지 드래그하면 손쉽게 객체를 연장할 수 있다.

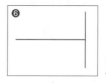
❻

키보드에서 ESC 키를 누르면 그립 포인트가 사라진다.

• 그립점(Grip point)을 활용한 연장방법 2

이곳을 클릭하면 연장된다.

이곳을 클릭할 경우 연장되지 않는다.

명령창에 EX 입력 후 지정경계선분을 지정하여 연장할 경우 객체 선택 시 지정경계선분에 최대한 가까운 곳을 클릭해야 한다. 만일 연장할 객체의 1/2이 넘어가는 지점을 클릭할 경우 연장되지 않는다.

기초 편집명령 : 응용실습

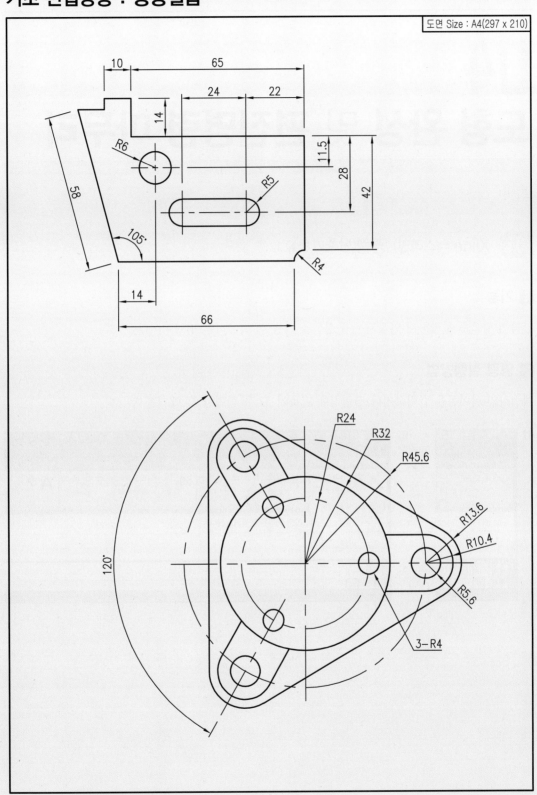

04

도형 완성 및 편집명령 마무리

01 Xline(엑스라인) 명령(단축키 : XL)

1 기능

양쪽 방향으로 무한하게 연장되는 구성선을 그릴 때 사용하는 명령어이다.

2 명령 실행방법

엑스라인 아이콘을 클릭하거나 명령창에 단축키 XL을 입력한 후 엔터를 누른다.

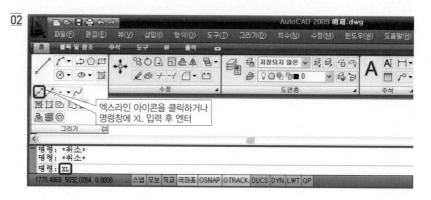

3 연습

예제 01 엑스라인 그린 후 자르기(트림)로 자르기

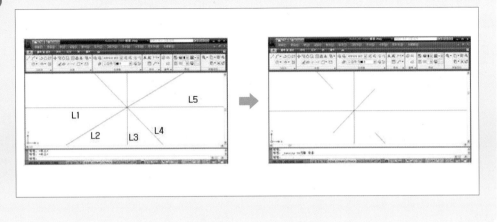

❶ 엑스라인 명령을 실행하여 양쪽 방향으로 무한하게 연장되는 구성선을 그린다.

❷ 엑스라인 L2와 L4를 예제 오른쪽 그림과 같이 자르기 위해서 양쪽 방향으로 경계를 정할 구성선을 그어준 다음 자르기(트림)를 이용해도 되지만, 구성선보다는 구성원을 그려준 다음 자르기(트림)를 이용해 작도하는 것이 편하다. 그러므로 자르기(트림)로 자르기 위해서 먼저 구성원을 작도한다.

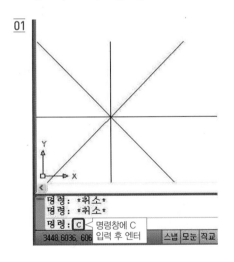

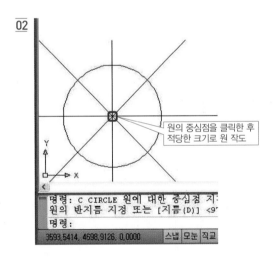

원의 중심점을 클릭한 후 적당한 크기로 원 작도

❸ 자르기(트림) 명령을 이용하여 그림과 같이 L2, L4 엑스라인을 자른다.

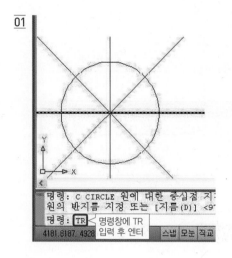

01

명령: C CIRCLE 원에 대한 중심점 지정
원의 반지름 지정 또는 [지름(D)] <9?
명령: TR ← 명령창에 TR 입력 후 엔터
4181.8187, 4928 | 스냅 | 모눈 | 직교

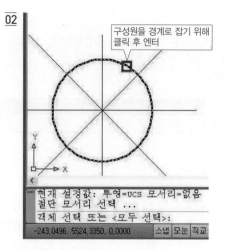

02

구성원을 경계로 잡기 위해 클릭 후 엔터

현재 설정값: 투영=UCS 모서리=없음
절단 모서리 선택 ...
객체 선택 또는 <모두 선택>:
-243.0496, 5524.3350, 0.0000 | 스냅 | 모눈 | 직교

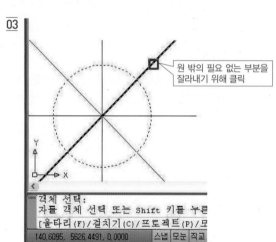

03

원 밖의 필요 없는 부분을 잘라내기 위해 클릭

객체 선택:
자를 객체 선택 또는 Shift 키를 누른
[울타리(F)/걸치기(C)/프로젝트(P)/모
140.6095, 5626.4491, 0.0000 | 스냅 | 모눈 | 직교

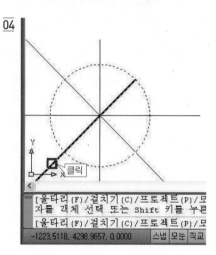

04

클릭

[울타리(F)/걸치기(C)/프로젝트(P)/모
자를 객체 선택 또는 Shift 키를 누른
[울타리(F)/걸치기(C)/프로젝트(P)/모
-1223.5118, 4298.9657, 0.0000 | 스냅 | 모눈 | 직교

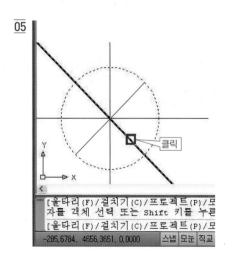

05

클릭

[울타리(F)/걸치기(C)/프로젝트(P)/모
자를 객체 선택 또는 Shift 키를 누른
[울타리(F)/걸치기(C)/프로젝트(P)/모
-285.6784, 4656.3651, 0.0000 | 스냅 | 모눈 | 직교

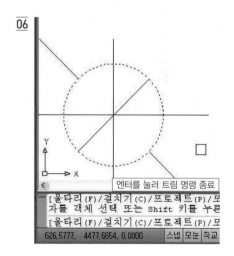

06

엔터를 눌러 트림 명령 종료

[울타리(F)/걸치기(C)/프로젝트(P)/모
자를 객체 선택 또는 Shift 키를 누른
[울타리(F)/걸치기(C)/프로젝트(P)/모
626.5777, 4477.6654, 0.0000 | 스냅 | 모눈 | 직교

❹ 지우기 명령을 이용해 경계를 지정하기 위해 그렸던 구성원을 지워준다.

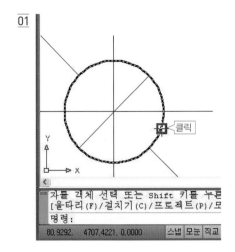

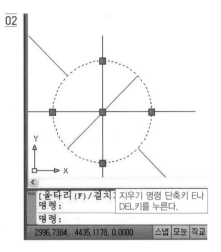

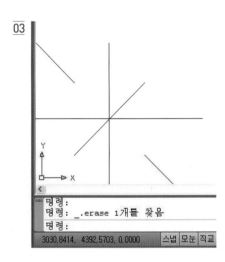

예제 02 주어진 삼각형(지붕물매)을 참조해서 XLine의 기울기를 정한 다음 대칭복사하기
(단면도 작도 시 지붕 그릴 때 활용)

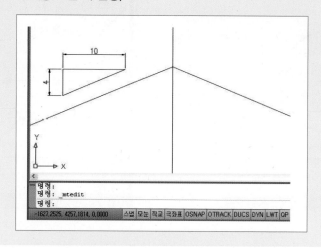

❶ 라인 명령을 이용하여 세로 4, 가로 10인 삼각형을 그린다.

❷ 엑스라인 명령을 실행한 후 주어진 삼각형과 같은 기울기의 엑스라인을 작도한다.

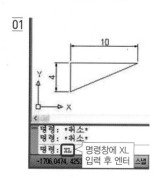

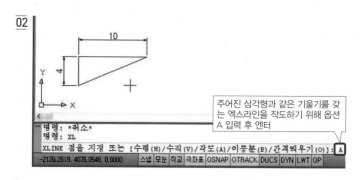

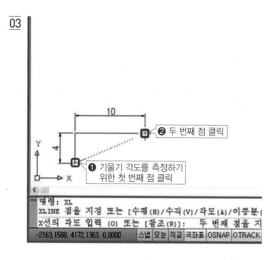

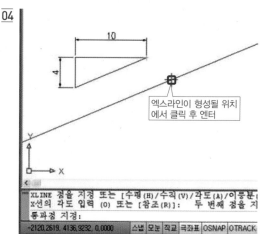

❸ 재실행 명령을 이용하여 수직인 엑스라인을 작도한다.

❹ 미러(대칭) 명령을 이용하여 대칭복사한다.

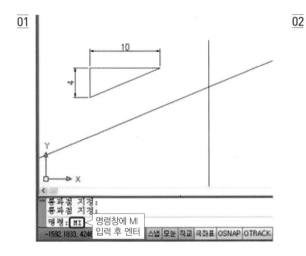

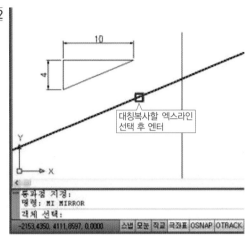

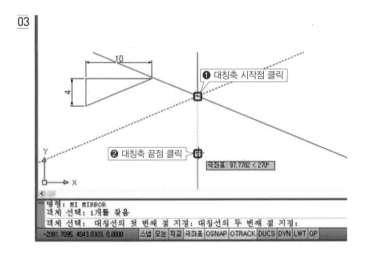

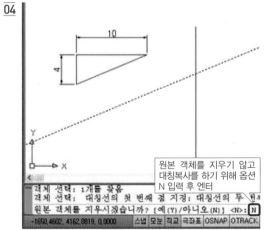

원본 객체를 지우기 않고
대칭복사를 하기 위해 옵션
N 입력 후 엔터

✏️ **노하우 Tip**

옵션 N을 입력하지 않고 엔터를 쳐도 무방하다. 그러나 원본 객체를
지우면서 대칭이동을 할 경우에는 필히 옵션 Y를 입력해야 한다.

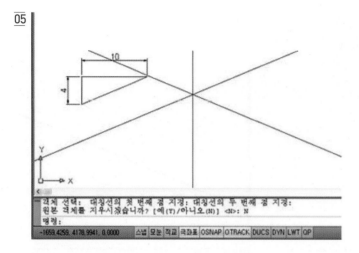

❺ 필요 없는 부분은 자르기(트림) 명령을 이용해 제거해도 되지만 필렛(모깎기) 명령을 이용하면 보다 손쉽게 정리할 수 있다.

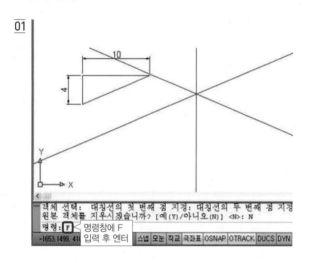

명령창에 F
입력 후 엔터

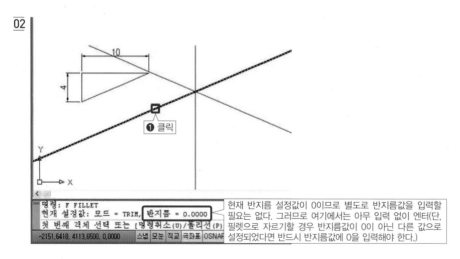

현재 반지름 설정값이 0이므로 별도로 반지름값을 입력할
필요는 없다. 그러므로 여기에서는 아무 입력 없이 엔터(단,
필렛으로 자르기할 경우 반지름값이 0이 아닌 다른 값으로
설정되었다면 반드시 반지름값에 0을 입력해야 한다.)

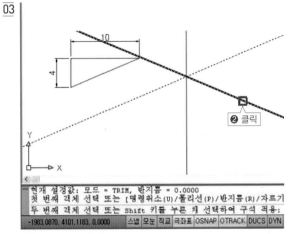

현재 설정값: 모드 = TRIM, 반지름 = 0.0000
첫 번째 객체 선택 또는 [명령취소(U)/폴리선(P)/반지름(R)/자르기
두 번째 객체 선택 또는 Shift 키를 누른 채 선택하여 구석 적용:
-1983.0870, 4101.1183, 0.0000   스냅│모눈│직교│극좌표│OSNAP│OTRACK│DUCS│DYN

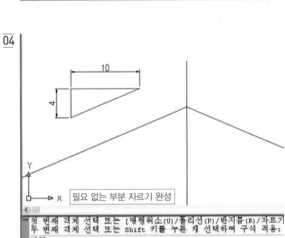

첫 번째 객체 선택 또는 [명령취소(U)/폴리선(P)/반지름(R)/자르기
두 번째 객체 선택 또는 Shift 키를 누른 채 선택하여 구석 적용:
명령:
-1554.5274, 4103.8036, 0.0000   스냅│모눈│직교│극좌표│OSNAP│OTRACK│DUCS│DYN

도형 완성 및 편집명령 마무리 : XLINE 실습 1

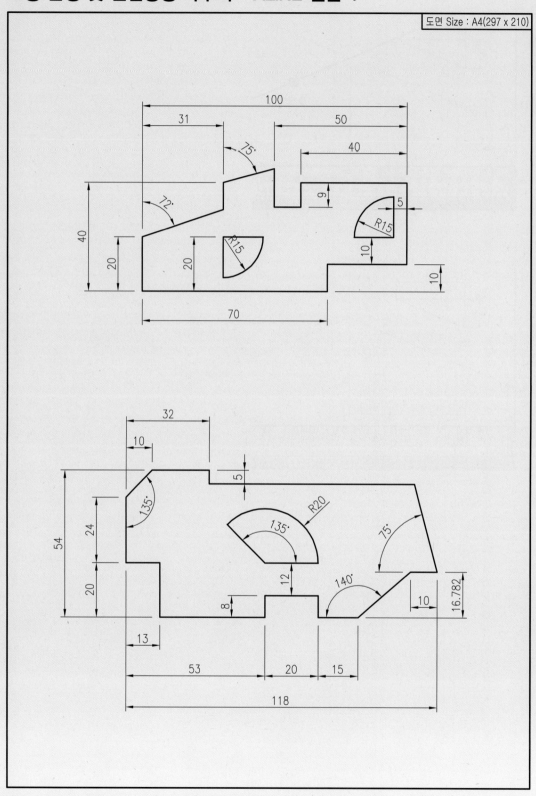

도형 완성 및 편집명령 마무리 : XLINE 실습 2

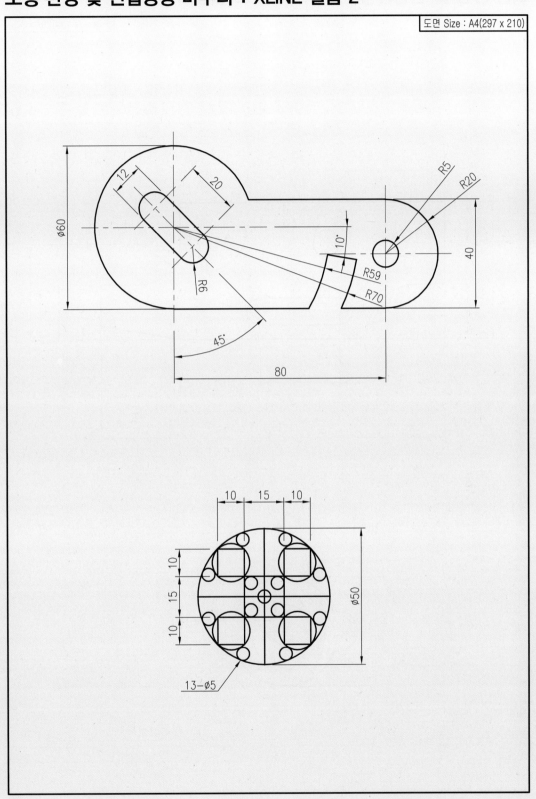

도형 완성 및 편집명령 마무리 : XLINE 실습 3

도면 Size : A4(297 x 210)

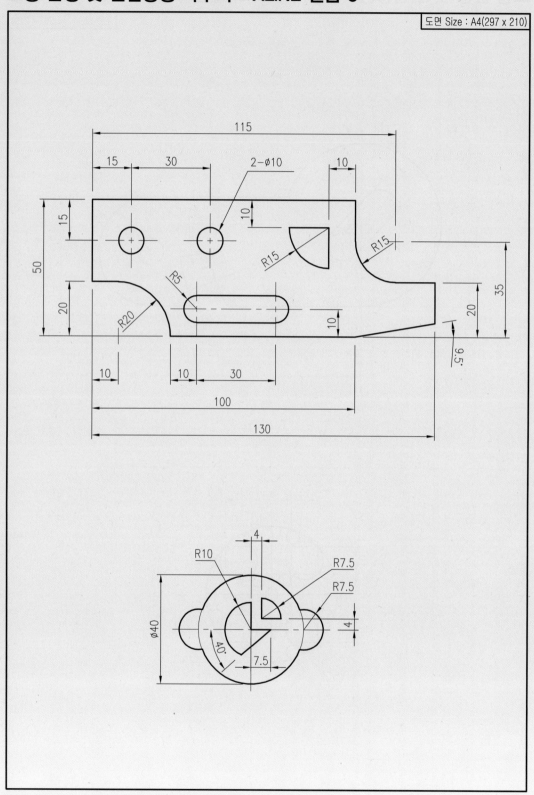

02 Rotate(로테이트) 명령(단축키 : RO)

1 기능

선택한 객체를 특정한 점(원점)을 기준으로 하여 지정된 각도로 회전시킬 때 사용하는 명령어이다.

2 명령 실행방법

로테이트(회전) 아이콘을 클릭하거나 명령창에 단축키 RO를 입력한 후 엔터를 누른다.

3 연습

| 예제 01 | 직각삼각형을 작도한 후 그림과 같이 P1을 기준으로 해서 시계 방향으로 32도 회전 이동하기 |

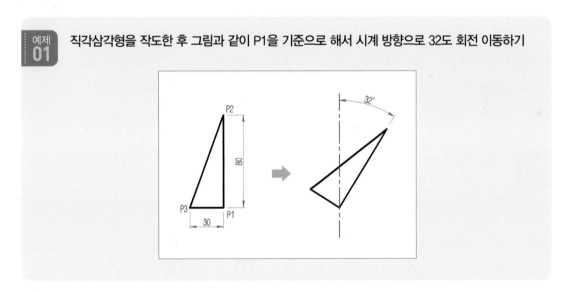

❶ 라인 명령을 이용하여 직각삼각형을 그린다.

❷ 직각삼각형을 그림과 같이 회전하기 위해 로테이트(회전) 명령을 이용한다.

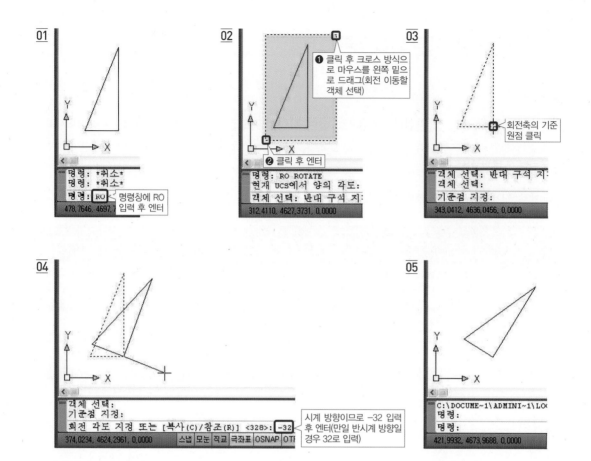

01

명령: *취소*
명령: *취소*
명령: RO ← 명령창에 RO 입력 후 엔터
478,7646, 4697,7

02

❶ 클릭 후 크로스 방식으로 마우스를 왼쪽 밑으로 드래그(회전 이동할 객체 선택)

❷ 클릭 후 엔터

명령: RO ROTATE
현재 UCS에서 양의 각도:
객체 선택: 반대 구석 지:
312,4110, 4627,3731, 0,0000

03

회전축의 기준 원점 클릭

객체 선택: 반대 구석 지:
객체 선택:
기준점 지정:
343,0412, 4636,0456, 0,0000

04

객체 선택:
기준점 지정:
회전 각도 지정 또는 [복사(C)/참조(R)] <328>: -32 ← 시계 방향이므로 -32 입력 후 엔터(만일 반시계 방향일 경우 32로 입력)
374,0234, 4624,2961, 0,0000   스냅 모눈 직교 극좌표 OSNAP OTH

05

C:\DOCUME~1\ADMINI~1\LO(
명령:
명령:
421,9932, 4673,9688, 0,0000

참고

AutoCAD에서는 좌표값을 정할 때 시계 방향(↻)은 −, 반시계 방향(↺)은 + 값을 가진다.

예제 02 그림 원본을 복사해서 좌측으로 56도, 우측으로 48도 회전 복사하기

❶ 원 그리기 명령을 이용하여 지름이 100인 원을 그린 다음, 사분점에서 지름이 20인 원을 그린다.

❷ 로테이트(회전) 명령을 이용하여 원본 복사 후 좌측으로 56도 회전한다.

명령창에 RO
입력 후 엔터

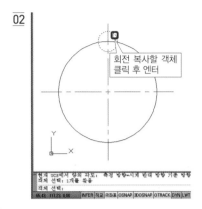

회전 복사할 객체
클릭 후 엔터

회전축의 기준원점
클릭

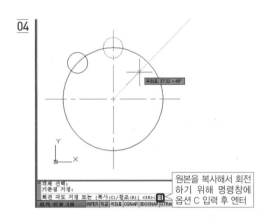

원본을 복사해서 회전
하기 위해 명령창에
옵션 C 입력 후 엔터

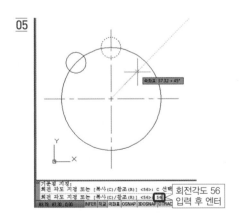

회전각도 56
입력 후 엔터

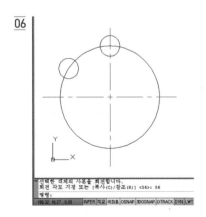

07

엔터를 눌러 명령 재실행

08

회전 복사할 객체
클릭 후 엔터

09

회전축의 기준 원점 클릭

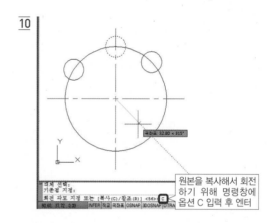

10

원본을 복사해서 회전
하기 위해 명령창에
옵션 C 입력 후 엔터

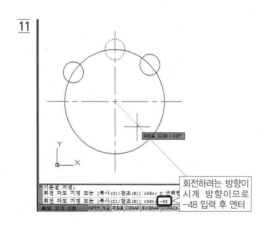

11

회전하려는 방향이
시계 방향이므로
-48 입력 후 엔터

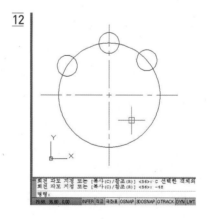

12

예제 03 예제와 같이 지름이 100인 원의 45도 각도점에 그려진 지름 20인 원을 참조 각도 지정에 의한 방법으로 회전 복사(이동)하기 → 참조(R) 옵션 활용

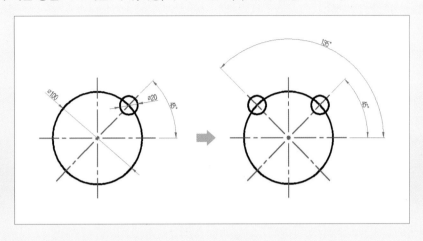

❶ 원 그리기 명령을 이용하여 지름이 100인 원을 그린다.

❷ 0도(3시 방향)에서 지름이 20인 원을 그린 다음 45도 회전 이동한다.

❸ 45도 각도점에 회전 이동된 지름 20인 원을 참조 각도 지정 방법을 이용해 참조 각도(현재 각도) 45도, 새로운 각도 135도 입력으로 회전 복사(이동)한다.

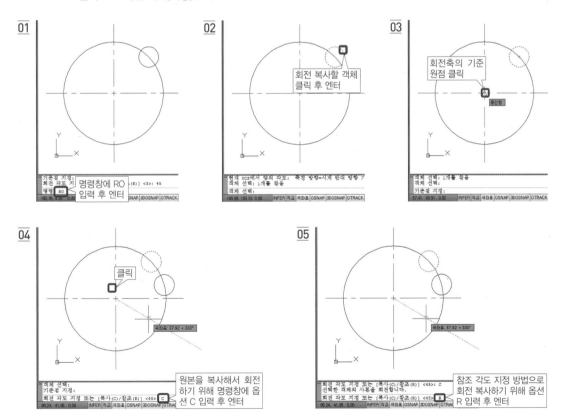

06

② 클릭
중심점

❶ 클릭

선택한 객체의 사본을 회전합니다.
회전 각도 지정 또는 [복사(C)/참조(R)] <45>: R
참조 각도를 지정 <62>: 두 번째 결을 지정:
92.76, 96.27 , 0.00 INFER 직교 극좌표 OSNAP 3DOSNAP OTRACK DYN LWT

✏ 노하우 Tip

마우스로 45도 각도를 클릭해서 참조 각도를 입력할 수도 있지만 명령창에 직접 45를 입력해도 된다.

참고

- 참조 각도에 의한 회전이동(복사) 방법 → R 옵션 지정
- 참조 각도 지정의 의미
  ① 3시 방향을 기준으로 하는 절대 각도
  ② 현재 변경될 각도
- 참조 각도 지정방법
  ① 수치로 입력
  ② 마우스 2점 포인트 지정에 의한 각도 입력(단, 첫 번째 지정점은 0도 기준)

예

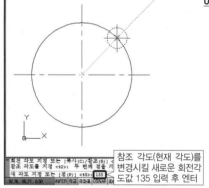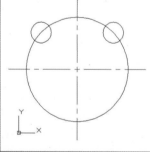

07

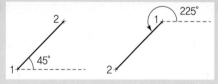

회전 각도 지정 또는 [복사(C)/참조(R)] <
참조 각도를 지정 <62>: 두 번째 결을 지정:
새 각도 지정 또는 [점(P)] <65>: 135
92.76, 96.27 , 0.00 INFER 직교 극좌표 OSNAP 3D

참조 각도(현재 각도)를 변경시킬 새로운 회전각도값 135 입력 후 엔터

08

참조 각도를 지정 <62>: 두 번째 결을 지정:
새 각도 지정 또는 [점(P)] <65>: 135
명령:
199.29, 26.67 , 0.00 INFER 직교 극좌표 OSNAP 3DOSNAP OTRACK DYN LWT

✏ 노하우 Tip

참조해서 회전하는 값은 항상 0도(3시 방향)가 기준이다.

도형 완성 및 편집명령 마무리 : ROTATE 실습 1

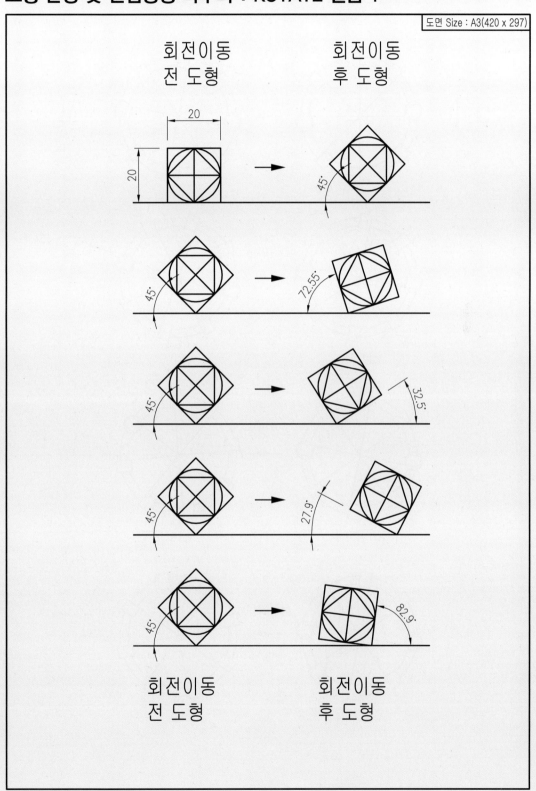

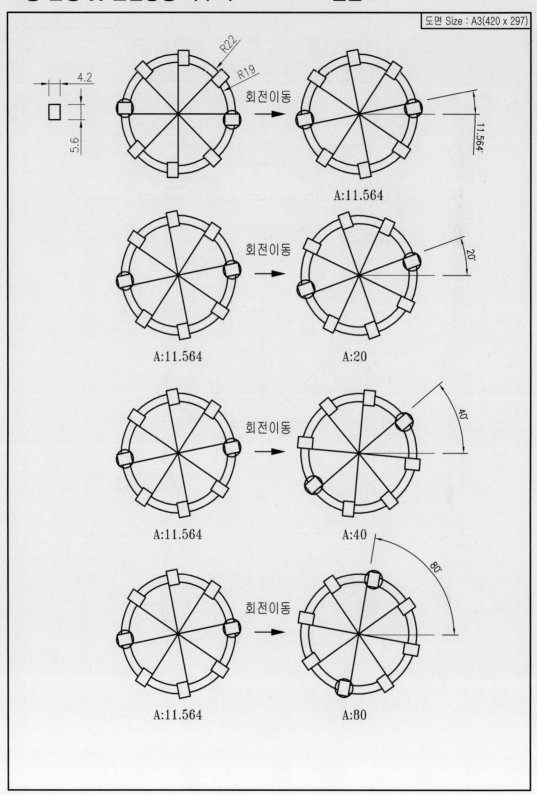

응용실습

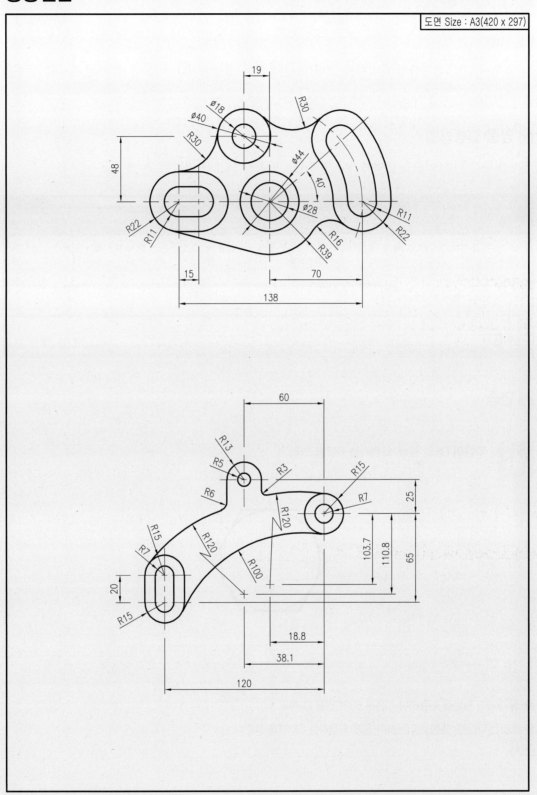

1 기능

3각형부터 1024각형까지 다각형을 그릴 때 사용하는 명령어이다. 작도된 선은 폴리선의 성격을 갖는다.

2 명령 실행방법

폴리건(다각형) 아이콘을 클릭하거나 명령창에 단축키 POL을 입력한 후 엔터를 누른다.

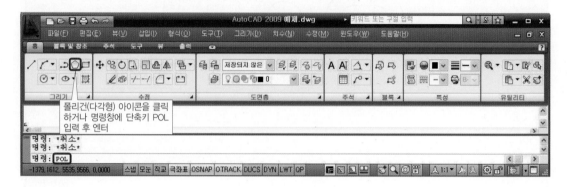

3 연습

<table>
<tr>
<td>예제
01</td>
<td>**지름이 85인 원에 외접하는 6각형 그리기**</td>
</tr>
</table>

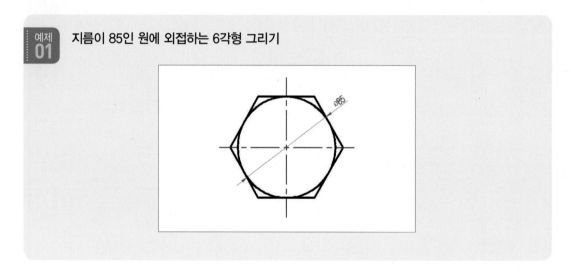

❶ 원 그리기 명령을 이용하여 지름이 85인 원을 그린다.

❷ 폴리건(다각형) 명령을 이용하여 원에 외접하는 6각형을 그린다.

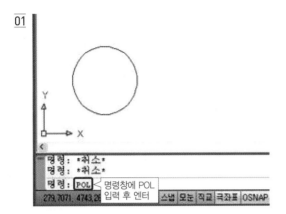

01

명령: *취소*
명령: *취소*
명령: POL

명령창에 POL
입력 후 엔터

279.7071, 4743.26

스냅 모눈 직교 극좌표 OSNAP

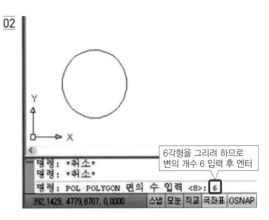

02

6각형을 그리려 하므로
변의 개수 6 입력 후 엔터

명령: *취소*
명령: *취소*
명령: POL POLYGON 면의 수 입력 <8>: 6

392.1429, 4779.8707, 0.0000

스냅 모눈 직교 극좌표 OSNAP

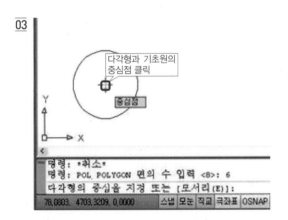

03

다각형과 기초원의
중심점 클릭

중심점

명령: *취소*
명령: POL POLYGON 면의 수 입력 <8>: 6
다각형의 중심을 지정 또는 [모서리(E)]:

78.0803, 4703.3209, 0.0000

스냅 모눈 직교 극좌표 OSNAP

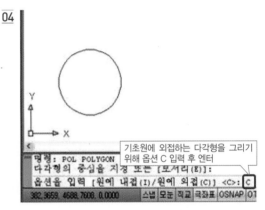

04

기초원에 외접하는 다각형을 그리기
위해 옵션 C 입력 후 엔터

명령: POL POLYGON
다각형의 중심을 지정 또는 [모서리(E)]:
옵션을 입력 [원에 내접(I)/원에 외접(C)] <C>: C

382.3659, 4688.7606, 0.0000

스냅 모눈 직교 극좌표 OSNAP OT

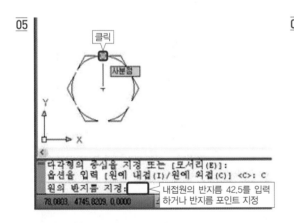

05

클릭

사분점

다각형의 중심을 지정 또는 [모서리(E)]:
옵션을 입력 [원에 내접(I)/원에 외접(C)] <C>: C
원의 반지름 지정:

내접원의 반지름 42.5를 입력
하거나 반지름 포인트 지정

78.0803, 4745.6209, 0.0000

스냅 모눈 직교 극좌표 OSNAP

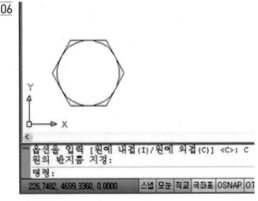

06

옵션을 입력 [원에 내접(I)/원에 외접(C)] <C>: C
원의 반지름 지정:
명령:

226.7482, 4699.3360, 0.0000

스냅 모눈 직교 극좌표 OSNAP OT

참고

• 반지름 포인트의 위치에 따라 다각형이 회전된다.
• 반지름을 수치로 입력하면 회전되지 않은 수평(0도)의 다각형이 그려진다.

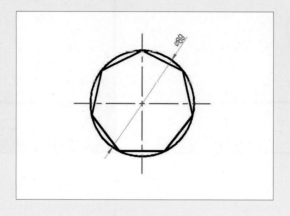

❶ 서클(원) 명령을 이용하여 지름이 89인 원을 그린다.

❷ 폴리건(다각형) 명령을 이용하여 원에 내접하는 7각형을 그린다.

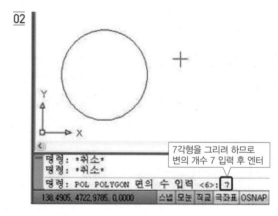

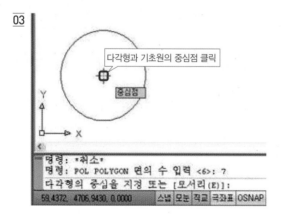

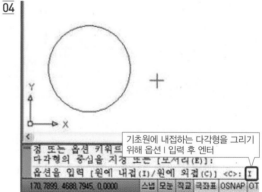

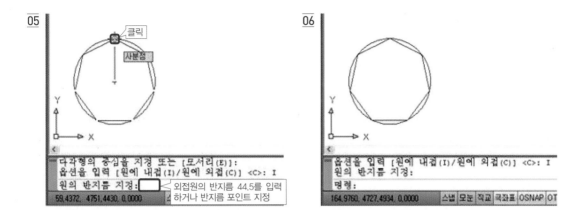

도형 완성 및 편집명령 마무리 : POLYGON 실습

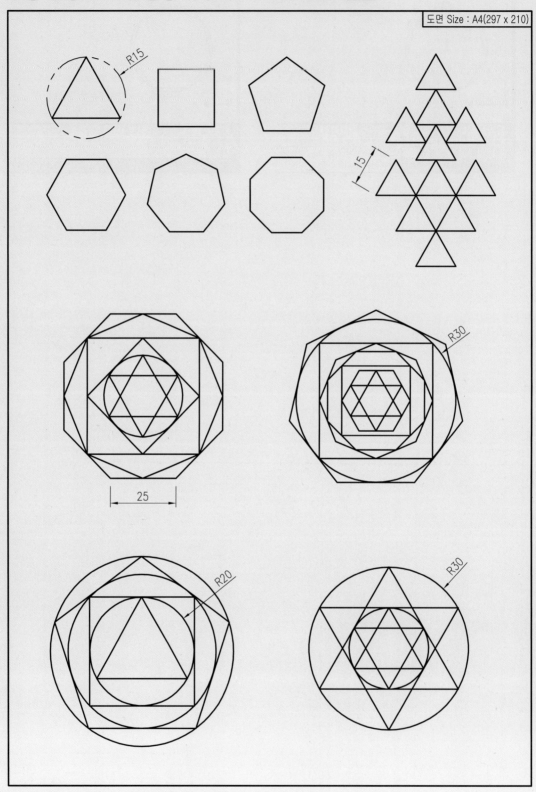

04 2D Solid(솔리드) 명령

1 기능

3점이나 4점으로 이루어진 영역을 3D면 처리한다. → 2차원 활용 : 영역 색칠하기

2 명령 실행방법

풀다운 메뉴에서 '그리기-모델링-메쉬-2D Solid'를 클릭하거나 명령창에 SOLID를 입력한 후 엔터를 누른다.

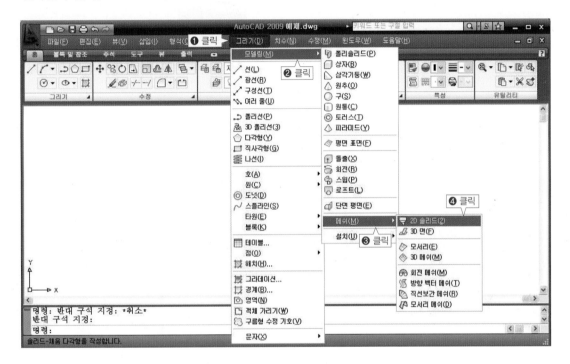

③ 연습

예제 01 사각형 안을 2D 솔리드로 채우기(포인트 지정 순서는 Z자 방향)

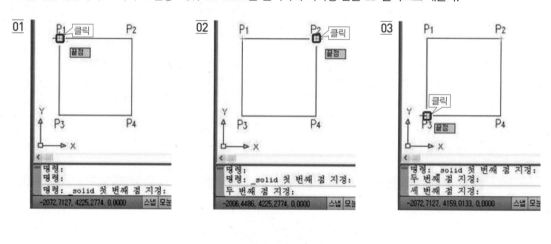

❶ 렉탱글(사각형) 명령을 이용하여 사각형을 그린다.

❷ 풀다운 메뉴에서 '그리기-모델링-메쉬-2D Solid'를 클릭하여 사각형 안을 2D 솔리드로 채운다.

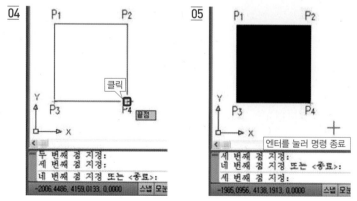

예제 02 사각형 안을 2D 솔리드로 채우기(포인트 지정 순서는 ㄷ자 방향)

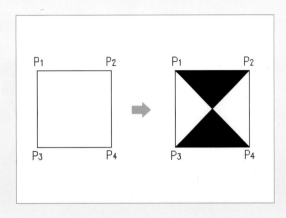

❶ 렉탱글(사각형) 명령을 이용하여 사각형을 그린다.

❷ 풀다운 메뉴에서 '그리기-모델링-메쉬-2D Solid'를 클릭하여 사각형 안을 2D 솔리드로 채운다.

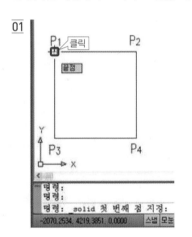

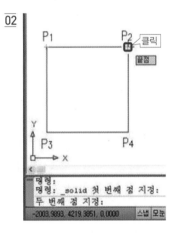

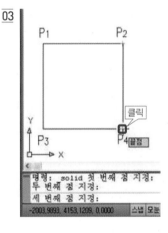

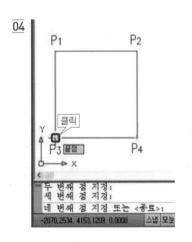

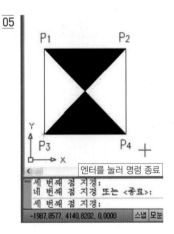

예제 03 사각형 안을 2D 솔리드로 채우기(복합도형 영역 색칠하기)

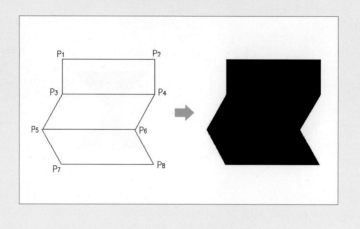

❶ 라인 명령을 이용하여 위 예제 그림과 같이 작도한다.

❷ 풀다운 메뉴에서 '그리기-모델링-메쉬-2D Solid'를 클릭하여 사각형 안을 2D 솔리드로 채운다.

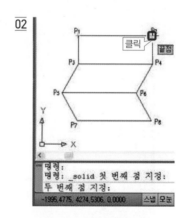

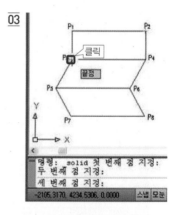

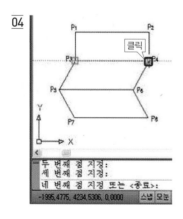

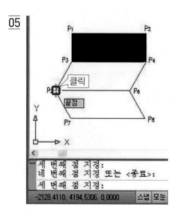

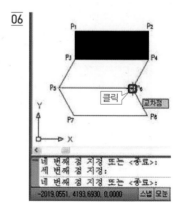

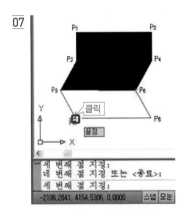

07

세 번째 점 지정:
네 번째 점 지정 또는 <종료>:
세 번째 점 지정:

-2106.2841, 4154.5306, 0.0000   스냅 모눈

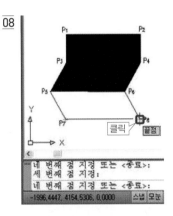

08

네 번째 점 지정 또는 <종료>:
세 번째 점 지정:
네 번째 점 지정 또는 <종료>:

-1996.4447, 4154.5306, 0.0000   스냅 모눈

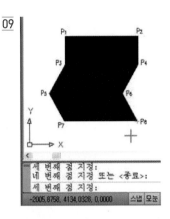

09

세 번째 점 지정:
네 번째 점 지정 또는 <종료>:
세 번째 점 지정:

-2005.8758, 4134.0328, 0.0000   스냅 모눈

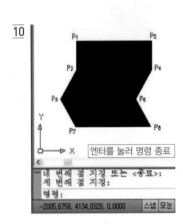

10

네 번째 점 지정 또는 <종료>:
세 번째 점 지정:
명령:

-2005.8758, 4134.0328, 0.0000   스냅 모눈

도형 완성 및 편집명령 마무리 : 2D SOLID 실습

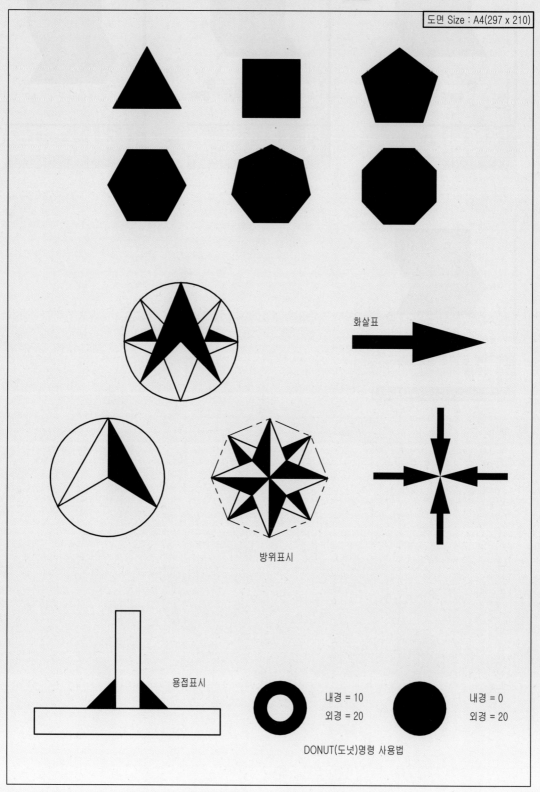

도면 Size : A4(297 x 210)

화살표

방위표시

용접표시

내경 = 10
외경 = 20

내경 = 0
외경 = 20

DONUT(도넛)명령 사용법

05 Ellipse(일립스) 명령(단축키 : EL)

1 기능

2개의 축(장축, 단축)으로 이루어진 타원을 작도할 때 사용하는 명령어이다.

2 명령 실행방법

일립스(타원) 아이콘을 클릭하거나 명령창에 단축키 EL을 입력한 후 엔터를 누른다.

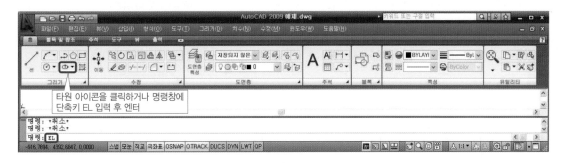

3 연습

예제 01 장축의 길이 가로 48, 단축의 길이 세로 32의 타원 그리기
① 일립스(타원) 아이콘을 클릭하고 축, 끝점 클릭 / ② 명령창에 단축키 EL을 입력 후 엔터
→ 두 가지 중 편한 방법 선택하여 실행

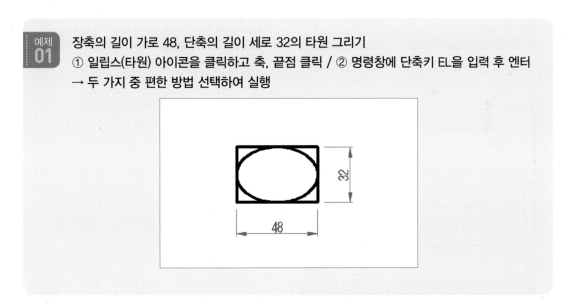

❶ 렉탱글(사각형) 명령을 이용하여 가로 48, 세로 32인 사각형을 그린다.

❷ 일립스(타원) 명령을 이용하여 타원을 작도한다.

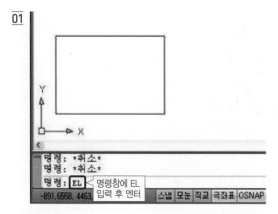

01 명령창에 EL 입력 후 엔터

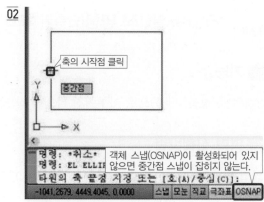

02 축의 시작점 클릭

객체 스냅(OSNAP)이 활성화되어 있지 않으면 중간점 스냅이 잡히지 않는다.

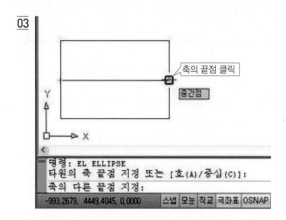

03 축의 끝점 클릭

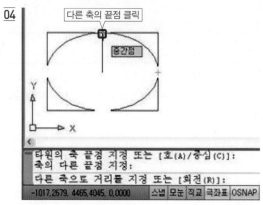

04 다른 축의 끝점 클릭

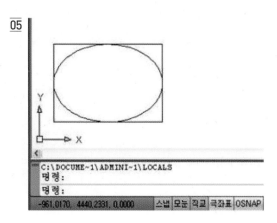

05

예제 02 타원의 중심점을 이용하여 타원 그리기

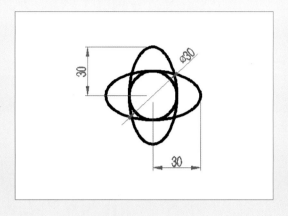

❶ 먼저 타원의 중심점을 잡기 위해 원 그리기 명령을 이용하여 반지름이 15인 원을 그린다.

❷ 일립스(타원) 명령을 이용하여 타원을 작도한다.

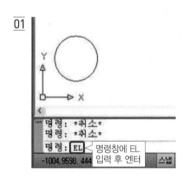

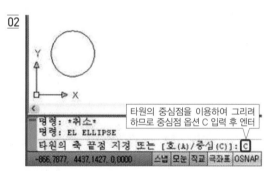

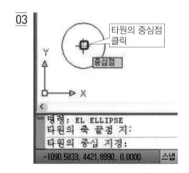

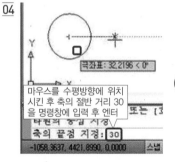

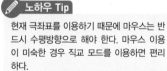

노하우 Tip

현재 극좌표를 이용하기 때문에 마우스는 반드시 수평방향으로 해야 한다. 마우스 이용이 미숙한 경우 직교 모드를 이용하면 편리하다.

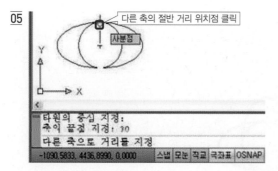

05

다른 축의 절반 거리 위치점 클릭

사분점

타원의 중심 지정:
축의 끝점 지정: 30
다른 축으로 거리를 지정

-1090.5833, 4436.8990, 0.0000 ｜스냅｜모눈｜직교｜극좌표｜OSNAP

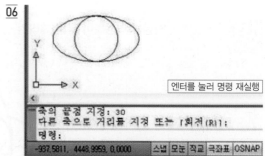

06

엔터를 눌러 명령 재실행

축의 끝점 지정: 30
다른 축으로 거리를 지정 또는 [회전(R)]:
명령:

-937.5811, 4448.9959, 0.0000 ｜스냅｜모눈｜직교｜극좌표｜OSNAP

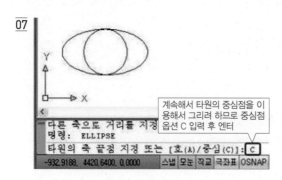

07

계속해서 타원의 중심점을 이
용해서 그리려 하므로 중심점
옵션 C 입력 후 엔터

다른 축으로 거리를 지정
명령: ELLIPSE
타원의 축 끝점 지정 또는 [호(A)/중심(C)]: C

-932.9188, 4420.6400, 0.0000 ｜스냅｜모눈｜직교｜극좌표｜OSNAP

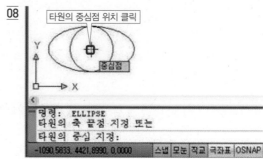

08

타원의 중심점 위치 클릭

중심점

명령: ELLIPSE
타원의 축 끝점 지정 또는
타원의 중심 지정:

-1090.5833, 4421.8990, 0.0000 ｜스냅｜모눈｜직교｜극좌표｜OSNAP

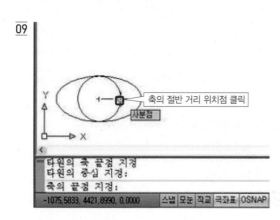

09

축의 절반 거리 위치점 클릭

사분점

타원의 축 끝점 지정
타원의 중심 지정:
축의 끝점 지정:

-1075.5833, 4421.8990, 0.0000 ｜스냅｜모눈｜직교｜극좌표｜OSNAP

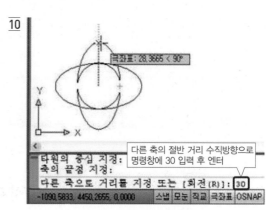

10

극좌표: 28.3665 < 90°

다른 축의 절반 거리 수직방향으로
명령창에 30 입력 후 엔터

타원의 중심 지정:
축의 끝점 지정:
다른 축으로 거리를 지정 또는 [회전(R)]: 30

-1090.5833, 4450.2655, 0.0000 ｜스냅｜모눈｜직교｜극좌표｜OSNAP

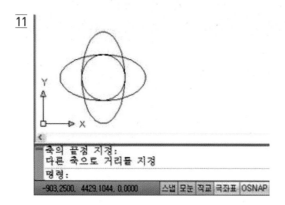

11

축의 끝점 지정:
다른 축으로 거리를 지정
명령:

-903.2500, 4429.1044, 0.0000 ｜스냅｜모눈｜직교｜극좌표｜OSNAP

예제 03 한 변이 60인 정사각형을 작도한 후 축, 끝점을 이용하여 60도 회전된 타원 작도하기

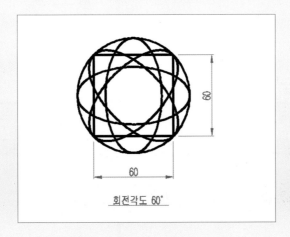

① 렉탱글(사각형) 명령을 이용하여 한 변이 60인 정사각형을 작도한다.

② 일립스(타원) 명령을 이용하여 타원을 작도한 다음, 3점을 이용하여 원을 작도한다.

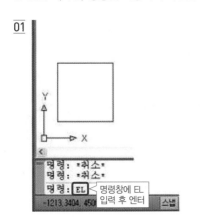

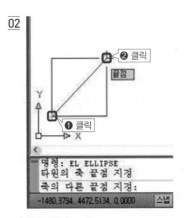

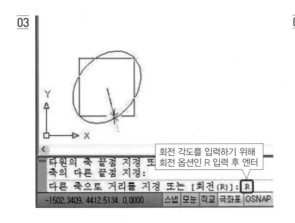

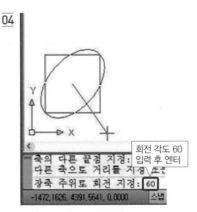

05

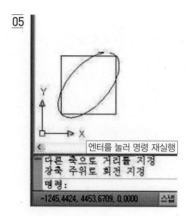

엔터를 눌러 명령 재실행

```
다른 축으로 거리를 지정
장축 주위로 회전 지정
명령:
-1245.4424, 4453.6709, 0.0000          스냅
```

06

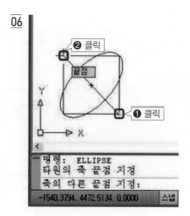

❷ 클릭

끝점

❶ 클릭

```
명령: ELLIPSE
타원의 축 끝점 지정
축의 다른 끝점 지정:
-1540.3794, 4472.5134, 0.0000          스냅
```

07

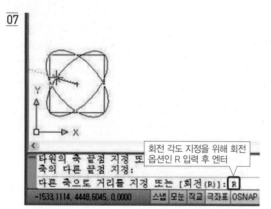

회전 각도 지정을 위해 회전
옵션인 R 입력 후 엔터

```
타원의 축 끝점 지정 또는
축의 다른 끝점 지정:
다른 축으로 거리를 지정 또는 [회전(R)]: R
-1533.1114, 4448.6045, 0.0000     스냅 모눈 직교 극좌표 OSNAP
```

08

회전 각도 60
입력 후 엔터

```
축의 다른 끝점 지정:
다른 축으로 거리를 지정
장축 주위로 회전 지정: 60
-1533.1114, 4448.6045, 0.0000          스냅
```

09

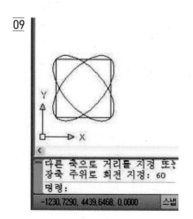

```
다른 축으로 거리를 지정 또는
장축 주위로 회전 지정: 60
명령:
-1230.7290, 4439.6468, 0.0000          스냅
```

10

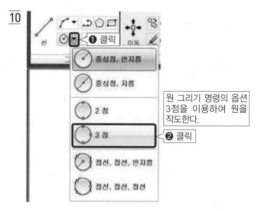

❶ 클릭

원 그리기 명령의 옵션
3점을 이용하여 원을
작도한다.

중심점, 반지름

중심점, 지름

2 점

3 점   ❷ 클릭

접선, 접선, 반지름

접선, 접선, 접선

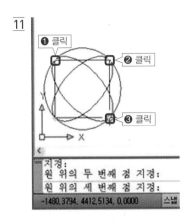

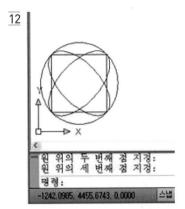

❸ 다시 일립스(타원) 명령을 이용하여 타원을 작도한다.

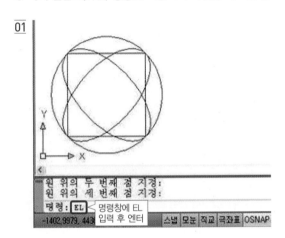

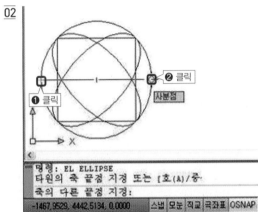

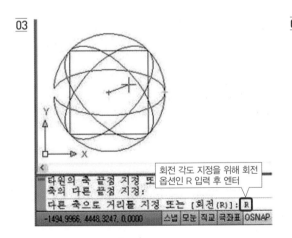

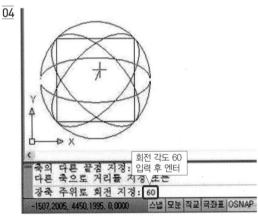

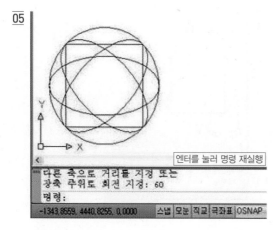

05

엔터를 눌러 명령 재실행

다른 축으로 거리를 지정 또는
장축 주위로 회전 지정: 60
명령:

-1343.8559, 4440.8255, 0.0000   스냅 모눈 직교 극좌표 OSNAP

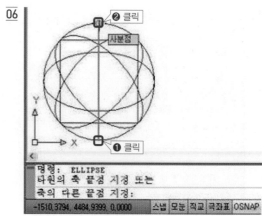

06

❷ 클릭
사분점

❶ 클릭

명령: ELLIPSE
타원의 축 끝점 지정 또는
축의 다른 끝점 지정:

-1510.3794, 4484.9399, 0.0000   스냅 모눈 직교 극좌표 OSNAP

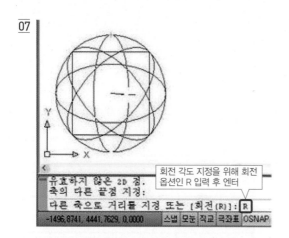

07

회전 각도 지정을 위해 회전
옵션인 R 입력 후 엔터

유효하지 않은 2D 점.
축의 다른 끝점 지정:
다른 축으로 거리를 지정 또는 [회전(R)]: R

-1496.8741, 4441.7629, 0.0000   스냅 모눈 직교 극좌표 OSNAP

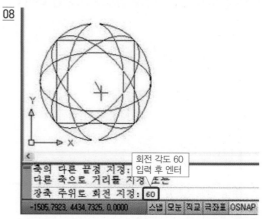

08

회전 각도 60
입력 후 엔터

축의 다른 끝점 지정:
다른 축으로 거리를 지정 또는
장축 주위로 회전 지정: 60

-1505.7923, 4434.7325, 0.0000   스냅 모눈 직교 극좌표 OSNAP

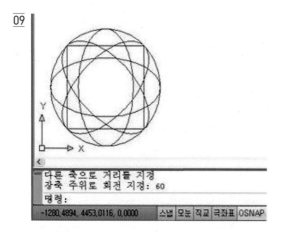

09

다른 축으로 거리를 지정
장축 주위로 회전 지정: 60
명령:

-1280.4894, 4453.0116, 0.0000   스냅 모눈 직교 극좌표 OSNAP

도형 완성 및 편집명령 마무리 : ELLIPSE 실습 1

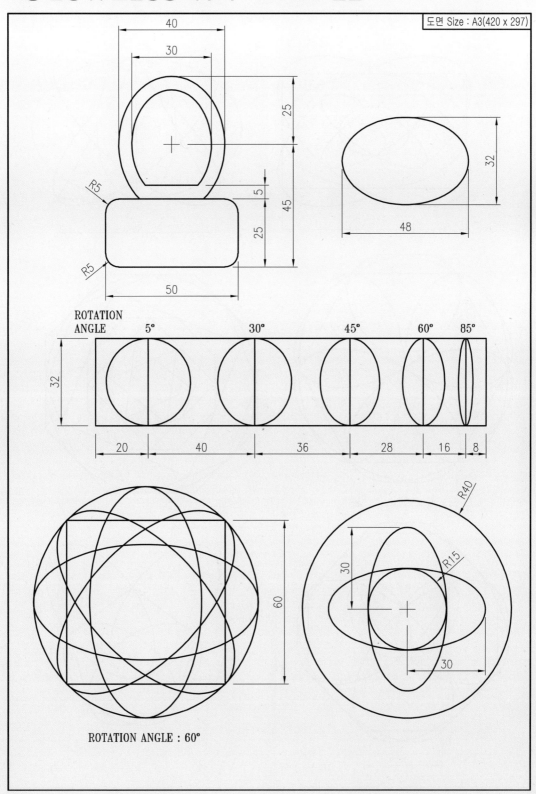

도면 Size : A3(420 x 297)

ROTATION ANGLE : 60°

도형 완성 및 편집명령 마무리 : ELLIPSE 실습 2

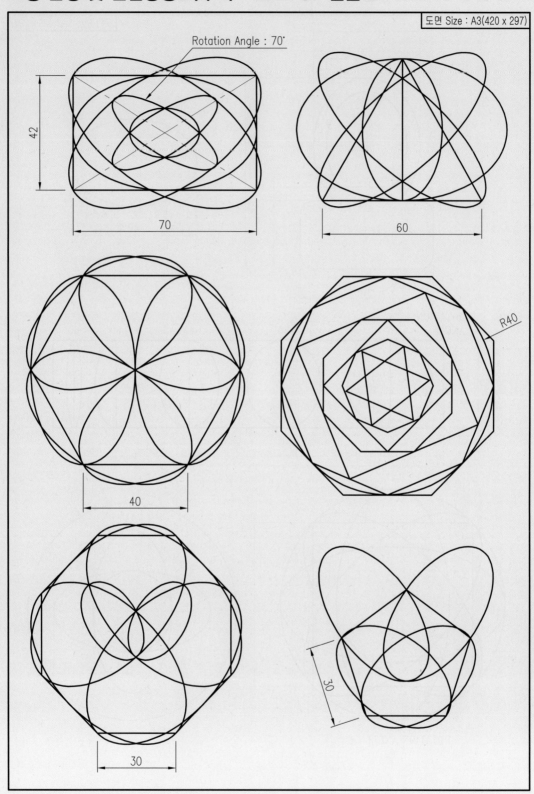

응용실습

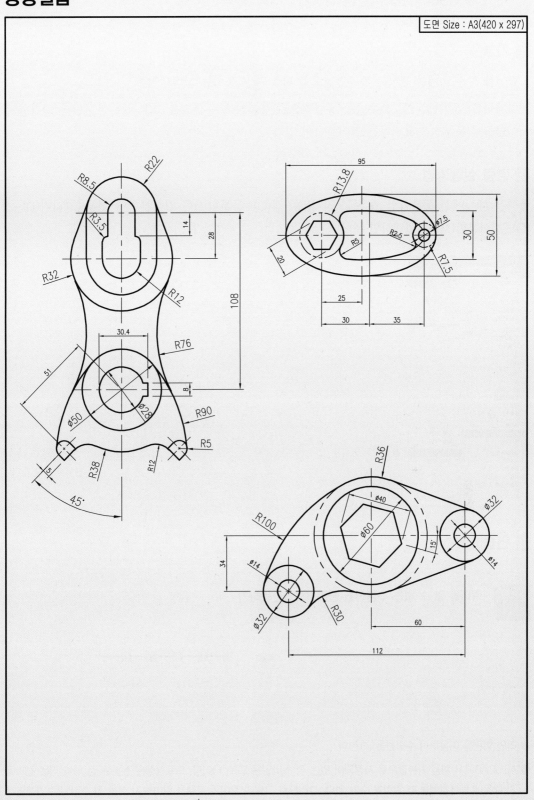

1 기능

• 길이를 갖는 객체를 원하는 개수만큼으로 나눌 때 사용하는 명령어이다.

• 디바이드(분할)에는 등 분수만큼 등간격으로 등분하고 등분점을 표시하는 등분할과 입력한 길이만큼씩 등분점을 표시하는 길이분할이 있다.

2 명령 실행방법

풀다운 메뉴에서 등분할일 경우 '그리기(D)-점(O)-등분할(D)', 길이분할일 경우 '그리기(D)-점(O)-길이분할(M)'을 선택하면 된다.

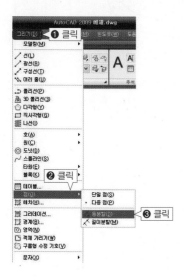

3 연습

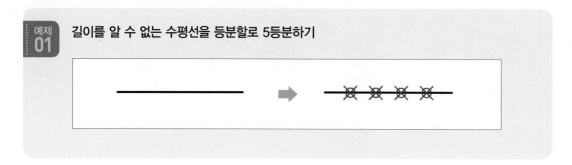

> 예제
> 01 **길이를 알 수 없는 수평선을 등분할로 5등분하기**

❶ 라인 명령을 이용하여 수평선을 그린다.

❷ AutoCAD에서 처음 기본값으로 지정되어 있는 점 스타일은 도트(·)이다. 도트형식은 선분에 점 하나 찍은 것과 같기 때문에 등분할했을 때 알아볼 수가 없다. 그러므로 그림과 같이 등분점을 알아보기 쉬운 점 스타일로 변경한다.

❸ 길이를 알 수 없는 수평선을 5등분하기 위해 풀다운 메뉴에서 '그리기(D)—점(O)—등분할(D)'을 선택한다.

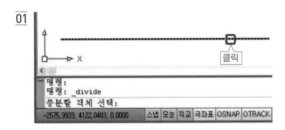

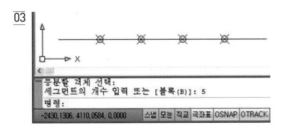

반원을 등분할로 5등분한 다음 라인 긋기

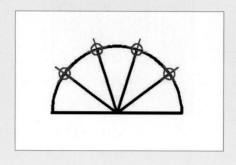

❶ 원 그리기 명령을 이용해서 원을 그린 다음, 라인 명령을 이용하여 사분점에서 사분점까지 수평선을 긋는다.

❷ 자르기(트림) 명령을 이용하여 필요 없는 부분을 잘라낸다.

❸ 등분할했을 경우 등분되는 곳에 표시되는 객체 스냅(OSNAP)점인 '노드'점은 제도 설정값에서 사용 빈도 수가 낮기 때문에 체크를 해제하고 AutoCAD를 사용하는 것이 일반적이다.

이번 예제에서는 등분점을 자주 사용하므로 제도 설정값에서 해제되었던 '노드'점을 체크해줘야 편하게 등분점을 지정할 수 있다.

01

02

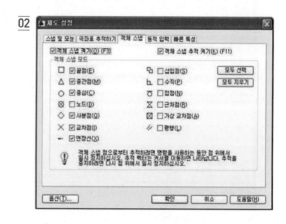

03

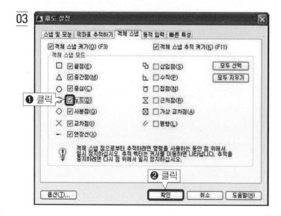

❹ 반원을 5등분하기 위해 풀다운 메뉴에서 '그리기(D)–점(O)–등분할(D)'을 선택한다.

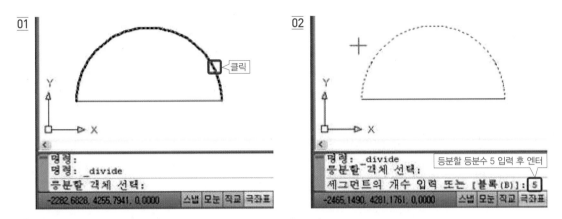

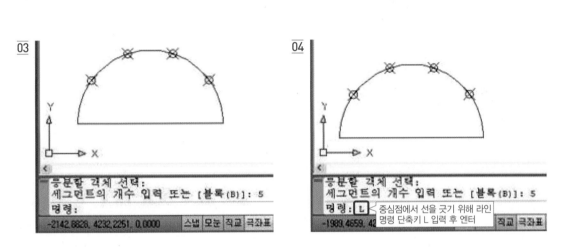

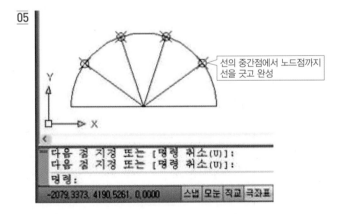

길이가 94인 수평선을 왼쪽부터 20씩 길이분할하기

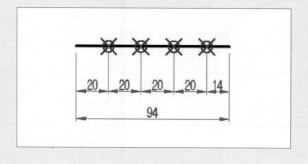

❶ 라인 명령을 이용하여 길이가 94인 수평선을 작도한다.

❷ 길이분할하기 위해 풀다운 메뉴에서 '그리기(D)−점(O)−길이분할(M)'을 선택한다.

❸ 길이분할 객체를 선택해서 왼쪽부터 20씩 길이분할한다.

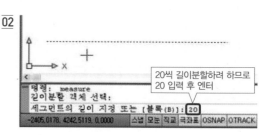

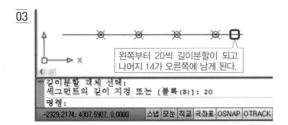

03

왼쪽부터 20씩 길이분할이 되고
나머지 14가 오른쪽에 남게 된다.

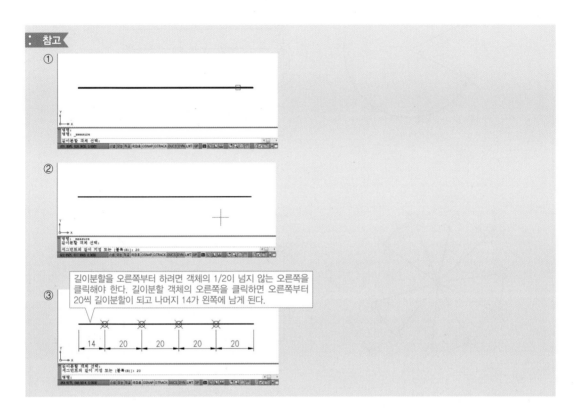

참고

①

②

길이분할을 오른쪽부터 하려면 객체의 1/2이 넘지 않는 오른쪽을
클릭해야 한다. 길이분할 객체의 오른쪽을 클릭하면 오른쪽부터
20씩 길이분할이 되고 나머지 14가 왼쪽에 남게 된다.

③

| 14 | 20 | 20 | 20 | 20 |

도형 완성 및 편집명령 마무리 : DIVIDE 실습

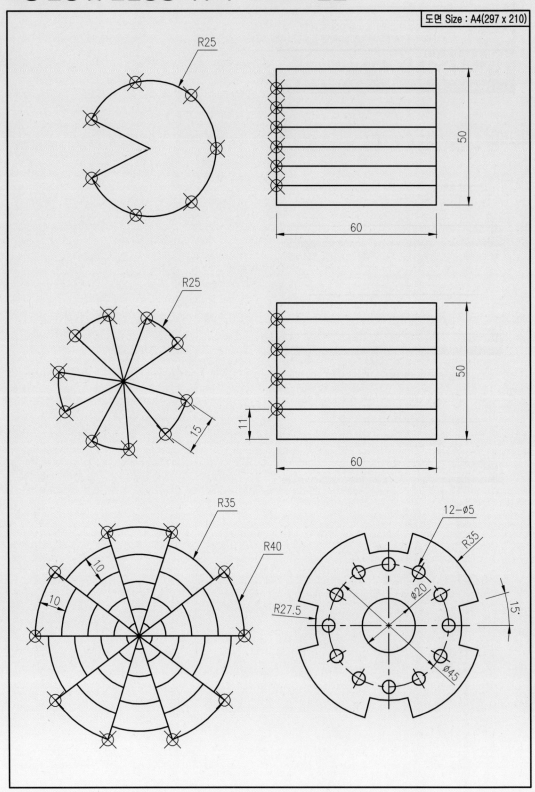

응용실습 : 시계 그리기

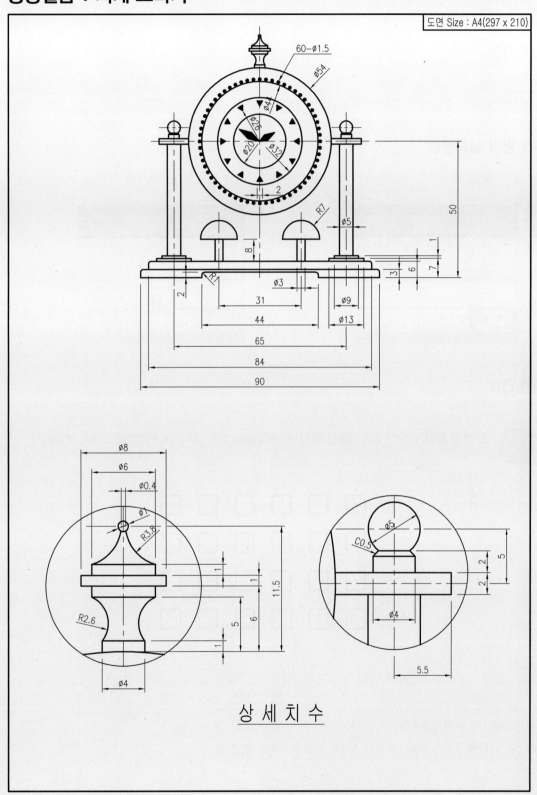

상 세 치 수

1 기능

일종의 복사 명령이다. 객체를 사각형 패턴이나 원형 패턴의 형태로 일정한 개수, 일정한 간격, 일정한 각도로 다중복사할 때 사용하는 명령어이다.

2 명령 실행방법

어레이(배열) 아이콘을 클릭하거나 명령창에 단축키 AR을 입력한 후 엔터를 누른다.

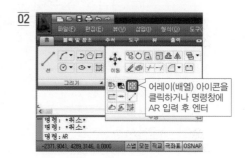

3 연습

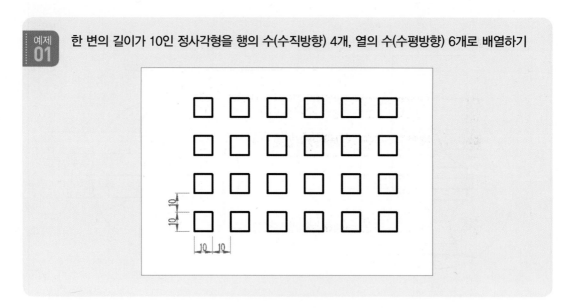

> **예제 01** 한 변의 길이가 10인 정사각형을 행의 수(수직방향) 4개, 열의 수(수평방향) 6개로 배열하기

❶ 렉탱글(사각형) 명령을 이용하여 한 변이 10인 정사각형을 작도한다.

❷ 어레이(배열) 명령을 이용하여 행의 수 4개, 열의 수 6개로 배열한다.

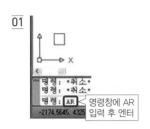

01

명령: *취소*
명령: *취소*
명령: AR 명령창에 AR
입력 후 엔터
-2174.5645, 4329

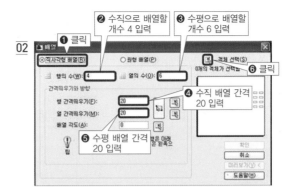

02

❶ 클릭

❷ 수직으로 배열할
개수 4 입력

❸ 수평으로 배열할
개수 6 입력

❻ 클릭

❹ 수직 배열 간격
20 입력

❺ 수평 배열 간격
20 입력

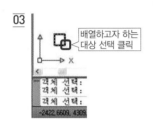

03

배열하고자 하는
대상 선택 클릭

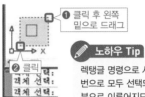

❶ 클릭 후 왼쪽
밑으로 드래그

❷ 클릭

노하우 Tip

렉탱글 명령으로 사각형을 작도하면 사각형은 하나의 폴리선이라서 클릭 한 번으로 모두 선택되지만 라인 명령으로 사각형을 그렸다면 4개의 각각의 선분으로 이루어지므로 크로스 방식으로 객체를 선택해야 한다.

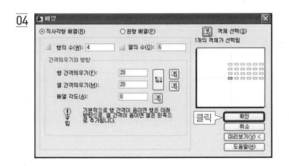

04

클릭

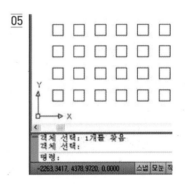

05

참고

* 배열 간격은 항상 원점에서부터 거리이다.
* 배열의 개수는 반드시 원본까지 포함한 개수를 입력해야 한다.

예제
02

객체를 수평으로 배열하기

❶ 원 그리기 명령을 이용하여 지름이 40인 원을 그린다.

❷ 카피(복사) 명령을 이용하여 지름이 40인 원을 250만큼 떨어진 거리에 수평 복사한다.

❸ 어레이(배열) 명령을 이용하여 수평으로 배열한다.

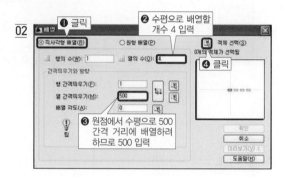

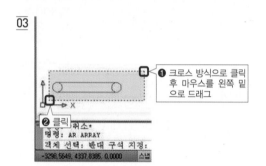

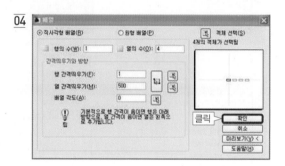

❹ 참고로 카피(복사) 명령을 이용해서 작업을 수행해도 똑같은 결과를 얻을 수 있다. 작업을 수행할 때 어떤 명령이 더 효율적인지 생각해 볼 필요성이 있다.

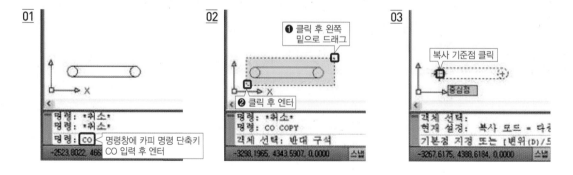

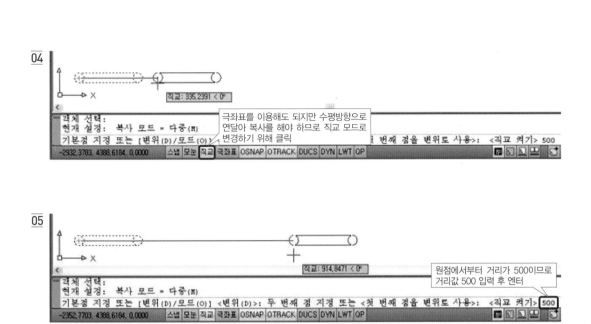

04

직교: 335.2391 < 0°

극좌표를 이용해도 되지만 수평방향으로
연달아 복사를 해야 하므로 직교 모드로
변경하기 위해 클릭

객체 선택:
현재 설정: 복사 모드 = 다중(M)
기본점 지정 또는 [변위(D)/모드(O)]   번째 점을 변위로 사용>: <직교 켜기> 500

-2932.3783, 4388.6184, 0.0000   스냅 모눈 직교 극좌표 OSNAP OTRACK DUCS DYN LWT OP

05

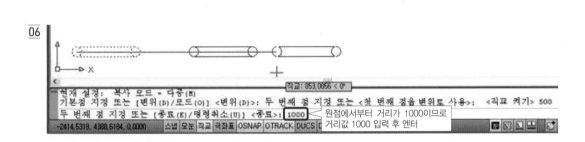

직교: 914.8471 < 0°

원점에서부터 거리가 5000이므로
거리값 500 입력 후 엔터

객체 선택:
현재 설정: 복사 모드 = 다중(M)
기본점 지정 또는 [변위(D)/모드(O)] <변위(D)>: 두 번째 점 지정 또는 <첫 번째 점을 변위로 사용>: <직교 켜기> 500

-2352.7703, 4388.6184, 0.0000   스냅 모눈 직교 극좌표 OSNAP OTRACK DUCS DYN LWT OP

06

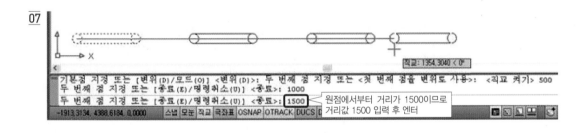

직교: 853.0856 < 0°

현재 설정: 복사 모드 = 다중(M)
기본점 지정 또는 [변위(D)/모드(O)] <변위(D)>: 두 번째 점 지정 또는 <첫 번째 점을 변위로 사용>: <직교 켜기> 500
두 번째 점 지정 또는 [종료(E)/명령취소(U)] <종료>: 1000   원점에서부터 거리가 10000이므로
거리값 1000 입력 후 엔터

-2414.5318, 4388.6184, 0.0000   스냅 모눈 직교 극좌표 OSNAP OTRACK DUCS DYN LWT OP

07

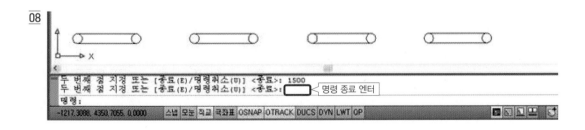

직교: 1354.3040 < 0°

기본점 지정 또는 [변위(D)/모드(O)] <변위(D)>: 두 번째 점 지정 또는 <첫 번째 점을 변위로 사용>: <직교 켜기> 500
두 번째 점 지정 또는 [종료(E)/명령취소(U)] <종료>: 1000
두 번째 점 지정 또는 [종료(E)/명령취소(U)] <종료>: 1500   원점에서부터 거리가 15000이므로
거리값 1500 입력 후 엔터

-1913.3134, 4388.6184, 0.0000   스냅 모눈 직교 극좌표 OSNAP OTRACK DUCS

08

두 번째 점 지정 또는 [종료(E)/명령취소(U)] <종료>: 1500
두 번째 점 지정 또는 [종료(E)/명령취소(U)] <종료>:   명령 종료 엔터
명령:

-1217.3088, 4350.7055, 0.0000   스냅 모눈 직교 극좌표 OSNAP OTRACK DUCS DYN LWT OP

예제 03 **지름이 10인 원을 각도를 알 수 없는 사선으로 배열하기**

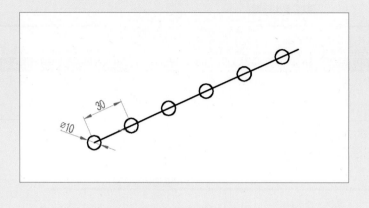

❶ 원 그리기 명령을 이용하여 지름이 10인 원을 그린다.

❷ 라인 명령을 이용하여 지름이 10인 원의 중심점에서 임의의 방향으로 사선을 그린다.

❸ 어레이(배열) 명령을 이용하여 사선으로 배열한다.

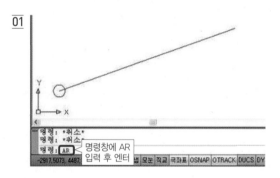

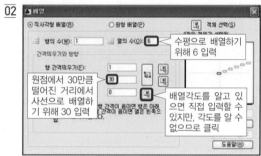

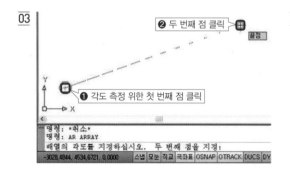

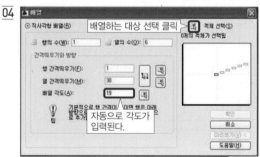

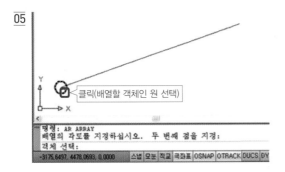

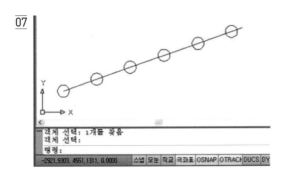

예제 04 지름이 10인 원을 원형 배열하기
(항목의 전체 수 및 채울 각도에 의한 배열 → 회전복사)

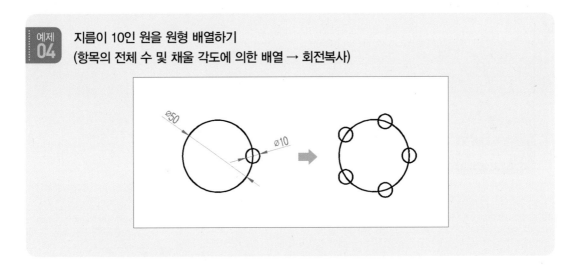

❶ 원 그리기 명령을 이용하여 지름이 60인 원을 그린 다음 사분점에서 지름이 10인 원을 그린다.

❷ 어레이(배열) 명령을 이용하여 원형 배열을 한다.

01

명령창에 AR
입력 후 엔터

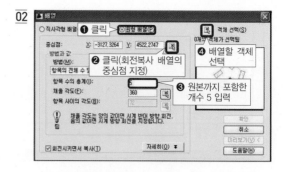

02

① 클릭

② 클릭(회전복사 배열의
중심점 지정)

④ 배열할 객체
선택

③ 원본까지 포함한
개수 5 입력

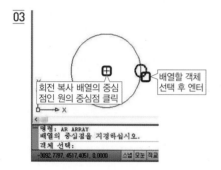

03

회전 복사 배열의 중심
점인 원의 중심점 클릭

배열할 객체
선택 후 엔터

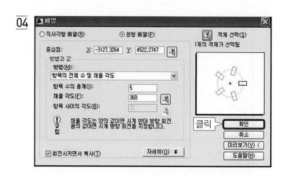

04

클릭

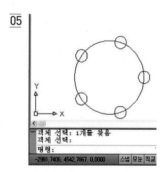

05

항목의 전체 수 및 항목 사이의 각도로 원형 배열하기

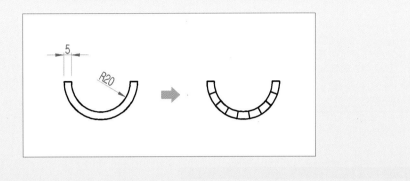

❶ 원 그리기 명령을 이용하여 반지름이 20인 원을 그린다.

❷ 오프셋(간격 띄우기) 명령을 이용하여 5만큼 바깥쪽으로 간격 띄우기를 한다.

❸ 라인 명령을 이용하여 사분점에서 사분점까지 수평선을 그린다.

❹ 자르기(트림) 명령을 이용하여 필요 없는 부분을 잘라낸다.

❺ 어레이(배열) 명령을 이용하여 위 그림과 같이 배열을 완성한다.

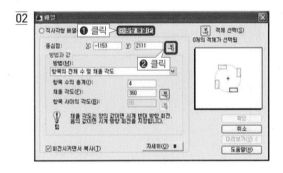

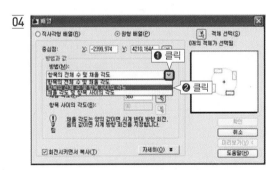

05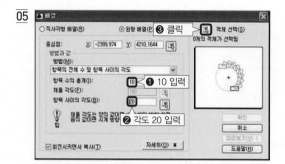

❶ 10 입력

❷ 각도 20 입력

❸ 클릭

06

배열할 객체 클릭

07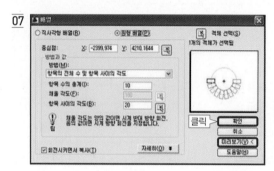

클릭

✏️ 노하우 Tip

확인을 누르기 전에 미리보기를 클릭
해서 원하는 대로 배열이 잘 되었는
지 확인할 수도 있다.

08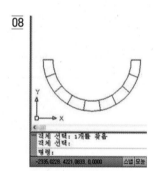

도형 완성 및 편집명령 마무리 : ARRAY 실습 1

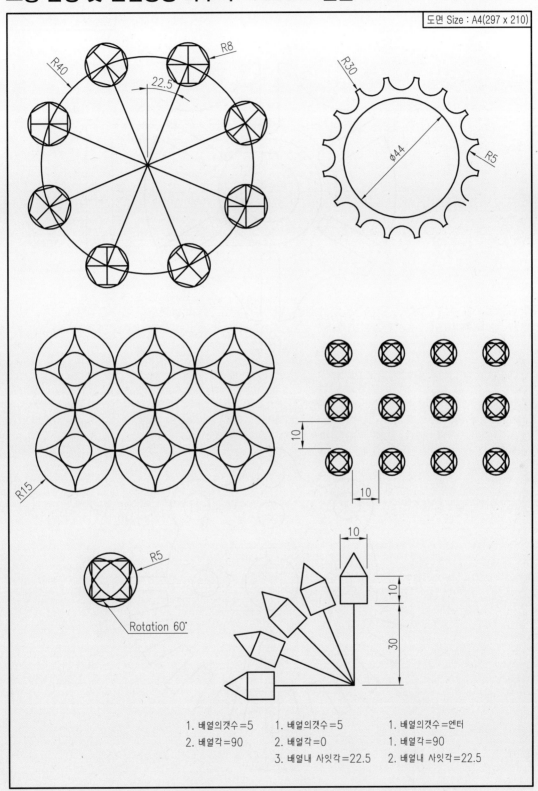

1. 배열의갯수=5   1. 배열의갯수=5   1. 배열의갯수=엔터
2. 배열각=90   2. 배열각=0   1. 배열각=90
            3. 배열내 사잇각=22.5   2. 배열내 사잇각=22.5

도형 완성 및 편집명령 마무리 : ARRAY 실습 2

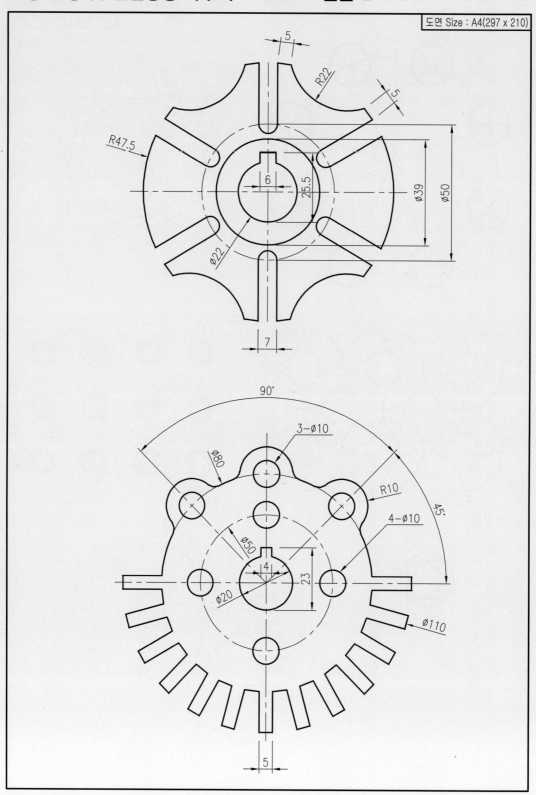

도형 완성 및 편집명령 마무리 : ARRAY 실습 3

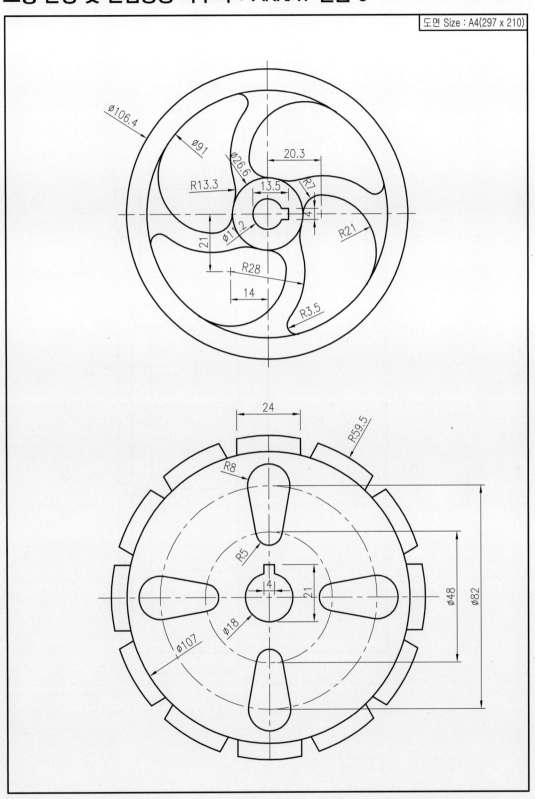

도형 완성 및 편집명령 마무리 : ARRAY 실습 4

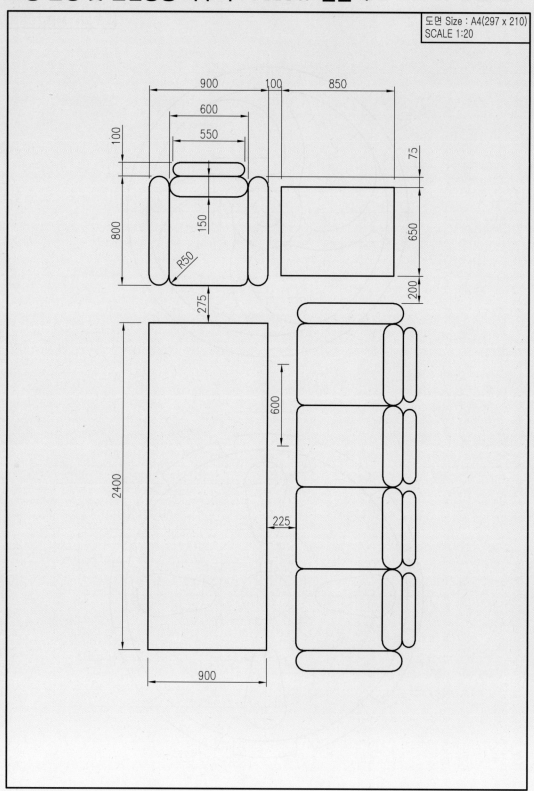

도면 Size : A4(297 x 210)
SCALE 1:20

도형 완성 및 편집명령 마무리 : ARRAY 실습 5

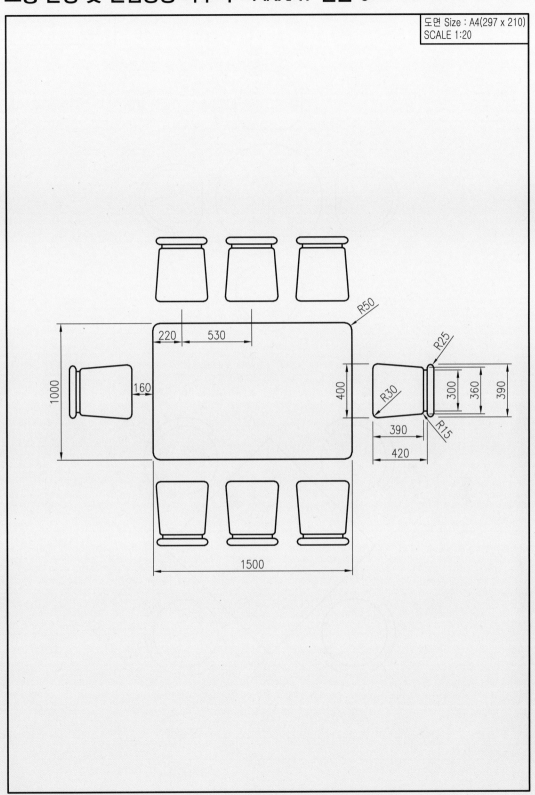

도형 완성 및 편집명령 마무리 : ARRAY 실습 6

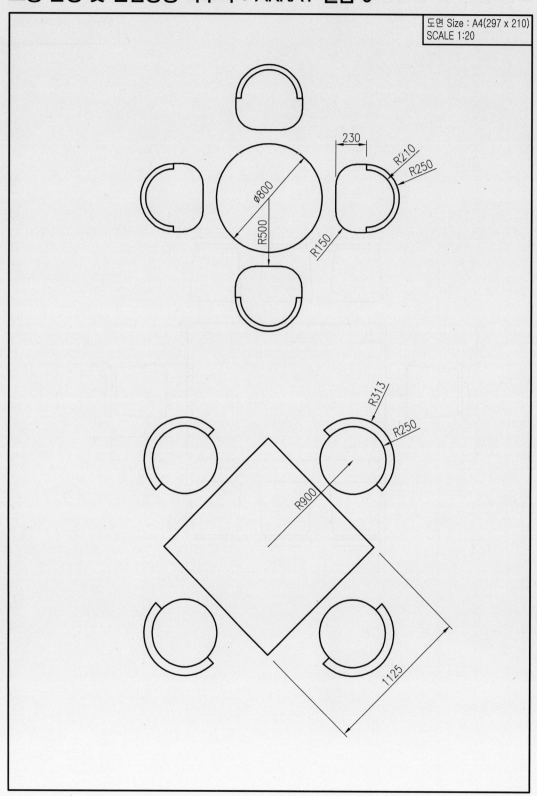

08 Pline(폴리라인) 명령(단축키 : PL)

1 기능

폴리선은 여러 개의 선이나 호가 하나의 객체형식으로 전체가 하나로 구성되어 있다. 이처럼 복합선의 형태를 띠는 폴리선을 그릴 때 사용하는 명령어이다.

2 명령 실행방법

폴리라인(폴리선) 아이콘을 클릭하거나 명령창에 단축키 PL을 입력한 후 엔터를 누른다.

3 연습

예제 01 하나의 폴리선으로 연결된 호와 라인 작도하기

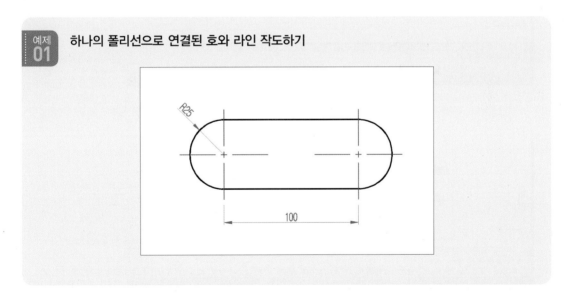

❶ 위 그림은 라인 명령과 원 그리기 명령을 이용하여 그릴 수도 있다. 라인 명령과 원 그리기 명령으로 그리게 되면 하나의 폴리선으로 연결된 객체가 아니라 각각의 라인과 호가 된다. 본 예제에서는 하나의 폴리선으로 연결된 객체를 작도해야 하므로 폴리라인 명령을 이용하여 그린다.

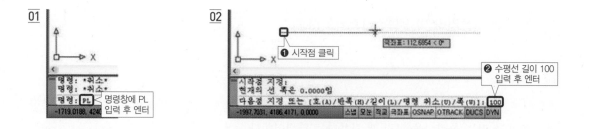

01 명령창에 PL 입력 후 엔터

02 ❶ 시작점 클릭 ❷ 수평선 길이 100 입력 후 엔터

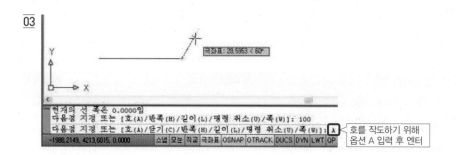

03 호를 작도하기 위해 옵션 A 입력 후 엔터

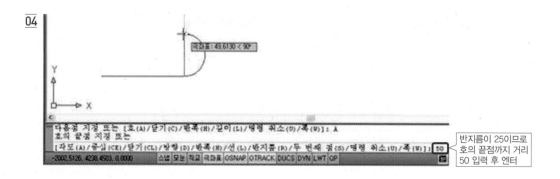

04 반지름이 250이므로 호의 끝점까지 거리 50 입력 후 엔터

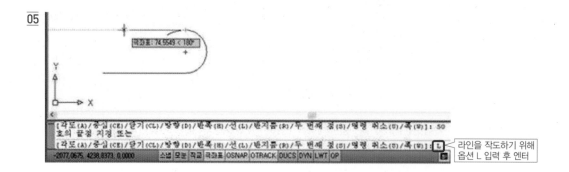

05 라인을 작도하기 위해 옵션 L 입력 후 엔터

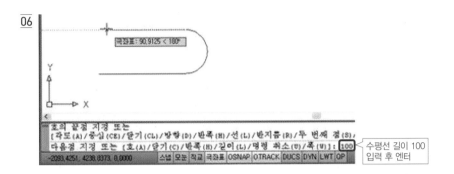

06

[호의 끝점 지정 또는
[각도(A)/중심(CE)/닫기(CL)/방향(D)/반폭(H)/선(L)/반지름(R)/두 번째 점(S)
다음점 지정 또는 [호(A)/닫기(C)/반폭(H)/길이(L)/명령 취소(U)/폭(W)] : 100

수평선 길이 100
입력 후 엔터

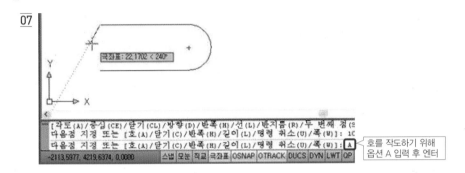

07

[각도(A)/중심(CE)/닫기(CL)/방향(D)/반폭(H)/선(L)/반지름(R)/두 번째 점(S)
다음점 지정 또는 [호(A)/닫기(C)/반폭(H)/길이(L)/명령 취소(U)/폭(W)] : 1C
다음점 지정 또는 [호(A)/닫기(C)/반폭(H)/길이(L)/명령 취소(U)/폭(W)] : A

호를 작도하기 위해
옵션 A 입력 후 엔터

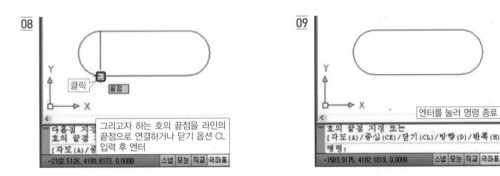

08

클릭 끝점

다음점 지정
호의 끝점
[각도(A)/중심

그리고자 하는 호의 끝점을 라인의
끝점으로 연결하거나 닫기 옵션 CL
입력 후 엔터

09

엔터를 눌러 명령 종료

호의 끝점 지정 또는
[각도(A)/중심(CE)/닫기(CL)/방향(D)/반폭(H)
명령:

예제 02 | 폴리라인으로 라인 두께 20, 화살표 크기 40인 화살표 그리기

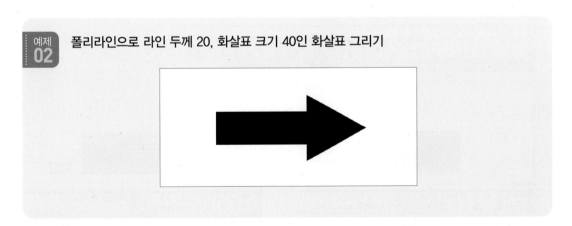

❶ 명령창에 폴리라인 단축키 PL을 입력하고 명령을 실행한 후 옵션인 라인의 폭을 변경하여 굵은 라인, 삼각형 라인을 폴리라인으로 완성한다.

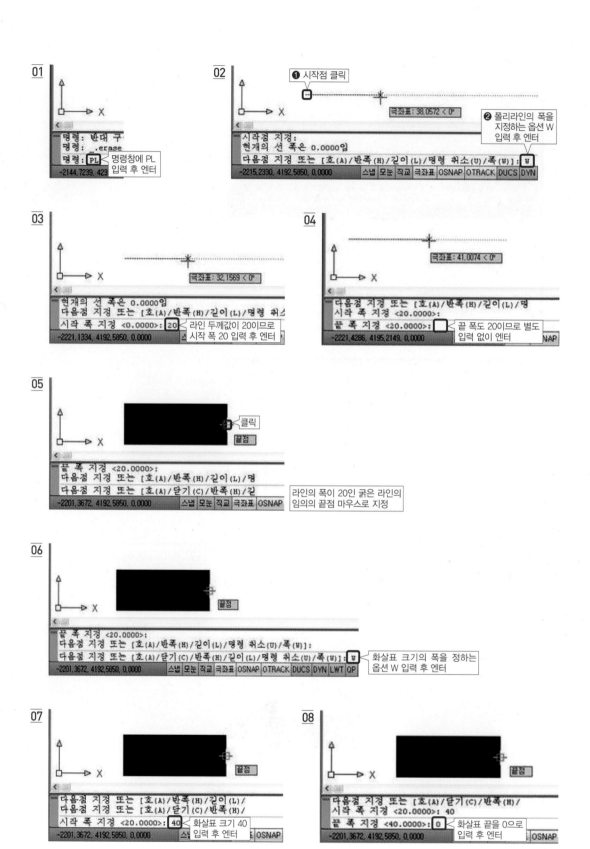

01

명령: 반대 구
명령: _.erase
명령: PL 명령창에 PL
입력 후 엔터

-2144.7239, 423

02 ① 시작점 클릭

극좌표: 38.0572 < 0°

② 폴리라인의 폭을
지정하는 옵션 W
입력 후 엔터

시작점 지정:
현재의 선 폭은 0.0000임
다음점 지정 또는 [호(A)/반폭(H)/길이(L)/명령 취소(U)/폭(W)]: W

-2215.2330, 4192.5850, 0.0000   스냅 모눈 직교 극좌표 OSNAP OTRACK DUCS DYN

03

극좌표: 32.1569 < 0°

현재의 선 폭은 0.0000임
다음점 지정 또는 [호(A)/반폭(H)/길이(L)/명령 취소
시작 폭 지정 <0.0000>: 20 라인 두께값이 200이므로
시작 폭 20 입력 후 엔터

-2221.1334, 4192.5850, 0.0000

04

극좌표: 41.0074 < 0°

다음점 지정 또는 [호(A)/반폭(H)/길이(L)/명
시작 폭 지정 <20.0000>:
끝 폭 지정 <20.0000>: 끝 폭도 200이므로 별도
입력 없이 엔터

-2221.4286, 4195.2149, 0.0000   NAP

05

클릭

끝점

끝 폭 지정 <20.0000>:
다음점 지정 또는 [호(A)/반폭(H)/길이(L)/명
다음점 지정 또는 [호(A)/닫기(C)/반폭(H)/길 라인의 폭이 20인 굵은 라인의
임의의 끝점 마우스로 지정

-2201.3672, 4192.5850, 0.0000   스냅 모눈 직교 극좌표 OSNAP

06

끝점

끝 폭 지정 <20.0000>:
다음점 지정 또는 [호(A)/반폭(H)/길이(L)/명령 취소(U)/폭(W)]:
다음점 지정 또는 [호(A)/닫기(C)/반폭(H)/길이(L)/명령 취소(U)/폭(W)]: W 화살표 크기의 폭을 정하는
옵션 W 입력 후 엔터

-2201.3672, 4192.5850, 0.0000   스냅 모눈 직교 극좌표 OSNAP OTRACK DUCS DYN LWT OP

07

끝점

다음점 지정 또는 [호(A)/반폭(H)/길이(L)/
다음점 지정 또는 [호(A)/닫기(C)/반폭(H)/
시작 폭 지정 <20.0000>: 40 화살표 크기 40
입력 후 엔터

-2201.3672, 4192.5850, 0.0000   스   OSNAP

08

끝점

다음점 지정 또는 [호(A)/닫기(C)/반폭(H)/
시작 폭 지정 <20.0000>: 40
끝 폭 지정 <40.0000>: 0 화살표 끝을 0으로
입력 후 엔터

-2201.3672, 4192.5850, 0.0000   OSNAP

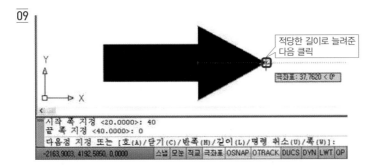

09

적당한 길이로 늘려준 다음 클릭

극좌표: 37.7620 < 0°

```
시작 폭 지정 <20.0000>: 40
끝 폭 지정 <40.0000>: 0
다음점 지정 또는 [호(A)/닫기(C)/반폭(H)/길이(L)/명령 취소(U)/폭(W)]:
-2163.9003, 4192.5850, 0.0000     스냅 모눈 직교 극좌표 OSNAP OTRACK DUCS DYN LWT QP
```

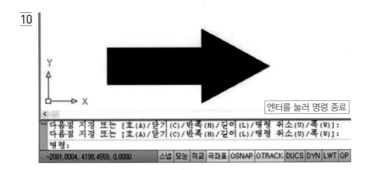

10

엔터를 눌러 명령 종료

```
다음점 지정 또는 [호(A)/닫기(C)/반폭(H)/길이(L)/명령 취소(U)/폭(W)]:
다음점 지정 또는 [호(A)/닫기(C)/반폭(H)/길이(L)/명령 취소(U)/폭(W)]:
명령:
-2081.0004, 4198.4559, 0.0000     스냅 모눈 직교 극좌표 OSNAP OTRACK DUCS DYN LWT QP
```

예제 03 폴리라인으로 작도된 사각형과 라인으로 작도된 사각형의 차이점

01 라인으로 작도된 사각형

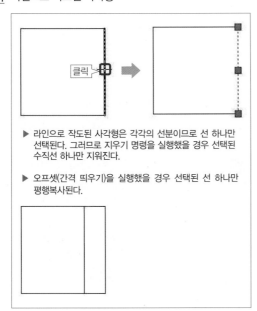

클릭

▶ 라인으로 작도된 사각형은 각각의 선분이므로 선 하나만 선택된다. 그러므로 지우기 명령을 실행했을 경우 선택된 수직선 하나만 지워진다.

▶ 오프셋(간격 띄우기)을 실행했을 경우 선택된 선 하나만 평행복사된다.

02 폴리라인으로 작도된 사각형

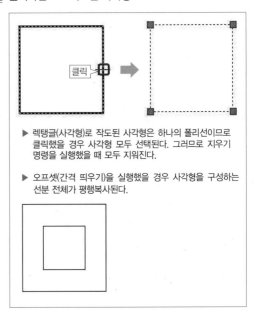

클릭

▶ 렉탱글(사각형)로 작도된 사각형은 하나의 폴리선이므로 클릭했을 경우 사각형 모두 선택된다. 그러므로 지우기 명령을 실행했을 때 모두 지워진다.

▶ 오프셋(간격 띄우기)을 실행했을 경우 사각형을 구성하는 선분 전체가 평행복사된다.

도형 완성 및 편집명령 마무리 : PLINE 실습

도면 Size : A4(297 x 210)

1 기능

- 해칭 : 일정한 각도와 일정한 간격으로 규칙적으로 늘어놓은 가는 실선을 말한다.

- 반드시 닫힌 다각형으로 둘러싸인 영역을 일정한 해칭 패턴으로 채워준다.

- 인테리어 설계 시 가구 재질의 표현, 콘크리트나 기계설계의 단면 표현 등은 일정한 패턴으로 구현할 수 있는데, 이때 Bhatch 기능을 이용한다.

2 명령 실행방법

Bhatch(비해치) 아이콘을 클릭하거나 명령창에 단축키 H를 입력한 후 엔터를 누른다.

3 연습

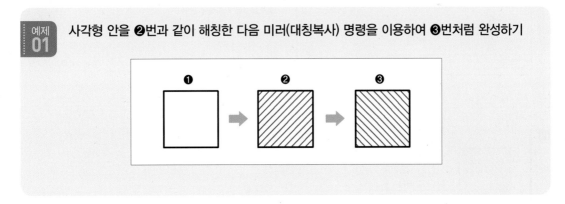

| 예제 01 | 사각형 안을 ❷번과 같이 해칭한 다음 미러(대칭복사) 명령을 이용하여 ❸번처럼 완성하기 |

❶ 렉탱글 명령으로 크기와 상관없이 정사각형 하나를 그린다.

❷ Bhatch(비해치) 명령으로 사각형 안을 해칭한다.

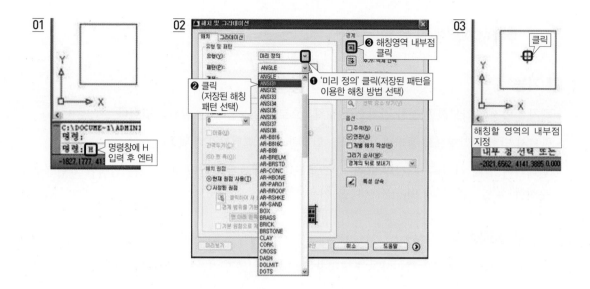

01

C:\DOCUME~1\ADMINI
명령:
명령: H
-1827.1777, 413

명령창에 H
입력 후 엔터

02

❶ '미리 정의' 클릭(저장된 패턴을
이용한 해칭 방법 선택)

❷ 클릭
(저장된 해칭
패턴 선택)

❸ 해칭영역 내부점
클릭

03

클릭

해칭할 영역의 내부점
지정

내부 점 선택 또는
-2021.6562, 4141.3895, 0.000

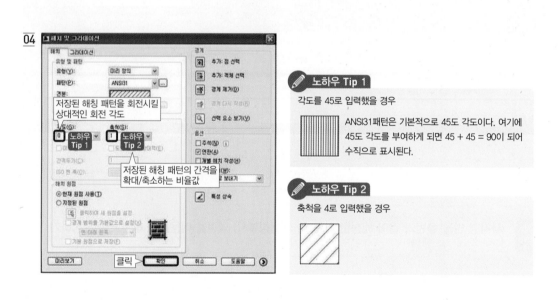

04

저장된 해칭 패턴을 회전시킬
상대적인 회전 각도

저장된 해칭 패턴의 간격을
확대/축소하는 비율값

클릭 확인

노하우 Tip 1

각도를 45로 입력했을 경우

ANSI31패턴은 기본적으로 45도 각도이다. 여기에
45도 각도를 부여하게 되면 45 + 45 = 90이 되어
수직으로 표시된다.

노하우 Tip 2

축척을 4로 입력했을 경우

05

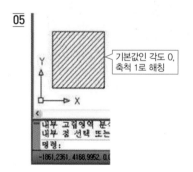

기본값인 각도 0,
축척 1로 해칭

내부 고립영역 분
내부 점 선택 또는
명령:
-1861.2361, 4168.9952, 0.0

❸ 해칭 패턴이 45도 각도가 아닌 135도 각도이므로 미러(대칭복사) 명령을 이용하여 해칭을 마무리 짓는다.

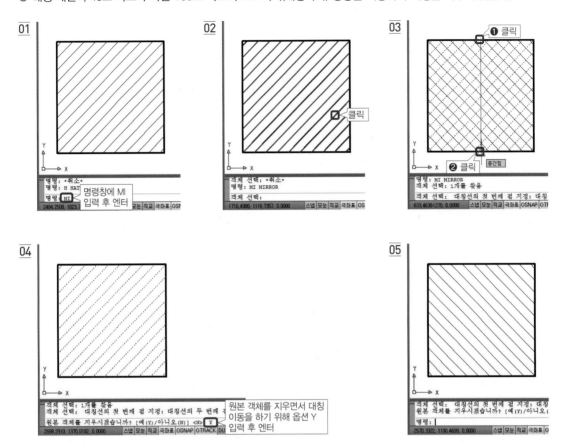

❹ 대칭복사를 이용하지 않고 해치 편집을 이용해 패턴을 완성할 수도 있다.

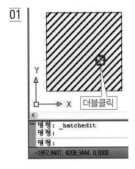

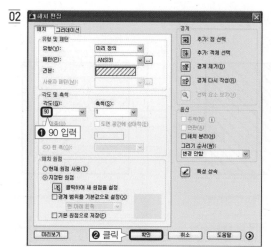

02

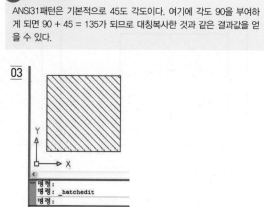

노하우 Tip

ANSI31패턴은 기본적으로 45도 각도이다. 여기에 각도 90을 부여하게 되면 90 + 45 = 135가 되므로 대칭복사한 것과 같은 결과값을 얻을 수 있다.

03

예제 02

사각형 안을 아래 그림과 같은 해칭 패턴으로 표현하기

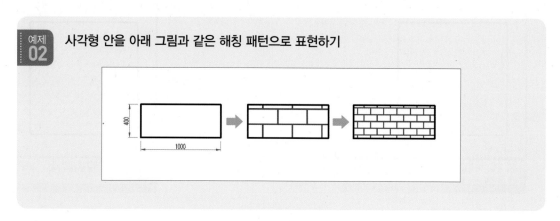

❶ 렉탱글 명령으로 가로 1000, 세로 400인 직사각형을 작도한다.

❷ Bhatch(비해치) 명령으로 사각형 안을 축척 1로 해서 해칭한다.

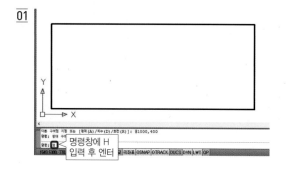

01

02

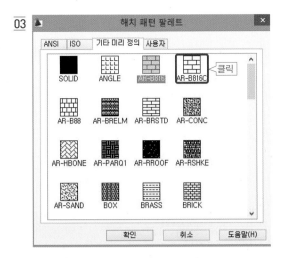

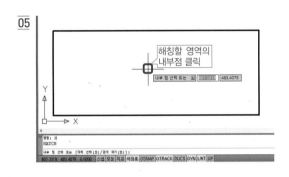

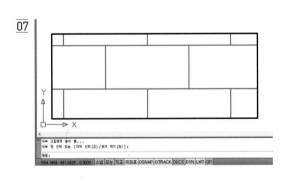

❸ 축척값을 0.4로 변경하기 위해 해칭 패턴을 편집한다.

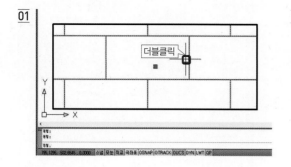

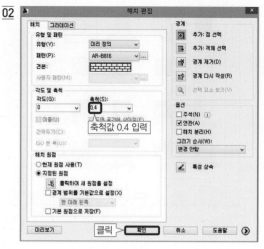

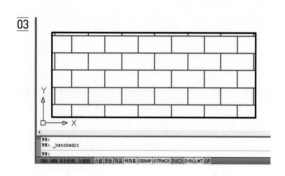

도형 완성 및 편집명령 마무리 : BHATCH 실습

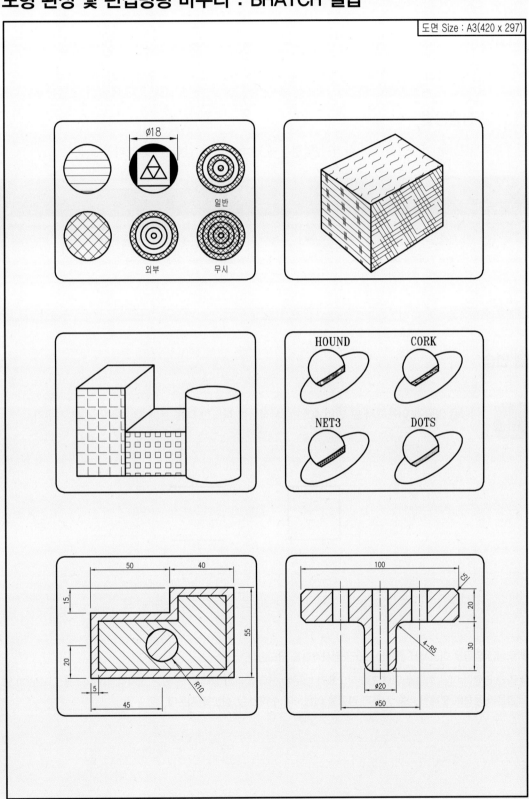

10 Explode(익스플로드) 명령(단축키 : X)

1 기능

폴리선과 같은 여러 개의 객체로 구성된 복합 객체를 개별 객체로 해체하는 기능을 한다.

2 명령 실행방법

익스플로드(분해) 아이콘을 클릭하거나 명령창에 단축키 X를 입력한 후 엔터를 누른다.

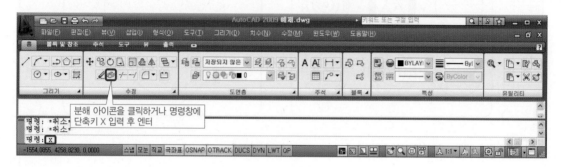

3 연습

예제 01	렉탱글 명령을 이용해서 한 변이 40인 정사각형을 작도한 다음 분해 후 수직인 선분 지우기

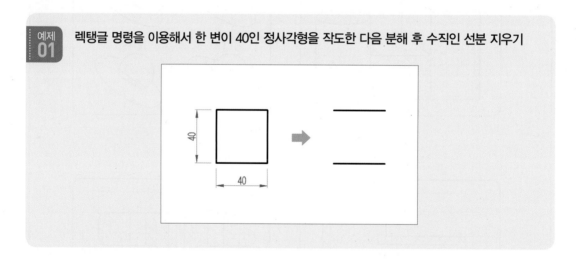

❶ 렉탱글 명령을 이용해서 한 변이 40인 정사각형을 작도한다.

❷ 라인 명령이 아닌 렉탱글 명령으로 작도했기 때문에 현재 폴리선 형태로 돼 있는 정사각형을 익스플로드(분해) 명령을 이용하여 분해한 다음 지우기 명령을 이용하여 수직인 두 선분을 지운다.

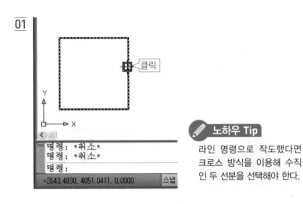

01

클릭

```
명령: *취소*
명령: *취소*
명령:
-2643.4830, 4051.0411, 0.0000          스냅
```

✏️ 노하우 Tip

라인 명령으로 작도했다면
크로스 방식을 이용해 수직
인 두 선분을 선택해야 한다.

02

렉탱글로 작도했기 때문에
클릭하면 모두 선택된다.

```
명령:
명령:
명령:
-2614.0699, 4058.8704, 0.0000          스냅
```

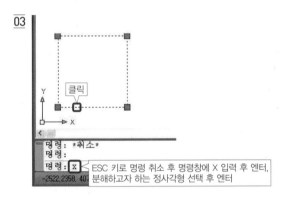

03

클릭

```
명령: *취소*
명령:
명령: X    ESC 키로 명령 취소 후 명령창에 X 입력 후 엔터,
           분해하고자 하는 정사각형 선택 후 엔터
-2522.2358, 407
```

04

❶ 지우고자 하는 수직인 두 선분 클릭
  후 왼쪽 밑으로 드래그

❷ 클릭

```
명령: 반대 구석 지정:
명령: 반대 구석 지정:
명령: 반대 구석 지정:
-2689.9056, 4045.8198, 0.0000          스냅
```

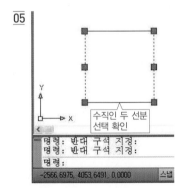

05

수직인 두 선분
선택 확인

```
명령: 반대 구석 지정:
명령: 반대 구석 지정:
명령:
-2566.6975, 4053.6491, 0.0000          스냅
```

06

키보드에서 지우기 명령 단축키
E를 누르거나 DEL 키를 누른다.

```
명령:
-2547.4156, 4041.5789, 0.0000          스냅
```

⁝ 참고

렉탱글 명령으로 사각형을 작도한 뒤 익스플로드(분해) 명령으로 분해하면 라인 명령으로 작도한 것과 같은 결과물
이 된다.

11   Pedit(피에디트) 명령(단축키 : PE)

1 기능

복합선의 형태인 PLINE(폴리선)을 편집하고, 선이나 호와 같이 폴리선이 아닌 경우에는 폴리선으로 변경한 후 편집하는 명령어이다.

2 명령 실행방법

피에디트(폴리선 편집) 아이콘을 클릭하거나 명령창에 단축키 PE를 입력한 후 엔터를 누른다.

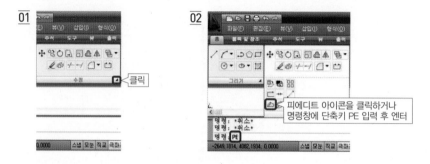

3 연습

예제 01   라인 명령으로 한 변이 40인 정사각형을 작도한 다음, 피에디트(폴리선 편집) 명령으로 각각의 선분을 폴리선으로 변경한 뒤 폴리선 폭을 5로 변경하기

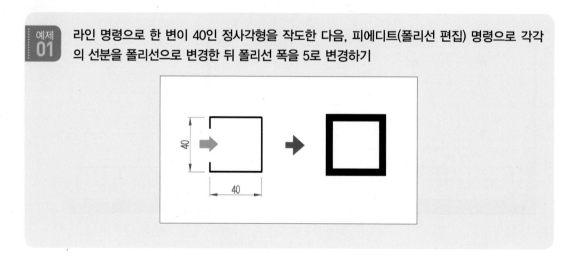

❶ 라인 명령으로 한 변이 40인 정사각형을 작도한다.

❷ 피에디트(폴리선 편집) 명령으로 각각의 선분을 폴리선으로 변경한다.

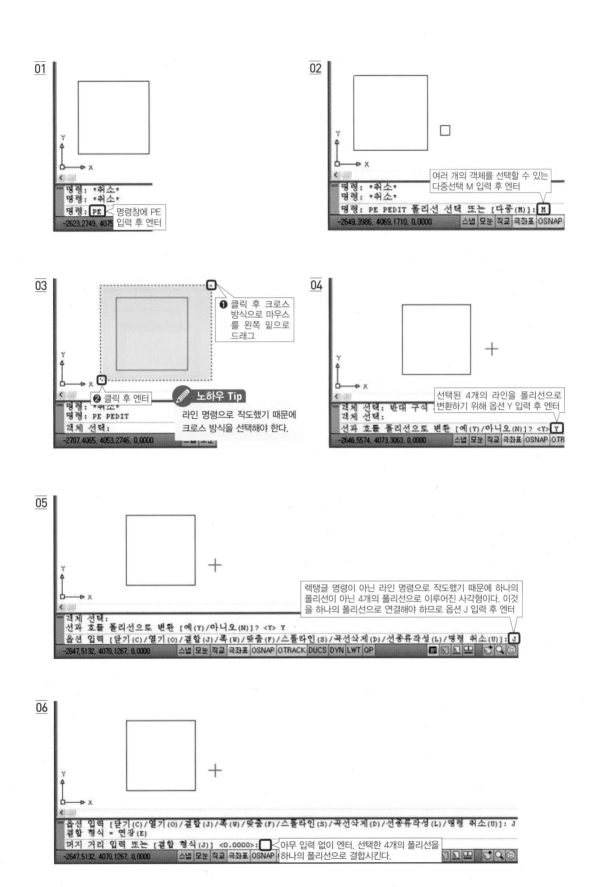

01 명령창에 PE 입력 후 엔터

02 여러 개의 객체를 선택할 수 있는 다중선택 M 입력 후 엔터

03 ❶ 클릭 후 크로스 방식으로 마우스를 왼쪽 밑으로 드래그

❷ 클릭 후 엔터

노하우 Tip
라인 명령으로 작도했기 때문에 크로스 방식을 선택해야 한다.

04 선택된 4개의 라인을 폴리선으로 변환하기 위해 옵션 Y 입력 후 엔터

05 렉탱글 명령이 아닌 라인 명령으로 작도했기 때문에 하나의 폴리선이 아닌 4개의 폴리선으로 이루어진 사각형이다. 이것을 하나의 폴리선으로 연결해야 하므로 옵션 J 입력 후 엔터

06 아무 입력 없이 엔터. 선택한 4개의 폴리선을 하나의 폴리선으로 결합시킨다.

❸ 4개의 라인으로 이루어진 사각형을 하나의 폴리선으로 변경한 다음 폴리선의 폭을 5로 지정한다.

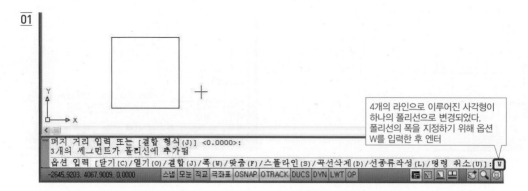

01

4개의 라인으로 이루어진 사각형이 하나의 폴리선으로 변경되었다. 폴리선의 폭을 지정하기 위해 옵션 W를 입력한 후 엔터

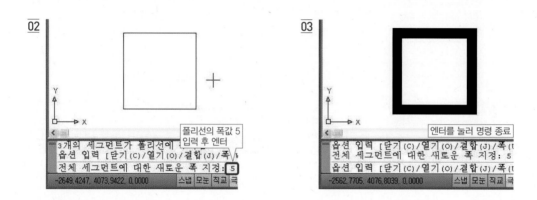

02

폴리선의 폭값 5 입력 후 엔터

03

엔터를 눌러 명령 종료

참고

폴리선의 폭을 5로 변경한 후, 익스플로드(분해) 명령으로 분해하면 처음 라인 명령으로 작도한 상태로 돌아간다.

다음 그림과 같이 작도한 후 각각의 선과 호를 폴리선으로 변경한 다음 폴리선의 폭을 3으로 변경하기(건축 단면도에 표시하는 절단선 그리기)

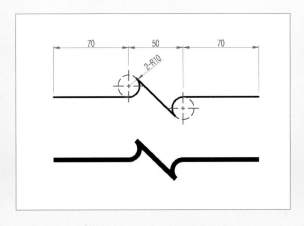

❶ 서클(원) 명령을 이용하여 반지름이 10인 원을 작도한다.

❷ 카피(복사) 명령을 이용하여 바로 전에 작도한 원을 밑으로 복사한 후 무브(이동) 명령을 이용하여 우측으로 수평하게 50만큼 떨어진 거리에 복사한다.

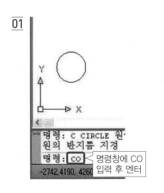

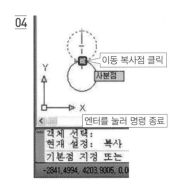

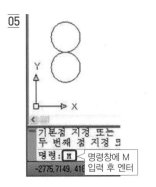

07

이동 기준점 클릭

중심점

객체 선택: 1개를
객체 선택:
기준점 지정 또는
-2841.4994, 4193.9005, 0.0

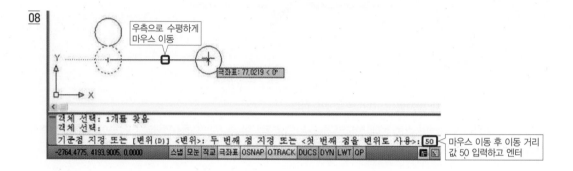

08

우측으로 수평하게
마우스 이동

극좌표: 77.0219 < 0°

객체 선택: 1개를 찾음
객체 선택:
기준점 지정 또는 [변위(D)] <변위>: 두 번째 점 지정 또는 <첫 번째 점을 변위로 사용>: 50   마우스 이동 후 이동 거리
-2764.4775, 4193.9005, 0.0000   스냅 모눈 직교 극좌표 OSNAP OTRACK DUCS DYN LWT QP   값 50 입력하고 엔터

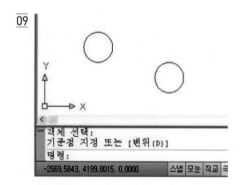

09

객체 선택:
기준점 지정 또는 [변위(D)]
명령:
-2669.5843, 4199.8015, 0.0000   스냅 모눈 직교 극

❸ 라인 명령을 이용하여 사분점에서 좌, 우측으로 길이가 70인 선분을 작도한다.

❹ 명령 재실행을 위해서 엔터를 누른 후 One Shot(원샷) 명령을 이용하여 접점을 클릭하고 원의 접점과 원의 접점을 잇는 선분을 작도한다.

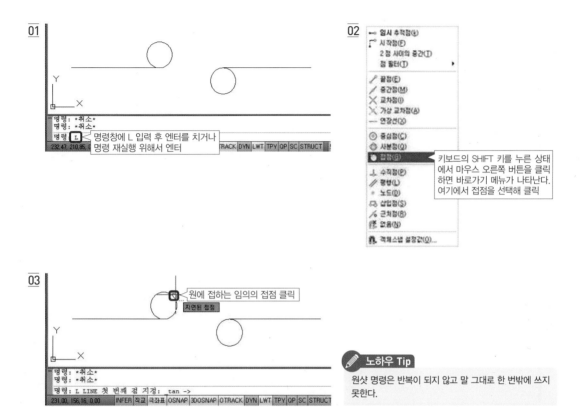

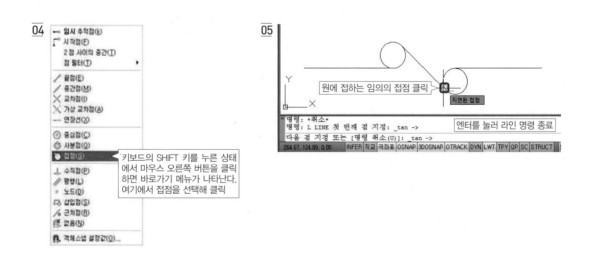

06

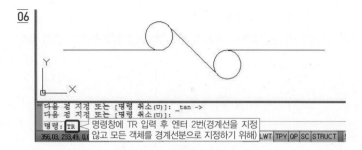

다음 점 지정 또는 [명령 취소(U)]: _tan ->
다음 점 지정 또는 [명령 취소(U)]:
명령: TR 명령창에 TR 입력 후 엔터 2번(경계선을 지정
         않고 모든 객체를 경계선분으로 지정하기 위해)
356.03, 233.49, 0.0   LWT TPY QP SC STRUCT

07

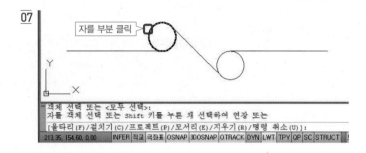

자를 부분 클릭

객체 선택 또는 <모두 선택>:
자를 객체 선택 또는 Shift 키를 누른 채 선택하여 연장 또는

[울타리(F)/걸치기(C)/프로젝트(P)/모서리(E)/지우기(R)/명령 취소(U)]:
213.35, 154.60, 0.00   INFER 직교 극좌표 OSNAP 3DOSNAP OTRACK DYN LWT TPY QP SC STRUCT

08

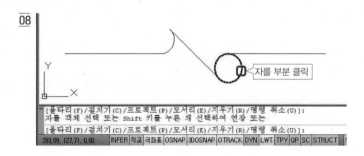

자를 부분 클릭

[울타리(F)/걸치기(C)/프로젝트(P)/모서리(E)/지우기(R)/명령 취소(U)]:
자를 객체 선택 또는 Shift 키를 누른 채 선택하여 연장 또는

[울타리(F)/걸치기(C)/프로젝트(P)/모서리(E)/지우기(R)/명령 취소(U)]:
283.09, 127.71, 0.00   INFER 직교 극좌표 OSNAP 3DOSNAP OTRACK DYN LWT TPY QP SC STRUCT

09

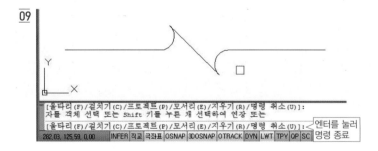

[울타리(F)/걸치기(C)/프로젝트(P)/모서리(E)/지우기(R)/명령 취소(U)]:
자를 객체 선택 또는 Shift 키를 누른 채 선택하여 연장 또는

[울타리(F)/걸치기(C)/프로젝트(P)/모서리(E)/지우기(R)/명령 취소(U)]: < 엔터를 눌러
                                                            명령 종료
282.03, 125.59, 0.00   INFER 직교 극좌표 OSNAP 3DOSNAP OTRACK DYN LWT TPY QP SC

⑤ 라인과 호를 폴리선으로 변경한 후 폴리선의 폭을 3으로 지정한다.

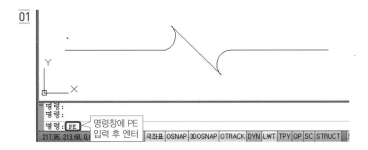

01

명령:
명령:
명령: PE
명령창에 PE
입력 후 엔터

217,95, 213,68, 0,1 | 극좌표 | OSNAP | 3DOSNAP | OTRACK | DYN | LWT | TPY | QP | SC | STRUCT

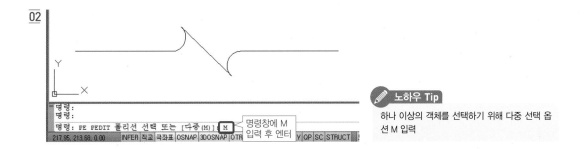

02

명령:
명령:
명령: PE PEDIT 폴리선 선택 또는 [다중(M)] : M
명령창에 M
입력 후 엔터

217,95, 213,68, 0,00 | INFER | 직교 | 극좌표 | OSNAP | 3DOSNAP | OTR | | | Y | QP | SC | STRUCT

노하우 Tip

하나 이상의 객체를 선택하기 위해 다중 선택 옵션 M 입력

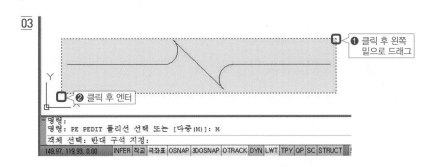

03

❶ 클릭 후 왼쪽 밑으로 드래그

❷ 클릭 후 엔터

명령:
명령: PE PEDIT 폴리선 선택 또는 [다중(M)] : M
객체 선택: 반대 구석 지정:
149,97, 119,93, 0,00 | INFER | 직교 | 극좌표 | OSNAP | 3DOSNAP | OTRACK | DYN | LWT | TPY | QP | SC | STRUCT

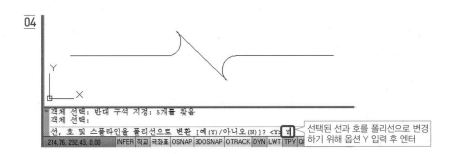

04

객체 선택: 반대 구석 지정: 5개를 찾음
객체 선택:
선, 호 및 스플라인을 폴리선으로 변환 [예(Y)/아니오(N)]? <Y> Y
선택된 선과 호를 폴리선으로 변경하기 위해 옵션 Y 입력 후 엔터

214,76, 232,43, 0,00 | INFER | 직교 | 극좌표 | OSNAP | 3DOSNAP | OTRACK | DYN | LWT | TPY | QP

05

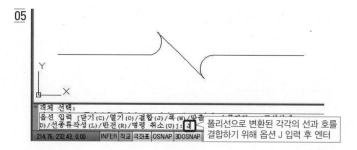

```
객체 선택:
옵션 입력 [닫기(C)/열기(O)/결합(J)/폭(W)/맞춤
D)/선종류작성(L)/반전(R)/명령 취소(U)]: J
214, 76, 232, 43, 0.00    INFER 직교 극좌표 OSNAP 3DOSNAP
```
폴리선으로 변환된 각각의 선과 호를
결합하기 위해 옵션 J 입력 후 엔터

06

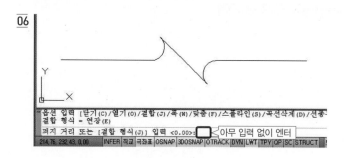

```
옵션 입력 [닫기(C)/열기(O)/결합(J)/폭(W)/맞춤(F)/스플라인(S)/곡선삭제(D)/선종-
결합 형식 = 연장(E)
퍼지 거리 또는 [결합 형식(J)] 입력 <0.00>:       아무 입력 없이 엔터
214, 76, 232, 43, 0.00    INFER 직교 극좌표 OSNAP 3DOSNAP OTRACK DYN LWT TPY QP SC STRUCT
```

07

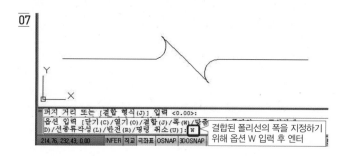

```
퍼지 거리 또는 [결합 형식(J)] 입력 <0.00>:
옵션 입력 [닫기(C)/열기(O)/결합(J)/폭(W)/맞춤
D)/선종류작성(L)/반전(R)/명령 취소(U)]: W
214, 76, 232, 43, 0.00    INFER 직교 극좌표 OSNAP 3DOSNAP
```
결합된 폴리선의 폭을 지정하기
위해 옵션 W 입력 후 엔터

08

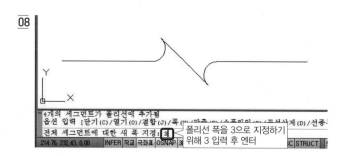

```
4개의 세그먼트가 폴리선에 추가됨
옵션 입력 [닫기(C)/열기(O)/결합(J)/폭(W)/맞춤(F)/스플라인(S)/곡선삭제(D)/선종-
전체 세그먼트에 대한 새 폭 지정: 3
214, 76, 232, 43, 0.00    INFER 직교 극좌표 OSNAP    SC STRUCT
```
폴리선 폭을 3으로 지정하기
위해 3 입력 후 엔터

09

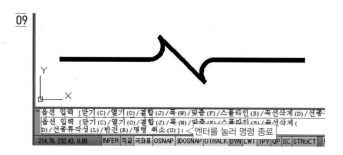

```
옵션 입력 [닫기(C)/열기(O)/결합(J)/폭(W)/맞춤(F)/스플라인(S)/곡선삭제(D)/선종-
옵션 입력 [닫기(C)/열기(O)/결합(J)/폭(W)/맞춤(F)/스플라인(S)/곡선삭제(
D)/선종류작성(L)/반전(R)/명령 취소(U)]:       엔터를 눌러 명령 종료
214, 76, 232, 43, 0.00    INFER 직교 극좌표 OSNAP 3DOSNAP OTRACK DYN LWT TPY QP SC STRUCT
```

도형 완성 및 편집명령 마무리 : PEDIT 실습

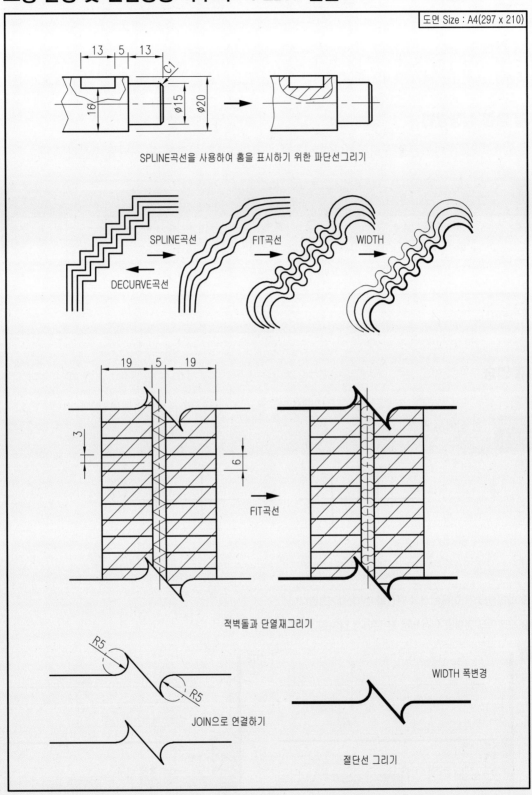

도면 Size : A4(297 x 210)

SPLINE곡선을 사용하여 홈을 표시하기 위한 파단선그리기

SPLINE곡선 → FIT곡선 → WIDTH

DECURVE곡선 ←

FIT곡선 →

적벽돌과 단열재그리기

JOIN으로 연결하기

WIDTH 폭변경

절단선 그리기

12 Break(브레이크) 명령(단축키 : BR)

1 기능

객체를 두 점 사이에서 간격을 두고 끊거나 지정한 점을 기준으로 분리할 때 사용하는 명령어이다.

2 명령 실행방법

브레이크(끊기) 아이콘을 클릭하거나 명령창에 단축키 BR을 입력한 후 엔터를 누른다.

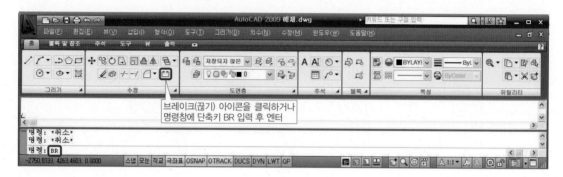

3 연습

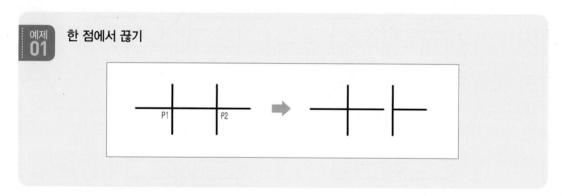

예제 01 한 점에서 끊기

❶ 라인 명령을 이용해서 수평선과 수직선을 그린다.

❷ 브레이크 명령을 이용해서 한 점에서 끊기를 실행한다.

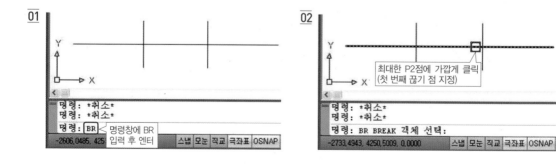

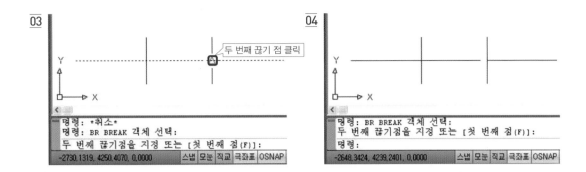

❸ 브레이크 명령 실행 후 객체 선택을 어느 지점에서 하느냐에 따라 끊기는 위치는 제각각이다. 그 이유는 끊을 대상 선택점이 첫 번째 끊기 점으로 인식되기 때문에 두 번째 끊기 점이 동일하더라도 선분이 끊어진 결과는 다르게 된다.

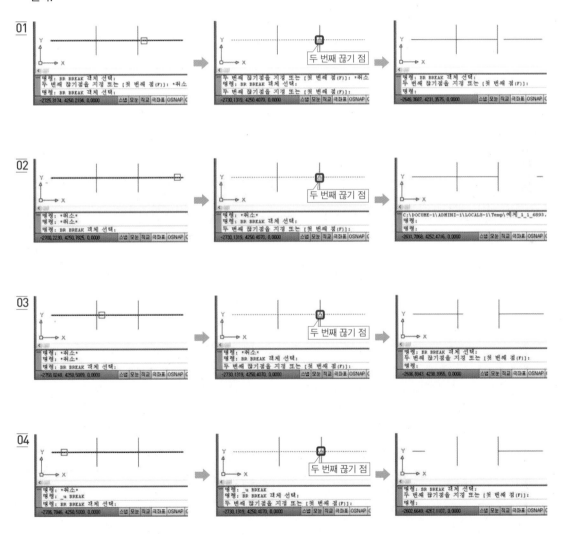

두 점에서 끊기

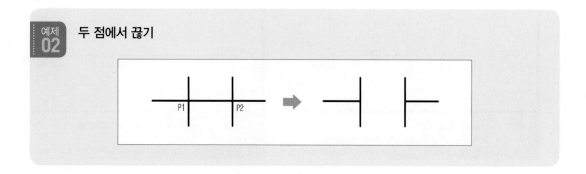

❶ 라인 명령을 이용하여 수평선과 수직선을 그린다.

❷ 브레이크 명령을 이용해서 두 점에서 끊기를 실행한다.

> **참고**
>
> 두 점에서 끊기는 한 점에서 끊기와 달리 끊을 객체를 클릭하는 지점과는 상관없이 첫 번째 끊기 점과 두 번째 끊기 점에서 끊긴다.(옵션 F 사용으로 첫 번째 끊기 점 재지정하는 방법)

01

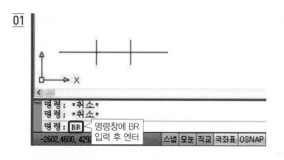

명령창에 BR 입력 후 엔터

02

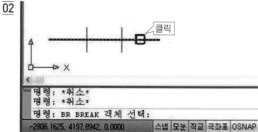

클릭

03

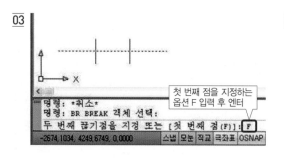

첫 번째 점을 지정하는 옵션 F 입력 후 엔터

04

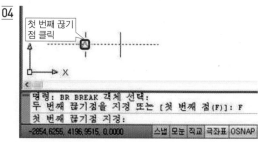

첫 번째 끊기 점 클릭

05

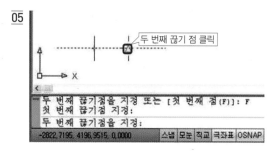

두 번째 끊기 점 클릭

06

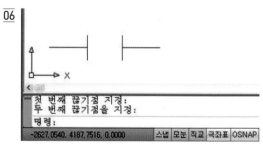

도형 완성 및 편집명령 마무리 : BREAK 실습

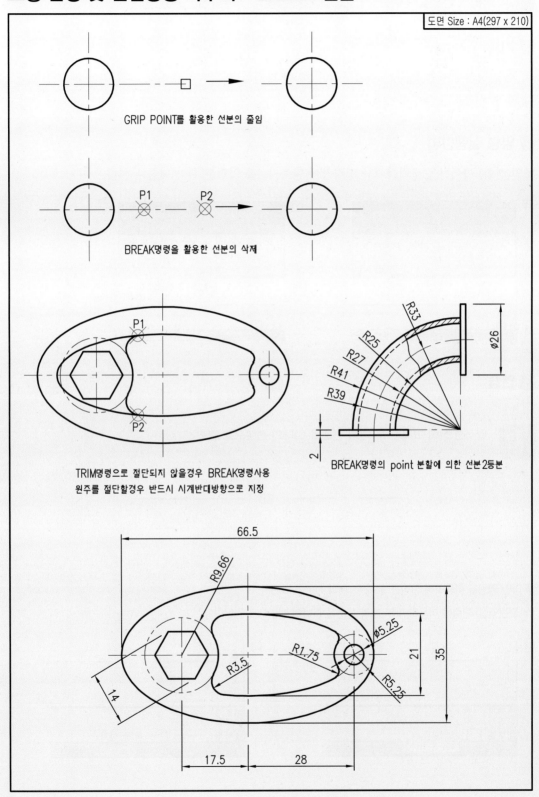

도면 Size : A4(297 x 210)

GRIP POINT를 활용한 선분의 줄임

BREAK명령을 활용한 선분의 삭제

TRIM명령으로 절단되지 않을경우 BREAK명령사용
원주를 절단할경우 반드시 시계반대방향으로 지정

BREAK명령의 point 분할에 의한 선분2등분

13 Join(조인) 명령(단축키 : J)

1 기능

두 개 이상의 객체를 하나로 결합하거나 호 및 타원형 호로부터 완벽히 닫힌 원과 타원을 만들고 자 할 때 사용하는 명령어이다.

2 명령 실행방법

조인(결합) 아이콘을 클릭하거나 명령창에 단축키 J를 입력한 후 엔터를 누른다.

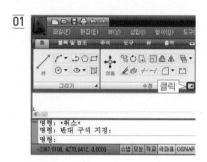

3 연습

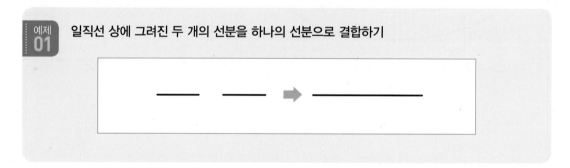

| 예제 01 | 일직선 상에 그려진 두 개의 선분을 하나의 선분으로 결합하기 |

❶ 라인 명령을 이용하여 일직선 상에 두 개의 선분을 그린다.

❷ 조인(결합) 명령을 이용하여 두 개의 선분을 하나의 선분으로 결합한다.

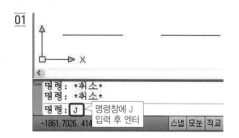

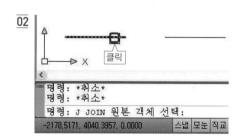

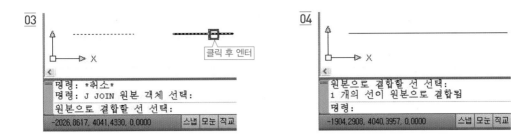

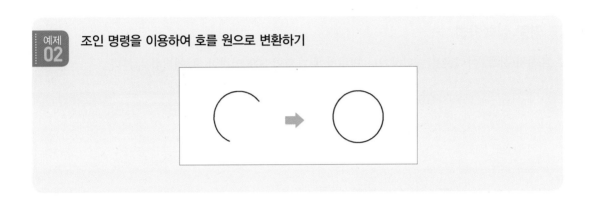

예제 02 조인 명령을 이용하여 호를 원으로 변환하기

❶ 아크(호) 명령을 이용하여 호를 그린다.

❷ 조인(결합) 명령을 이용하여 호를 원으로 변환한다.

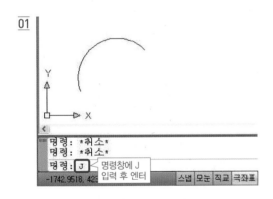

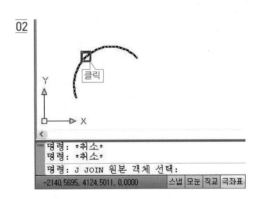

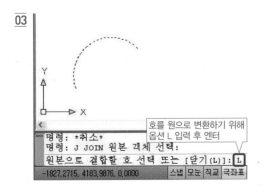

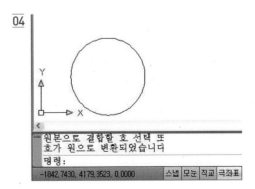

1 기능

- 객체의 일부분을 늘이거나 줄일 때 사용하는 명령어이다.
- 객체 선택 시 크로스 박스 안에 완전히 포함된 부분(점)은 이동시키고 크로스 박스에 걸쳐진 부분(점)은 이동량만큼 늘이거나 줄여준다.

2 명령 실행방법

스트레치(신축) 아이콘을 클릭하거나 명령창에 단축키 S를 입력한 후 엔터를 누른다.

3 연습

예제 01 스트레치(신축) 명령을 이용하여 길이 50인 볼트를 100으로 연장하기

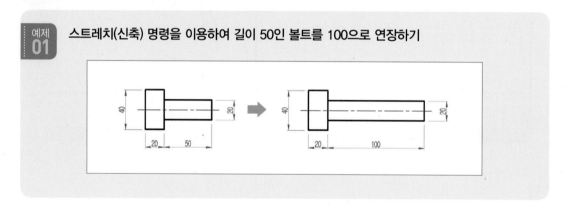

❶ 렉탱글 명령을 이용하여 가로 20, 세로 40인 직사각형을 작도한다.

❷ 명령 재실행을 이용하여 가로 50, 세로 20인 직사각형을 작도한다.

❸ 무브(이동) 명령을 이용하여 가로 50, 세로 20인 직사각형을 가로 20, 세로 40인 직사각형의 중간점에 갖다 붙인다.

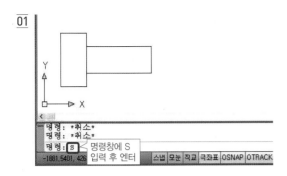

01

명령: *취소*
명령: *취소*
명령: S ┌ 명령창에 S
         └ 입력 후 엔터
-1881.5401, 426   스냅 모눈 직교 극좌표 OSNAP OTRACK

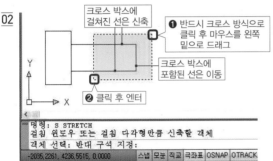

02

크로스 박스에
걸쳐진 선은 신축

❶ 반드시 크로스 방식으로
   클릭 후 마우스를 왼쪽
   밑으로 드래그

크로스 박스에
포함된 선은 이동

❷ 클릭 후 엔터

명령: S STRETCH
걸침 윈도우 또는 걸침 다각형만큼 신축할 객체
객체 선택: 반대 구석 지정:
-2035.2261, 4236.5515, 0.0000   스냅 모눈 직교 극좌표 OSNAP OTRACK

중요 스트레치는 항상 크로스 방식으로 객체를 선택해야 한다.

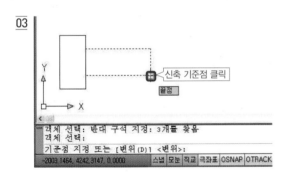

03

신축 기준점 클릭

끝점

객체 선택: 반대 구석 지정: 3개를 찾음
객체 선택:
기준점 지정 또는 [변위(D)]1 <변위>:
-2003.1464, 4242.3147, 0.0000   스냅 모눈 직교 극좌표 OSNAP OTRACK

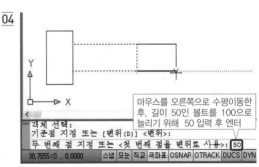

04

마우스를 오른쪽으로 수평이동한
후, 길이 50인 볼트를 100으로
늘리기 위해 50 입력 후 엔터

객체 선택:
기준점 지정 또는 [변위(D)] <변위>:
두 번째 점 지정 또는 <첫 번째 점을 변위로 사용>: 50
30.7555<0 , 0.0000   스냅 모눈 직교 극좌표 OSNAP OTRACK DUCS DYN

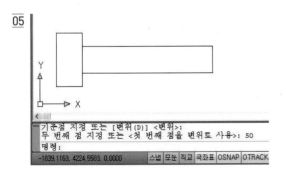

05

기준점 지정 또는 [변위(D)] <변위>:
두 번째 점 지정 또는 <첫 번째 점을 변위로 사용>: 50
명령:
-1839.1163, 4224.5583, 0.0000   스냅 모눈 직교 극좌표 OSNAP OTRACK

예제 02 길이가 100으로 늘어난 볼트를 60으로 줄이기

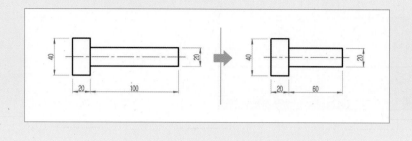

❶ 스트레치(신축) 명령을 이용하여 길이가 100인 볼트를 60으로 줄인다.

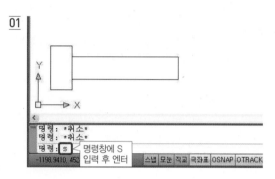

01

❶ 스트레치는 항상 크로스 방식으로 객체를 선택해야 한다. 클릭 후 마우스를 왼쪽 밑으로 드래그

❷ 클릭 후 엔터

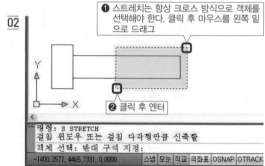

02

명령창에 S 입력 후 엔터

```
명령: *취소*
명령: *취소*
명령: S
-1198.9410, 452
```

```
명령: S STRETCH
걸침 윈도우 또는 걸침 다각형만큼 신축할
객체 선택: 반대 구석 지정:
-1400.3577, 4465.7331, 0.0000
```

03

신축 기준점 클릭

끝점

```
객체 선택: 반대 구석 지정: 3개를 찾음
객체 선택:
기준점 지정 또는 [변위(D)] <변위>:
-1341.1184, 4474.4842, 0.0000
```

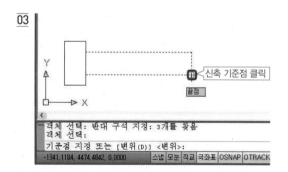

04

마우스를 신축할 방향으로 이동한 후 값을 입력한다. 40만큼 길이를 줄이고자 하므로 40 입력 후 엔터

```
객체 선택:
기준점 지정 또는 [변위(D)] <변위>:
두 번째 점 지정 또는 <첫 번째 점을 변위로 사용>: 40
31.1572<180, 0.0000
```

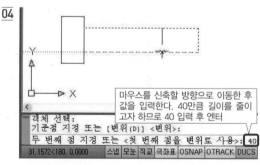

05

```
기준점 지정 또는 [변위(D)] <변위>:
두 번째 점 지정 또는 <첫 번째 점을 변위로 사용>: 40
명령:
-1177.1532, 4509.7461, 0.0000
```

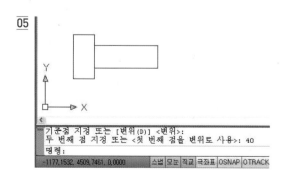

도형 완성 및 편집명령 마무리 : STRETCH 실습

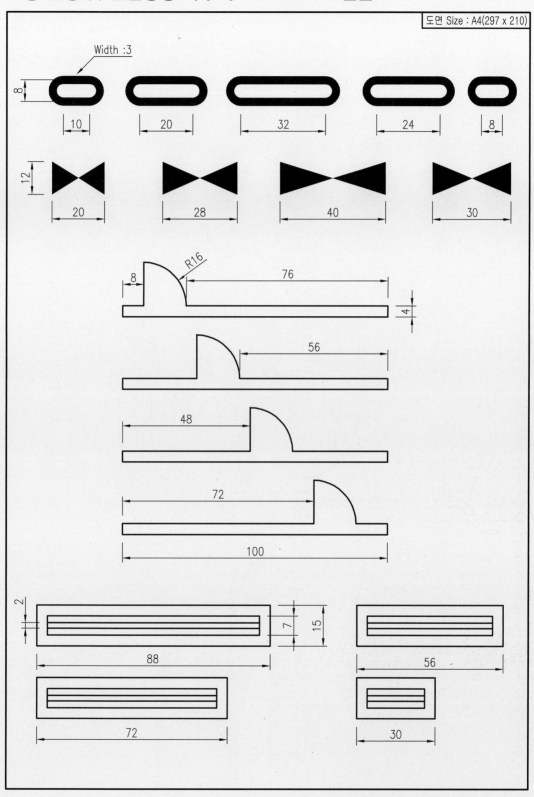

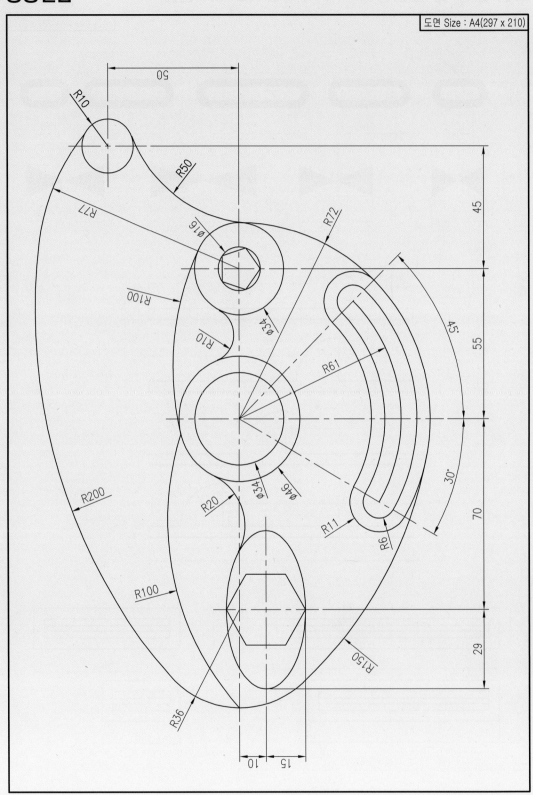

도면 Size : A4(297 x 210)

15 Scale(스케일) 명령(단축키 : SC)

1 기능

객체의 크기를 일정한 비율로 축소/확대시킬 때, 즉 도형의 크기를 변경할 때 사용하는 명령어이다.

2 명령 실행방법

스케일(축척) 아이콘을 클릭하거나 명령창에 단축키 SC를 입력한 후 엔터를 누른다.

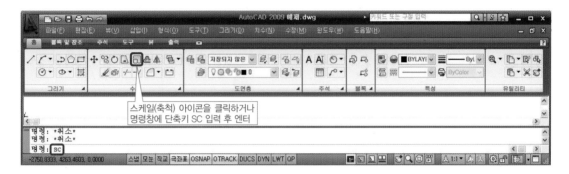

스케일(축척) 아이콘을 클릭하거나
명령창에 단축키 SC 입력 후 엔터

3 연습

예제 01	예제의 직각삼각형을 3배로 크게 확대하기(축척 비율값에 의한 확대)

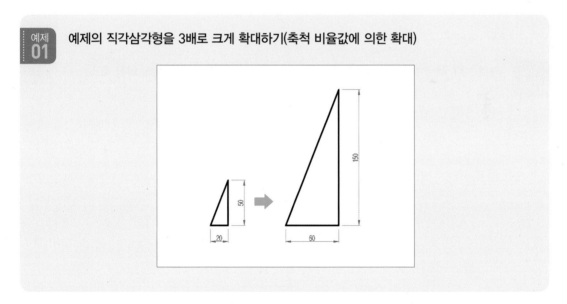

❶ 라인 명령을 이용하여 가로 20, 세로 50인 직각삼각형을 작도한다.

❷ 스케일(축척) 명령을 이용하여 직각삼각형을 3배로 키운다.

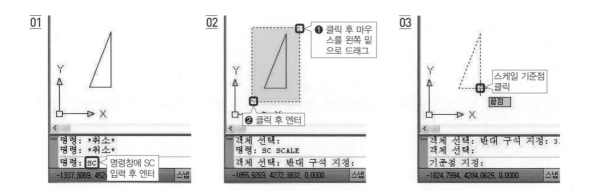

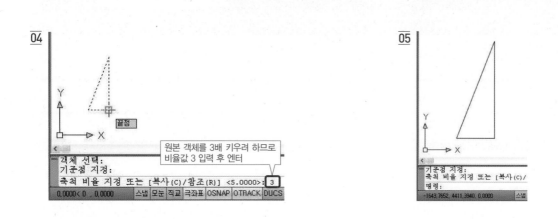

예제 02 가로 100, 세로 100인 정사각형의 크기를 1/2로 줄이기(축척 비율값에 의한 축소)

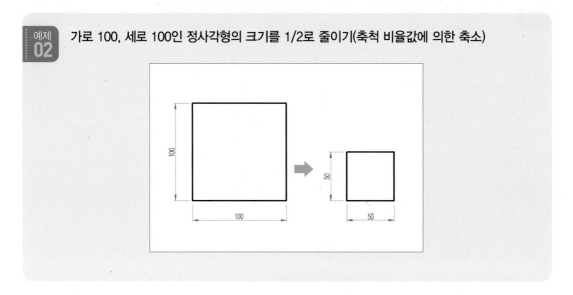

❶ 렉탱글 명령을 이용하여 가로 100, 세로 100인 정사각형을 작도한다.

❷ 스케일(축척) 명령을 이용하여 정사각형을 1/2로 줄인다.

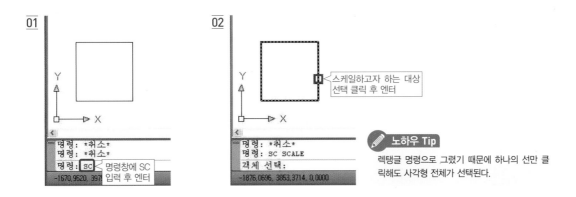

01
명령: *취소*
명령: *취소*
명령: SC 명령창에 SC
입력 후 엔터
-1670,9520, 397¦

02
스케일하고자 하는 대상
선택 클릭 후 엔터
명령: *취소*
명령: SC SCALE
객체 선택:
-1876,0696, 3853,3714, 0,0000

노하우 Tip

렘탱글 명령으로 그렸기 때문에 하나의 선만 클릭해도 사각형 전체가 선택된다.

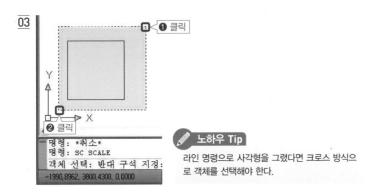

03
❶ 클릭
❷ 클릭
명령: *취소*
명령: SC SCALE
객체 선택: 반대 구석 지정:
-1990,8962, 3800,4308, 0,0000

노하우 Tip

라인 명령으로 사각형을 그렸다면 크로스 방식으로 객체를 선택해야 한다.

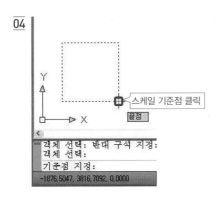

04
스케일 기준점 클릭
끝점
객체 선택: 반대 구석 지정:
객체 선택:
기준점 지정:
-1876,5047, 3816,7092, 0,0000

05
끝점
객체 선택:
기준점 지정:
축척 비율 지정 또는 현재의 크기를 반절로 줄이기 0.5
위해 비율값 0.5 입력 후 엔터
0,0000<0, 0,0000 스냅 DUCS

06
기준점 지정:
축척 비율 지정 또는 [복사(C)/참조(R)] <3.0000>: 0.5
명령:
-1390,2648, 3941,6055, 0,0000 스냅 모눈 직교 극좌표 OSNAP OTRA

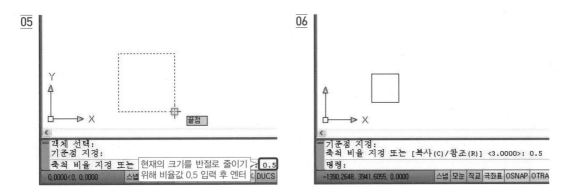

참조 길이(현재 길이, 변경될 길이)를 이용하여 도형 확대 / 축소하기(참조 R 옵션 사용)

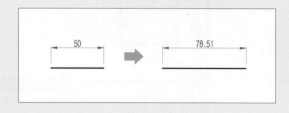

❶ 위 그림과 같이 길이가 50인 선분을 78.51로 길이를 연장하기 위해 78.51 - 50 = 28.51이라는 결과값을 알아낸 후 스트레치(신축)로 28.51만큼 늘려주는 방법이 있다. 그러나 스케일(축척)을 사용하면 보다 편리하게 사용자가 지정하는 길이만큼 늘리거나 줄일 수도 있다. 먼저 라인 명령을 이용하여 길이가 50인 선분과 길이가 78.51인 두 선분을 작도한다.

❷ 스케일(축척) 명령을 이용하여 원하는 길이만큼 선분을 늘려준다.

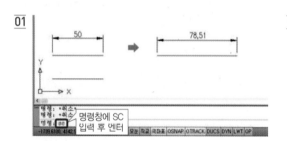

명령창에 SC 입력 후 엔터

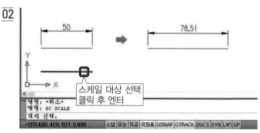

스케일 대상 선택 클릭 후 엔터

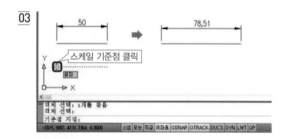

스케일 기준점 클릭

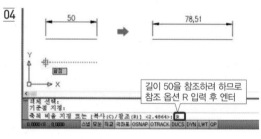

길이 50을 참조하려 하므로 참조 옵션 R 입력 후 엔터

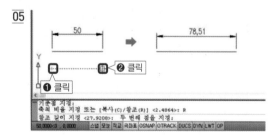

❶ 클릭 ❷ 클릭

노하우 Tip

참조 길이(현재 길이)에 수치값 50을 입력해도 되고 참조 길이 50에 해당하는 두 끝점을 포인트로 지정해도 된다.

06

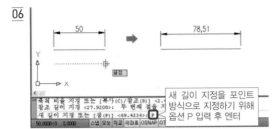

새 길이 지정을 포인트
방식으로 지정하기 위해
옵션 P 입력 후 엔터

✏ 노하우 Tip

새 길이를 알고 있으므로 굳이 포인트 방식을 이용하지 않고 새 길이
78.51을 직접 입력해도 된다. 그러나 수치가 주어지지 않았을 경우
포인트 방식으로 해야 한다.

07

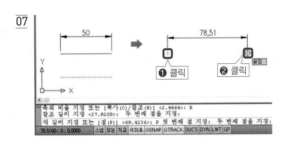

❶ 클릭 ❷ 클릭

08

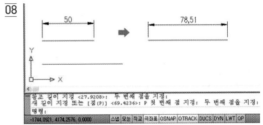

도형 완성 및 편집명령 마무리 : SCALE 실습 1

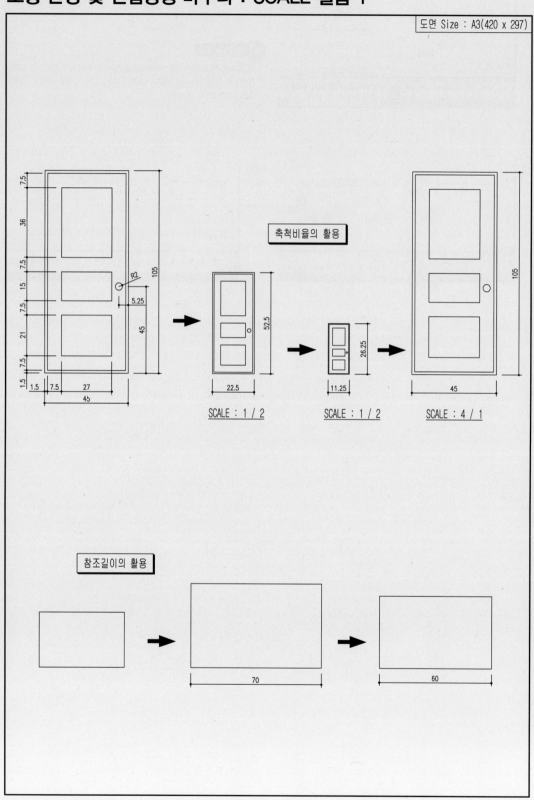

도면 Size : A3(420 x 297)

축척비율의 활용

SCALE : 1 / 2

SCALE : 1 / 2

SCALE : 4 / 1

참조길이의 활용

도형 완성 및 편집명령 마무리 : SCALE 실습 2

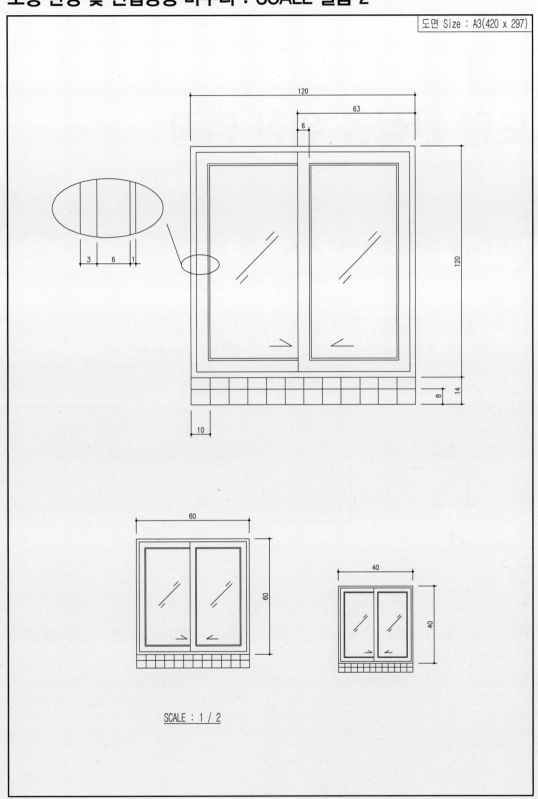

SCALE : 1 / 2

05
도면 완성을 위한 명령

01 Layer(레이어) 명령(단축키 : LA)

1 기능

세 장의 투명용지에 각각 원을 초록색, 중심선을 빨간색, 해칭선을 파란색으로 그린 후 이것을 겹쳐 보면 모든 선이 보일 것이다. 이처럼 각각의 투명용지를 도면층이라 한다.

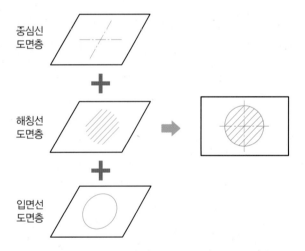

각각의 도면층에 이름, 색상, 선 종류, 선 두께(선 가중치)를 부여한다. 필요시 이들을 삭제 및 수정, 보이거나 보이지 않게 할 수도 있다.

명칭	선의 종류	선 가중치	선의 용도	색상
단면선	굵은 실선(Continuous: 컨티뉴어스)	0.4mm	• 건축물의 잘린 면을 나타내는 굵은 실선 • 부재 단면의 윤곽을 나타내는 선	노란색
숨은선	굵은 파선(Hidden 2: 히든 2)	0.4mm	물체의 보이지 않는 부분 표시 (온수 파이프, 와이어 메쉬 등을 표시)	노란색
치수선	가는 실선(Continuous: 컨티뉴어스)	0.3mm	대상물의 치수를 기입하기 위한 가는 실선	하늘색
문자	가는 실선(Continuous: 컨티뉴어스)	0.3mm	필요한 문자를 기입하기 위한 가는 실선	흰색
입면선	가는 실선(Continuous: 컨티뉴어스)	0.2mm	건축물의 잘리지 않은 부분을 표현하는 가는 실선	초록색
중심선	가는 일점쇄선(Center 2: 센터 2)	0.2mm	원호의 중심을 표시하거나 벽체의 중간 부분을 알려주는 가는 일점쇄선	빨간색
해칭선	가는 실선(Continuous: 컨티뉴어스)	0.09mm	건축물의 절단면을 표시하는 평행 또는 사선의 가는 실선	파란색

2 명령 실행방법

레이어(도면층) 아이콘을 클릭하거나 단축키 LA를 입력한 후 엔터를 누른다.

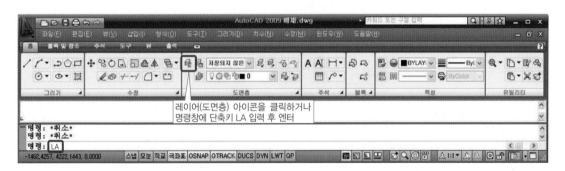

3 연습

입면선에 알맞은 각각의 특성을 부여해서 도면층 생성하기

❶ 입면선의 선의 종류는 가는 실선(Continuous: 컨티뉴어스), 선 가중치는 0.2mm, 색상은 초록색이다. 입면선에 알맞은 도면층을 생성하기 위해 레이어(도면층) 명령을 실행한다.

❷ 입면선에 알맞은 색상(초록색)을 지정한다.

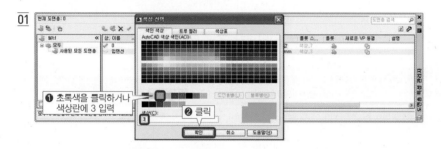

❸ 입면선에 알맞은 선 가중치(0.2mm)를 지정한다.

예제 02 해칭선의 도면층을 생성한 후 생성된 입면선을 숨은선 도면층으로 바꾸기

❶ 해칭선 도면층을 생성한다.

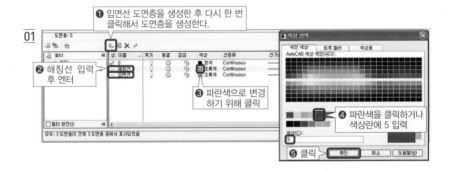

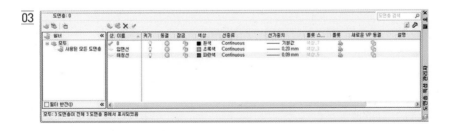

② 입면선을 숨은선으로 도면층 이름을 변경한다.

③ 입면선을 숨은선으로 이름을 변경했으면 이제는 색상을 변경한다.

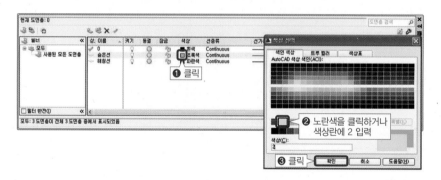

④ 선 종류를 Continuous에서 Hidden 2로 변경하기 위해 Hidden 2 찾는다.

노하우 Tip

선택할 수 있는 선 종류가 없으므로 acad.lin 파일로부터 로드하여 선 종류 리스트에 추가한다.

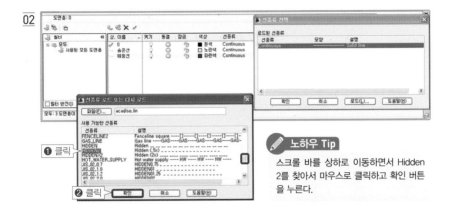

노하우 Tip

스크롤 바를 상하로 이동하면서 Hidden 2를 찾아서 마우스로 클릭하고 확인 버튼을 누른다.

❺ Hidden 2로 변경한다.

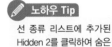

노하우 Tip

선 종류 리스트에 추가된 Hidden 2를 클릭하여 숨은선의 선 종류를 지정한다.

❻ 현재 선 가중치는 입면선에 알맞은 가중치이므로 숨은선에 알맞은 선 가중치로 변경한다.

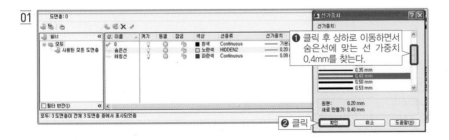

02

입면선과 중심선 레이어(도면층)를 생성한 후 입면선으로 그려진 중심선을 중심선 도면층으로 변경한 다음 중심선 도면층 끄기/켜기

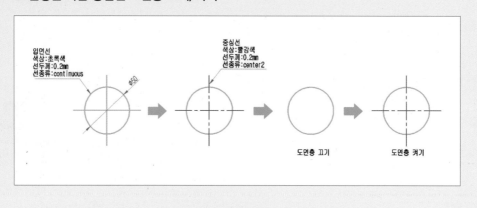

❶ 레이어 명령을 이용하여 입면선과 중심선 도면층을 생성한다.

❷ 입면선으로 원을 그리기 위해 현재 도면층을 입면선으로 지정한다.

01

02

현재 도면층이 0에서 입면선으로 변경된다. 새로이 그려지는 모든 도형은 입면선 도면층에 저장된다.

❸ 서클(원) 명령을 이용하여 원을 작도한 후 라인 명령을 실행하여 사분점에서 사분점으로 중심선을 그린다.

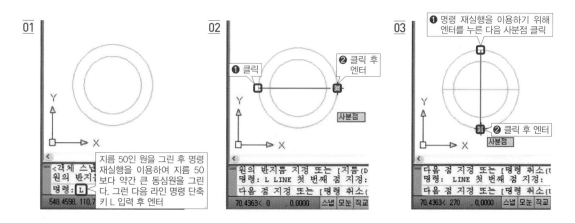

❹ 입면선으로 그린 초록색 중심선을, 중심선 도면층으로 변경하여 빨간색의 CENTER 2(센터 2)로 표시한다.

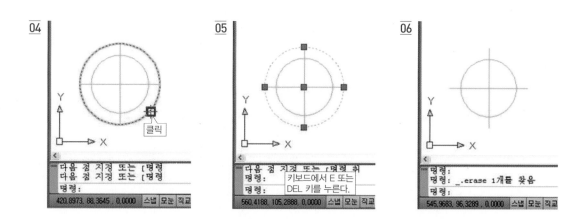

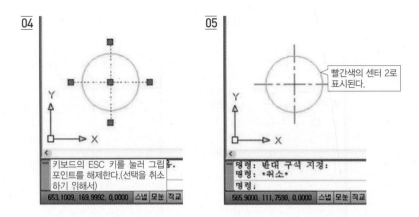

⑤ 중심선 도면층을 OFF하고 난 뒤 ON한다.

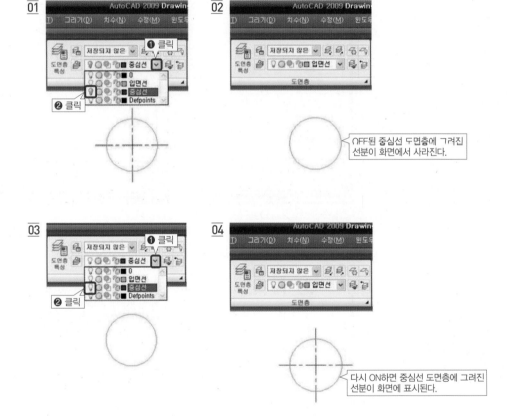

1 기능

도면 해독을 용이하게 하기 위한 수단의 하나로 선의 용도에 따라 선 종류를 다르게 한다. 예를 들어 입면선(초록색)은 실선, 중심선(빨간색)은 일점쇄선, 보이지 않는 곳의 숨은선(노란색)은 파선 등으로 나타낼 때 사용하는 명령어이다.

2 명령 실행방법

풀다운 메뉴에서 '형식(O)-선종류(N)'를 클릭하거나 단축키 LT를 입력한 후 엔터를 누른다.

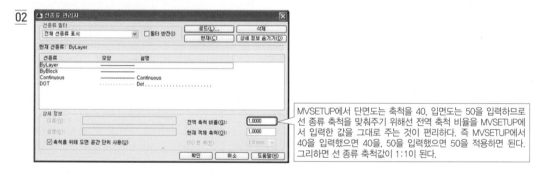

MVSETUP에서 단면도는 축척을 40, 입면도는 50을 입력하므로 선 종류 축척을 맞춰주기 위해선 전역 축척 비율을 MVSETUP에서 입력한 값을 그대로 주는 것이 편리하다. 즉 MVSETUP에서 40을 입력했으면 40을, 50을 입력했으면 50을 적용하면 된다. 그리하면 선 종류 축척값이 1:10이 된다.

3 선 축척 변경

① **전체 선 종류 축척 변경** : 선 종류를 중심선인 CENTER 2(센터 2)로, 숨은선인 HIDDEN 2(히든 2)로 변경하였는데도 화면에 실선으로 표시되는 경우가 있다. 이는 선 종류 축척이 현재 도면의 크기에 맞지 않기 때문이다. 이때 선 종류 축척을 라인 타입(Line Type) 명령의 전역 축척 비율을 적당한 값으로 조정해 줘야 한다.

② **개별 선 종류 축척 변경** : 원하는 객체 선분만 선 종류 축척을 변경하려면 대상 객체를 더블클릭하여 객체 특성패널의 4번째 특성인 선 종류 축척을 변경한다.

4 연습

예제
01

MVSETUP에서 용지는 A3(420x297), 축척을 40으로 설정한 다음 선 종류 축척 변경하기

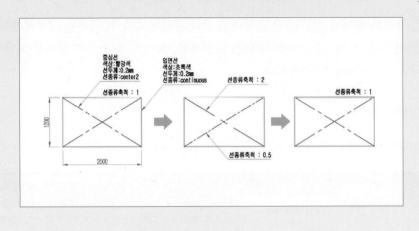

❶ 도면을 작도하기 전 어느 용지에 도면을 그릴지 결정해야 한다. 그러므로 가장 먼저 해야 할 일은 MVSETUP에서 도면용지를 설정하는 것이다.

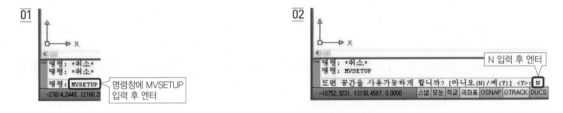

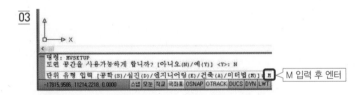

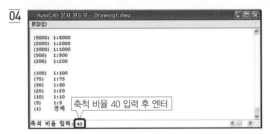

노하우 Tip

전산응용건축제도에서 사용하는 축척 비율은 단면도는 40, 입면도는 50으로 한다. 만일 A3 용지 원래 크기대로 사용하려면 축척 비율을 1로 설정한다.

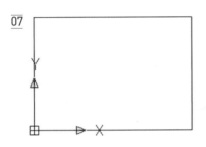

❷ MVSETUP으로 도면용지 설정이 끝났으면 도면층을 생성한다. 위 그림에서 필요한 도면층은 입면선, 중심선 도면층이다. 직사각형을 작도하기 전에 먼저 레이어 명령을 이용하여 도면층을 생성한다.

❸ 입면선으로 직사각형을 작도하기 위해 현재 도면층을 입면선으로 변경한 다음, 렉탱글 명령을 이용하여 가로 2000, 세로 1200인 직사각형을 작도한다.

❹ 사각형 안의 중심선을 그리기 위해 현재 입면선으로 설정된 도면층을 중심선 도면층으로 변경한다.

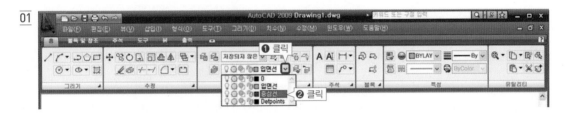

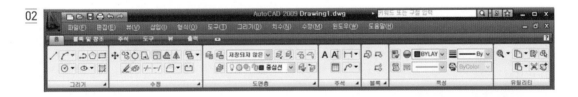

❺ 사각형 안의 중심선을 그린다. 이때 중심선을 그리게 되면 레이어 생성 시 중심선을 가는 1점 쇄선인 Center 2로 설정했음에도 불구하고 가는 실선처럼 보이는데, 이는 축척 비율이 맞지 않아서이다. Mvsetup에서 축척 비율을 40으로 입력했으므로 선 종류 축척 비율도 동일하게 40으로 입력해야 1:1이 된다. 선 종류 축척 비율은 일일이 지정할 필요 없이 도면 전체 축척을 라인 타입명령을 이용하여 조정하면 된다.

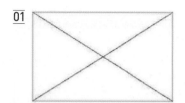

01

02

명령창에 LT 입력 후 엔터

03
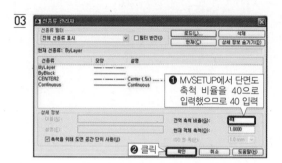

❶ MVSETUP에서 단면도
축척 비율을 40으로
입력했으므로 40 입력

❷ 클릭

04
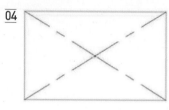

❻ 이제 사각형 안 중심선의 전체 선 종류 축척 비율은 40이 되었다. 왼쪽에서 오른쪽 위로 그어진 중심선의 개별 축
척 비율을 0.5로 조정하고 왼쪽에서 오른쪽 밑으로 그어진 중심선의 개별 축척 비율을 2로 조정한다.

01
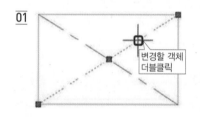

변경할 객체
더블클릭

02
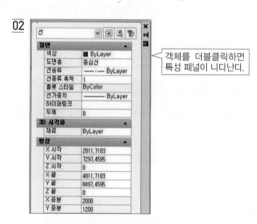

객체를 더블클릭하면
특성 페널이 니디난디.

03
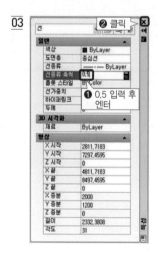

❷ 클릭

❶ 0.5 입력 후
엔터

04
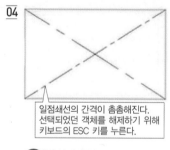

일점쇄선의 간격이 촘촘해진다.
선택되었던 객체를 해제하기 위해
키보드의 ESC 키를 누른다.

05
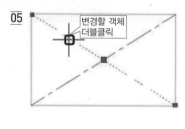

변경할 객체
더블클릭

노하우 Tip

전체 선 종류 축척 40 × 개별 선 종류 축척 0.5 = 20으로 적용하는
선 종류 축척이 작아졌기 때문에 간격이 촘촘한 일점쇄선이 표시된다.

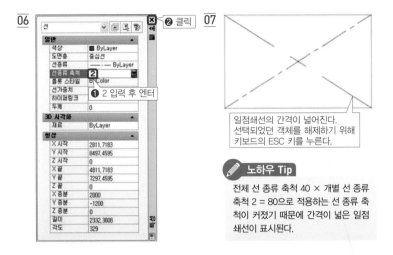

일점쇄선의 간격이 넓어진다.
선택되었던 객체를 해제하기 위해
키보드의 ESC 키를 누른다.

노하우 Tip

전체 선 종류 축척 40 × 개별 선 종류
축척 2 = 80으로 적용하는 선 종류 축
척이 커졌기 때문에 간격이 넓은 일점
쇄선이 표시된다.

❼ 개별 선 종류 축척이 각각 0.5와 2로 변경된 것을 원래대로 1로 변경한다.

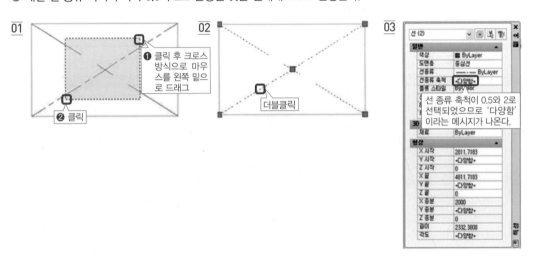

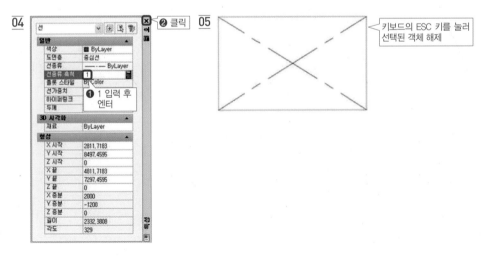

① 기능

원본 객체와 대상 객체를 지정하여 원본 객체의 특성을 대상 객체에 복사한다. 즉 원본 객체의 특성과 대상 객체의 특성을 일치시키고자 할 때 사용하는 명령어이다.

② 명령 실행방법

특성 일치 아이콘을 클릭하거나 단축키 MA를 입력한 후 엔터를 누른다.

③ 연습

예제 **01** 입면선, 중심선, 숨은선의 레이어를 설정해서 가로 80, 세로 40인 직사각형을 작도한 후 매치 프로퍼티스(특성 일치) 명령을 사용해서 숨은선을 입면선으로 변경하기

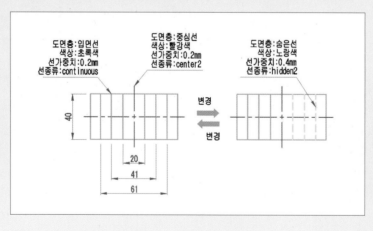

❶ 입면선, 중심선, 숨은선의 레이어를 설정한다.

❷ 현재 도면층을 입면선으로 변경한 후 렉탱글 명령을 이용하여 가로 80, 세로 40인 직사각형을 작도한다.

❸ 입면선 현재 도면층에서 중심선 현재 도면층으로 변경한 후 중심선을 그린다.

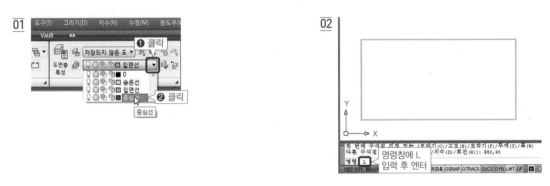

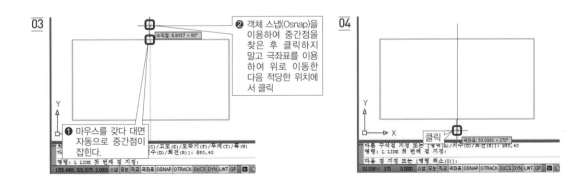

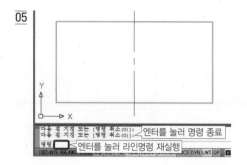

05 엔터를 눌러 명령 종료
엔터를 눌러 라인명령 재실행

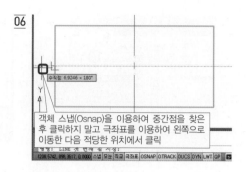

06 객체 스냅(Osnap)을 이용하여 중간점을 찾은 후 클릭하지 말고 극좌표를 이용하여 왼쪽으로 이동한 다음 적당한 위치에서 클릭

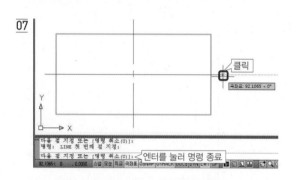

07 클릭
엔터를 눌러 명령 종료

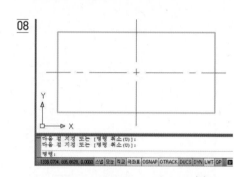

08

❹ 중심선에서 양방향으로 같은 거리만큼 이동된 거리값은 20/2=10, 41/2=20.5, 61/2=30.5와 같이 계산해 봐야 알 수 있다. 이는 비효율적인 방법으로 원의 지름을 이용해서 그리면 계산하지 않고도 쉽게 그릴 수 있다. 서클(원) 아이콘 '중심점, 지름'을 이용하여 지름이 20인 원을 중심선에서 그린다.

01 ❶ 클릭
중심점, 반지름
중심점, 지름 ❷ 클릭
2 점
3 점
접선, 접선, 반지름
접선, 접선, 접선

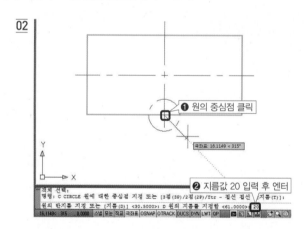

02 ❶ 원의 중심점 클릭
❷ 지름값 20 입력 후 엔터

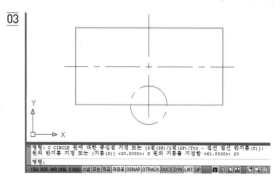

03

❺ 다시 서클(원) 아이콘 '중심점, 지름'을 클릭하여 지름이 41인 원과 61인 원을 그린다.

01

02
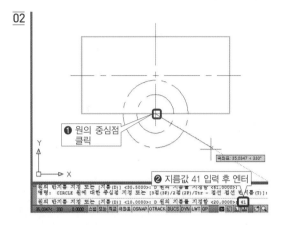

03
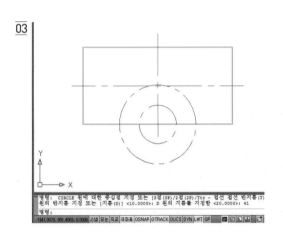

04

05
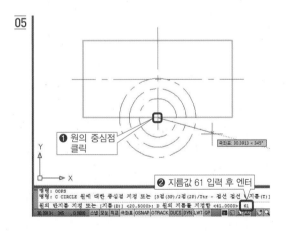

06
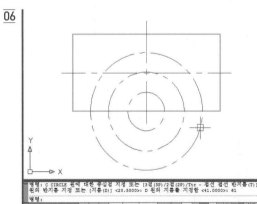

⑥ 입면선으로 라인을 그리기 위해 중심선 현재 도면층에서 입면선 현재 도면층으로 변경한 다음, 라인 명령을 이용하여 원의 사분점에서 수직 방향으로 라인을 그려준다.

01

02
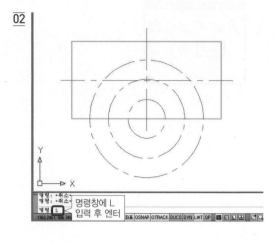

03
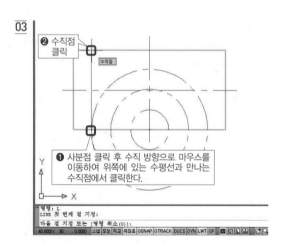

04
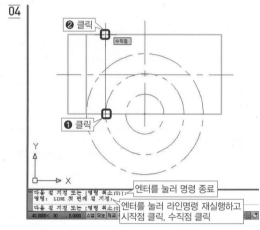

05
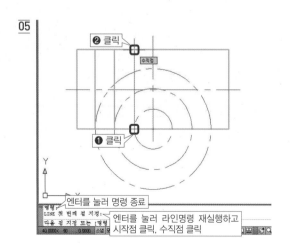

06
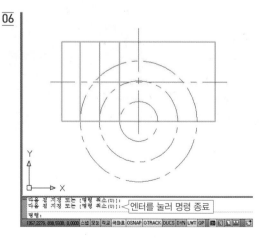

❼ 오른쪽에 있는 숨은선을 작도하는 방법에는 여러 가지가 있다. 레이어를 숨은선으로 변경하고 라인을 작도한 후 구성원을 지우는 방법이 있지만, 여기서는 왼쪽에 있는 라인을 작도하기 위해 그려 주었던 원을 지우고 미러(대칭)를 이용하여 대칭 복사한 후 레이어를 사용하여 입면선을 숨은선으로 변경한다.

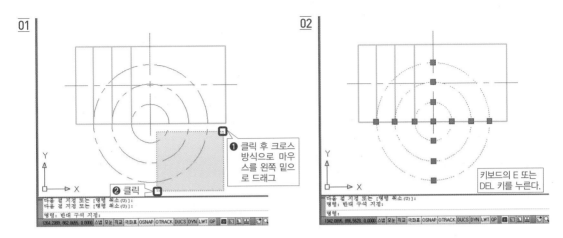

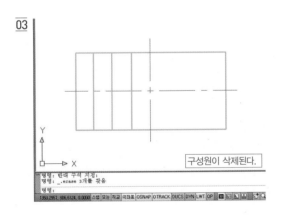

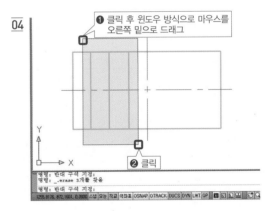

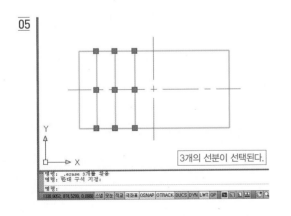

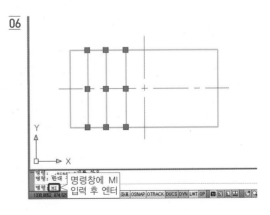

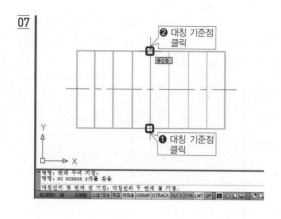

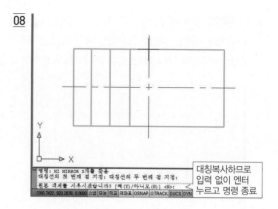

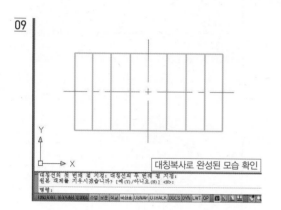

❽ 오른쪽에 대칭복사된 라인을 숨은선 도면층으로 변경한다.

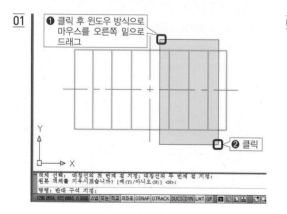

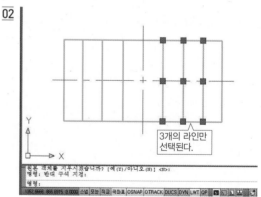

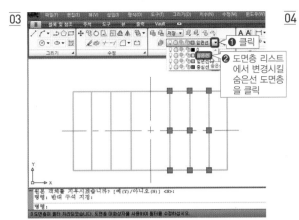

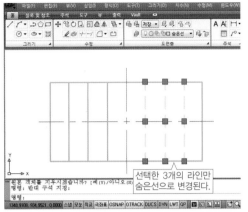

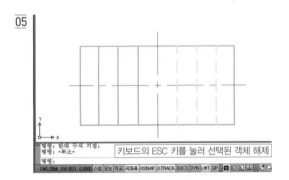

❾ 매치 프로퍼티스(특성 일치) 명령을 사용하여 숨은선을 입면선으로 변경하기

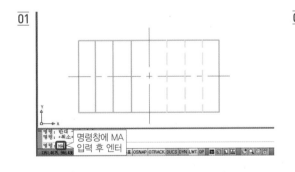

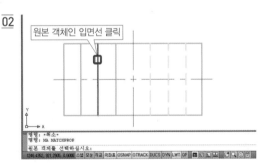

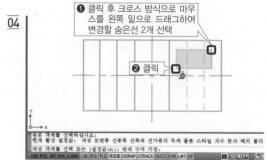

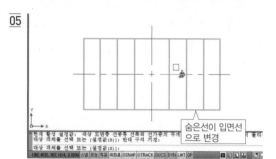

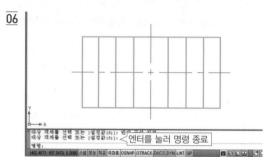

매치 프로퍼티스(특성 일치) 명령을 사용해서 해칭패턴 특성 일치시키기

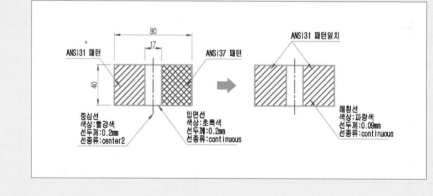

❶ 입면선, 중심선, 해칭선 레이어를 설정한다.

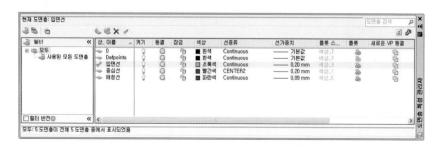

❷ 현재 도면층을 입면선으로 변경한 후 렉탱글 명령을 이용하여 가로 80, 세로 40인 직사각형을 작도한다.

❸ 직사각형의 수평 중간점에서 지름이 17인 원을 작도한다.

❹ 라인 명령을 이용하여 지름이 17인 원의 사분점에서 수직방향으로 라인을 작도한 후 라인을 작도하기 위해 그려 주었던 원을 삭제한다.

❺ 입면선에서 중심선 현재 도면층으로 변경한 후 중심선을 작도한다.

❻ 해칭을 하기 위해 중심선에서 해칭선 현재 도면층으로 변경한다.

❼ 해칭 명령을 이용하여 왼쪽을 ANSI 31패턴으로 해칭한다.

❽ 명령 재실행을 이용하여 오른쪽을 ANSI 37패턴으로 해칭한다.

❾ 오른쪽 ANSI 37 패턴을 왼쪽 ANSI 31패턴과 같이 변경하기 위해 매치 프로퍼티스(특성 일치) 명령을 이용하여 특성을 일치시킨다.

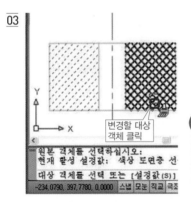

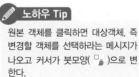

노하우 Tip

원본 객체를 클릭하면 대상객체, 즉 변경할 객체를 선택하라는 메시지가 나오고 커서가 붓모양(□）으로 변한다.

도면 완성을 위한 명령 : 응용실습 1

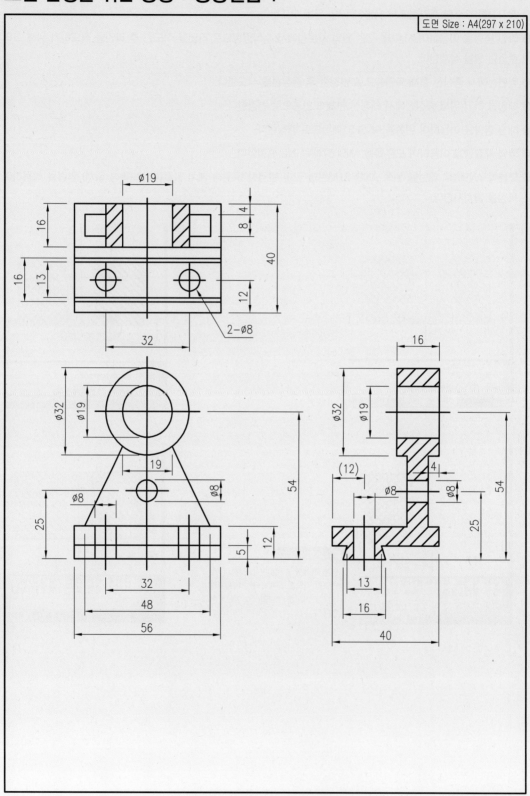

도면 완성을 위한 명령 : 응용실습 2

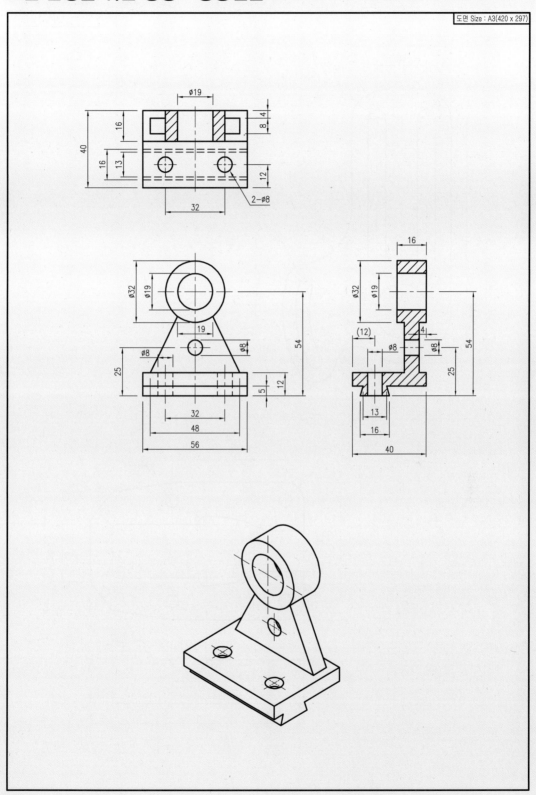

도면 완성을 위한 명령 : 응용실습 3

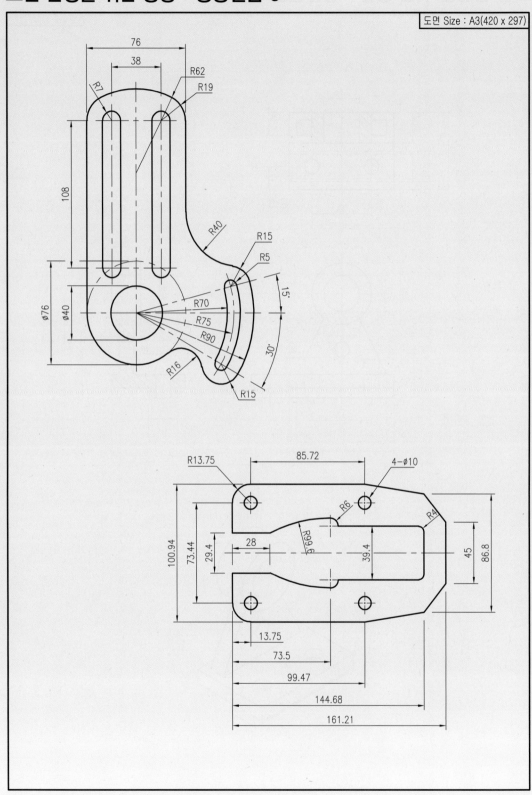

☑ 기능

문자의 글꼴, 기울기, 높이 등 문자 유형을 정의하거나 수정할 때 사용하는 명령어이다.

② 명령 실행방법

문자 스타일 아이콘을 클릭하거나 명령창에 단축키인 ST를 입력한 후 엔터를 누른다.

01

02
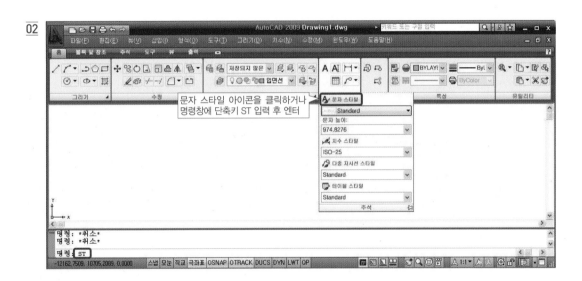

③ 연습

예제 01 굴림체와 Romans 문자 스타일 정의하기

구분 ＼ 서체	굴림체	Romans
문자 스타일	굴림체	RO
글꼴 이름	굴림체	Romans
글꼴 스타일	보통	Whgtxt.shx

❶ 문자 스타일 아이콘을 클릭하거나 명령창에 단축키인 ST를 입력한 후 엔터를 누른다.

❷ 굴림체부터 생성한다.

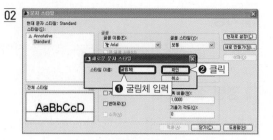

❸ Romans 스타일을 생성한다.

⋮ 참고

문자의 폭 비율이 1인 상태에서 글자를 입력하면 1×1 사각형에 표시되어 글자가 약간 퍼져 보이므로 폭 비율은 0.80이 적당하다.

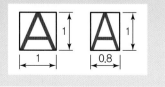

05 DText(디텍스트) 명령(단축키 : DT)

1 기능

단일 행 문자를 쓸 때 사용하는 명령어이다.

2 명령 실행방법

단일 행 문자 아이콘을 클릭하거나 명령창에 단축키인 DT를 입력한 후 엔터를 누른다.

단일 행 문자 아이콘을 클릭하거나
명령창에 단축키 DT 입력 후 엔터

3 연습

> **예제 01** 문자 스타일을 굴림체로 지정하여 문자를 좌측 중간(ML), 중앙 중간(MC), 우측 중간(MR)으로 자리 맞춤하기

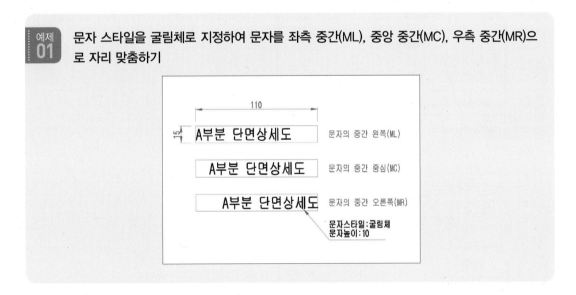

❶ 스타일 명령을 이용해서 굴림체 스타일을 생성한 다음 현재 문자 스타일을 굴림체로 설정한다.

참고

스타일 명령(단축키 ST)으로 현재 문자 스타일 굴림체로 설정하기

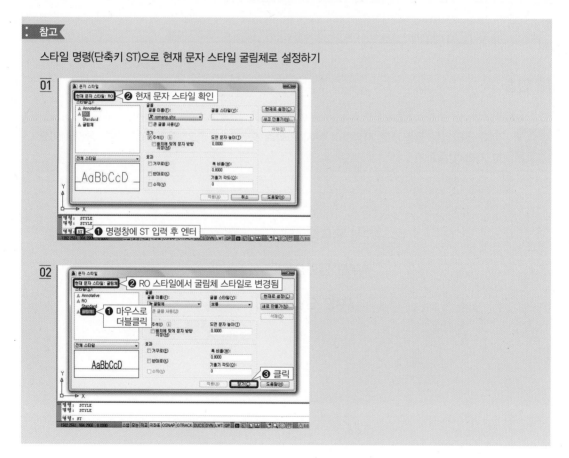

❷ 렉탱글 명령을 이용하여 가로 110, 세로 15인 직사각형을 그린 다음 문자를 '중앙 중간', '우측 중간'으로 자리 맞춤할 사각형을 아래쪽으로 2개 복사한다.

❸ 단일 행 문자를 실행하여 첫 번째 예제인 좌측 중간으로 자리 맞춤한 후 문자를 입력한다.

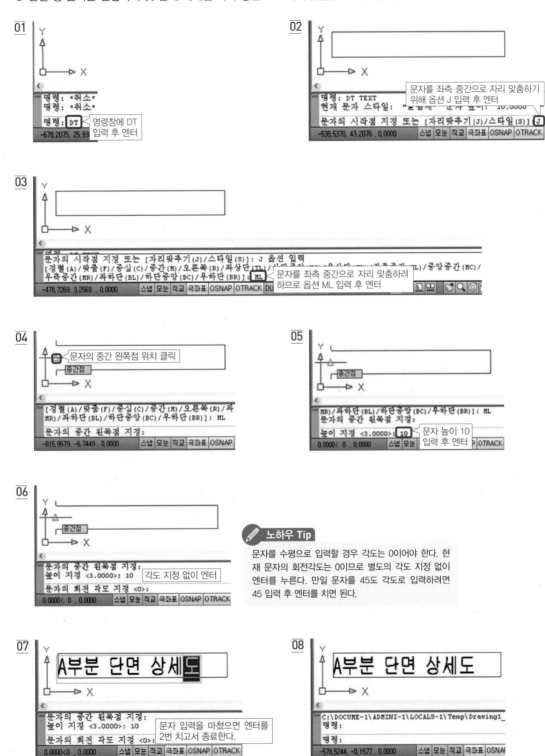

④ 명령 재실행으로(엔터) 단일 행 문자를 실행하고 두 번째 예제인 중앙 중간으로 자리 맞춤한 다음 문자를 입력한다.

명령: DT TEXT
현재 문자 스타일: "굴림체" 문자 높이: 49.0632 주
문자의 시작점 지정 또는 [자리맞추기(J)/스타일(S)]: J

> 자리 맞추기 옵션 J 입력 후 엔터

TIP 자리 맞추기 옵션 J를 입력하지 않고 바로 자리 맞춤 옵션 MC를 입력해도 된다.

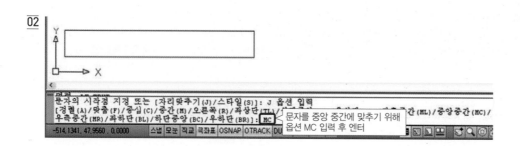

문자의 시작점 지정 또는 [자리맞추기(J)/스타일(S)]: J 옵션 입력
[정렬(A)/맞춤(F)/중심(C)/중간(M)/오른쪽(R)/좌상단(TL)/...... (HL)/중앙중간(MC)/
우중간(MR)/좌하단(BL)/하단중앙(BC)/우하단(BR)]: MC

> 문자를 중앙 중간에 맞추기 위해 옵션 MC 입력 후 엔터

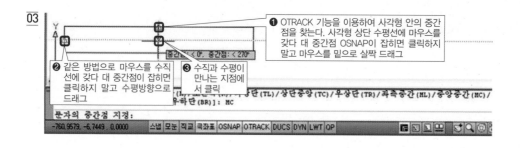

❶ OTRACK 기능을 이용하여 사각형 안의 중간점을 찾는다. 사각형 상단 수평선에 마우스를 갖다 대 중간점 OSNAP이 잡히면 클릭하지 말고 마우스를 밑으로 살짝 드래그

❷ 같은 방법으로 마우스를 수직선에 갖다 대 중간점이 잡히면 클릭하지 말고 수평방향으로 드래그

❸ 수직과 수평이 만나는 지점에서 클릭

.....(T.)/좌상단(TL)/상단중앙(TC)/우상단(TR)/좌측중간(HL)/중앙중간(MC)/
.....하단(BR)]: MC
문자의 중간점 지정:

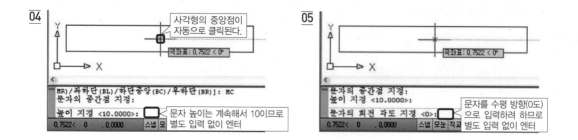

사각형의 중앙점이 자동으로 클릭된다.

MR)/좌하단(BL)/하단중앙(BC)/우하단(BR)]: MC
문자의 중간점 지정:
높이 지정 <10.0000>:

> 문자 높이는 계속해서 100이므로 별도 입력 없이 엔터

문자의 중간점 지정:
높이 지정 <10.0000>:
문자의 회전 각도 지정 <0>:

> 문자를 수평 방향(0도)으로 입력하려 하므로 별도 입력 없이 엔터

06

07

❺ 명령 재실행으로(엔터) 단일 행 문자를 실행한 후 세 번째 예제인 우측 중간으로 자리 맞춤한 후 문자를 입력한다.

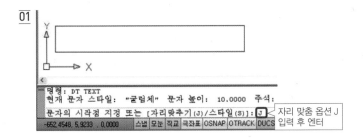

01

> **TIP** 자리 맞추기 옵션 J를 입력하지 않고 바로 자리 맞춤 옵션 MR을 입력해도 된다.

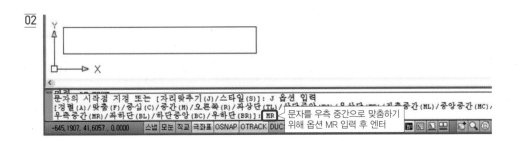

02

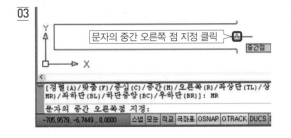

03

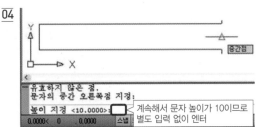

04

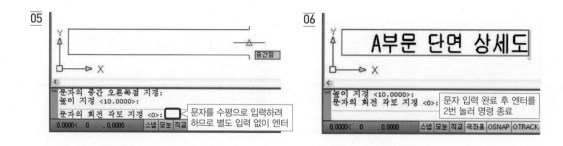

예제
02
회전된 타원에 문자를 입력한 뒤 글자 높이 변경하기

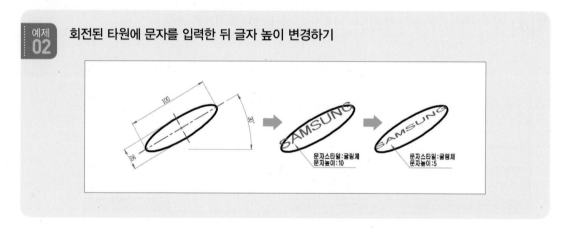

❶ 스타일 명령을 이용해서 굴림체 문자 스타일을 생성한 후 현재 문자 스타일을 굴림체로 설정한다.

❷ 일립스(타원) 명령을 이용하여 가로 100, 높이 26인 타원을 작도한다.

❸ 로테이트(회전) 명령을 이용하여 타원을 30도 회전한다.

❹ 단일 행 문자 입력을 실행하여 타원에 높이 10인 문자를 입력한다.

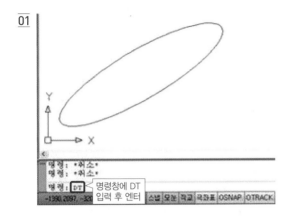

01

명령창에 DT
입력 후 엔터

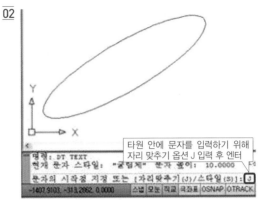

02

타원 안에 문자를 입력하기 위해
자리 맞추기 옵션 J 입력 후 엔터

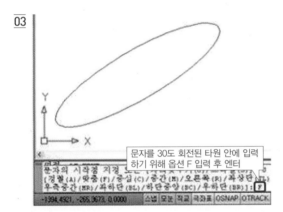

03

문자를 30도 회전된 타원 안에 입력
하기 위해 옵션 F 입력 후 엔터

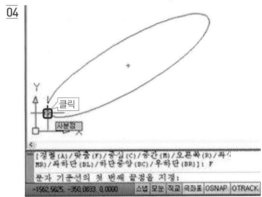

04

클릭

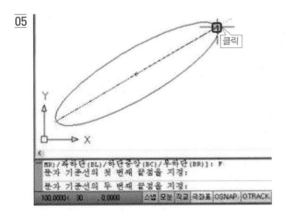

05

클릭

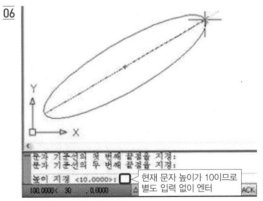

06

현재 문자 높이가 100이므로
별도 입력 없이 엔터

07

문자 입력 완료 후 엔터를
2번 눌러 명령 종료

문자 기준선의 두 번째 끝점을 지정
높이 지정 <10.0000>:

36.2507< 45 , 0.0000   스냅 모눈 직교 극좌표 OSNAP OTRACK

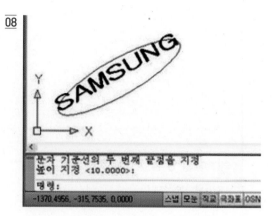

08

문자 기준선의 두 번째 끝점을 지정
높이 지정 <10.0000>:
명령:

-1370.4956, -315.7535, 0.0000   스냅 모눈 직교 극좌표 OSN

참고

자리 맞추기 정렬(A) 옵션과 맞춤(F) 옵션의 차이

- 한정된 영역(문자 기준선의 첫 번째와 두 번째 끝점 사이) 안에 입력한 문자가 표시되는 것은 동일하나 문자 높이에 차이가 있다.

- 정렬(A) 옵션은 입력한 문자 수에 따라 높이가 자동으로 조정되어 표시된다.

  → 문자 수가 많을수록 높이가 작아지고 문자 수가 적을수록 높이가 커진다.

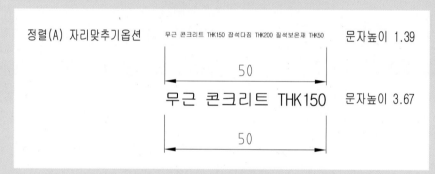

- 정렬(F) 옵션은 문자 높이를 지정하여 입력한 문자 수에 따라 문자 폭이 조정되어 표시된다.

  → 문자 수가 많으면 많을수록 문자 폭이 줄어들고 문자 수가 적으면 적을수록 문자 폭이 커진다.

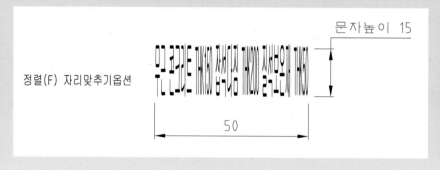

❺ 타원에 비해 문자 높이가 너무 크므로 문자 높이를 조정해 줘야 한다. 문자 높이를 변경하기 위해 특성 패널을 불러온다.(단축키로 실행할 경우 Ctrl 키를 누르면서 1을 누른다.)

❻ 문자 높이 10을 5로 변경한다.

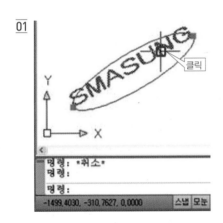

예제 03 문자 스타일을 굴림체와 로만스(Romans.shx, Whgtxt.shx)로 지정한 다음 단일 행 문자를 실행하여 문자 변경하기

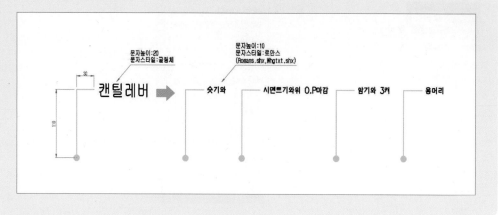

❶ 스타일 명령을 실행하여 굴림체와 로만스 문자 스타일을 생성한다.

❷ 현재 문자 스타일을 굴림체로 설정한다.

참고

스타일 명령(단축키 ST)으로 현재 문자 스타일 굴림체로 설정하기

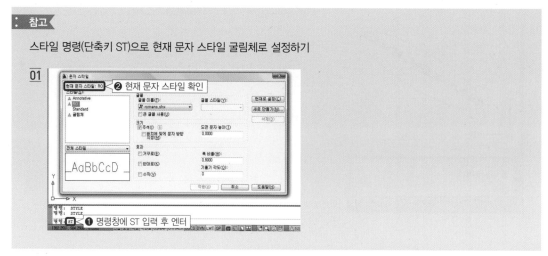

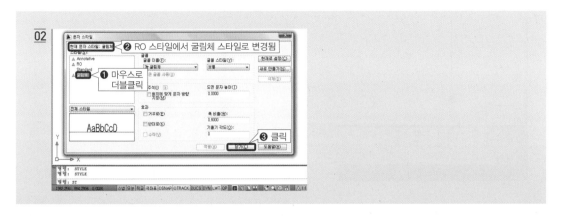

❸ 라인 명령을 실행하여 가로 30, 세로 110인 라인을 그린다.

❹ 검은색 점을 만들기 위해 Donut(도넛 : 단축키 DO) 기능을 이용한다.

지름이 10인 원을 그린 다음 해칭 명령을 이용하여 솔리드 패턴을 선택해서 원 안을 해칭으로 채우는 방법
도 있다.

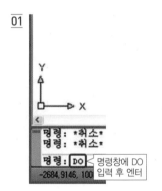

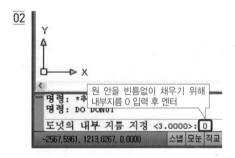

🖋 노하우 Tip

원 안의 내부를 도넛처럼 하려면 내부 지름만큼
값을 입력하면 된다.

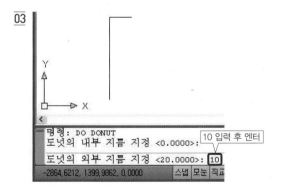

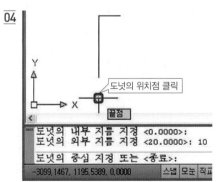

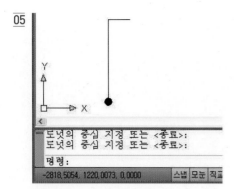

⑤ 단일 행 문자를 실행하여 문자를 입력한다.

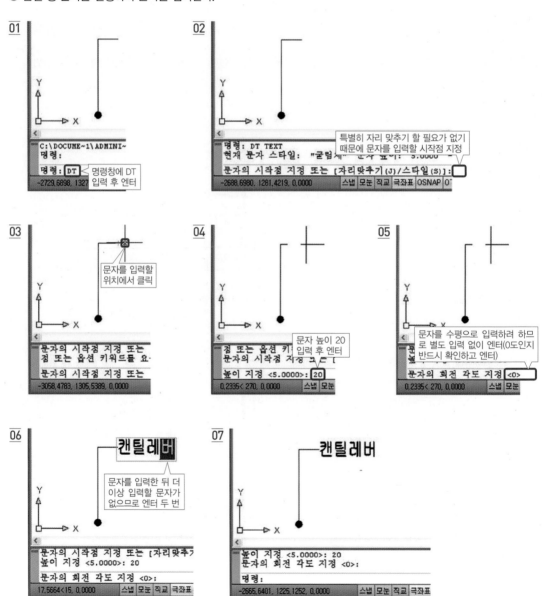

01	02
C:\DOCUME~1\ADMINI~ 명령: 명령: DT ━ 명령창에 DT 입력 후 엔터	명령: DT TEXT 현재 문자 스타일: "굴림체" 문자 높이: 5.0000 문자의 시작점 지정 또는 [자리맞추기(J)/스타일(S)]: ━ 특별히 자리 맞추기 할 필요가 없기 때문에 문자를 입력할 시작점 지정

03	04	05
문자를 입력할 위치에서 클릭 문자의 시작점 지정 또는 점 또는 옵션 키워드를 요· 문자의 시작점 지정 또는	문자 높이 20 입력 후 엔터 점 또는 옵션 키· 문자의 시작점 지정 또는 [높이 지정 <5.0000>: 20	문자를 수평으로 입력하려 하므 로 별도 입력 없이 엔터(0도인지 반드시 확인하고 엔터) 문자의 회전 각도 지정 <0>

06	07
캔틸레버 문자를 입력한 뒤 더 이상 입력할 문자가 없으므로 엔터 두 번 문자의 시작점 지정 또는 [자리맞추 높이 지정 <5.0000>: 20 문자의 회전 각도 지정 <0>:	캔틸레버 높이 지정 <5.0000>: 20 문자의 회전 각도 지정 <0>: 명령:

❻ 우측에 있는 문자를 입력하기 위해 다시 단일 행 문자 명령을 실행해도 되지만 작업이 번거로우므로 이미 입력되어 있는 문자를 우측으로 복사한 후 특성 패널을 사용하여 로만스 스타일로 변경한다.

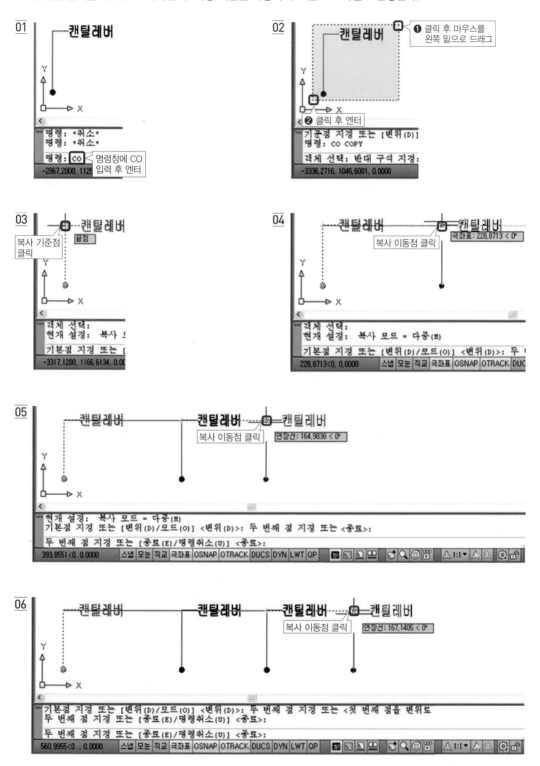

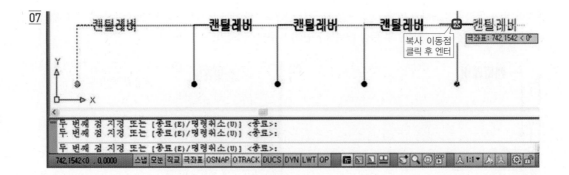

07

복사 이동점
클릭 후 엔터

❼ 사용자가 원하는 문자로 변경한다.

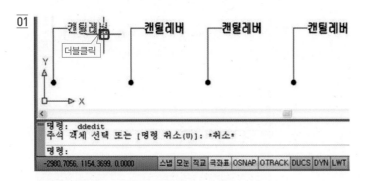

01

더블클릭

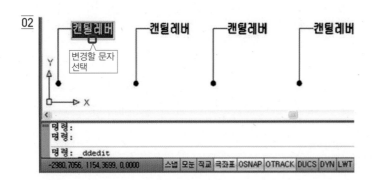

02

변경할 문자
선택

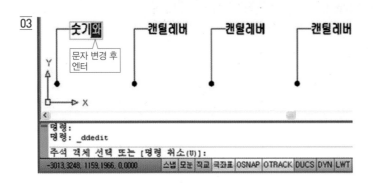

03

문자 변경 후
엔터

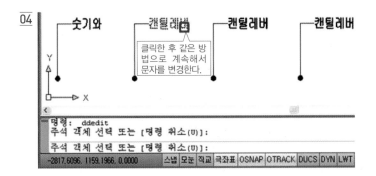

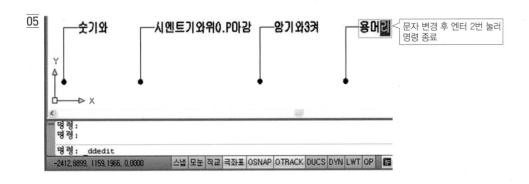

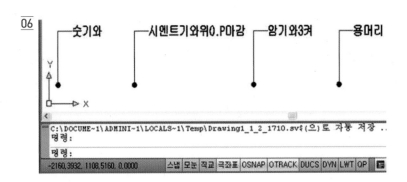

❽ 특성 패널(단축키 Ctrl +1)을 사용하여 굴림체에서 로만스 스타일로 문자 스타일을 변경한다.

특성 패널이 열린다.

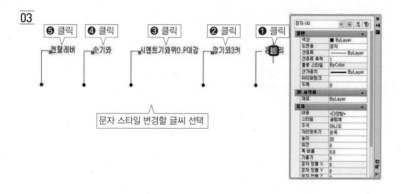

문자 스타일 변경할 글씨 선택

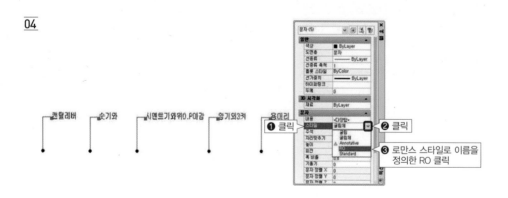

❸ 로만스 스타일로 이름을 정의한 RO 클릭

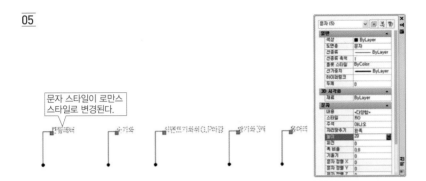

05

문자 스타일이 로만스
스타일로 변경된다.

❾ 문자 높이를 20에서 10으로 변경한다.

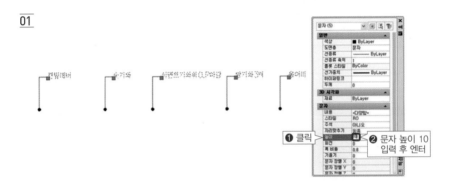

01

❶ 클릭

❷ 문자 높이 10
입력 후 엔터

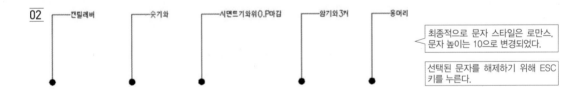

02 ─컨틸레버   ─숫기와   ─시멘트기와위0.P마감   ─암기와3거   ─옹머리

최종적으로 문자 스타일은 로만스,
문자 높이는 10으로 변경되었다.

선택된 문자를 해제하기 위해 ESC
키를 누른다.

1 기능

여러 개의 문자 단락을 하나의 여러 줄 문자(엠텍스트) 객체로 작성할 때 사용하는 명령어이다.

2 명령 실행방법

여러 줄 문자 아이콘을 클릭히기나 명령창에 단축기인 MT를 입력한 후 엔터를 누른다.

3 연습

예제
01
문자를 로만스(Romans.shx , Whgtxt.shx) 스타일로 지정한 다음 여러 줄 문자를 실행하여
아래 그림과 같이 중간 왼쪽(ML) 맞춤하여 문자 입력 후 중간 오른쪽(MR) 맞춤으로 변경하기

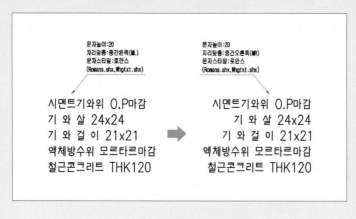

❶ 스타일 명령을 실행하여 로만스(Romans.shx , Whgtxt.shx) 스타일을 생성한다.

❷ 현재 문자 스타일을 방금 전 생성한 로만스 스타일로 설정한다.

01

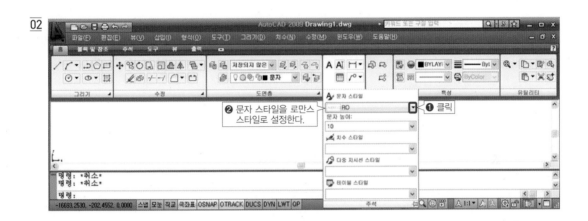

02

❷ 문자 스타일을 로만스
스타일로 설정한다.

❶ 클릭

❸ MText(여러 줄 문자)를 실행하여 문자를 입력한다.

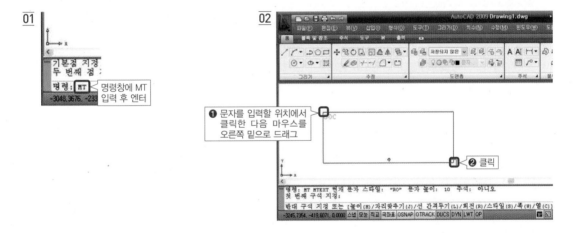

01

명령창에 MT
입력 후 엔터

02

❶ 문자를 입력할 위치에서
클릭한 다음 마우스를
오른쪽 밑으로 드래그

❷ 클릭

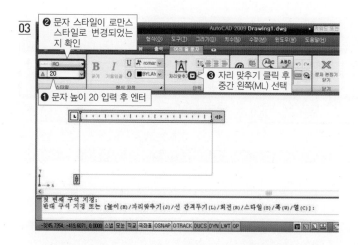

03

❷ 문자 스타일이 로만스
스타일로 변경되었는
지 확인

❸ 자리 맞추기 클릭 후
중간 왼쪽(ML) 선택

❶ 문자 높이 20 입력 후 엔터

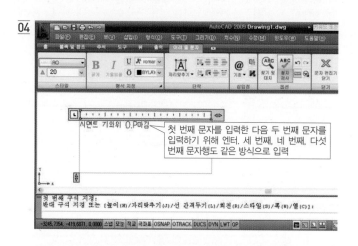

04

첫 번째 문자를 입력한 다음 두 번째 문자를
입력하기 위해 엔터. 세 번째, 네 번째, 다섯
번째 문자행도 같은 방식으로 입력

시멘트 기와위 O.P마감

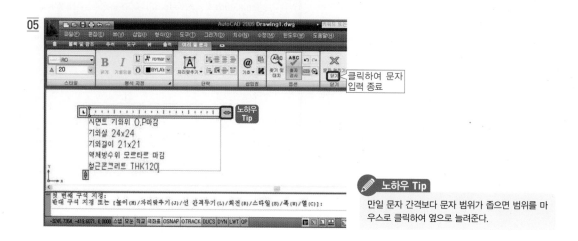

05

클릭하여 문자
입력 종료

노하우
Tip

시멘트 기와위 O.P마감
기와살 24x24
기와걸이 21x21
역계방수위 모르타르 마감
철근콘크리트 THK120

노하우 Tip

만일 문자 간격보다 문자 범위가 좁으면 범위를 마
우스로 클릭하여 옆으로 늘려준다.

④ 입력된 문자열을 중간 오른쪽 자리 맞춤으로 변경한다.

01
시멘트 기와위 O.P마감
기 와 살 24x24
기 와 걸 이 21x21
액체방수위 모르타르 마감 → 편집할 문자열
철근콘크리트 THK120   더블클릭

02
❷ 클릭한 후 중간 오른쪽
(MR) 선택

❶ 클릭한 후 마우스 왼쪽
   버튼을 누른 채 오른쪽
   으로 드래그

03
클릭하여 문자
편집 종료

중간 오른쪽(MR)으로
정렬된다.

04
시멘트 기와위 O.P마감
기 와 살 24x24
기 와 걸 이 21x21
액체방수위 모르타르 마감
철근콘크리트 THK120

예제
02

현재 문자 스타일을 굴림체로 설정하고 MText(여러 줄 문자) 명령을 사용하여 문자 입력 후
입력된 문자 내용 변경하기

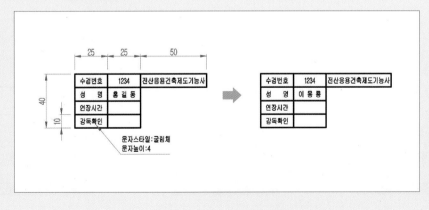

수검번호	1234	전산응용건축제도기능사
성　명	홍길동	
연장시간		
감독확인		

문자스타일:굴림체
문자높이:4

수검번호	1234	전산응용건축제도기능사
성　명	이몽룡	
연장시간		
감독확인		

❶ 스타일 명령을 이용하여 굴림체 문자 스타일을 생성한다.

❷ 현재 문자 스타일을 굴림체로 변경한다.

❸ 렉탱글 명령을 이용하여 가로 50, 세로 10인 직사각형을 작도한다.

❹ 복사(카피) 명령을 이용하여 복사한 뒤 라인 명령을 실행해 수직선을 긋는다.

  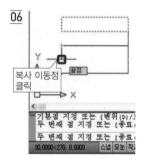

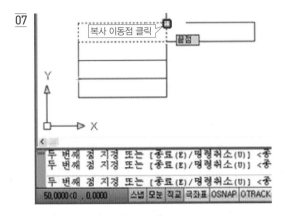

07 복사 이동점 클릭 / 끝점

두 번째 점 지정 또는 [종료(E)/명령취소(U)] <종
두 번째 점 지정 또는 [종료(E)/명령취소(U)] <종
두 번째 점 지정 또는 [종료(E)/명령취소(U)] <종
50.0000<0 , 0.0000   스냅 모눈 직교 극좌표 OSNAP OTRACK

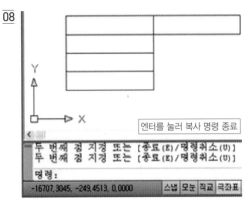

08 엔터를 눌러 복사 명령 종료

두 번째 점 지정 또는 [종료(E)/명령취소(U)]
두 번째 점 지정 또는 [종료(E)/명령취소(U)]
명령:
-16707.3045, -249.4513, 0.0000   스냅 모눈 직교 극좌표

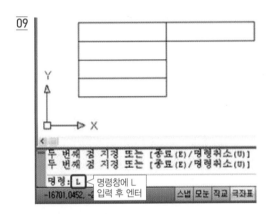

09

두 번째 점 지정 또는 [종료(E)/명령취소(U)]
두 번째 점 지정 또는 [종료(E)/명령취소(U)]
명령: L   명령창에 L 입력 후 엔터
-16701.0452, -   스냅 모눈 직교 극좌표

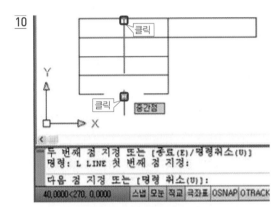

10 클릭 / 클릭 / 중간점

두 번째 점 지정 또는 [종료(E)/명령취소(U)]
명령: L LINE 첫 번째 점 지정:
다음 점 지정 또는 [명령 취소(U)]:
40.0000<270, 0.0000   스냅 모눈 직교 극좌표 OSNAP OTRACK

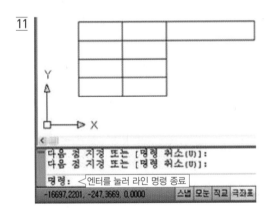

11

다음 점 지정 또는 [명령 취소(U)]:
다음 점 지정 또는 [명령 취소(U)]:
명령: 엔터를 눌러 라인 명령 종료
-16697.2201, -247.3669, 0.0000   스냅 모눈 직교 극좌표

⑤ MText(여러 줄 문자)를 이용하여 문자를 입력한다.

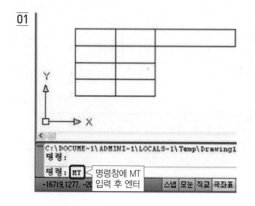

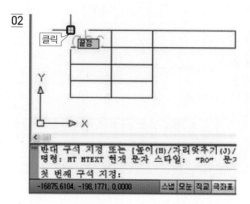

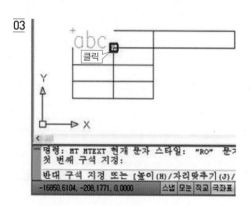

⑥ 각각의 사각형 안에 문자를 입력하기 위해 다시 MText 명령을 실행해서 문자를 입력해도 되지만 복사 명령을 이용해서 복사를 한 후 문자를 편집하는 것이 훨씬 편리하다.

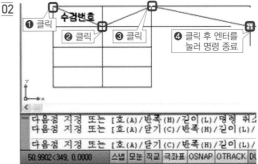

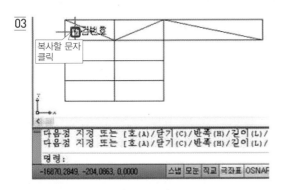

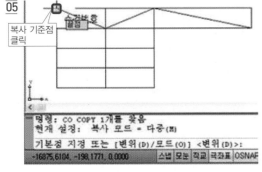

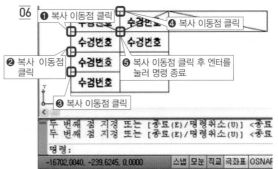

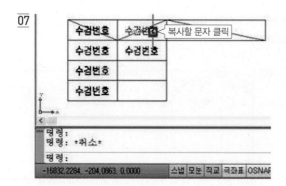

07

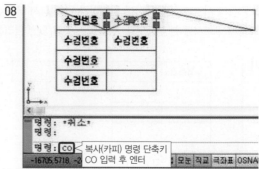

08

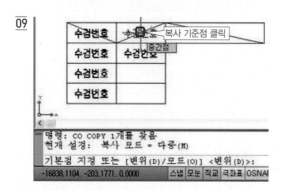

09

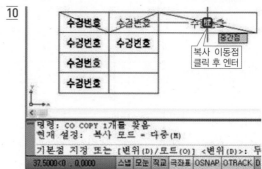

10

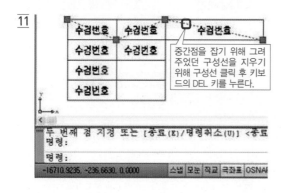

11

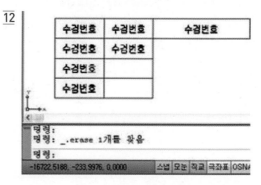

12

❼ 복사된 문자열의 내용을 변경한다.

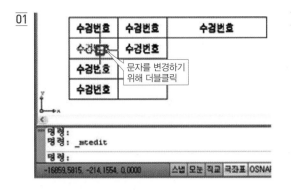

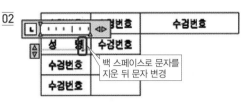

글자 범위가 너무 좁게 지정되어 있으므로 클릭한 뒤 마우스를 오른쪽으로 드래그

같은 방법으로 나머지 문자도 변경

문자가 수평 방향으로 정렬된다.

05

수검번호	1234	전산응용건축제도기능사
성 명	홍길동	
연장시간		
감독확인		

❽ 문자열의 내용을 변경한다.

문자를 변경하기 위해 더블클릭

02

수검번호	1234	전산응용건축제도기능사
성 명	이 몽룡	
연장시간		
감독확인		

문자를 변경한다.

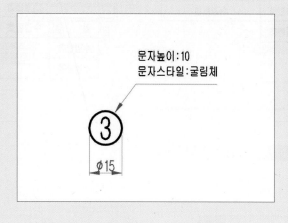

① 서클(원) 명령을 이용하여 지름이 15인 원을 그린다.

② 현재 문자 스타일을 굴림체로 변경한다.(굴림체 스타일이 없으면 굴림체 문자 스타일을 생성한다.)

③ MText(여러 행 문자)를 실행하여 중간 중심(MC) 자리 맞춤으로 문자를 입력한다.

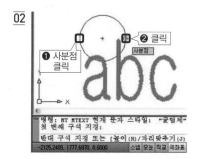

04

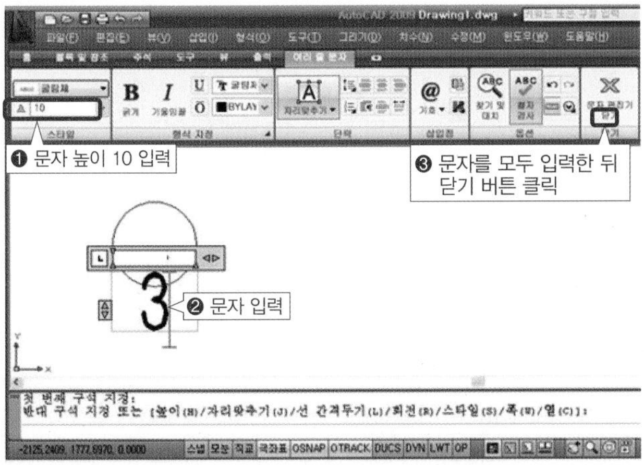
❶ 문자 높이 10 입력
❷ 문자 입력
❸ 문자를 모두 입력한 뒤 닫기 버튼 클릭

05

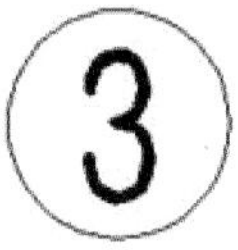

노하우 Tip

디텍스트(단일 행 문자) 명령을 사용해도 동일한 결과가 나온다.

07 특수 문자 쓰기

1 기능

AutoCAD에서 각도 표시(°), 플러스마이너스 기호(±), 지름 기호(Ø) 등 특수 문자를 입력할 때 쓰는 명령어이다.

2 명령 실행방법

① 각도 표시(°) : 키보드 %%D를 누른다.

② 플러스마이너스 기호(±) : 키보드 %%P를 누른다.

③ 지름 기호(Ø) : 키보드 %%C를 누른다.

④ 밑줄 긋기 : 키보드 %%U를 누른다.

⑤ 윗줄 긋기 : 키보드 %%O를 누른다.

예제
01
아래와 같이 특수 문자가 들어간 문장을 디텍스트 명령(단일 행 문자)에서 입력하기

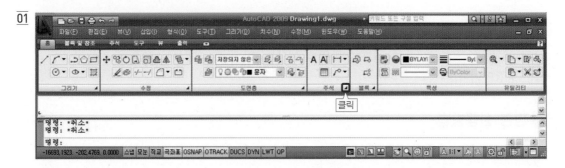

치수 입력에서 반지름은 R, 지름은 Ø로 표시하고,
원은 360°이다.
숫자 앞에 양수,음수(±), 즉,5±2는
오차 범위가 7에서 3이라는 의미이다.

문자높이:10
문자스타일:로만스
(Romans.shx,Whgtxt.shx)

❶ 스타일 명령을 실행해서 문자 스타일 로만스(Romans.shx , Whgtxt.shx)를 생성한다.

❷ 현재 문자 스타일을 로만스로 변경한다.

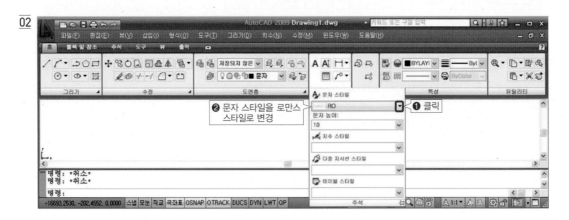

❸ 단일 행 문자를 실행하여 문자를 입력한다.

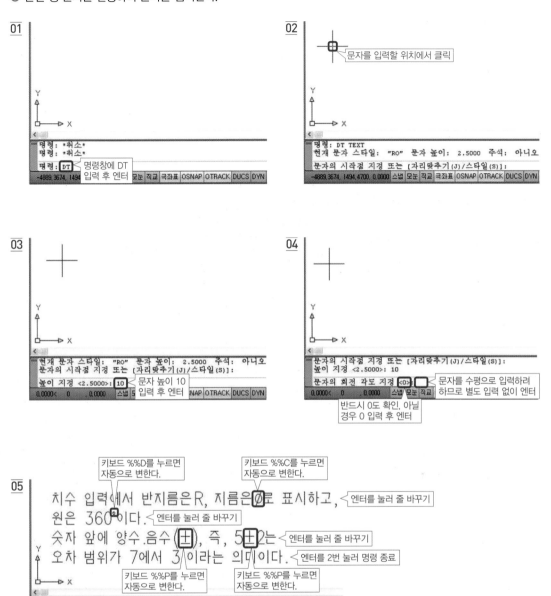

참고

단일 행 문자 입력에서 문자 스타일을 굴림체로 지정하고 위 문장을 입력했을 때 지름표시 기호인 Ø를 입력하기
위해 키보드의 %%C를 누르면 Ø가 아닌 ㅁ로 표시되는 경우가 있으며 숫자보다 Ø기호가 작게 표시된다.

특수 문자를 MText(여러 행 문자)에서 입력하기

❶ 문자를 입력하기 전에 굴림체로 입력할 것인지, 로만스 스타일로 입력할 것인지 결정하기 위해 문자 스타일을 생성한다.

❷ 문자 스타일을 생성했으면 문자를 입력할 스타일로 변경한다.

❸ 여러 행 문자를 실행하여 문자를 입력한다.

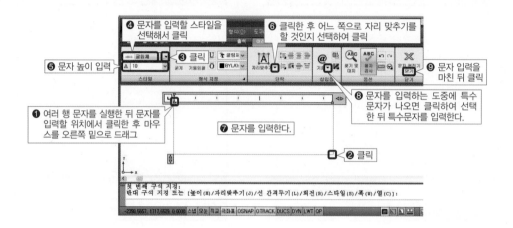

 예제 03

제주도여행 한자 쓰기 방법

❶ 명령 실행방법은 리본 메뉴에서 클릭하거나 단축키 DT를 입력하고 엔터를 친다.

❷ 단일 행 문자나 여러 줄 문자의 한자 입력방법은 동일하다.

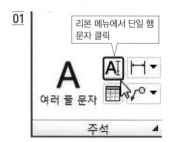

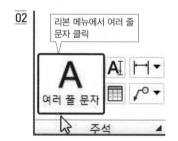

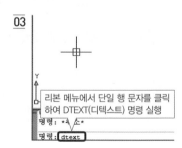

04

한글을 쓰기 위한
글씨의 시작점 클릭

명령: dtext
현재 문자 스타일: "h" 문자 높이: 20
문자의 시작점 지정 또는 [자리맞추기(J)]

05

직교: 13.83 < 90°

한글의 글씨 높이
20으로 입력

현재 문자 스타일: 20.
문자의 시작점 지정 또는 [자리맞추기(J)]
높이 지정 <20.00>: 20

06

직교: 24.49 < 0°

한글 글씨의 회전 각도가
00이므로 바로 엔터

문자의 시
높이 지정 <20.00>: 20
문자의 회전 각도 지정 <0>: ↵

07

제

한글 글씨
'제' 입력

높이 지정 <20.00>: 20
문자의 회전 각도 지정 <0>:

08

제

한자를 표시하기 위해 키보드에
있는 '한자' 키 클릭

1 濟 건널 제
2 制 억제할 제
3 題 제목 제
4 製 지을 제
5 弟 차례 제
6 際 때 제
7 諸 모두 제
8 提 끌 제
9 除 덜 제

높이 지정 <20.00
문자의 회전 각도

09

제

마우스로 '건널 제'
한자를 클릭

1 濟 건널 제
2 制 억제할 제
3 題 제목 제
4 製 지을 제
5 弟 차례 제
6 際 때 제
7 諸 모두 제
8 提 끌 제
9 除 덜 제

높이 지정 <20.00
문자의 회전 각도

10

濟주

한글 글씨
'주' 입력

높이 지정 <20.00>: 20
문자의 회전 각도 지정 <0>:

11

濟주

한자를 표시하기 위해
키보드에 있는 '한자' 키
선택 후 '고를 주' 클릭

1 主 주인 주
2 州 고을 주
3 周 두루 주
4 株 그루 주
5 住 살 주
6 珠 구슬 주
7 朱 붉을 주
8 注 물 댈 주
9 柱 기둥 주

높이 지정 <20.00>: 20
문자의 회전 각도 지정 <0>:

12

濟州도

한글 글씨
'도' 입력

높이 지정 <20.00>: 20
문자의 회전 각도 지정 <0>:

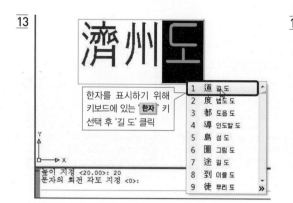

13

한자를 표시하기 위해
키보드에 있는 `한자` 키
선택 후 '길 도' 클릭

1	道	길도
2	度	법도도
3	都	도읍도
4	導	인도할도
5	島	섬도
6	圖	그림도
7	途	길도
8	到	이를도
9	徒	무리도

14

한글 글씨
'여' 입력

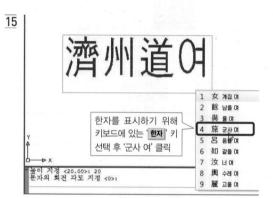

15

한자를 표시하기 위해
키보드에 있는 `한자` 키
선택 후 '군사 여' 클릭

1	女	계집여
2	餘	남을여
3	與	줄여
4	旅	군사여
5	呂	음률여
6	如	같을여
7	汝	너여
8	輿	수레여
9	麗	고울여

16

한글 글씨
'행' 입력

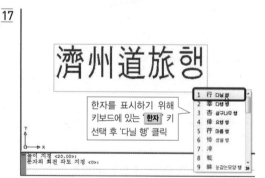

17

한자를 표시하기 위해
키보드에 있는 `한자` 키
선택 후 '다닐 행' 클릭

1	行	다닐행
2	幸	다행행
3	杏	살구나무행
4	倖	요행행
5	存	머물행
6	悻	성낼행
7	涬	
8	甁	
9	睍	눈감는모양행

18

한자 입력을 마치기 위하여
엔터를 치고 종료

도면 Size : A4(297 x 210)

나의 스케줄
월간일정

SUN	MON	TUE	WEN	THU	FRI	SAT
방콕출장				1 클레조회	2 방콕출장	3 방콕출장
4 방콕출장	5 주간회의	6	7 일본여행	8	9 일본여행	10 일본여행
11 script.shx	12 주간회의	13	14 일본여행	15	16	17
18	19 주간회의	20	21	22	23	24
25 Christmas Romart.Shx	26 주간회의	27	28 濟州道旅行	29 濟州道旅行	30 生日	31 濟州道旅行
주간회의			濟州道旅行	濟州道旅行	濟州道旅行	濟州道旅行

Vineta BT

gothice.shx (기울기 : 15°)

Swis721 BlkOul BT (기울기 : 15°)

굴림체

175 135 25 10 25

널리 배워 기술을 익히고 규칙적인 생활을 하며 바른 말을 하라
이것이 인간에게 최상의 행복이다.

도면 완성을 위한 명령 : 글씨 쓰기 실습 2

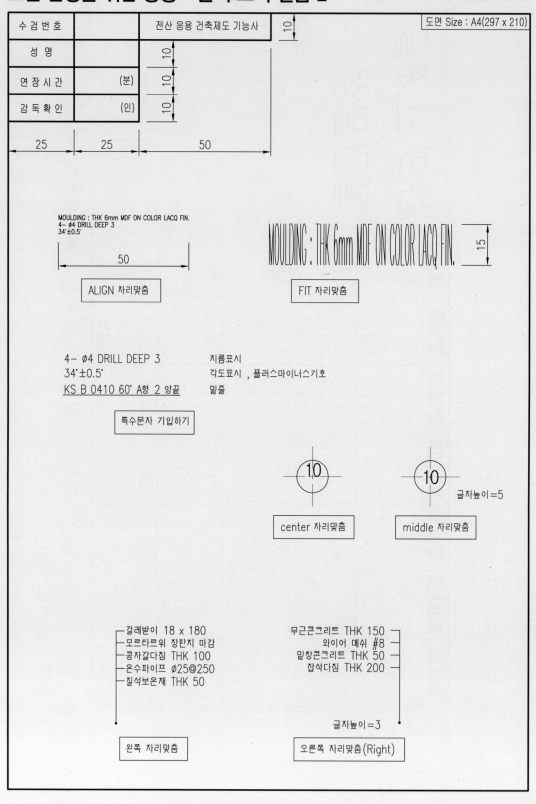

수 검 번 호		전산 응용 건축제도 기능사	
성 명			
연 장 시 간	(분)		
감 독 확 인	(인)		

도면 Size : A4(297 x 210)

MOULDING : THK 6mm MDF ON COLOR LACQ FIN.
4– ∅4 DRILL DEEP 3
34˚±0.5˚

ALIGN 자리맞춤

MOULDING : THK 6mm MDF ON COLOR LACQ FIN.

FIT 자리맞춤

4– ∅4 DRILL DEEP 3
34˚±0.5˚
KS B 0410 60˚ A형 2 양끝

특수문자 기입하기

지름표시
각도표시 , 플러스마이너스기호
밑줄

center 자리맞춤

middle 자리맞춤

글자높이=5

걸레받이 18 x 180
모르타르위 장판지 마감
공자갈다짐 THK 100
온수파이프 ∅25@250
질석보온재 THK 50

왼쪽 자리맞춤

무근콘크리트 THK 150
와이어 메쉬 #8
밑창콘크리트 THK 50
잡석다짐 THK 200

글자높이=3

오른쪽 자리맞춤(Right)

도면 완성을 위한 명령 : 글씨 쓰기 실습 3

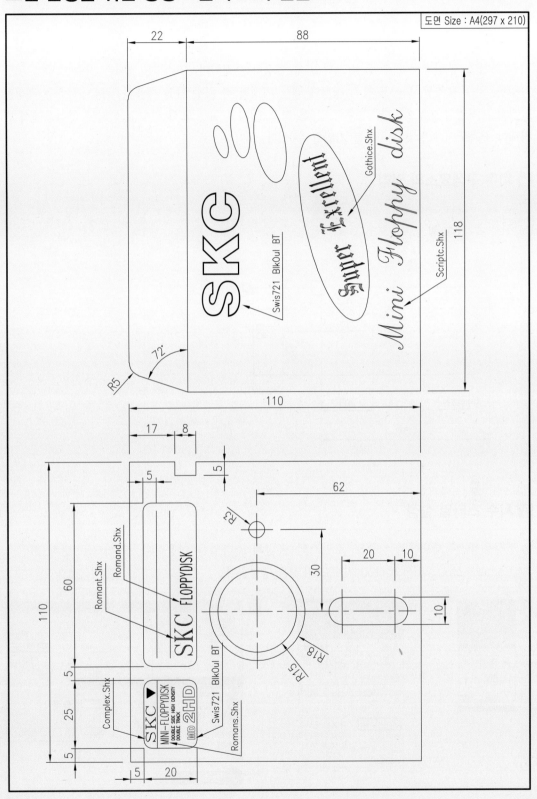

도면 Size : A4(297 x 210)

1 기능

치수 기입의 첫 단계는 치수 유형(스타일)을 설정하는 것이다. 딤스타일에서는 치수 기입을 위한 치수선, 치수 보조선, 화살표 등의 형상에 대한 지정과 각 치수 기입 객체의 색상, 크기 등 속성을 설정하는 작업이 이루어진다. 치수 기입 전 최소 12개의 치수 표시 변수값을 기본 설정값에서 변경해야 건축도면에 알맞은 치수를 기입할 수 있다.

2 치수 구성요소의 명칭

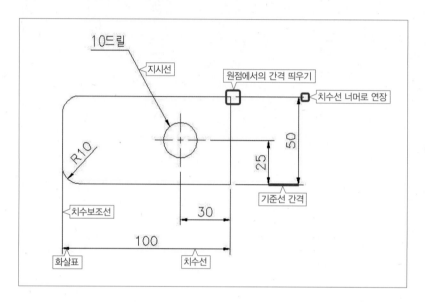

3 치수 스타일 설정

① 전산응용건축제도에서는 주로 로만스와 굴림체 스타일을 이용한다. 그러므로 먼저 로만스 (Romans.shx, Whgtxt.shx) 치수 스타일을 생성한다.

🖉 **노하우 Tip**

알아보기 쉽도록 Romans의 약자인 RO를 스타일 이름으로 지정한다.

② 메뉴 탭에서 '선' 항목을 클릭하여 치수선, 치수 보조선의 색상과 길이 수치값을 입력한다.

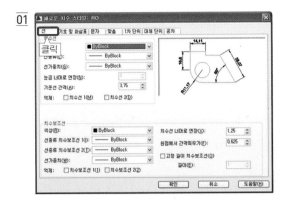
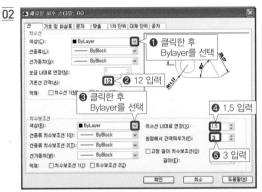

③ 메뉴 탭에서 '기호 및 화살표' 항목을 클릭하여 화살표 모양을 점으로, 화살표 크기를 1.5로 치수 끊기 간격을 3으로 입력한다.

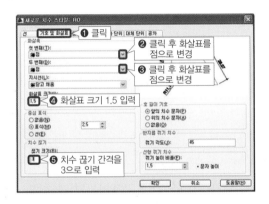

④ 메뉴 탭에 있는 '문자' 항목의 문자 스타일에 Standard 스타일밖에 없으므로 Romans 문자 스타일을 새로 만든다.

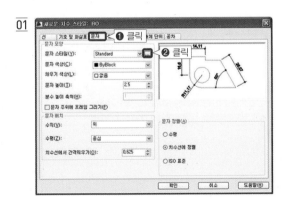
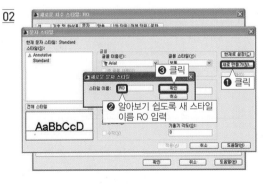

03

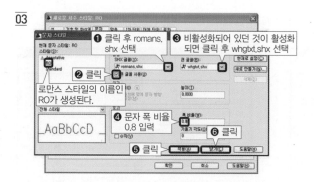

⑤ 치수 문자 스타일을 RO 스타일로 선택하고 문자 색상, 문자 높이, 치수선에서 간격 띄우기 값을 입력한다.

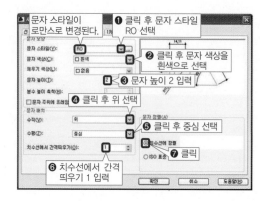

⑥ 메뉴 탭에서 '맞춤' 항목을 클릭하여 입력한 모든 치수 표시 변수값에 곱해지는 전체 축척 사용값을 입력한다.

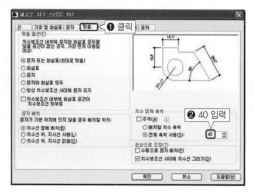

노하우 Tip

• 실제로 입력되는 문자 높이는 맞춤란의 전체 축척 사용값에 입력되는 값을 곱한 값이다. 즉 전체 축척 사용값에 40을 입력했다면 40×2가 되므로 문자 높이는 80이 된다.

• 전산응용건축제도에서는 MVSETUP에서 축척비율을 단면도에서는 40, 입면도에서는 50으로 입력한다.

⑦ 1차 단위 메뉴 탭을 클릭하여 소수 구분 기호를 마침표로, 소수점 0 억제를 후행으로 선택한다.

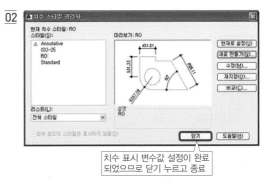

⑧ 만약 굴림체 문자 스타일을 생성하지 않았다면 문자 스타일 아이콘을 클릭하거나 명령창에 단축키 ST를 입력하고 엔터를 누른 후 굴림체 문자스타일을 생성한다.

⑨ 굴림체 문자 스타일을 생성한다.

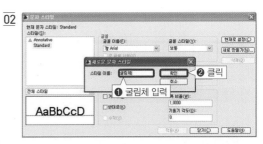

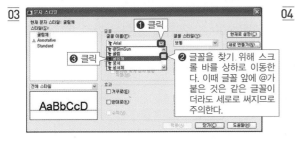

1 기능

가로 또는 세로로 된 선형 치수를 기입할 때 사용하는 명령어이다.

2 명령 실행방법

선형 치수 아이콘을 클릭하거나 명령창에 DLI를 입력한 후 엔터를 누른다.

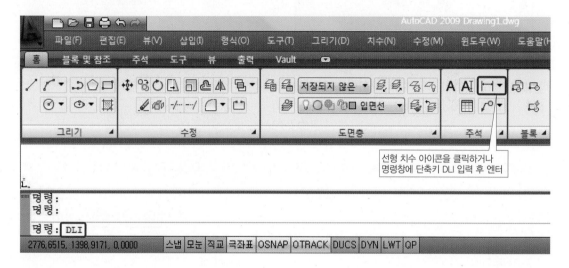

선형 치수 아이콘을 클릭하거나
명령창에 단축키 DLI 입력 후 엔터

3 연습

예제
01

MVSETUP을 실행한 후 축척값을 40, 용지설정은 A3(420x297)로 한 다음 가로 1500, 세로 900인 직사각형을 작도하고, 입면선과 치수선 도면층을 설정해서 치수 기입 후 오른쪽과 같이 변환하기

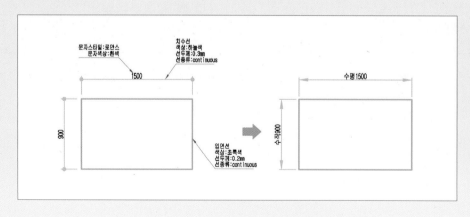

❶ MVSETUP을 실행하고 축척 비율 40, 용지 폭 420, 용지 높이 297 입력 후 엔터를 누른다.

❷ 입면선과 치수선의 도면층을 설정한다.

❸ 로만스 치수 스타일을 만들었으므로 치수가 표시되는 현재 치수 스타일을 로만스 치수 스타일로 설정한다.

❹ 현재 도면층을 입면선으로 변경한다.

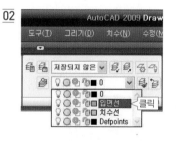

❺ 렉탱글 명령을 이용하여 가로 1500, 세로 900인 직사각형을 작도한다.

❻ 직사각형을 작도한 후 치수를 기입하기 위해 현재 도면층을 입면선에서 치수선으로 변경한다.

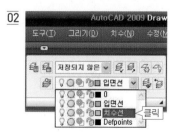

❼ 선형 치수 아이콘을 클릭하여 치수를 입력한다.

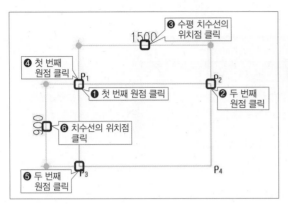

- ❸ 수평 치수선의 위치점 클릭
- 1500
- ❹ 첫 번째 원점 클릭
- ❶ 첫 번째 원점 클릭
- ❷ 두 번째 원점 클릭
- 900
- ❻ 치수선의 위치점 클릭
- ❺ 두 번째 원점 클릭

📝 노하우 Tip

치수 입력 시 포인트를 클릭하는 방법은 가급적 좌에서 우로, 위에서 아래로 입력하는 것이 좋다. 순서를 정하지 않고서 무규칙적으로 포인트를 클릭하게 되면 치수 편집 시 어느 것이 화살표 1번인지 쉽게 알 수 없기 때문이다. 만일 수평 치수 입력 시 P1부터 클릭하지 않고 P2부디 클릭하고 난 뒤 P1을 클릭하게 되면 P2점이 화살표 1번이 되고 P1이 화살표 2번이 된다. 수직 치수에서도 그림과 같이 클릭하게 되면 P1이 화살표 1번이 되고 P3가 화살표 2번이 된다.

❽ 수평 치수를 점에서 화살표로 변경하고자 하는 경우

<u>01</u>

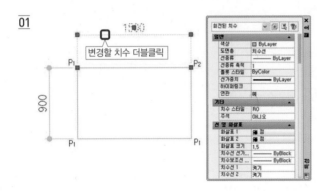

변경할 치수 더블클릭

<u>02</u>

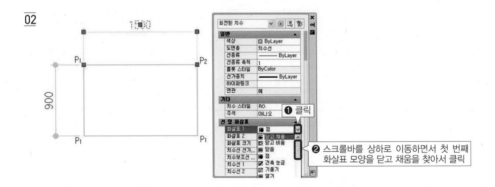

- ❶ 클릭
- ❷ 스크롤바를 상하로 이동하면서 첫 번째 화살표 모양을 닫고 채움을 찾아서 클릭

03

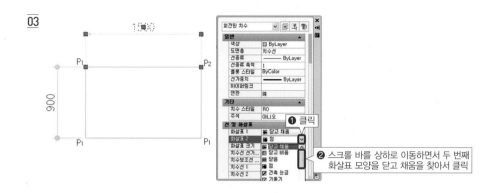

04

키보드의 ESC 키를
눌러 치수 선택 해제

❾ 수직 치수를 점에서 화살표로 변경하고자 하는 경우

01

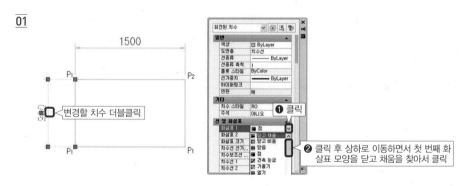

변경할 치수 더블클릭

02

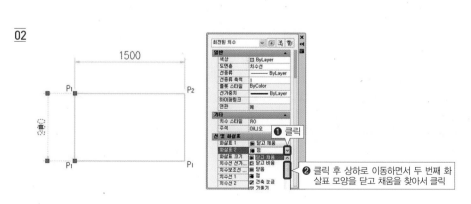

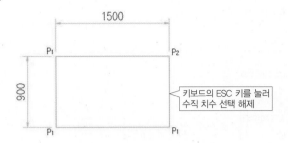

03

키보드의 ESC 키를 눌러
수직 치수 선택 해제

❿ EDIT(편집) 명령을 이용하여 수평 치수 앞에 문자를 입력하고자 하는 경우

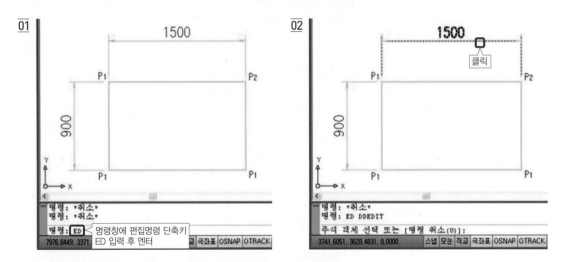

01

명령창에 편집명령 단축키
ED 입력 후 엔터

02

클릭

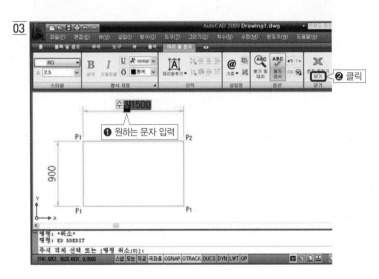

03

❷ 클릭

❶ 원하는 문자 입력

⑪ 수직 치수 앞에 문자를 입력하고자 하는 경우

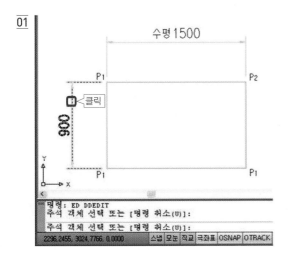

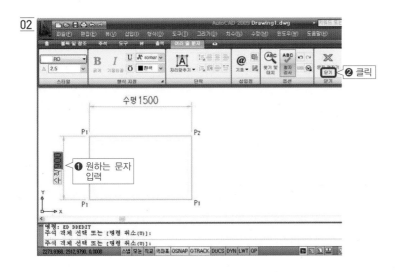

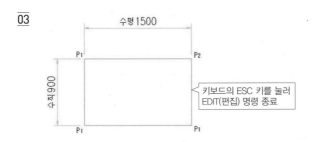

키보드의 ESC 키를 눌러
EDIT(편집) 명령 종료

예제 02 MVSETUP을 실행해서 도면용지를 A3(420x297), 축척값을 40으로 하고, 각각의 도면층을 생성한 다음, 치수 스타일을 설정해서 지름치수(파이) 표현하기

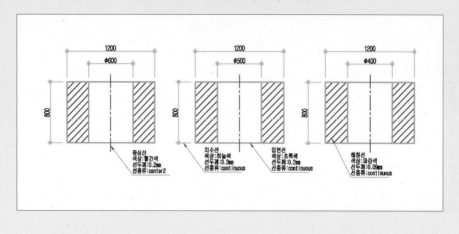

❶ MVSETUP을 실행해서 도면용지를 A3(420x297), 축척값을 40으로 설정한 다음 각각의 도면층을 생성한다.

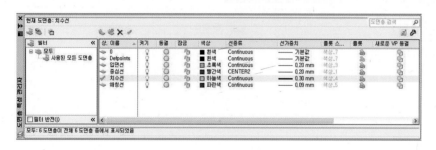

❷ 치수 스타일을 로만스 스타일로 생성한 다음 지름 치수를 입력하기 위해 치수 스타일을 하나 더 생성한다.

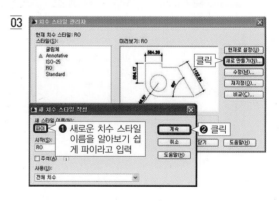

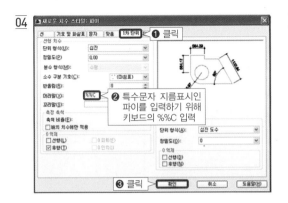

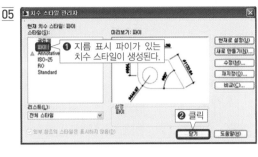

❸ 다양한 명령을 이용하여 제시된 그림과 같이 해칭되어 있는 도형을 작도한다.

❹ 치수를 입력하기 위해 현재 도면층을 치수선으로 변경한다.

❺ 파이가 입력된 지름치수를 입력하기 위해 현재 치수 스타일을 파이로 변경한다.

❻ 선형 치수 아이콘을 클릭하여 파이가 들어간 치수를 입력한다.

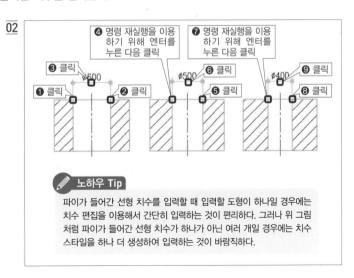

노하우 Tip

파이가 들어간 선형 치수를 입력할 때 입력할 도형이 하나일 경우에는 치수 편집을 이용해서 간단히 입력하는 것이 편리하다. 그러나 위 그림처럼 파이가 들어간 선형 치수가 하나가 아닌 여러 개일 경우에는 치수 스타일을 하나 더 생성하여 입력하는 것이 바람직하다.

❼ 파이가 입력되지 않은 치수를 입력하기 위해 현재 치수 스타일을 파이에서 로만스로 변경한다.

❽ 선형 치수 아이콘을 클릭하여 치수를 입력한다.

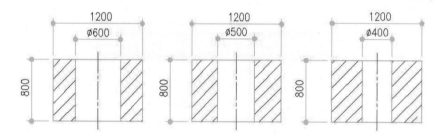

도면 완성을 위한 명령 : 선형 치수 기입

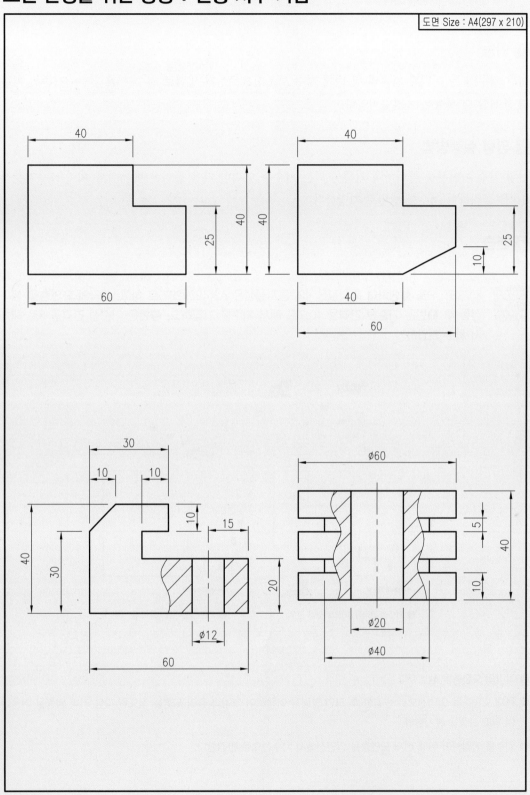

1 기능

이전 치수 또는 선택된 치수의 첫 번째 치수 보조선으로부터 병렬로 치수를 기입하여 기준선 치수를 표시할 때 사용하는 명령어이다.

2 명령 실행방법

선형 치수 아이콘을 클릭하여 기준이 되는 치수를 입력한 다음 풀다운 메뉴에서 '치수(N)-기준선(B)'을 클릭하여 치수를 병렬로 기입한다.

3 연습

예제 01

MVSETUP을 실행하여 축척값을 40, 용지설정은 A3(420x297)로 하고, 각각의 도면층을 생성한 후 ❶번은 기준선 간격을 10으로 해서 치수를 기입하고, ❷번은 기준선 간격을 5로 해서 치수 기입하기

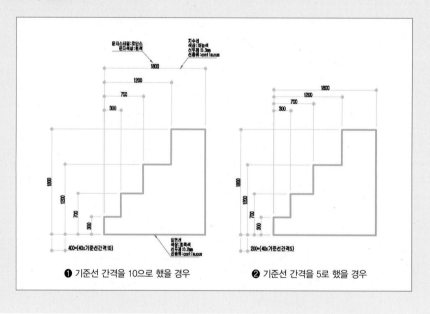

❶ 기준선 간격을 10으로 했을 경우   ❷ 기준선 간격을 5로 했을 경우

❶ 각각의 도면층을 생성한다.

❷ 현재 도면층을 입면선으로 변경한 후 라인 명령을 이용하여 그림과 같이 도형을 작도한 다음 카피 명령을 이용하여 옆에 도형을 복사한다.

❸ 치수를 기입하기 위해 현재 도면층을 입면선에서 치수선으로 변경한다.

❹ 선형 치수 아이콘을 클릭하여 기준이 되는 치수 하나를 입력한 다음 연속된 병렬치수를 기입한다.

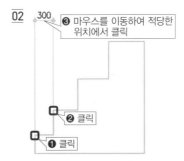

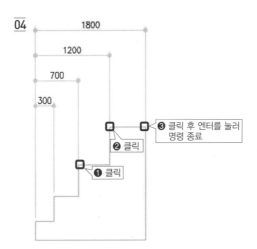

❺ 수직으로 된 병렬치수를 기입한다.

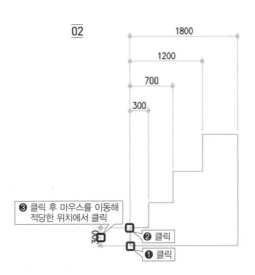

03

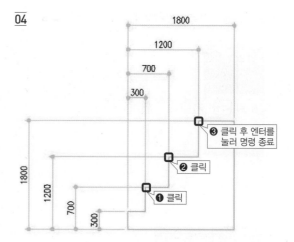

04

❻ 지금까지는 치수 스타일 설정에서 기준선 간격을 10으로 설정한 다음 치수를 입력했다. 이제부터는 기준선 간격을 5로 변경해서 병렬치수를 입력한다. 먼저 치수 스타일 설정에서 기준선 간격을 10에서 5로 변경한다.

01

02

03

노하우 Tip

• 수정 메뉴를 클릭하여 치수 변수 표시값을 변경하면 새롭게 표시되는 치수는 물론 기존에 표시된 치수에 까지 영향을 미쳐 변경된 치수 모양으로 표시된다.

• 재지정 메뉴를 클릭하여 치수 변수 표시값을 변경하면 기존에 표시된 치수들은 그대로 유지하고 새롭게 표시되는 치수만 변경된 치수 모양으로 표시된다.

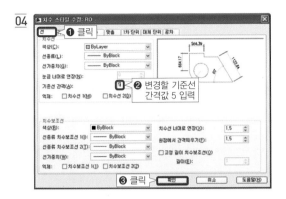

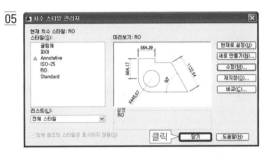

⑦ 위에서 한 방법과 동일하게 수평과 수직으로 된 병렬치수를 입력한다.

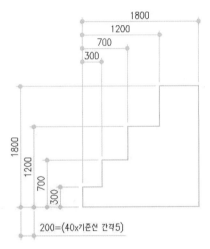

노하우 Tip

MVSETUP에서 축척값을 40으로 입력했기 때문에 기준선 간격은 40
×5가 되므로 200이 된다. 만일 MVSETUP에서 축척값을 50으로 하
면 기준선 간격은 50×5=2500이 된다.

예제 02 도면층을 각각 생성한 후 치수를 입력한 뒤 치수문자 이동하기

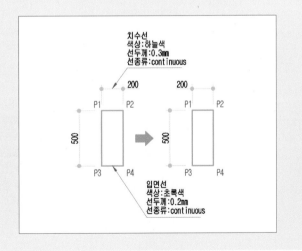

❶ 도면층을 생성한다.

❷ 현재 도면층을 입면선으로 변경한다.

❸ 렉탱글 명령을 이용하여 가로 200, 세로 500인 직사각형을 작도한다.

❹ 치수를 입력하기 위해 도면층을 입면선에서 치수선으로 변경한다.

❺ 치수를 입력한다.

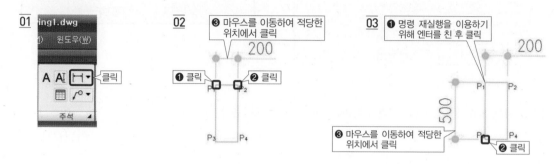

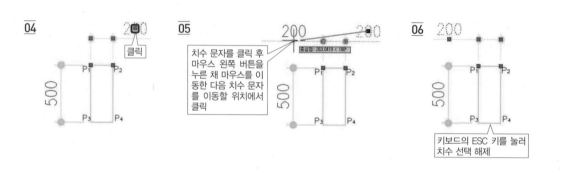

07

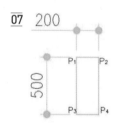

: 참고

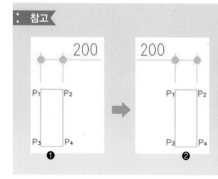

클릭하는 순서를 P1, P2로 하면 ❶번처럼 치수 문자가 오른쪽에 배열되고, 클릭하는 순서를 P2, P1으로 하면 치수 문자가 ❷번처럼 왼쪽에 배열된다. 그 이유는 치수 문자가 치수 보조선 사이에 표시되지 못할 경우 첫 번째 원점 반대쪽에 배치되기 때문이다.

도면을 작도하다 보면 불가피하게 치수 문자를 이동해야 하는 경우가 발생하는데 이럴 때는 이동할 치수 문자를 클릭한 다음 마우스 왼쪽 버튼을 누른 채 원하는 위치로 이동하면 된다.

Dimcontinue(딤컨티뉴) 명령(단축키 : DCO)

1 기능

선택한 객체의 치수를 신속하게 작성하거나 편집한다. 이 명령은 일련의 기준선 치수 또는 연속 치수를 작성할 때 사용하는 명령어이다.

2 명령 실행방법

연속치수를 기입하는 방법에는 풀다운 메뉴에서 '치수(N)−신속치수(Q)'를 실행하거나, 기준이 되는 치수 하나를 입력한 뒤 풀다운 메뉴에서 '치수(N)−계속(C)'을 실행하는 방법이 있다.

3 연습

 예제 01 각각 도면층을 생성한 다음 풀다운 메뉴에서 '치수(N)−신속치수를(Q)'를 실행하여 치수 기입하기

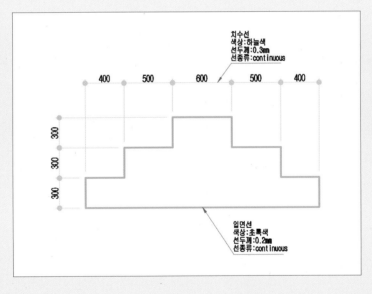

❶ 각각의 도면층을 생성한다.

❷ 도형을 입면선으로 작도하기 위해 현재 도면층을 입면선으로 변경한다.

❸ 라인 명령을 이용하여 그림과 같이 도형을 작도한다.

❹ 치수를 입력하기 위해 현재 도면층을 입면선에서 치수선으로 변경한다.

❺ 신속치수를 입력한다.

01

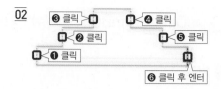

02

03

마우스를 이동하여 적당한
위치에서 클릭

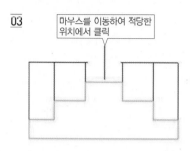

04

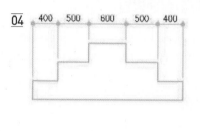

05

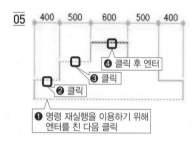

❹ 클릭 후 엔터

❸ 클릭

❷ 클릭

❶ 명령 재실행을 이용하기 위해
엔터를 친 다음 클릭

06

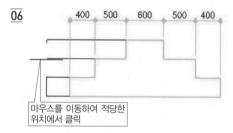

마우스를 이동하여 적당한
위치에서 클릭

07

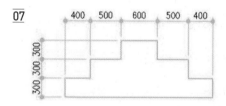

예제
02

각각 도면층을 생성한 다음 풀다운 메뉴에서 '치수(N)–계속(C)'을 실행하여 연속치수
기입하기

❶ 선형 치수를 실행해서 기준이 되는 치수를 먼저 입력한 다음 풀다운 메뉴에서 '치수(N)–계속(C)'을 실행하여 치수
를 입력한다.

01

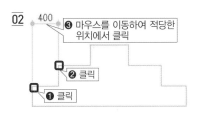

02

03

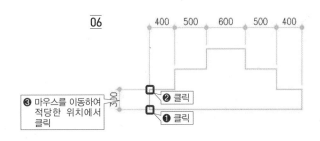

04

05

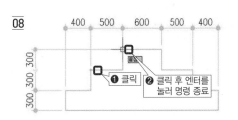

06

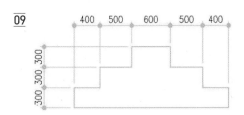

07

08

09

치수를 분해하여 원점에서 멀리 간격 띄우기 하기(단면도에서 치수표시를 깔끔하게 하는 방법)

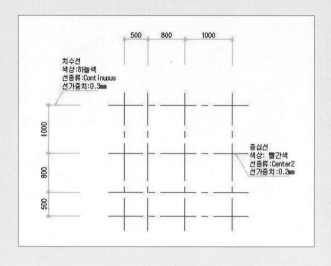

❶ 레이어를 설정한다.

❷ 현재 레이어(도면층)를 중심선으로 변경한다.

❸ 라인 명령을 이용하여 수평선과 수직선을 작도한 다음 오프셋(간격 띄우기) 명령을 이용하여 예제 그림과 같이 작도한다.

❹ 현재 레이어(도면층)를 중심선에서 치수선으로 변경한 다음 치수를 입력한다.

❺ 치수를 분해한다.

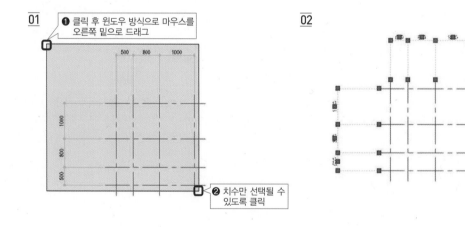

01 ❶ 클릭 후 윈도우 방식으로 마우스를 오른쪽 밑으로 드래그

❷ 치수만 선택될 수 있도록 클릭

02

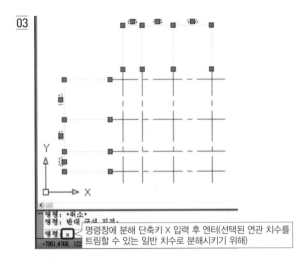

03

명령창에 분해 단축키 X 입력 후 엔터(선택된 연관 치수를 트림할 수 있는 일반 치수로 분해시키기 위해)

⑥ 라인 명령을 이용하여 경계를 정할 라인을 그린다.

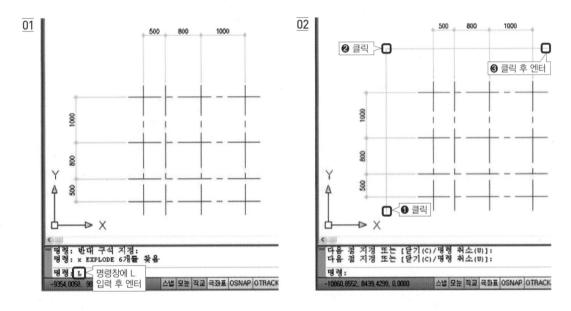

01

명령창에 L 입력 후 엔터

02

❷ 클릭

❸ 클릭 후 엔터

❶ 클릭

❼ 일반 치수로 분해시킨 후 트림 명령을 이용하여 필요 없는 부분을 잘라낸다.

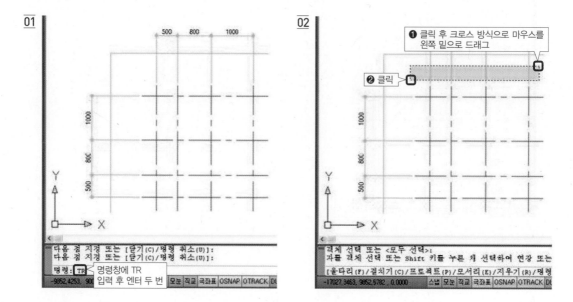

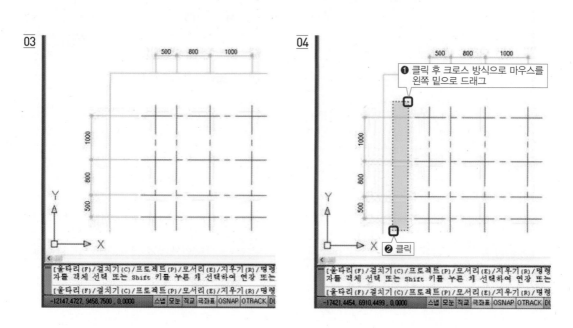

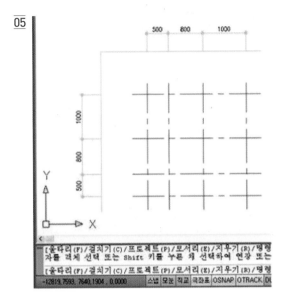

❽ 경계를 정하기 위해 그려 주었던 구성선을 지운다.

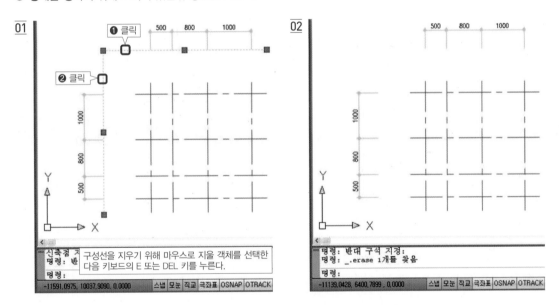

구성선을 지우기 위해 마우스로 지울 객체를 선택한 다음 키보드의 E 또는 DEL 키를 누른다.

도면 완성을 위한 명령 : 연속치수 기입

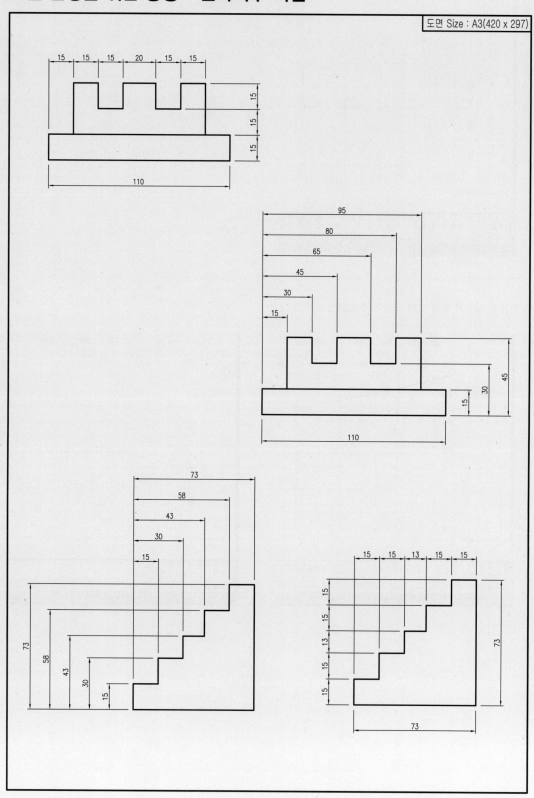

도면 Size : A3(420 x 297)

12 **Dimangular**(딤앵귤러) **명령**(단축키 : DAN)

1 기능

각도 치수 입력 시 사용하는 명령어이다.

2 명령 실행방법

리본 메뉴에서 각도 치수 아이콘을 클릭한다.

3 연습

예제 01 **각각 도면층을 생성한 다음 아래 그림과 같이 도형을 작도한 후 각도 치수 입력하기**

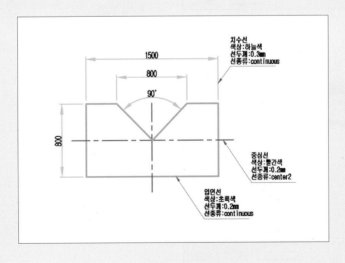

❶ 도면층을 생성한다.

❷ 다양한 명령을 활용하여 예제와 같은 도형을 작도한다.

❸ 선형 치수를 이용하여 가로와 세로 치수를 입력하기 전에 치수 스타일 설정에서 화살표 모양을 점으로 해 놓았기 때문에 치수를 입력하면 화살표 모양인 점으로 표현되었다. 그런데 위 예제에 제시된 그림은 화살표 모양이 점이 아니라 화살표이므로 화살표 모양을 점에서 화살표로 변경해 줘야 한다.

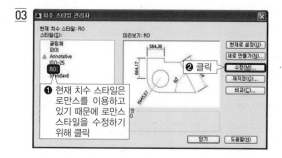

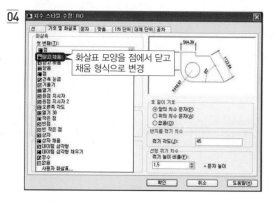

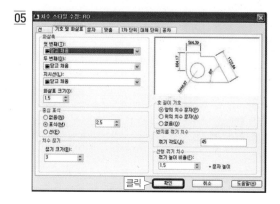

❹ 각도 치수를 입력한다.

아이콘이 선형 치수에서 각도 치수로 변경된다.

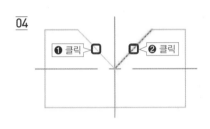

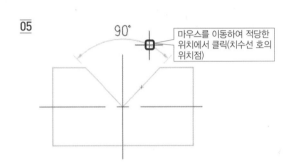

마우스를 이동하여 적당한 위치에서 클릭(치수선 호의 위치점)

❺ 선형 치수를 입력한다.

아이콘이 각도 치수에서 선형 치수로 변경된다.

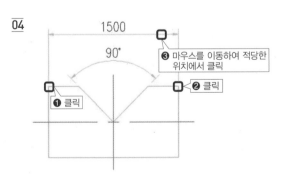

13 Dimaligned(딤얼라인) 명령(단축키 : DAL)

1 기능

수평 또는 수직방향이 아닌 경사면의 길이나 지정한 두 점의 거리를 직접 표현하고자 할 때 사용하는 명령어이다.

2 명령 실행방법

정렬 치수 아이콘을 클릭한다.

아이콘이 선형 치수에서 정렬 치수로 변경된다.

3 연습

예제 01

각각 도면층을 생성한 다음 아래와 같이 도형을 작도한 후 각도 치수와 정렬 치수 입력하기

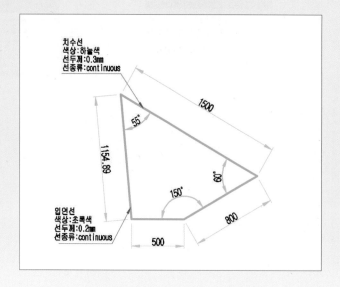

❶ 레이어 명령을 이용하여 도면층을 생성하고 현재 도면층을 치수선으로 설정한다.

❷ 라인 명령을 이용하여 가로 500라인을 그린 다음 반대 방향으로 800라인을 그린다. 800라인을 객체 선택한 후 로테이트 명령을 이용하여 시계 방향(↻)으로 150도 회전한다.

⦂ 참고 ▷

AutoCAD에서는 회전방향이 시계 방향(↻)일 때는 –, 시계 반대 방향(↺)일 때는 + 값을 가진다.

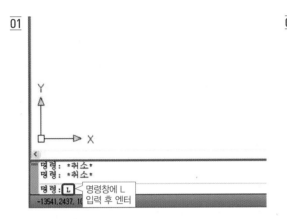

01

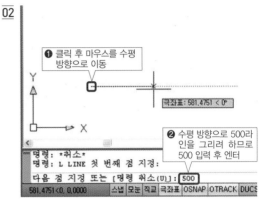

02

❶ 클릭 후 마우스를 수평 방향으로 이동

극좌표 : 581.4751 < 0°

❷ 수평 방향으로 500라 인을 그리려 하므로 500 입력 후 엔터

명령창에 L 입력 후 엔터

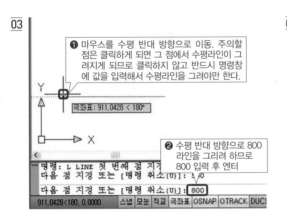

03

❶ 마우스를 수평 반대 방향으로 이동. 주의할 점은 클릭하게 되면 그 점에서 수평라인이 그 려지게 되므로 클릭하지 않고 반드시 명령창 에 값을 입력해서 수평라인을 그려야만 한다.

극좌표 : 911.0428 < 180°

❷ 수평 반대 방향으로 800 라인을 그리려 하므로 800 입력 후 엔터

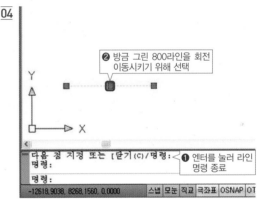

04

❷ 방금 그린 800라인을 회전 이동시키기 위해 선택

❶ 엔터를 눌러 라인 명령 종료

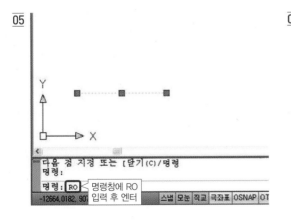

05

명령창에 RO 입력 후 엔터

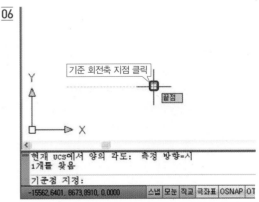

06

기준 회전축 지점 클릭

끝점

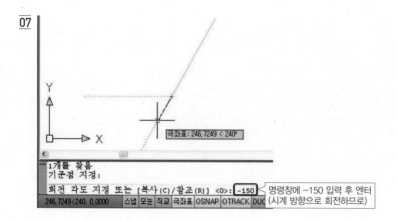

07

극좌표: 246.7249 < 240°

1개를 찾음
기준점 지정:
회전 각도 지정 또는 [복사(C)/참조(R)] <0>: -150
246.7249<240, 0.0000   스냅 모눈 직교 극좌표 OSNAP OTRACK DUC

명령창에 -150 입력 후 엔터
(시계 방향으로 회전하므로)

❸ 라인 명령을 이용해서 800라인 반대 방향으로 1500사선을 그린다. 그런 다음 로테이트 명령을 이용해서 시계 방향으로 60도 회전한다.

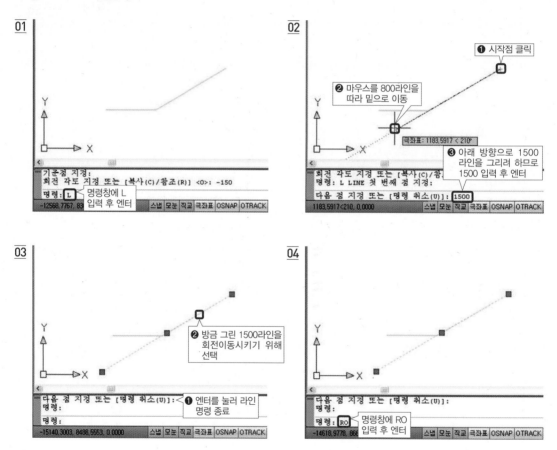

01

기준점 지정:
회전 각도 지정 또는 [복사(C)/참조(R)] <0>: -150
명령: L
-12568.7767, 83   스냅 모눈 직교 극좌표 OSNAP OTRACK

명령창에 L
입력 후 엔터

02

❶ 시작점 클릭

❷ 마우스를 800라인을
따라 밑으로 이동

극좌표: 1183.5917 < 210°

회전 각도 지정 또는 [복사(C)/참...
명령: L LINE 첫 번째 점 지정:
다음 점 지정 또는 [명령 취소(U)]: 1500
1183.5917<210, 0.0000   스냅 모눈 직교 극좌표 OSNAP OTRACK

❸ 아래 방향으로 1500
라인을 그리려 하므로
1500 입력 후 엔터

03

❷ 방금 그린 1500라인을
회전이동시키기 위해
선택

다음 점 지정 또는 [명령 취소(U)]:
명령:
명령:
-15140.3003, 8488.5553, 0.0000   스냅 모눈 직교 극좌표 OSNAP OTRACK

❶ 엔터를 눌러 라인
명령 종료

04

다음 점 지정 또는 [명령 취소(U)]:
명령:
명령: RO
-14618.9778, 866   스냅 모눈 직교 극좌표 OSNAP OTRACK

명령창에 RO
입력 후 엔터

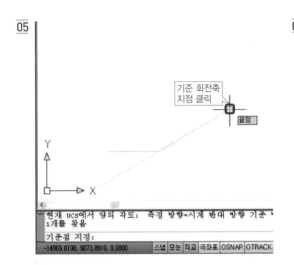

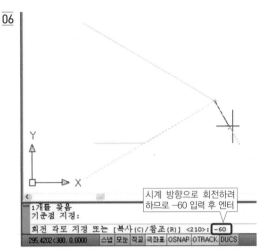

❹ 라인 명령을 이용, 끝점을 클릭하여 선분을 이어준다.

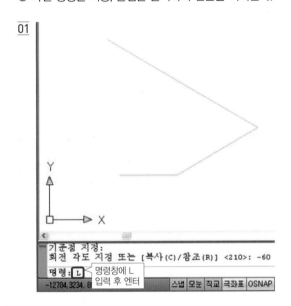

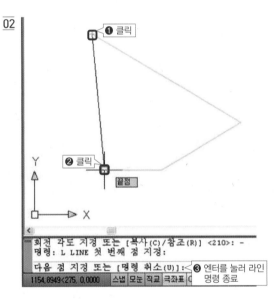

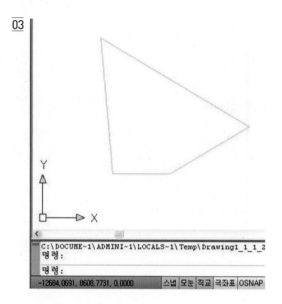

03

```
C:\DOCUME~1\ADMINI~1\LOCALS~1\Temp\Drawing1_1_1_2
명령:
명령:
```
-12684.0691, 8608.7731, 0.0000   스냅 모눈 직교 극좌표 OSNAP

⑤ 라인 명령을 이용해서 도형을 작도하긴 했지만 입면선이 아닌 치수선으로 그렸으므로 입면선으로 변경한다.

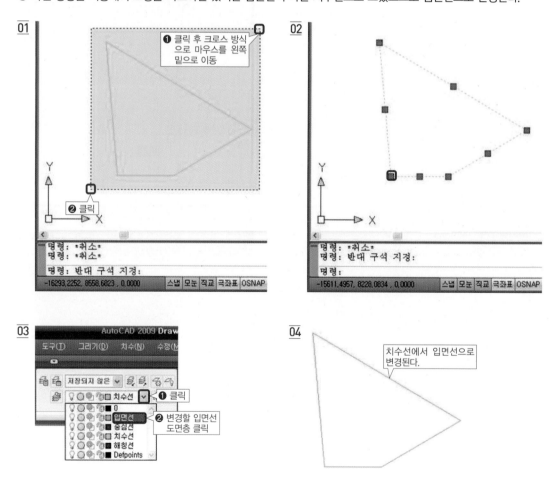

❻ 각도 치수를 입력한다.

아이콘이 각도 치수로 변경된다.

❶ 클릭
150°
❷ 클릭
❸ 마우스를 이동하여 적당한 위치에서 클릭

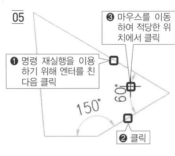

❸ 마우스를 이동하여 적당한 위치에서 클릭
❶ 명령 재실행을 이용하기 위해 엔터를 친 다음 클릭
60°
150°
❷ 클릭

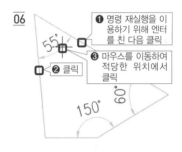

❶ 명령 재실행을 이용하기 위해 엔터를 친 다음 클릭
55°
❷ 클릭
❸ 마우스를 이동하여 적당한 위치에서 클릭
150°
60°

❼ 정렬 치수를 입력한다.

55°
❷ 클릭
150°
60°
800
❶ 클릭
❸ 마우스를 이동하여 적당한 위치에서 클릭

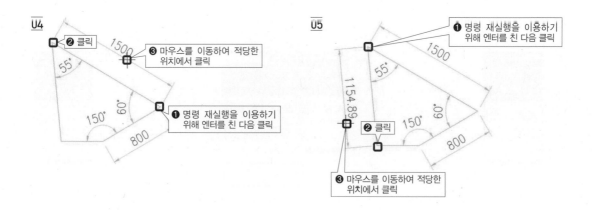

❽ 선형 치수를 입력한다.

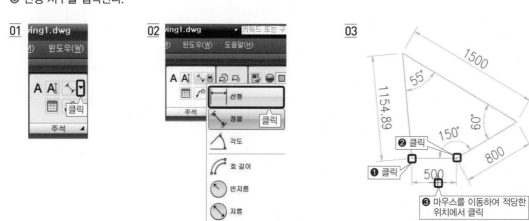

정렬 치수를 기입한 다음 선분의 기울기와 같은 값으로 치수 입력하기

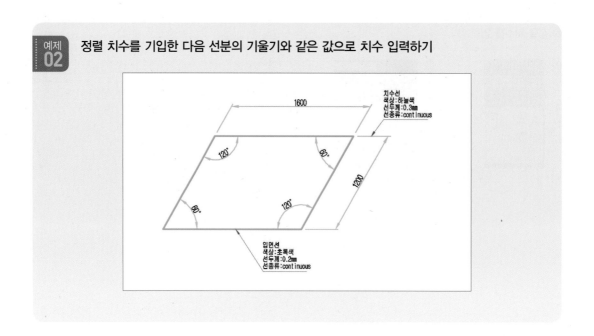

❶ 레이어를 설정한다.

❷ 현재 도면층을 입면선으로 변경한 다음 예제와 같은 도형을 작도한다.

❸ 도면층을 입면선에서 치수선으로 변경한 다음 각도 치수를 입력한다.

❹ 정렬 치수를 입력한다.

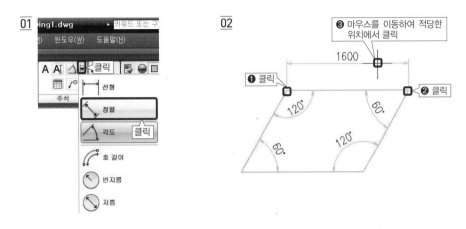

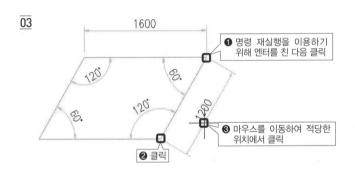

참고

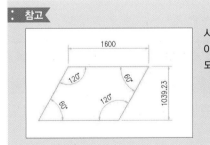

사선의 치수를 기입할 때는 반드시 선형 치수가 아닌 정렬 치수로 기입해야 한다. 선형 치수로 기입하게 되면 1200인 사선의 길이는 높이 치수가 되므로 1200보다 작은 값으로 치수가 입력된다.

❺ 선분의 기울기와 같은 값으로 치수를 기울이기 위해 풀다운 메뉴에서 '치수(N)-기울기(Q)'를 차례대로 클릭하여 수평 치수부터 선분의 기울기와 같은 값으로 치수를 기울인다.

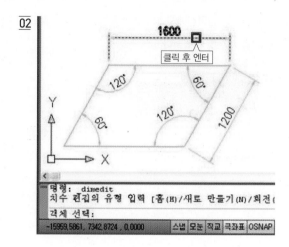

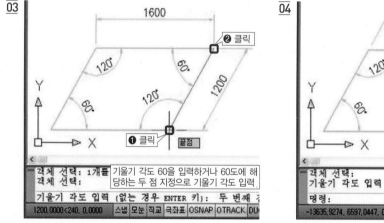

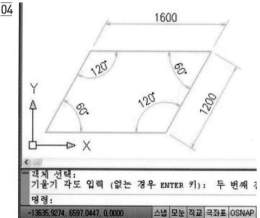

❻ 반복 명령을 이용하여 나머지 치수도 선분의 기울기와 같은 값으로 치수를 기울인다.

반복 명령을 이용하기 위해 마우스 오른쪽 버튼을 클릭하면 화면에 바로가기 메뉴가 나타나는데, 이때 '반복(R) 기울기' 클릭

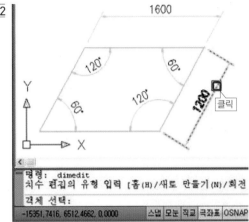

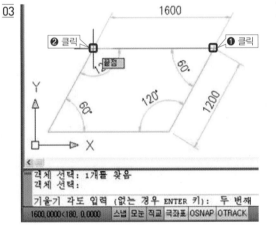

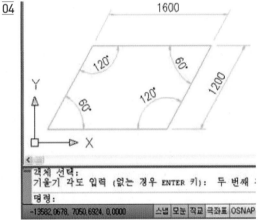

1 기능

선택한 원의 지름을 측정하여 지름 치수를 기입할 때 사용하는 명령어이다.

2 명령 실행방법

지름 아이콘을 클릭한다.

3 연습

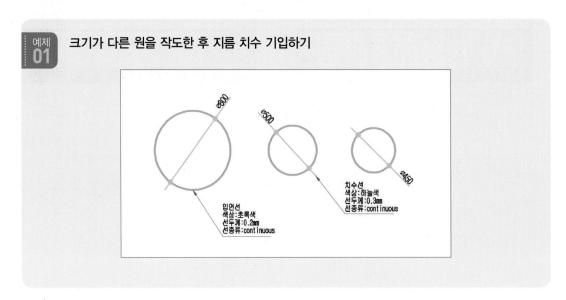

예제 01 크기가 다른 원을 작도한 후 지름 치수 기입하기

❶ 레이어(도면층)를 설정한다.

❷ 현재 도면층을 입면선으로 변경한다.

❸ 서클(원) 명령을 이용하여 각각 지름이 800, 500, 450인 원을 작도한다.

④ 도면층을 입면선에서 치수선으로 변경한다.

⑤ 지름 치수를 기입한다.

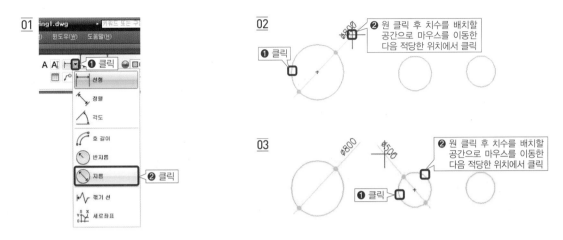

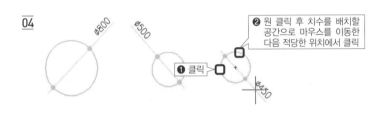

예제
02

레이어를 설정해서 신속 치수, 지름 치수, 선형 치수 기입하기

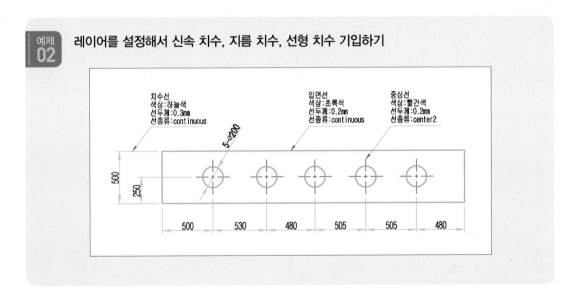

❶ 레이어(도면층)를 설정한다.

❷ 현재 도면층을 입면선으로 변경한 후 렉탱글 명령을 이용하여 가로 3000, 세로 500인 직사각형을 작도한다.

❸ 서클(원) 명령을 이용하여 위 그림과 같이 사각형 안에 원을 작도한다.

❹ 도면층을 입면선에서 중심선으로 변경한 후 중심선을 그린다.

❺ 도면층을 중심선에서 치수선으로 변경한다.

❻ 지름치수를 입력한다.

❼ 풀다운 메뉴의 '치수(N)–신속치수(Q)'를 이용해서 치수를 입력하고 난 뒤 선형 치수를 입력한다.

01

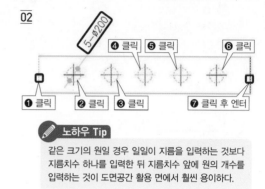

02

노하우 Tip

같은 크기의 원일 경우 일일이 지름을 입력하는 것보다
지름치수 하나를 입력한 뒤 지름치수 앞에 원의 개수를
입력하는 것이 도면공간 활용 면에서 훨씬 용이하다.

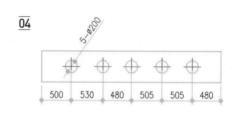

03

치수를 배치할 공간으로
마우스를 이동하여 적당
한 위치에서 클릭

04

05

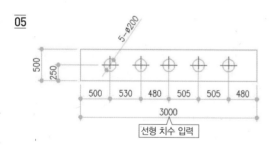

선형 치수 입력

15 Dimradius(딤라디우스) 명령(단축키 : DRA)

1 기능

선택한 원의 반지름 치수를 기입할 때 사용하는 명령어이다.

2 명령 실행방법

반지름 아이콘을 클릭한다.

3 연습

예제 01 아래와 같은 도형에서 각기 다른 반지름 치수 입력하기

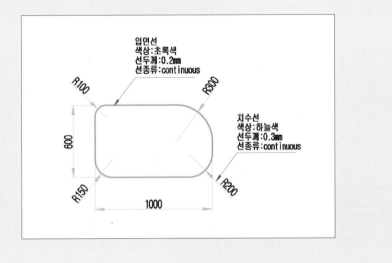

❶ 레이어(도면층)를 설정한다.

❷ 현재 레이어를 입면선으로 변경한다.

❸ 렉탱글 명령을 이용하여 가로 1000, 세로 600인 직사각형을 작도한다.

❹ 필렛(모깎기) 명령을 이용하여 모서리 부분을 라운딩 처리한다.

❺ 현재 레이어를 입면선에서 치수선으로 변경한다.

❻ 선형 치수를 입력한다.

❼ 반지름 치수를 입력한다.

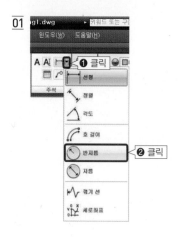

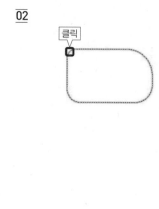

치수를 배치할 공간으로 마우스를 이동하여 적당한 위치에서 클릭

명령 재실행을 이용하기 위해 엔터를 친 다음 클릭

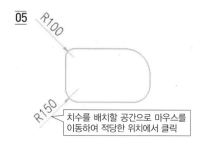

치수를 배치할 공간으로 마우스를 이동하여 적당한 위치에서 클릭

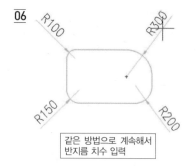

같은 방법으로 계속해서 반지름 치수 입력

도면 완성을 위한 명령 : 반지름 치수 기입

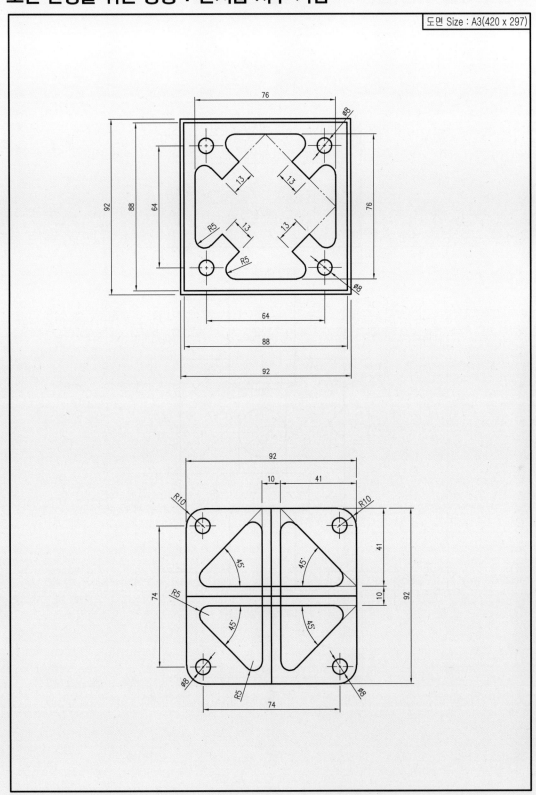

도면 완성을 위한 명령 : 치수 기입 응용실습

도면 Size : A4(297 x 210)

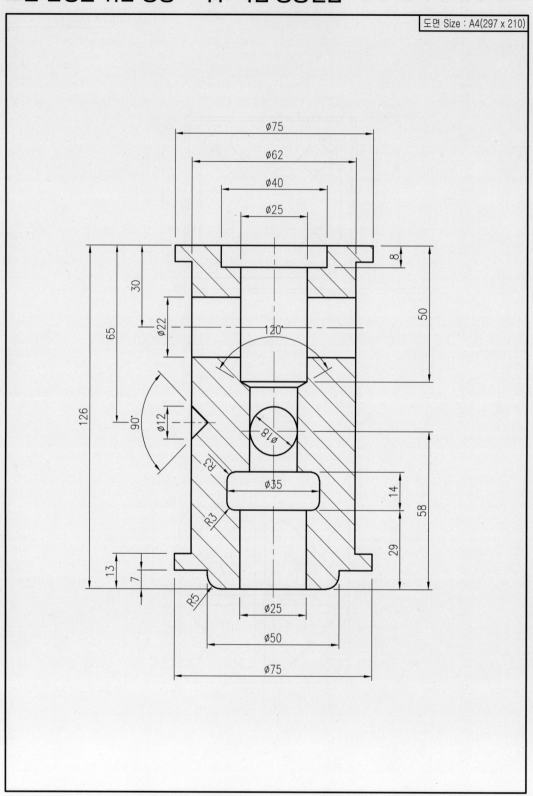

1 아이소메트릭 도면의 정의

- 아이소메트릭 도면(등각투영)은 3차원의 입체물을 2차원의 공간(종이 또는 화면 스크린)에 입체공간의 Z축값을 화면 스크린 수직방향으로 맞추고 X축값과 Z축값이 120도로 만나도록 선을 그어 표현하며, 각 축을 동일한 각도(30도 등각)로 평행하게 나타낸다.

- X축, Y축으로 이루어진 2차원 도면, X축, Y축, Z축으로 이루어진 3차원 도면이고, 2차원 도면에서 입체적으로 도형을 표현하기 위하여 가상의 Z축을 수직방향으로 맞추고 높이(두께)를 표현하기 때문에 아이소메트릭 도면(등각투영)은 2.5차원이라 한다.

- 아이소메트릭 도면(등각투영)에서 원을 표현할 때는 반드시 타원명령을 이용하여 등각평면에 따라 변형되는 등각투상원으로 작성해야 하는데, 종이컵을 위에서 보면 원형이지만 종이컵을 입체적으로 표현하기 위해서 비스듬한 위치에서 보면 타원이 되기 때문이다.

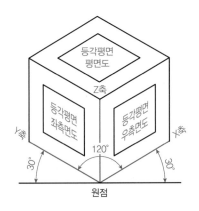
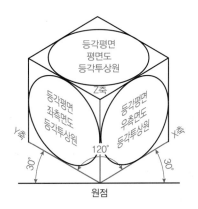

TIP 아이소메트릭 도면 작성 Tip

- 아이소메트릭 도형을 작성할 때 간격띄우기(OFFSET) 명령을 사용하지 않고 복사(COPY) 명령을 사용하여 직교모드를 켜고 아이소메트릭 축과 평행하게 복사해야 한다. 그 이유는 간격띄우기한 객체가 아이소메트릭 축과 비스듬하게(평행하게) 띄워지지 않기 때문이다.

- 등각평면 전환하는 방법 : 특수기능키 F5
  등각평면 전환 키 F5 를 누르면 등각평면 좌측면도 → 등각평면 평면도 → 등각평면 우측면도 순으로 순차적으로 전환되며 실행 중인 명령어와 상관없이 등각평면을 전환시켜 포인트 지정과 도형편집을 할 수 있다.

② 아이소메트릭 환경설정

- 아이소메트릭(등각투영) 도형을 기존 2차원 도형처럼 작성할 수도 있다. 하지만 2차원 직교좌표(직사각형 스냅) 모드에서 30도 축과 150도 축으로 이루어진 도형의 선분을 그을려면 각 선분의 각도와 선분과 선분이 이루는 각도를 계산하여 직선을 그어 등각투영 도형을 작업해야 하고, 또한 등각평면에 따라 변형되는 등각투상원을 표현하기 어렵다.

- 제도설정 대화상자 명령을 실행하여 직교좌표(직사각형 스냅) 모드에서 등각 투영 좌표 모드로 전환하면 각도 계산 없이 기존 2차원 도형처럼 쉽게 작업할 수 있다.

- 커서(십자선)의 모양이 등각투영모드로 전환되어 90도와 150도 축으로 이루어진 커서로 변경되고 직교 모드를 ON하면 커서의 방향과 평행하게 직선을 그을 수 있다.

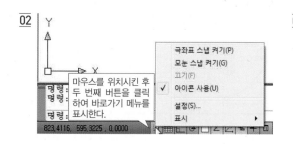

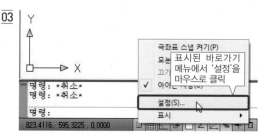

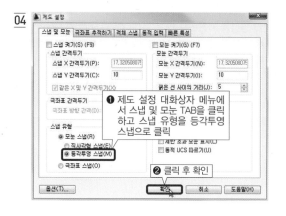

연습

40×60×40 육면체를 기초로 하여 70×60×40 등각투상 원형고리 만들기

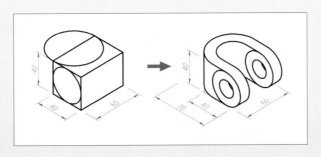

TIP 등각투영 도형을 작업할 때 직선 하나하나를 그리는 것보다 전체 크기의 육면체 상자를 그린 후 복사명령을 사용하여 필요한 직선을 아이소메트릭(등각투영) 축과 평행하게 복사하고 자르기 명령으로 편집하는 것이 쉽다. (다시 말해, 육면체 상자의 한쪽 면에 밑그림을 그리고 편집하는 방식으로 얼음조각상을 연상하면 된다.)

01
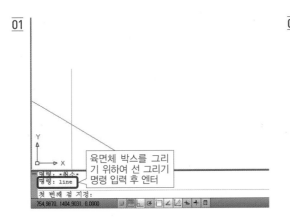
육면체 박스를 그리기 위하여 선 그리기 명령 입력 후 엔터

02
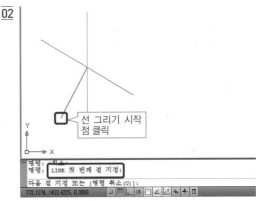
선 그리기 시작점 클릭

03
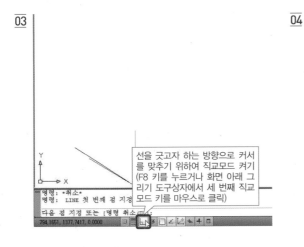
선을 긋고자 하는 방향으로 커서를 맞추기 위하여 직교모드 켜기 (F8 키를 누르거나 화면 아래 그리기 도구상자에서 세 번째 직교모드 키를 마우스로 클릭)

04
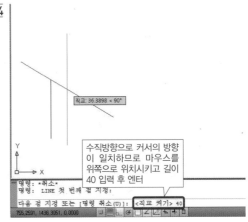
수직방향으로 커서의 방향이 일치하므로 마우스를 위쪽으로 위치시키고 길이 40 입력 후 엔터

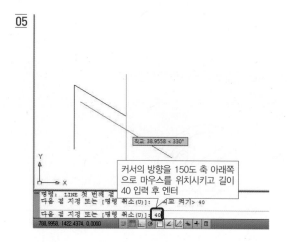

05

커서의 방향을 150도 축 아래쪽으로 마우스를 위치시키고 길이 40 입력 후 엔터

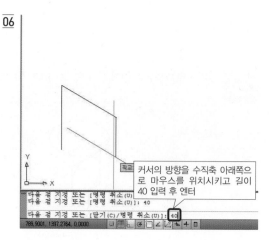

06

커서의 방향을 수직축 아래쪽으로 마우스를 위치시키고 길이 40 입력 후 엔터

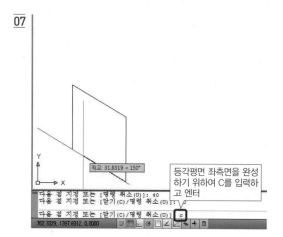

07

등각평면 좌측면을 완성하기 위하여 C를 입력하고 엔터

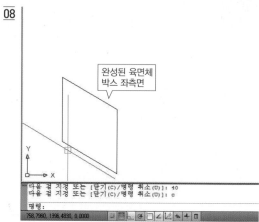

08

완성된 육면체 박스 좌측면

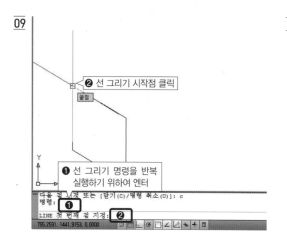

09

❷ 선 그리기 시작점 클릭

❶ 선 그리기 명령을 반복 실행하기 위하여 엔터

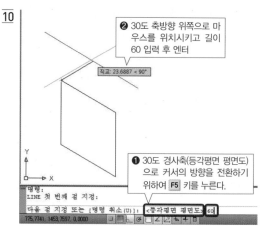

10

❷ 30도 축방향 위쪽으로 마우스를 위치시키고 길이 60 입력 후 엔터

❶ 30도 경사축(등각평면 평면도)으로 커서의 방향을 전환하기 위하여 F5 키를 누른다.

11

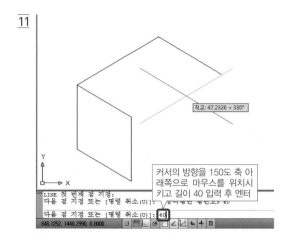

직교: 47.2326 < 330°

커서의 방향을 150도 축 아래쪽으로 마우스를 위치시키고 길이 40 입력 후 엔터

```
LINE 첫 번째 점 지정:
다음 점 지정 또는 [명령 취소(U)]:
다음 점 지정 또는 [명령 취소(U)]: 40
848.1252, 1448.2990, 0.0000
```

12

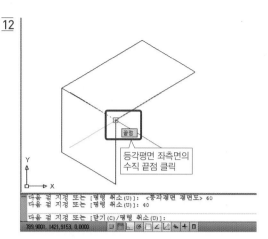

끝점

등각평면 좌측면의 수직 끝점 클릭

```
다음 점 지정 또는 [명령 취소(U)]: <등각평면 평면도> 60
다음 점 지정 또는 [명령 취소(U)]: 40
다음 점 지정 또는 [닫기(C)/명령 취소(U)]:
789.9001, 1421.9153, 0.0000
```

13

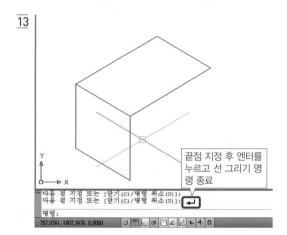

끝점 지정 후 엔터를 누르고 선 그리기 명령 종료

```
다음 점 지정 또는 [닫기(C)/명령 취소(U)]:
다음 점 지정 또는 [닫기(C)/명령 취소(U)]: ↵
명령:
797.9741, 1407.3476, 0.0000
```

14

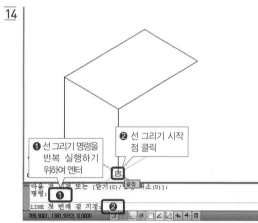

❷ 선 그리기 시작 점 클릭

❶ 선 그리기 명령을 반복 실행하기 위하여 엔터

끝점

```
다음 점 지정 또는 [닫기(C)/명령 취소(U)]:
명령: ❶
LINE 첫 번째 점 지정: ❷
789.9001, 1381.9153, 0.0000
```

15

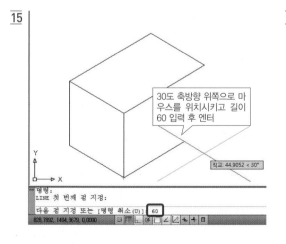

30도 축방향 위쪽으로 마우스를 위치시키고 길이 60 입력 후 엔터

직교: 44.9052 < 30°

```
명령:
LINE 첫 번째 점 지정:
다음 점 지정 또는 [명령 취소(U)]: 60
828.7892, 1404.3679, 0.0000
```

16

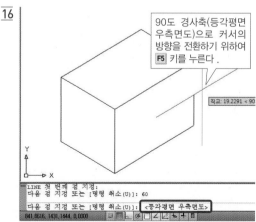

90도 경사축(등각평면 우측면도)으로 커서의 방향을 전환하기 위하여 F5 키를 누른다.

직교: 19.2291 < 90

```
LINE 첫 번째 점 지정:
다음 점 지정 또는 [명령 취소(U)]: 60
다음 점 지정 또는 [명령 취소(U)]: <등각평면 우측면도>
841.8616, 1431.1444, 0.0000
```

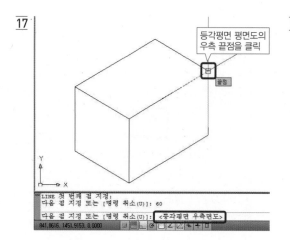

17

등각평면 평면도의
우측 끝점을 클릭

끝점

```
LINE 첫 번째 점 지정:
다음 점 지정 또는 [명령 취소(U)]: 60

다음 점 지정 또는 [명령 취소(U)]: <등각평면 우측면도>
```
841,8616, 1451,9153, 0,0000

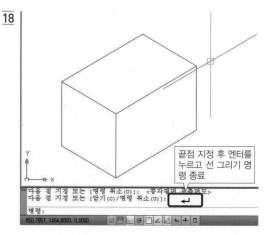

18

끝점 지정 후 엔터를
누르고 선 그리기 명
령 종료

```
다음 점 지정 또는 [명령 취소(U)]: <등각평면 우측면도>
다음 점 지정 또는 [닫기(C)/명령 취소(U)]: ↵

명령:
```
850,7557, 1454,8800, 0,0000

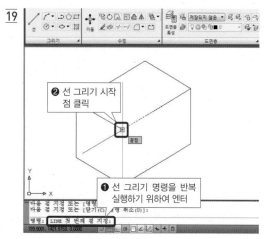

19

❷ 선 그리기 시작
점 클릭

끝점

❶ 선 그리기 명령을 반복
실행하기 위하여 엔터

```
다음 점 지정 또는 [명령      취소(U)]:
다음 점 지정 또는 [닫기(C)      ]:

명령: LINE 첫 번째 점 지정:
```
799,9001, 1421,9153, 0,0000

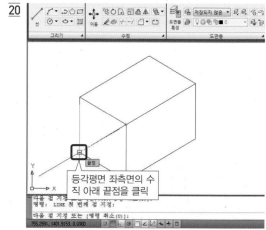

20

끝점

등각평면 좌측면의 수
직 아래 끝점을 클릭

```
다음 점 지정 또는 [명령 취소(U)]:
명령: LINE 첫 번째 점 지정:

다음 점 지정 또는 [명령 취소(U)]:
```
755,2591, 1401,9153, 0,0000

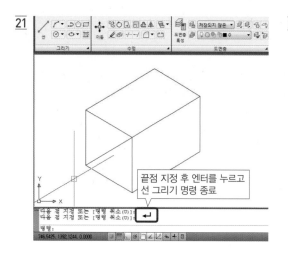

21

끝점 지정 후 엔터를 누르고
선 그리기 명령 종료

```
다음 점 지정 또는 [명령 취소(U)]:
다음 점 지정 또는 [명령 취소(U)]: ↵

명령:
```
746,5425, 1392,1244, 0,0000

22

❶ 등각투상원을 작도하기 위하
여 리본메뉴에서 타원 그리기
아이콘 클릭

축, 끝점

타원형 호

❷ 축, 끝점 타원
그리기 아이콘
클릭

```
다음 점 지정 또는 [명령 취소(U)]: <등각평면 우측면도>
다음 점 지정 또는 [닫기(C)/명령 취소(U)]:

명령:
```
759,6585, 1481,2137, 0,0000

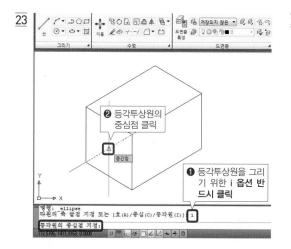

23

❷ 등각투상원의 중심점 클릭

중간점

❶ 등각투상원을 그리기 위한 i 옵션 반드시 클릭

명령: _ellipse
타원의 축 끝점 지정 또는 [호(A)/중심(C)/등각원(I)]: i
등각원의 중심점 지정:

772.5796, 1411.9153, 0.0000

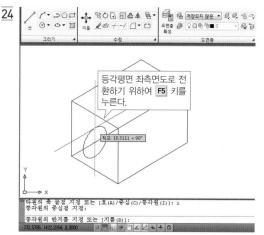

24

등각평면 좌측면도로 전환하기 위하여 F5 키를 누른다.

직교: 10.3111 < 90°

타원의 축 끝점 지정 또는 [호(A)/중심(C)/등각원(I)]: i
등각원의 중심점 지정:
등각원의 반지름 지정 또는 [지름(D)]:

772.5796, 1422.2264, 0.0000

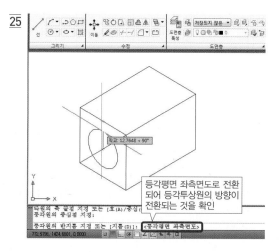

25

직교: 12.7648 < 90°

등각평면 좌측면도로 전환되어 등각투상원의 방향이 전환되는 것을 확인

타원의 축 끝점 지정 또는 [호(A)/중심(C)/등각원(I)]:
등각원의 중심점 지정:
등각원의 반지름 지정 또는 [지름(D)]: <등각평면 좌측면도>

772.5796, 1424.6601, 0.0000

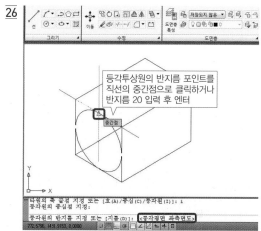

26

등각투상원의 반지름 포인트를 직선의 중간점으로 클릭하거나 반지름 20 입력 후 엔터

중간점

타원의 축 끝점 지정 또는 [호(A)/중심(C)/등각원(I)]: i
등각원의 중심점 지정:
등각원의 반지름 지정 또는 [지름(D)]: <등각평면 좌측면도>

772.5796, 1431.9153, 0.0000

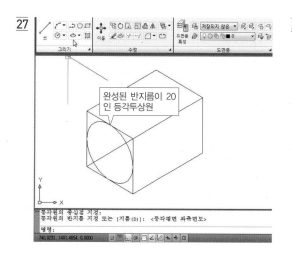

27

완성된 반지름이 20인 등각투상원

등각원의 중심점 지정:
등각원의 반지름 지정 또는 [지름(D)]: <등각평면 좌측면도>
명령:

740.8231, 1491.4954, 0.0000

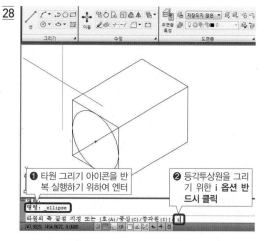

28

❶ 타원 그리기 아이콘을 반복 실행하기 위하여 엔터

❷ 등각투상원을 그리기 위한 i 옵션 반드시 클릭

명령: _ellipse
타원의 축 끝점 지정 또는 [호(A)/중심(C)/등각원(I)]: i

747.9029, 1454.8672, 0.0000

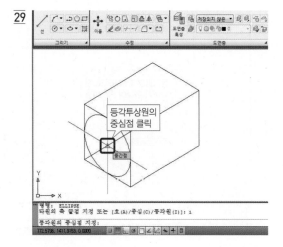

29

등각투상원의
중심점 클릭

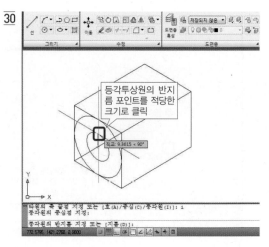

30

등각투상원의 반지
름 포인트를 적당한
크기로 클릭

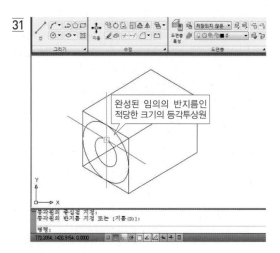

31

완성된 임의의 반지름인
적당한 크기의 등각투상원

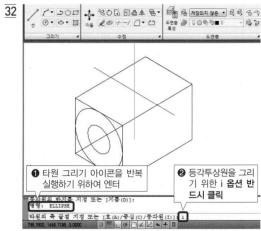

32

❶ 타원 그리기 아이콘을 반복
실행하기 위하여 엔터

❷ 등각투상원을 그리
기 위한 i 옵션 반
드시 클릭

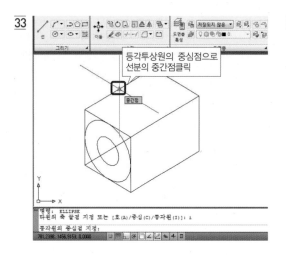

33

등각투상원의 중심점으로
선분의 중간점클릭

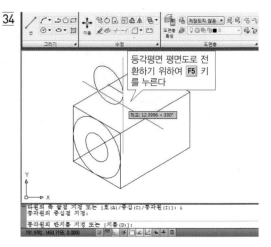

34

등각평면 평면도로 전
환하기 위하여 F5 키
를 누른다

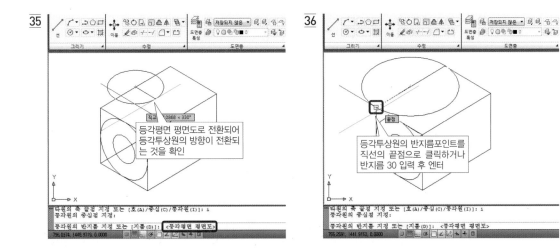

35

등각평면 평면도로 전환되어
등각투상원의 방향이 전환되
는 것을 확인

36

등각투상원의 반지름포인트를
직선의 끝점으로 클릭하거나
반지름 30 입력 후 엔터

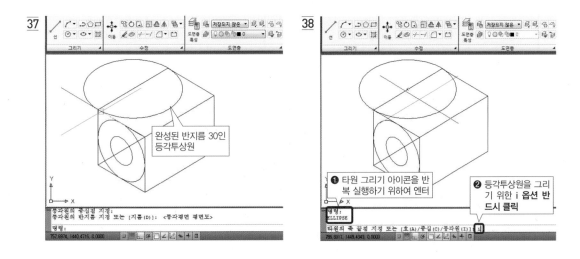

37

완성된 반지름 30인
등각투상원

38

❶ 타원 그리기 아이콘을 반
복 실행하기 위하여 엔터

❷ 등각투상원을 그리
기 위한 i 옵션 반
드시 클릭

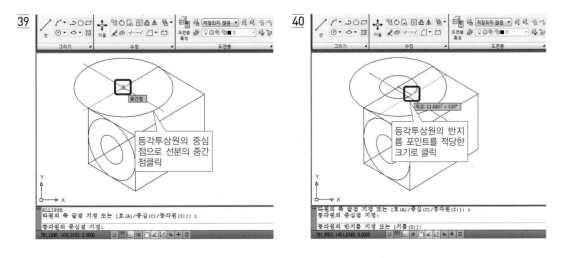

39

등각투상원의 중심
점으로 선분의 중간
점클릭

40

등각투상원의 반지
름 포인트를 적당한
크기로 클릭

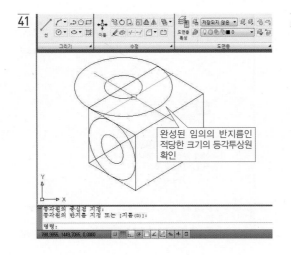

41

완성된 임의의 반지름인
적당한 크기의 등각투상원
확인

42

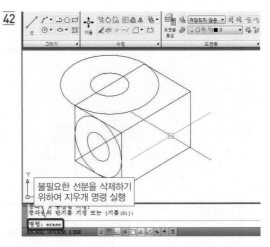

불필요한 선분을 삭제하기
위하여 지우개 명령 실행

명령: erase

43

불필요한 대각선 선분을 삭제하기
위하여 클릭하고 엔터

명령: erase
객체 선택: 1개를 찾음
객체 선택:

44

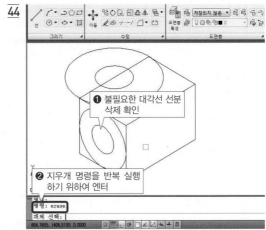

❶ 불필요한 대각선 선분
삭제 확인

❷ 지우개 명령을 반복 실행
하기 위하여 엔터

명령: erase
객체 선택:

45

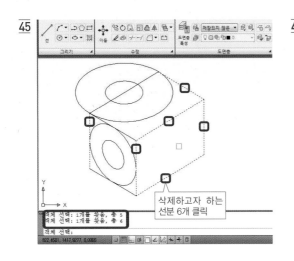

삭제하고자 하는
선분 6개 클릭

객체 선택: 1개를 찾음, 총 5
객체 선택: 1개를 찾음, 총 6
객체 선택:

46

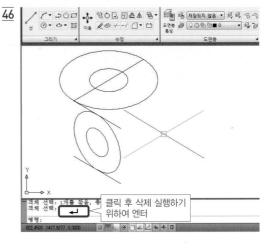

클릭 후 삭제 실행하기
위하여 엔터

객체 선택: 1개를 찾음, 총
명령:

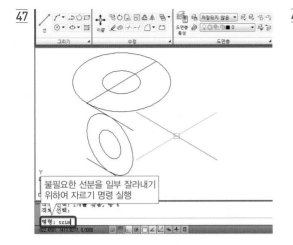

47 불필요한 선분을 일부 잘라내기
위하여 자르기 명령 실행

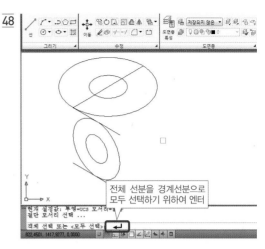

48 전체 선분을 경계선분으로
모두 선택하기 위하여 엔터

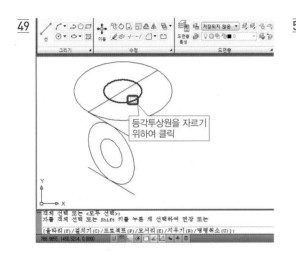

49 등각투상원을 자르기
위하여 클릭

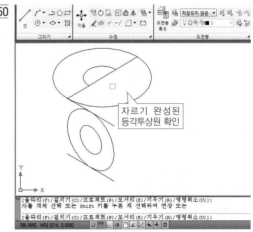

50 자르기 완성된
등각투상원 확인

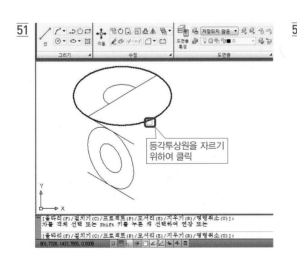

51 등각투상원을 자르기
위하여 클릭

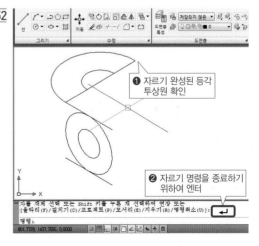

52 ❶ 자르기 완성된 등각
투상원 확인

❷ 자르기 명령을 종료하기
위하여 엔터

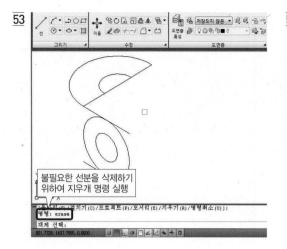

53

불필요한 선분을 삭제하기
위하여 지우개 명령 실행

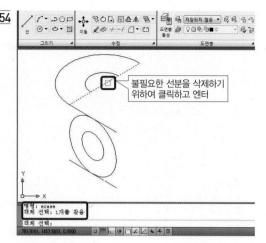

54

불필요한 선분을 삭제하기
위하여 클릭하고 엔터

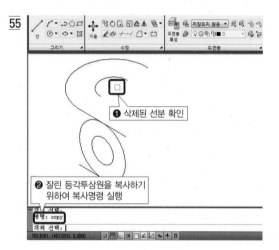

55

❶ 삭제된 선분 확인

❷ 잘린 등각투상원을 복사하기
위하여 복사명령 실행

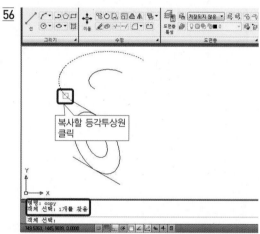

56

복사할 등각투상원
클릭

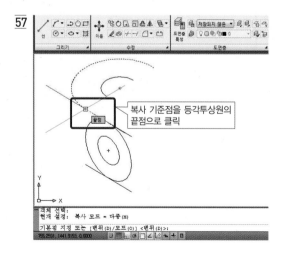

57

복사 기준점을 등각투상원의
끝점으로 클릭

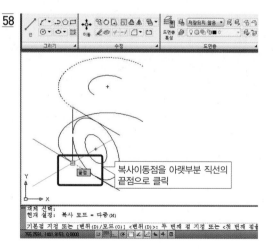

58

복사이동점을 아랫부분 직선의
끝점으로 클릭

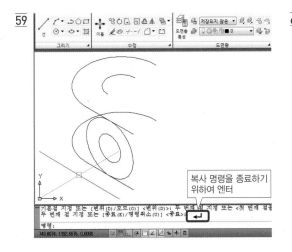

59

복사 명령을 종료하기
위하여 엔터

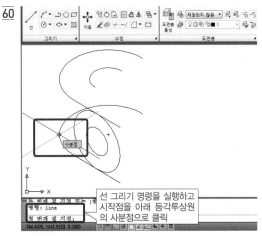

60

선 그리기 명령을 실행하고
시작점을 아래 등각투상원
의 사분점으로 클릭

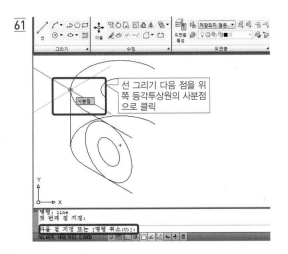

61

선 그리기 다음 점을 위
쪽 등각투상원의 사분점
으로 클릭

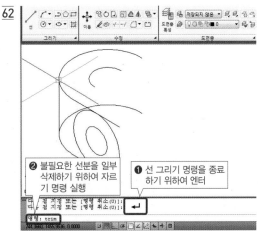

62

❷ 불필요한 선분을 일부
삭제하기 위하여 자르
기 명령 실행

❶ 선 그리기 명령을 종료
하기 위하여 엔터

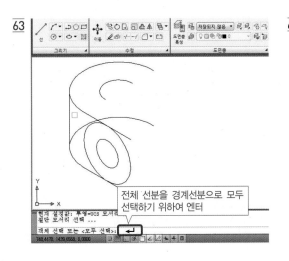

63

전체 선분을 경계선분으로 모두
선택하기 위하여 엔터

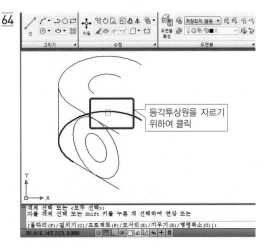

64

등각투상원을 자르기
위하여 클릭

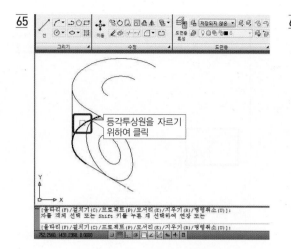

65

등각투상원을 자르기
위하여 클릭

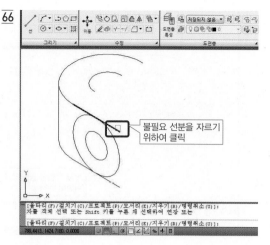

66

불필요 선분을 자르기
위하여 클릭

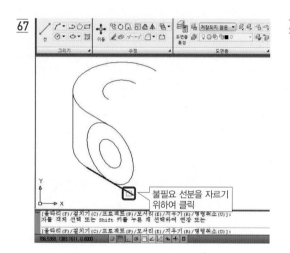

67

불필요 선분을 자르기
위하여 클릭

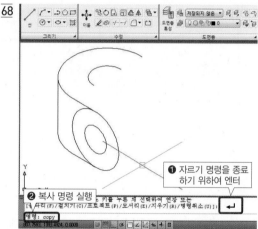

68

❶ 자르기 명령을 종료
하기 위하여 엔터

❷ 복사 명령 실행

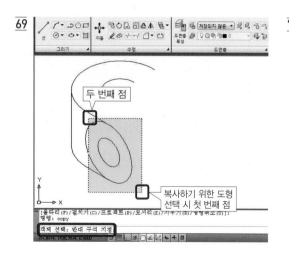

69

두 번째 점

복사하기 위한 도형
선택 시 첫 번째 점

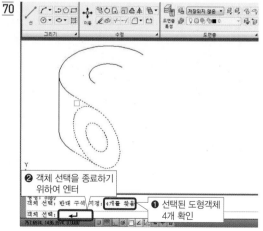

70

❷ 객체 선택을 종료하기
위하여 엔터

❶ 선택된 도형객체
4개 확인

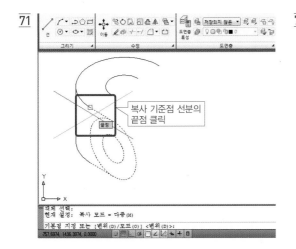

71

복사 기준점 선분의
끝점 클릭

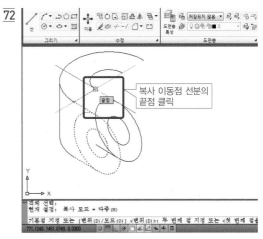

72

복사 이동점 선분의
끝점 클릭

73

복사 명령을 종료하기
위하여 엔터

74

선 그리기 명령을 실행
후 시작점으로 등각투상
원의 사분점 클릭

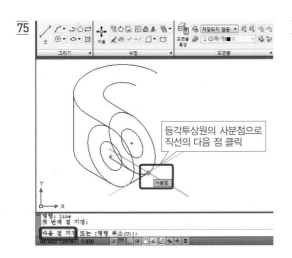

75

등각투상원의 사분점으로
직선의 다음 점 클릭

76

❷ 자르기 명령 실행

❶ 선 그리기 명령을 종료
하기 위하여 엔터

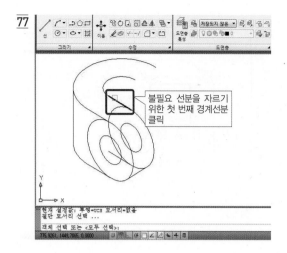

77

불필요 선분을 자르기
위한 첫 번째 경계선분
클릭

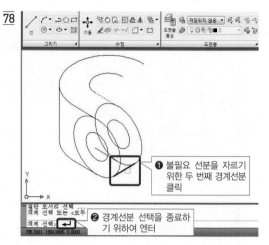

78

❶ 불필요 선분을 자르기
위한 두 번째 경계선분
클릭

❷ 경계선분 선택을 종료하
기 위하여 엔터

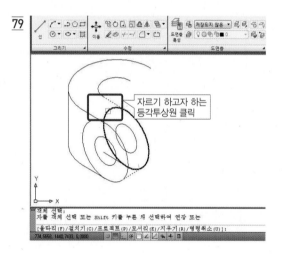

79

자르기 하고자 하는
등각투상원 클릭

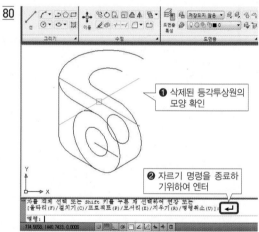

80

❶ 삭제된 등각투상원의
모양 확인

❷ 자르기 명령을 종료하
기위하여 엔터

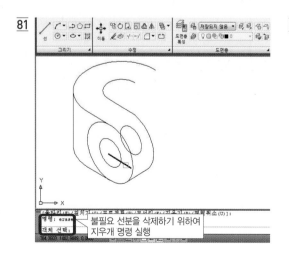

81

불필요 선분을 삭제하기 위하여
지우개 명령 실행

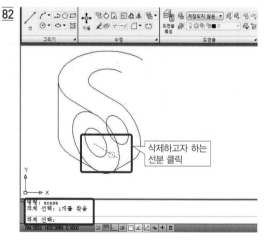

82

삭제하고자 하는
선분 클릭

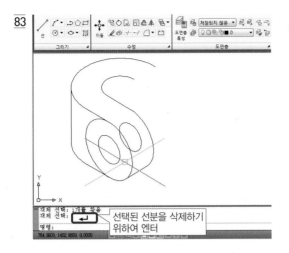

83

선택된 선분을 삭제하기
위하여 엔터

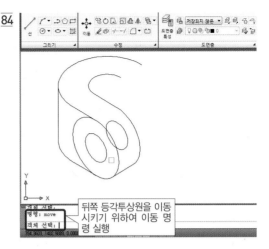

84

뒤쪽 등각투상원을 이동
시키기 위하여 이동 명
령 실행

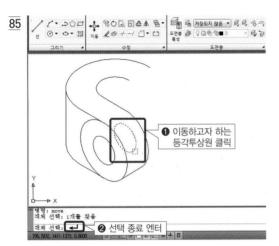

85

❶ 이동하고자 하는
등각투상원 클릭

❷ 선택 종료 엔터

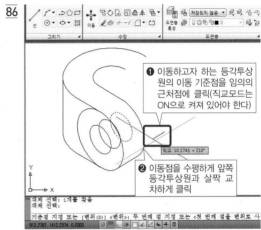

86

❶ 이동하고자 하는 등각투상
원의 이동 기준점을 임의의
근처점에 클릭(직교모드는
ON으로 켜져 있어야 한다)

❷ 이동점을 수평하게 앞쪽
등각투상원과 살짝 교
차하게 클릭

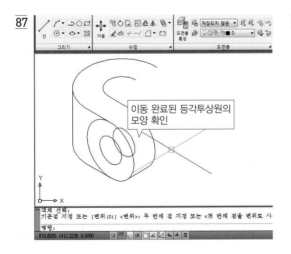

87

이동 완료된 등각투상원의
모양 확인

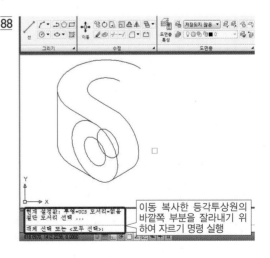

88

이동 복사한 등각투상원의
바깥쪽 부분을 잘라내기 위
하여 자르기 명령 실행

89

자르기 위한 경계선분
으로 앞쪽 등각투상원
을 클릭

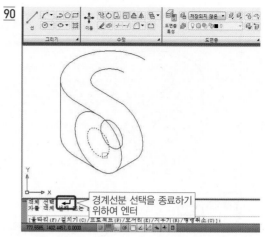

90

경계선분 선택을 종료하기
위하여 엔터

91

잘라내기 하고자 하는
바깥쪽 등각투상원 클릭

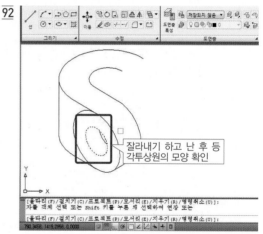

92

잘라내기 하고 난 후 등
각투상원의 모양 확인

93

자르기 명령을 종료하기
위하여 엔터

94

완성된 한쪽 부분 원형
고리를 복사하기 위하
여 복사 명령 실행

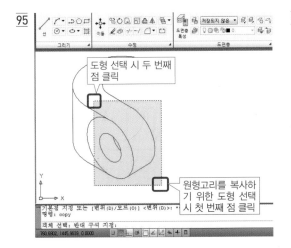

95

도형 선택 시 두 번째 점 클릭

원형고리를 복사하기 위한 도형 선택 시 첫 번째 점 클릭

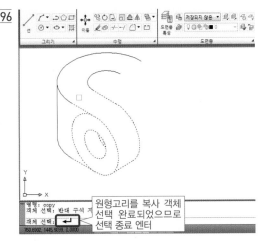

96

원형고리를 복사 객체 선택 완료되었으므로 선택 종료 엔터

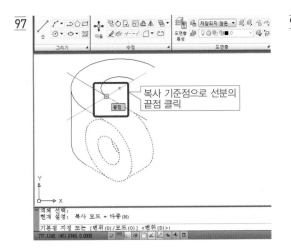

97

복사 기준점으로 선분의 끝점 클릭

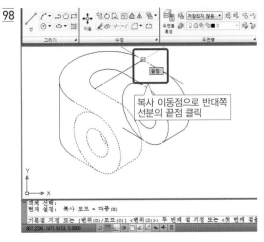

98

복사 이동점으로 반대쪽 선분의 끝점 클릭

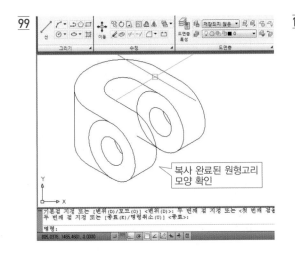

99

복사 완료된 원형고리 모양 확인

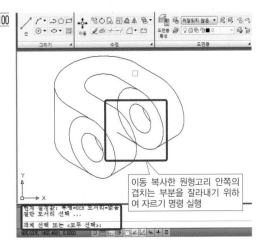

100

이동 복사한 원형고리 안쪽의 겹치는 부분을 잘라내기 위하여 자르기 명령 실행

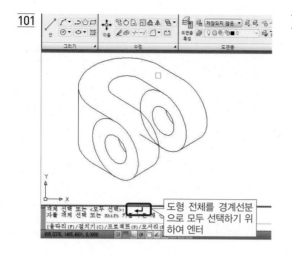

101

도형 전체를 경계선분으로 모두 선택하기 위하여 엔터

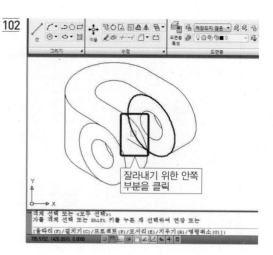

102

잘라내기 위한 안쪽 부분을 클릭

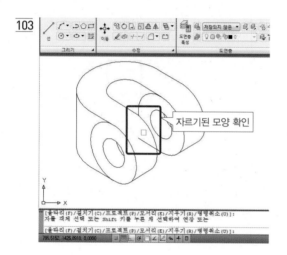

103

자르기된 모양 확인

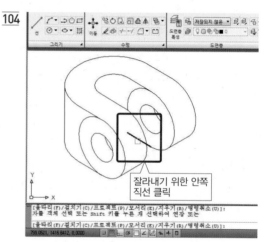

104

잘라내기 위한 안쪽 직선 클릭

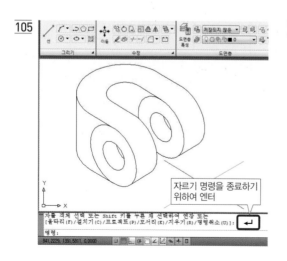

105

자르기 명령을 종료하기 위하여 엔터

106

완성된 등각투상 원형 고리 확인

아이소메트릭 예제 도면 1

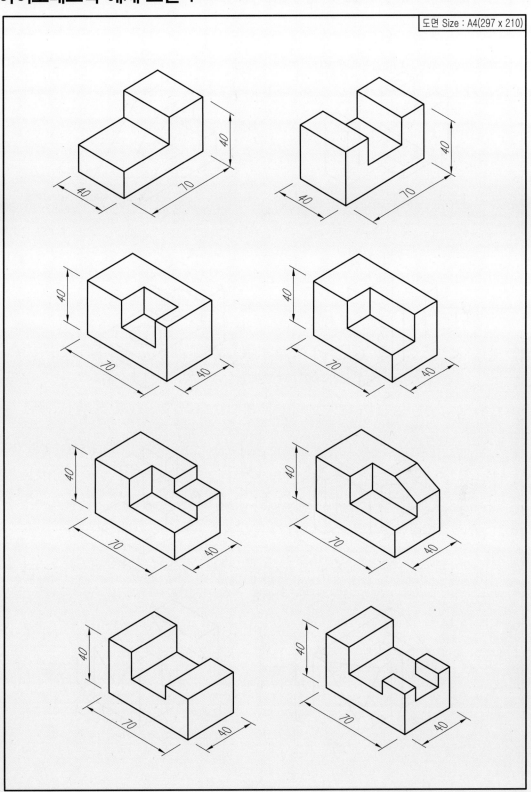

아이소메트릭 예제 도면 2

06

도면출력 및 도면합성 기능

건축설계 AutoCAD 2D 완결판

01 Plot(플롯) 명령(단축키 : Ctrl + P)

1 기능

작업한 도면을 프린터나 플로터로 출력할 때 사용하는 명령어이다.

2 명령 실행방법

플롯 아이콘을 클릭하거나 단축키 Ctrl + P를 누른다.

연습

예제 01 MVSETUP에서 축척값 40, 도면용지 A3(420x297), 레이어(도면층)와 치수 스타일을 설정하고 아래 그림과 같이 직사각형, 원을 작도해서 치수를 입력한 다음, 프린트를 하기 전에 실제로 A3(420x297) 용지에 어떻게 출력되는지 화면에서 미리 확인하기

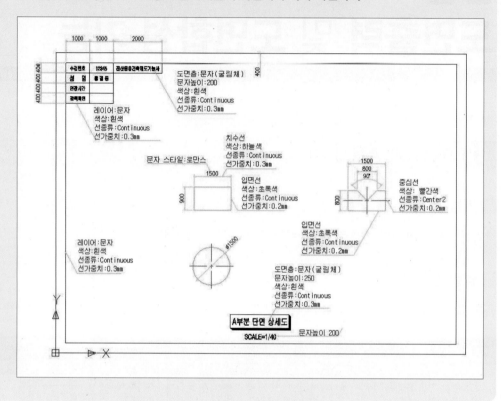

❶ MVSETUP을 실행해서 도면용지를 A3(420x297), 축척값을 40으로 설정한다.

❷ 화면 상에 A3(420x297)가 설정되었다면 오프셋(간격 띄우기) 명령을 이용하여 거리값 400을 주고 안쪽으로 윤곽선을 표시하기 위해 간격 띄우기 400을 한다.

❸ 레이어를 생성하고 현재 도면층을 입면선으로 설정한다.

❹ 화면 상에 나타난 A3(420x297) 용지를 문자 도면층으로 변경한다.

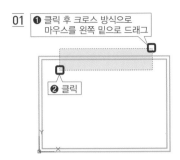

01 ❶ 클릭 후 크로스 방식으로
마우스를 왼쪽 밑으로 드래그
❷ 클릭

02

03 ❶ 클릭
❷ 변경할 도면층
문자 선택

04 ❶ 녹색의 용지가 흰색의
용지로 변경된다.
❷ 키보드의 ESC 키를 눌러
그립 포인트 해제(편집
도형 선택 해제)

주의

MVSETUP에서 설정한 A3 용지만 문자 도면층으로 변경된 것이지 아직 도면층이 문자로 변경된 것은 아니다.
MVSETUP에서 설정한 도면용지가 Defpoints로 도면층이 설정되어 있으면 프린트를 하였을 때 인쇄가 되지 않는다.
따라서 모든 선은 Defpoints로 도면층을 설정하면 안 된다.

❺ 만약 현재 도면층이 Defpoints라면 반드시 문자 도면층으로 변경한다.

01 ❶ 클릭
❷ 클릭

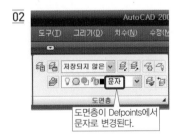

02 도면층이 Defpoints에서
문자로 변경된다.

❻ 라인 명령, 오프셋 명령, 트림 명령을 이용해서 수검번호, 성명란을 기입할 표제란을 작도한다.

❼ DText(단일 행 문자) 또는 MText(여러 행 문자)를 이용하여 문자를 입력한다.

❽ 현재 도면층을 문자에서 입면선으로 변경한 후 제시된 그림과 같은 도형을 작도한다.

❾ 도면층을 입면선에서 중심선으로 변경한 후 중심선을 작도한다.

❿ 도면층을 중심선에서 치수선으로 변경한 후 치수를 기입한다.

⓫ 모든 도면이 완성되었다면 인쇄하기 전에 실제로 어떻게 출력되는지 확인하기 위해 플롯 아이콘을 클릭한다. 종이에 인쇄하려는 것이 아닌 화면 상에서만 확인하려는 것이기 때문에 DWF6 ePlot.pc3를 선택한다. 실제로 종이에 인쇄할 때는 부유하고 있는 프린터 모델을 찾아서 클릭하면 된다. 이때 프린터가 연결되지 않았다면 프린터 모델이 나타나지 않는다. 프린터를 선택하고 나서 어떤 용지에 인쇄할 것인지 용지를 설정한다.

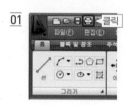

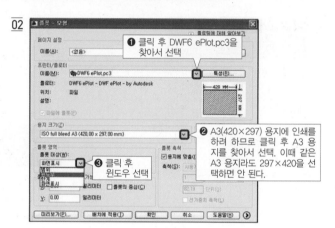

⓬ 출력하고자 하는 영역(범위)을 윈도우로 지정한다.

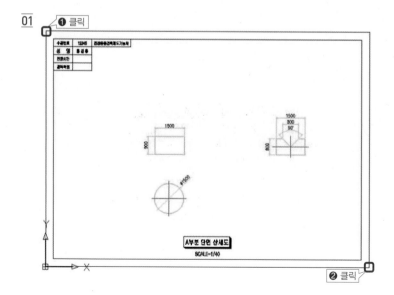

⑬ MVSETUP에서 축척값을 40으로 했기 때문에 축척을 같은 비율로 하기 위해 체크되었던 '용지에 맞춤'란을 클릭하여 해제하고 축척을 1:40으로 설정한다.

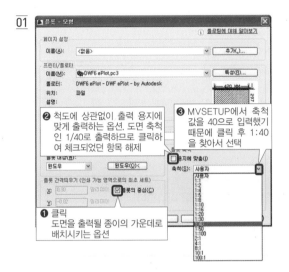

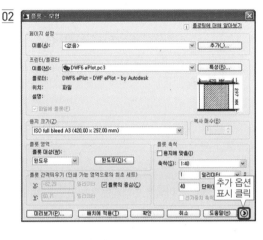

⑭ 플롯 스타일 테이블(펜지정)을 조정한다. 출력 시 펜에 색상을 지정하거나, 선 두께를 지정하는 등 색상마다 효과를 주어 다양하게 출력 가능하다. 흑백으로 인쇄물을 출력하므로 기본 설정된 monochrome.ctb를 찾아서 선택한다.

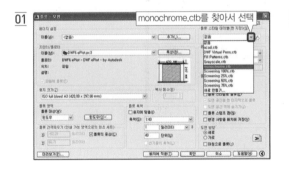

⑮ 출력 방향을 설정한다. 도면용지를 가로로 인쇄하기 위해 세로로 선택되어 있는 것을 가로로 변경한다.

⑯ 미리보기 버튼을 클릭한다.

⑰ 실제로 종이에 어떻게 인쇄되는지 미리 확인할 수 있게 도면이 화면 인쇄되어 나타난다.

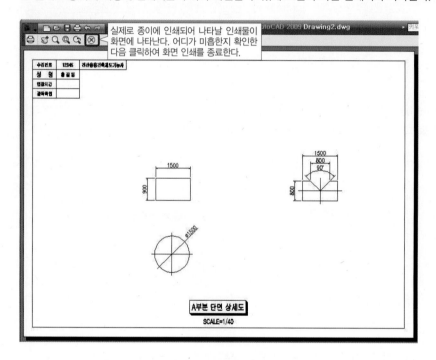

⑱ 닫기 버튼을 클릭한다.

🔲 기능

도면 작성 시 똑같은 모양이 반복되는 경우가 많이 있다. 이럴 때 블록 기능을 이용하여 심벌 기호로 저장하여 사용하면 도면의 효율성을 향상시키고 파일 크기도 줄일 수 있으며 비율을 지정하여 축척, 회전 등의 기능도 가능하다. 블록 기능에는 현재 편집 중인 DWG 파일에서만 사용 가능한 BLOCK 명령과 모든 DWG 파일에서 공통으로 사용 가능한 WBLOCK 명령 두 가지가 있다.

② 명령 실행방법

블록 아이콘을 클릭하거나 명령창에 블록명령 단축키 B를 입력한 후 엔터를 누른다. 객체를 선택하고 삽입점과 블록 이름을 지정하여 블록 정의를 작성한다.

③ 연습

예제
01

가로 290, 세로 150인 직사각형을 작도한 다음 파일이름을 '도면1'로 지정해서 내 문서 폴더에 저장하고, '도면1'이라는 파일 안에 '글로브 밸브'라는 이름으로 아래 그림과 같은 도형을 블록 정의하기

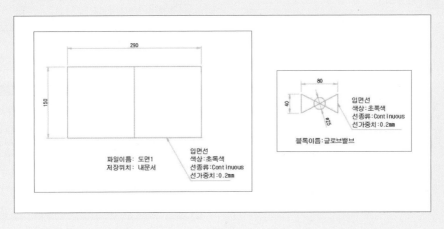

❶ 레이어를 설정하고 치수 스타일을 설정한 다음 현재 도면층을 입면선으로 지정한다.

❷ 렉탱글 명령을 이용하여 가로 290, 세로 150인 직사각형을 작도한 후 라인 명령을 이용하여 중간점에서 수직으로 라인을 작도한다.

❸ 내 문서 폴더에 파일 이름을 '도면1'로 지정해서 저장한다.

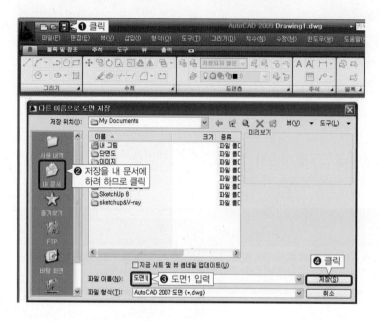

❹ 라인 명령과 서클(원) 명령을 이용하여 블록을 정의할 도형을 작도한다.

❺ 블록을 정의한다.

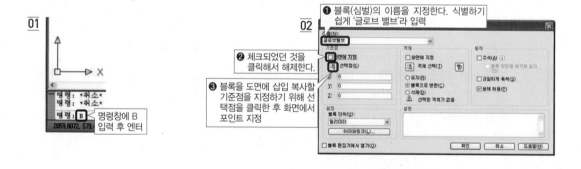

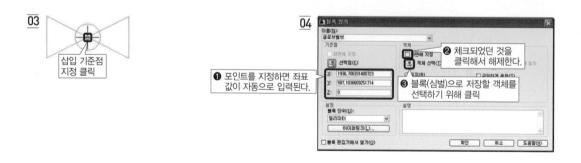

05 ❶ 클릭 후 크로스 방식으로 마우스를 왼쪽 밑으로 드래그

❷ 클릭하고 엔터를 눌러 블록 정의 대화 상자를 다시 표시한다.

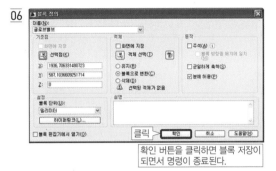

06

확인 버튼을 클릭하면 블록 저장이 되면서 명령이 종료된다.

❻ 마지막으로 저장 버튼을 누른 뒤 종료 버튼을 클릭해서 '도면1' 파일을 종료한다.

---

❷ 클릭

참고

방금 전 정의한 블록은 '도면1'이라는 파일 안에서만 블록이 저장된 것이므로 삽입 복사할 때는 '도면1' 안에서만 사용할 수 있다.

① 기능

저장된 블록을 현재 도면에 호출하여 삽입 복사하거나 DWG 파일 전체를 삽입 복사할 때 사용하는 명령어이다.

② 명령 실행방법

인서트(삽입) 아이콘을 클릭하거나 명령창에 인서트 명령 단축키 I를 입력한 후 엔터를 누른다.
블록 라이브러리에서 블록을 삽입하는 것이 좋다. 블록 라이브러리는 관련 블록 정의를 저장하는 도면 파일이거나 관련 도면 파일이 포함된 폴더일 수 있다. 이들 각각을 블록으로 삽입할 수 있다.

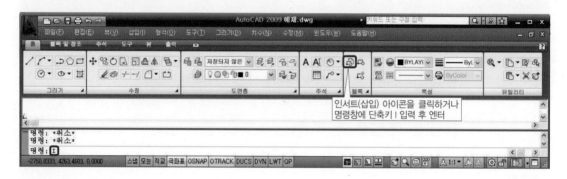

③ 연습

예제
01

내 문서 폴더 안에 '도면1'이라는 이름으로 저장한 파일을 불러와서 '글로브 밸브'라는 이름으로 블록을 정의한 것을 아래 그림과 같이 삽입하기

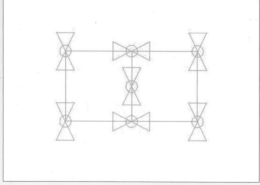

❶ 오픈(열기) 버튼을 클릭하여 내 문서 안에 저장된 '도면1' 파일을 불러온다.

❷ 블록 정의한 것을 인서트 명령을 이용하여 '도면1' 파일 안에 삽입한다. 먼저 수평으로 되어 있는 것부터 차례대로
삽입한다.

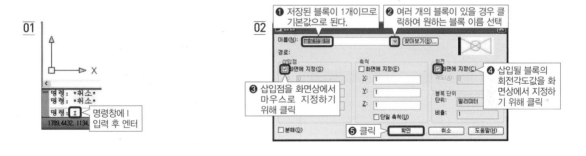

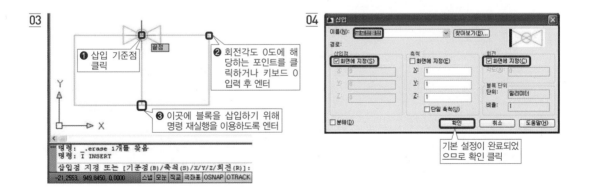

05

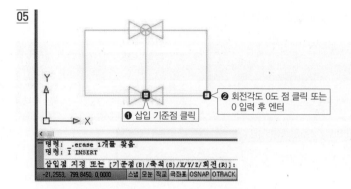

❷ 회전각도 0도 점 클릭 또는
0 입력 후 엔터

❶ 삽입 기준점 클릭

명령: _.erase 1개를 찾음
명령: I INSERT
삽입점 지정 또는 [기준점(B)/축척(S)/X/Y/Z/회전(R)]:
-21.2553, 799.8450, 0.0000 스냅 모눈 직교 극좌표 OSNAP OTRACK

❸ 계속해서 명령 재실행을 이용하여 수직으로 글로브 밸브를 위부터 삽입한다.

01

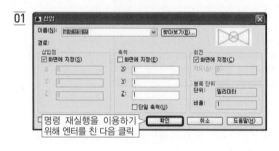

명령 재실행을 이용하기
위해 엔터를 친 다음 클릭

02

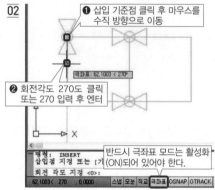

❶ 삽입 기준점 클릭 후 마우스를
수직 방향으로 이동

❷ 회전각도 270도 클릭
또는 270 입력 후 엔터

반드시 극좌표 모드는 활성화
(ON)되어 있어야 한다.

명령: INSERT
삽입점 지정 또는 [기
회전 각도 지정 <0>:
62.1003< 270 , 0.0000 스냅 모눈 직교 극좌표 OSNAP OTRACK

03

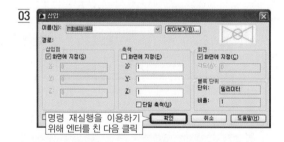

명령 재실행을 이용하기
위해 엔터를 친 다음 클릭

04

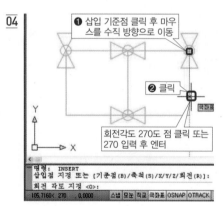

❶ 삽입 기준점 클릭 후 마우
스를 수직 방향으로 이동

❷ 클릭

회전각도 270도 점 클릭 또는
270 입력 후 엔터

명령: INSERT
삽입점 지정 또는 [기준점(B)/축척(S)/X/Y/Z/회전(R)]:
회전 각도 지정 <0>:
105.7160< 270 , 0.0000 스냅 모눈 직교 극좌표 OSNAP OTRACK

❹ 명령 재실행을 이용하여 수직으로 아래쪽에 있는 글로브 밸브를 삽입한다.

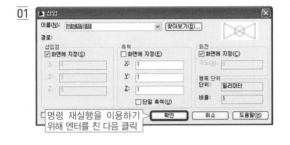

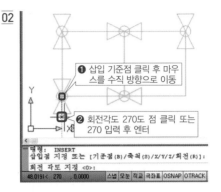

❺ 명령 재실행을 이용하여 수직으로 중앙에 있는 글로브 밸브를 삽입한다.

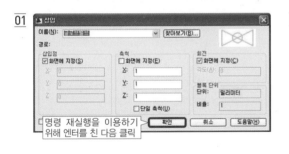

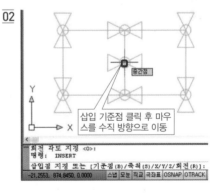

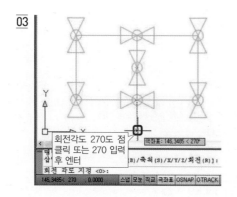

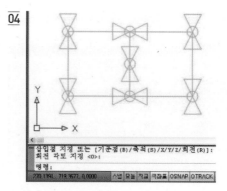

⑥ 닫기 버튼을 클릭하여 종료한다.(단 여기서는 종료 시 '아니오'를 클릭하여 저장한다.)

참고

지금까지 블록 삽입한 것을 저장하고 종료하려면 '예'를 클릭하면 된다. '아니오'를 클릭하면 비록 화면상에 블록이 삽입되어 있지만 저장되지 않는다.

도면출력 및 도면합성 기능 : BLOCK / INSERT

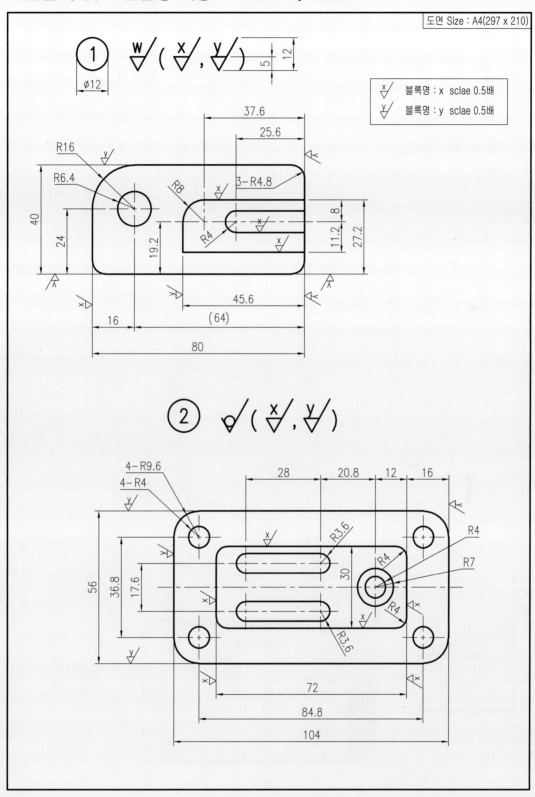

도면 Size : A4(297 x 210)

블록명 : x sclae 0.5배
블록명 : y sclae 0.5배

1 기능

블록(심벌 도형)을 삽입하고자 하는 현재 편집 중인 도면에 선택한 객체를 삽입 복사할 수 있도록 DWG 파일로 저장할 때 사용하는 명령어이다.

2 명령 실행방법

명령창에 Wblock을 입력하거나 단축키 W를 입력한 후 엔터를 누른다.

3 연습

> 예제 01
>
> 내 문서 폴더 안의 '도면1' 파일을 불러온 다음, 지름이 200인 원 안에 내접하는 정오각형을 작도한 후 다시 내 문서 폴더에 '도면2'로 저장하고, 오른쪽 그림과 같은 도형을 작도한 후 W 블록을 사용하여 내 문서 폴더에 '표면거칠기'란 파일 이름으로 저장하기

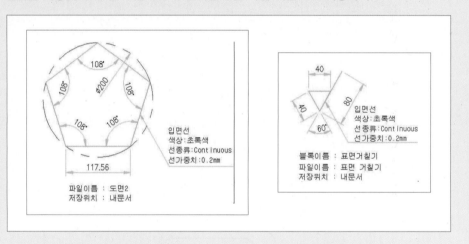

❶ 내 문서 폴더 안에 있는 '도면1'을 불러온다.

❷ 현재 도면층을 입면선으로 변경한다.

❸ 지름이 200인 원 안에 내접하는 정오각형을 작도한다.

❹ 다른 이름으로 저장하기를 클릭하여 내 문서 폴더에 '도면2'라는 이름으로 저장한다.

❺ 블록으로 저장할 도형을 작도한 후 내 문서 폴더에 '표면거칠기'라는 이름으로 W블록을 사용하여 DWG 파일을 저장한다.

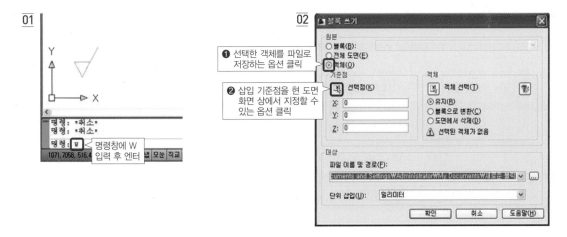

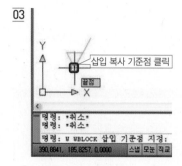

03

삽입 복사 기준점 클릭

끝점

```
명령: *취소*
명령: *취소*
명령: ₩ WBLOCK 삽입 기준점 지정:
390.8841, 185.8257, 0.0000    스냅 모눈 직교
```

04

블록 쓰기

원본
○ 블록(B):
○ 전체 도면(E)
◉ 객체(O)

파일로 저장할 하나 이상의 객체를 화면 상에서 선택할 수 있는 옵션 클릭

기준점
선택점(K)
X: 390.8840997381148
Y: 185.8257306728225
Z: 0

객체
객체 선택(T)
○ 유지(R)
○ 블록으로 변환(C)
○ 도면에서 삭제(D)
⚠ 선택된 객체가 없음

대상
파일 이름 및 경로(F):
C:₩Documents and Settings₩Administrator₩My Documents₩새로

단위 삽입(U): 밀리미터

확인   취소   도움말(H)

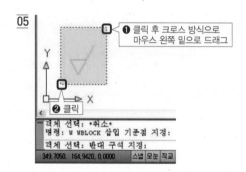

05

❶ 클릭 후 크로스 방식으로 마우스 왼쪽 밑으로 드래그

❷ 클릭

```
객체 선택: *취소*
명령: ₩ WBLOCK 삽입 기준점 지정:
객체 선택: 반대 구석 지정:
349.7050, 164.9420, 0.0000    스냅 모눈 직교
```

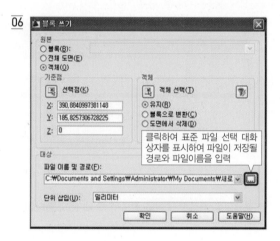

06

블록 쓰기

원본
○ 블록(B):
○ 전체 도면(E)
◉ 객체(O)

기준점
선택점(K)
X: 390.8840997381148
Y: 185.8257306728225
Z: 0

객체
객체 선택(T)
○ 유지(R)
○ 블록으로 변환(C)
○ 도면에서 삭제(D)

클릭하여 표준 파일 선택 대화 상자를 표시하여 파일이 저장될 경로와 파일이름을 입력

대상
파일 이름 및 경로(F):
C:₩Documents and Settings₩Administrator₩My Documents₩새로

단위 삽입(U): 밀리미터

확인   취소   도움말(H)

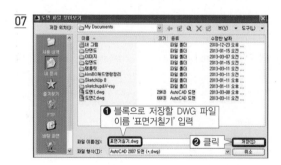

07

도면 파일 찾아보기

저장 위치(I): My Documents

❶ 블록으로 저장할 DWG 파일 이름 '표면거칠기' 입력

❷ 클릭

파일 이름(N): 표면거칠기.dwg
파일 형식(T): AutoCAD 2007 도면 (*.dwg)

저장(S)
취소

⑥ 최종적으로 확인 버튼을 클릭하여 내 문서 폴더에 '표면거칠기'라는 이름으로 DWG 파일을 저장한다.

예제 02 내 문서 폴더 안에 '도면2'라는 파일을 불러온 다음 정오각형에 아래 그림과 같이 블록 삽입하기

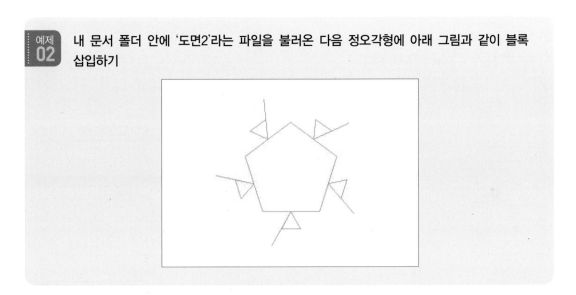

❶ 인서트(삽입) 명령을 이용하여 내 문서 폴더에 '표면거칠기'라는 이름으로 저장한 DWG 파일을 삽입 복사한다.

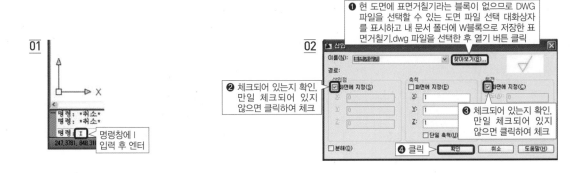

03
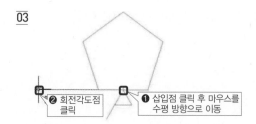

❷ 회전각도점 클릭
❶ 삽입점 클릭 후 마우스를 수평 방향으로 이동

04

명령 재실행을 이용하기 위해 엔터를 친 후 클릭

05

❶ 삽입점 클릭
❷ 회전 각도점 클릭

06
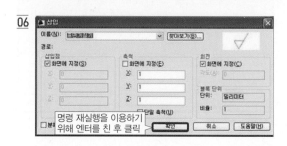

명령 재실행을 이용하기 위해 엔터를 친 후 클릭

07

❶ 삽입점 클릭
❷ 회전 각도점 클릭

08
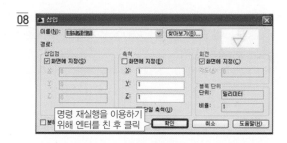

명령 재실행을 이용하기 위해 엔터를 친 후 클릭

09
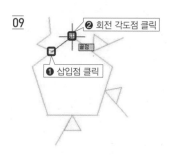

❷ 회전 각도점 클릭
❶ 삽입점 클릭

10
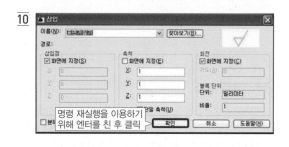

명령 재실행을 이용하기 위해 엔터를 친 후 클릭

11

❷ 회전 각도점 클릭
❶ 삽입점 클릭

12
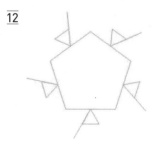

05 Ctrl + C 명령(복사)

1 기능

특정한 도면에 저장되어 있는 도형 객체를 현재의 도면에 붙여넣기하거나 복사하기 위한 복사 기능(Copy와는 다른 기능으로 파일과 파일 간의 도면 합성 기능이다.)

2 명령 실행방법

선택한 특정 도면을 불러오기한 후 복사할 객체를 마우스로 드래그해서 객체를 선택하고 키보드 'Ctrl + C'를 동시에 누르거나 마우스 오른쪽 버튼을 눌러 바로가기 메뉴를 이용해서 '복사(C)'를 클릭한다.

3 연습

> **예제 01** MVSETUP에서 축척값 40, 도면용지 A3(420x297), 치수 스타일 및 레이어를 설정해서 가로 1200, 세로 1200인 창문을 작도한 후 내 문서 폴더에 '창문1200'이라는 이름으로 저장한 다음 'Ctrl + C'를 이용하여 복사하기

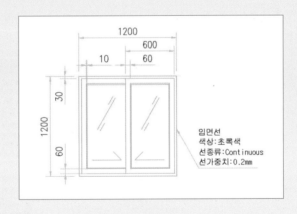

❶ MVSETUP을 실행해서 축척값 40으로 도면용지를 설정한다.

❷ 치수 스타일을 설정하고 입면선, 치수선 도면층을 생성한다.

❸ 현재 도면층을 입면선으로 변경한다.

❹ 가로 1200, 세로 1200인 창문을 작도한다.

❺ 내 문서 폴더 안에 '창문1200'이란 이름으로 도면을 저장한다.

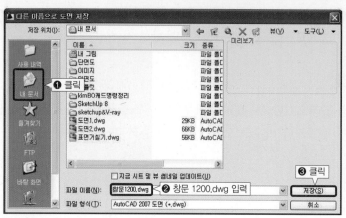

⑥ 크로스 방식으로 마우스를 드래그하여 복사할 객체 창문을 선택한 뒤 키보드 'Ctrl + C'를 누르거나, 마우스 오른쪽 버튼을 눌러 바로가기 메뉴를 이용하여 복사한다.

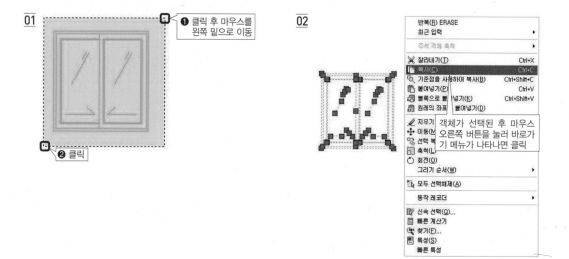

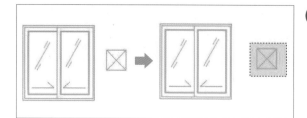

06 Ctrl + V 명령

1 기능

'Ctrl + C'를 사용하여 클립보드에 복사한 도형을 현재 편집 중인 도면에 붙여넣는 기능

2 명령 실행방법

붙여넣고자 하는 도형이 저장된 특정 도면을 불러오기한 다음 복사할 객체를 마우스로 드래그해서 객체를 선택하고 키보드 'Ctrl + C'를 동시에 누르거나, 마우스 오른쪽 버튼을 눌러 바로가기 메뉴를 이용해서 '복사(C)'를 클릭한다. 그런 다음 붙여넣기할 도면으로 이동하여 'Ctrl + V'를 동시에 눌러 클립보드에 복사된 도형을 붙여넣기한다.

3 연습

> **예제 01** 내 문서 폴더 안의 '창문1200' 파일을 불러온 다음, '도면1'이라는 파일 안에 저장된 사각형을 '창문1200' 파일에 붙여넣고, 스트레치(신축) 명령을 이용하여 세로 1200을 2400으로 연장한 후 내 문서 폴더 안에 '창문2400'이란 파일이름으로 저장하기

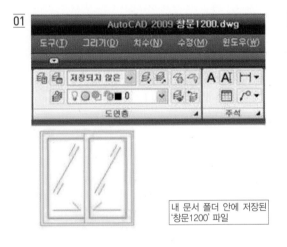

내 문서 폴더 안에 저장된 '창문1200' 파일

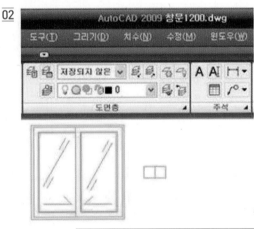

내 문서 폴더 안에 저장된 '도면1' 파일을 열어서 'Ctrl + C'를 이용해서 사각형을 복사한 뒤 '창문1200' 파일에 Ctrl + V로 붙여넣기

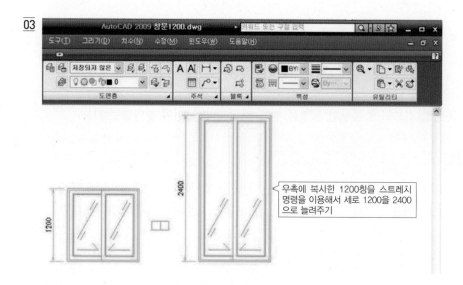

03

우측에 복사한 1200칭을 스트레치 명령을 이용해서 세로 1200을 2400으로 늘려주기

04

다른 이름으로 저장하기 메뉴를 클릭하여 내 문서 폴더 안에 '창문 2400'이란 파일명으로 저장하기

❶ 내 문서 폴더 안에 저장된 '창문1200' 파일을 불러온다.

❷ 내 문서 폴더 안에 저장된 '도면1' 파일을 불러온다.

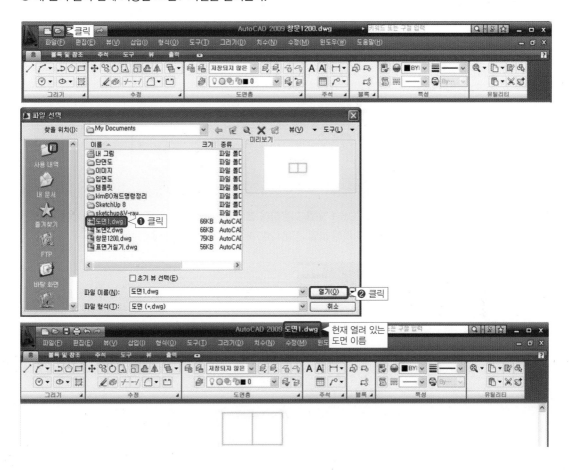

❸ 크로스 방식으로 마우스를 왼쪽 밑으로 드래그한 다음 객체 선택 후 'Ctrl + C'를 이용해 복사한다.

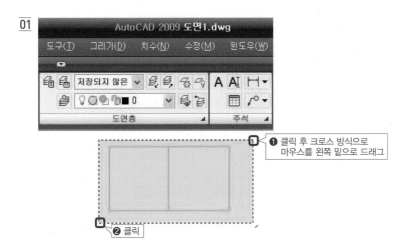

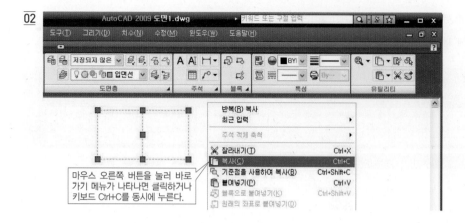

02

마우스 오른쪽 버튼을 눌러 바로
가기 메뉴가 나타나면 클릭하거나
키보드 Ctrl+C를 동시에 누른다.

❹ 파일 '창문1200'으로 이동하여 키보드 'Ctrl + V'를 이용하여 붙여넣거나 마우스 오른쪽 버튼을 클릭하여 바로가
기 메뉴가 나타나면 '붙여넣기(P)'를 클릭하여 파일 '창문1200'에 사각형을 붙여넣는다.

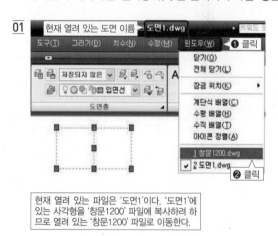

01

현재 열려 있는 파일은 '도면1'이다. '도면1'에
있는 사각형을 '창문1200' 파일에 복사하려 하
므로 열려 있는 '창문1200' 파일로 이동한다.

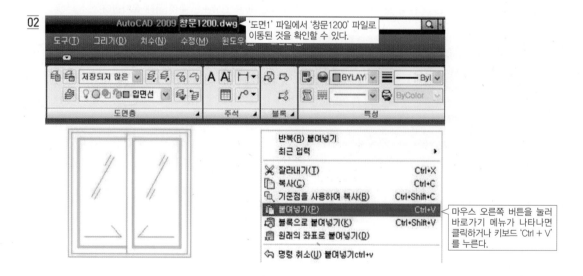

02

'도면1' 파일에서 '창문1200' 파일로
이동된 것을 확인할 수 있다.

마우스 오른쪽 버튼을 눌러
바로가기 메뉴가 나타나면
클릭하거나 키보드 'Ctrl + V'
를 누른다.

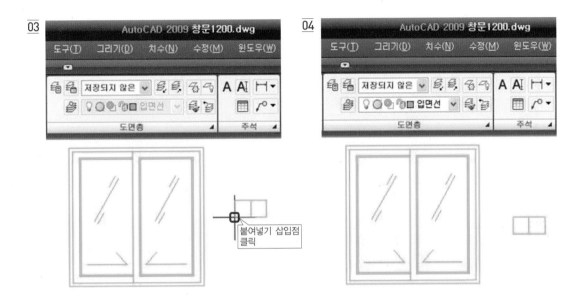

❺ 스트레치를 이용해서 세로 1200을 2400으로 늘려준다.

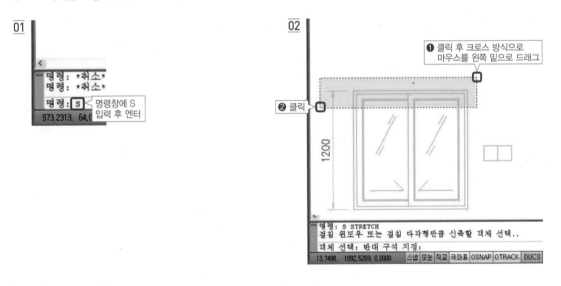

주의

스트레치를 하기 위해 객체를 선택할 때는 항상 크로스 방식으로 해야 한다.

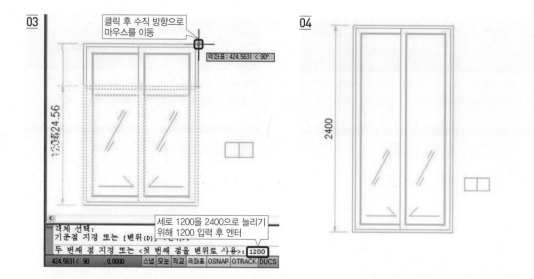

⑥ 내 문서 폴더 안에 '창문1200'으로 저장되어 있는 파일은 그대로 유지하면서 내 문서 폴더 안에 '창문2400'이라는 이름으로 새롭게 저장한다.

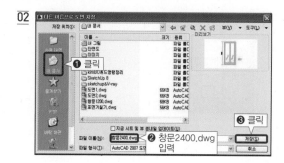

CHAPTER

07
나만의 AutoCAD 작업환경 설정하기

01 단축키 설정하기

1 기능

AutoCAD에서 설정한 기본적인 단축키를 사용하다 보면 키보드를 여러 번 눌러야만 명령이 실행되는 경우가 있다. 또한 자판 배열상 명령을 수행하기 위해서 손가락을 이동해야 하는 번거로운 경우도 있다. 이런 불편함을 줄이고 사용자의 편의성을 도모하고자 AutoCAD에서 기본적으로 설정한 단축키 외에 사용자가 단축키를 설정하여 사용할 수 있도록 한다.

2 단축키 설정방법

① 바탕화면에서 '시작-보조프로그램-메모장'을 순차적으로 클릭하여 메모장에 아래와 같이 단축키를 입력한 다음 내 문서 폴더 안에 파일이름을 '단축키.txt'로 저장한다.

1,	*trim
11,	*extend
2,	*offset
22,	*mirror
3,	*copy
33,	*move
4,	*pline
44,	*pedit
5,	*dtext

55,	*ddedit
q,	*line
qq,	*xline
qqq,	*rectang
ww,	*matchprop
ff,	*chamfer
d,	*dimlinear
dd,	*dimstyle
cc,	*bhatch
ee,	*lengthen
ss,	*scale
aa,	*array

② '단축키.txt' 파일에 저장된 내용을 Ctrl + C로 복사한다.

01
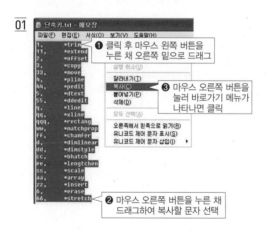

02

③ 메모장에서 복사한 내용을 붙여넣는다.

④ 저장을 한다.

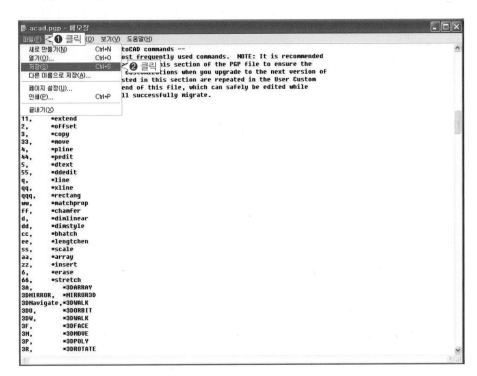

⑤ 저장을 하고서 컴퓨터를 OFF했다가 다시 ON하면 개인적으로 사용하기 위해 설정한 단축키를 실행할 수 있지만 너무 번거로운 일이다. REINIT 명령을 이용하여 변경된 PGP 파일을 바로 AutoCAD 상에서 사용할 수 있다.

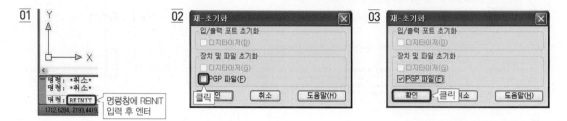

02 AutoCAD 화면에 치수와 그리기 막대 불러오기

1 기능

AutoCAD 화면에 자주 쓰는 기능인 치수와 그리기 막대를 불러오면 작업자의 편의성이 증대된다.

2 명령 실행방법

① 치수 막대를 불러와 화면에 위치시킨다.

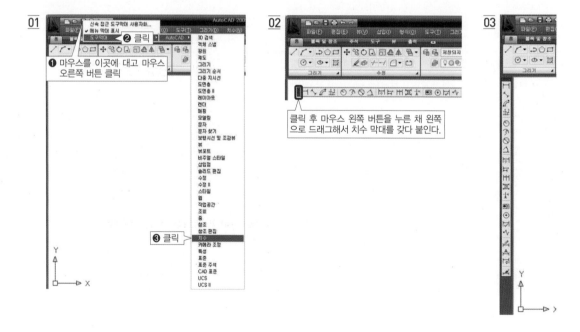

② 그리기 막대를 불러와 화면에 위치시킨다.

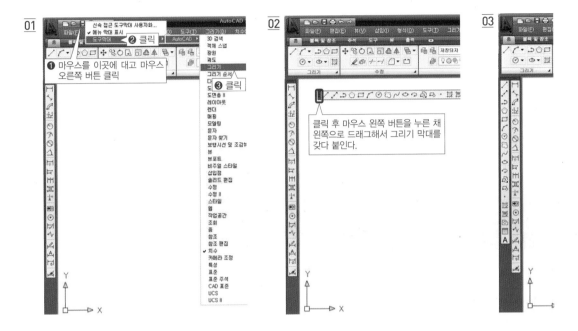

③ 작업을 하다 보면 메뉴막대가 종종 아래 그림과 같이 사라지는 경우가 발생한다. 이럴 경우 아래와 같은 방법으로 메뉴막대를 화면에 표시한다.

1 기능

디자인 센터는 다른 도면의 자원을 유용하게 활용하여 효율적인 도면 작업을 가능하게 해주는 팔레트이다.

2 명령 실행방법

풀다운 메뉴의 '도구(T)–팔레트–Design Center(D)'를 순차적으로 클릭하거나 단축키 'Ctrl + 2'를 누른다.

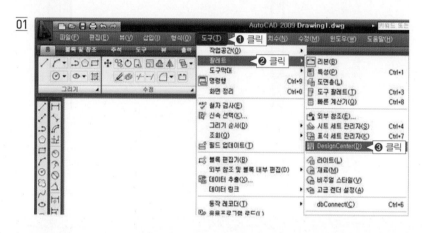

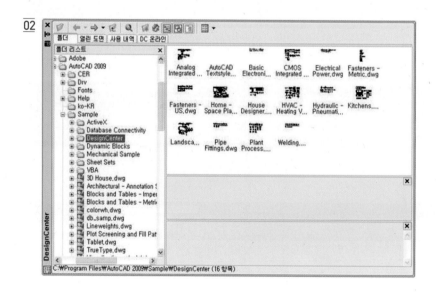

3 연습

MVSETUP을 실행해서 축척값 50, 레이어 생성, 문자 스타일을 로만스(Romans.shx , Whgtxt. shx)와 굴림체로 정의하여 아래 그림과 같이 입면도 템플릿을 만든 다음 디자인 센터에서 정원수 불러오기

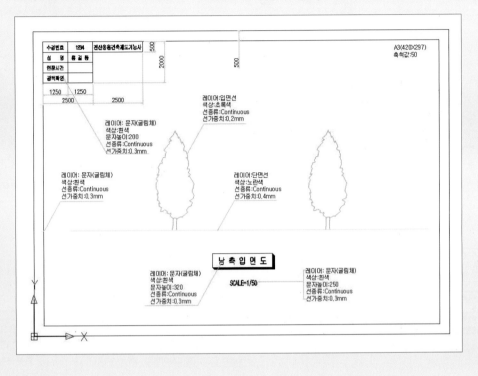

❶ 그동안 습득한 여러 가지 명령들을 이용해 위와 같이 레이어를 설정해서 입면도 템플릿을 만든다.

❷ 입면도 템플릿 도면 안에 정원수를 불러오기 위해 디자인 센터 불러오기 단축키 'Ctrl + 2'를 누른다. 디자인 센터 대화상자가 열리면 'Landscape'를 클릭하여 도구 팔레트를 작성한다.

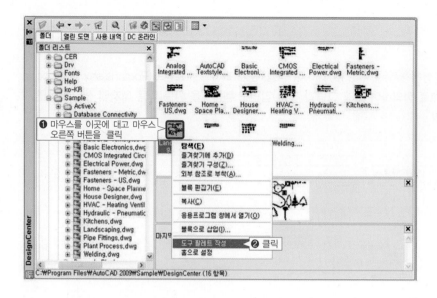

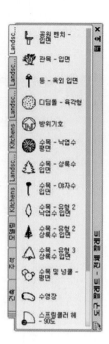

③ 도구 팔레트에서 정원수를 클릭하여 입면도 템플릿 안에 갖다 붙인다.

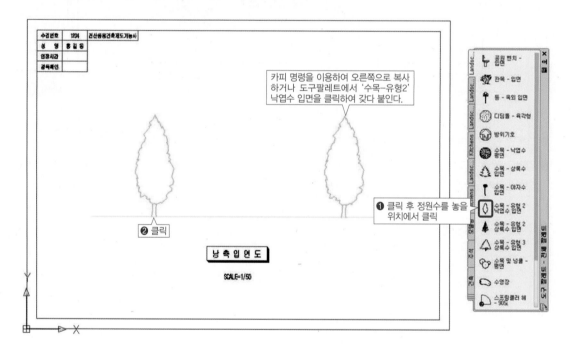

카피 명령을 이용하여 오른쪽으로 복사
하거나 도구팔레트에서 '수목-유형2'
낙엽수 입면을 클릭하여 갖다 붙인다.

❶ 클릭 후 정원수를 놓을
위치에서 클릭

❷ 클릭

낭축입연도

SCALE=1/50

❹ 키보드에서 'Ctrl + 3'을 눌러 도구 팔레트를 바로 작성하여 정원수를 옮겨도 된다.

❺ 모든 도면 작업이 끝나고 인쇄하기 전에는 항상 플롯명령을 이용하여 화면인쇄를 먼저 실행해서 실제 종이로 인쇄했을 때 어떻게 보일지 확인한다. 그 다음 폴더에 저장하는데 저장하기 전에 반드시 마우스 가운데 버튼을 더블클릭하여 도면용지 밖에 불필요한 선들이 남아 있는지 확인해야 한다. 도면용지 밖에 불필요한 선들이 남아 있다면 마우스 가운데 버튼을 더블클릭했을 때 아래 그림과 같이 도면용지와 함께 불필요한 선들이 화면 상에 나타난다.

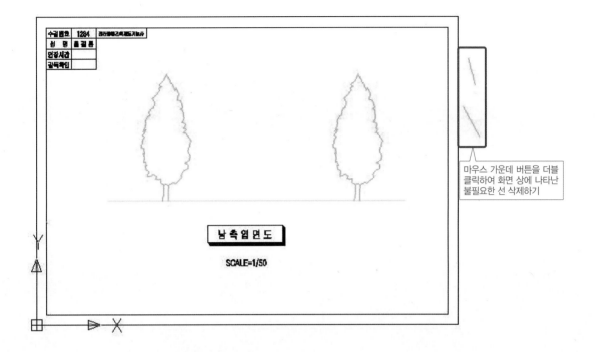

마우스 가운데 버튼을 더블 클릭하여 화면 상에 나타난 불필요한 선 삭제하기

❻ 마우스 가운데 버튼을 더블클릭하여 도면용지 밖에 불필요한 선이 화면 상에 보이면 불필요한 선을 제거한 뒤 다시 마우스 가운데 버튼을 더블클릭하여 최종 확인하고 저장 버튼을 눌러 종료한다.

PART 2

건축설계 AutoCAD 2D 완결판

실전편

• 실습 예제 도면

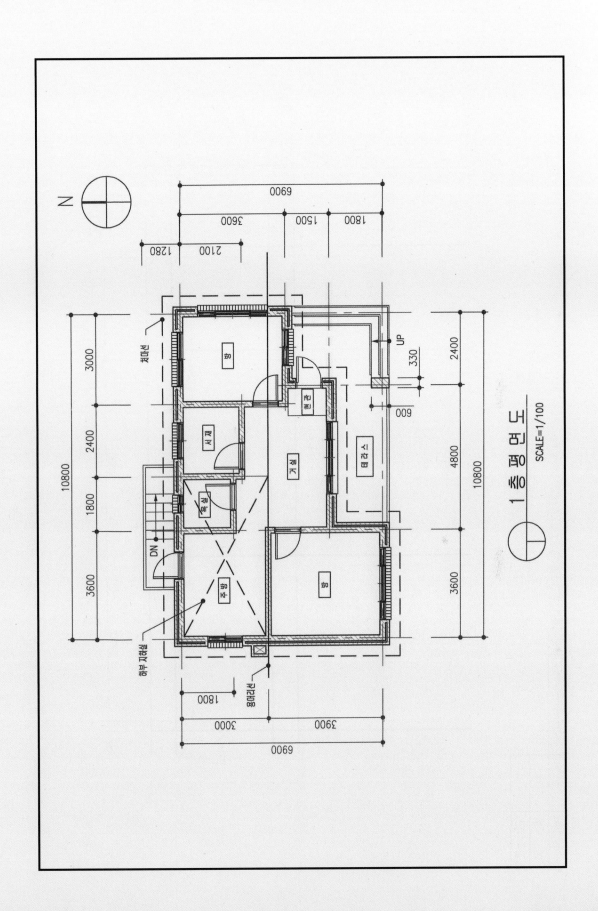

1층 평면도

SCALE=1/100

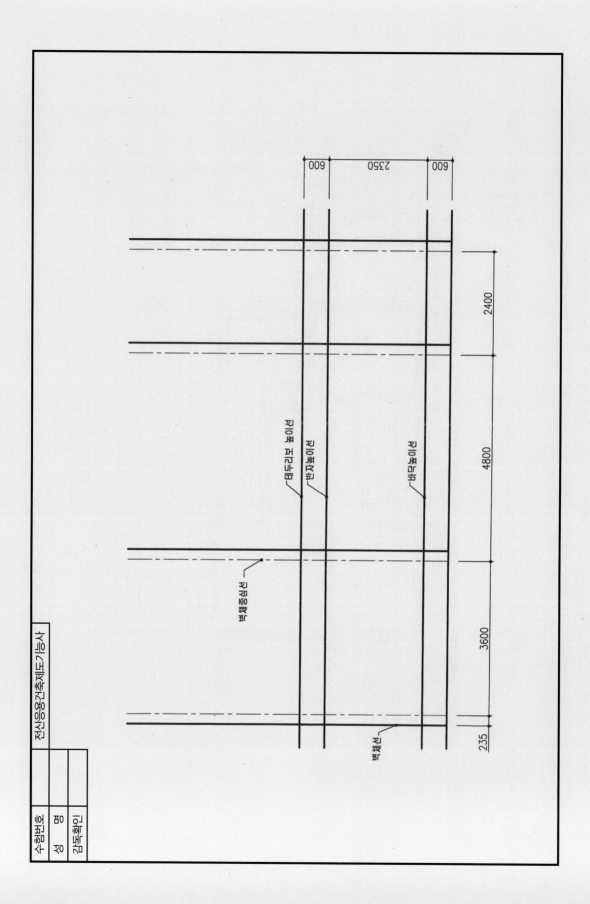

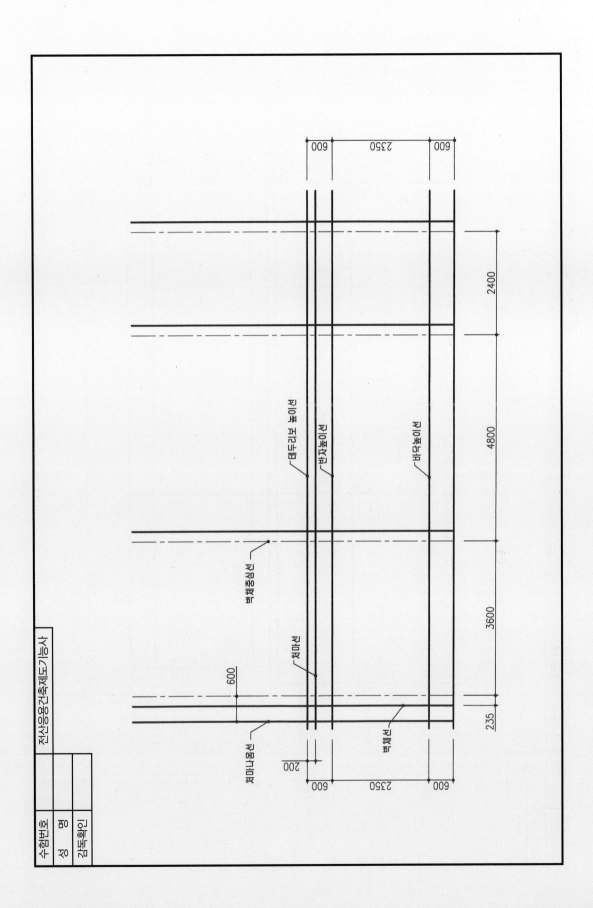

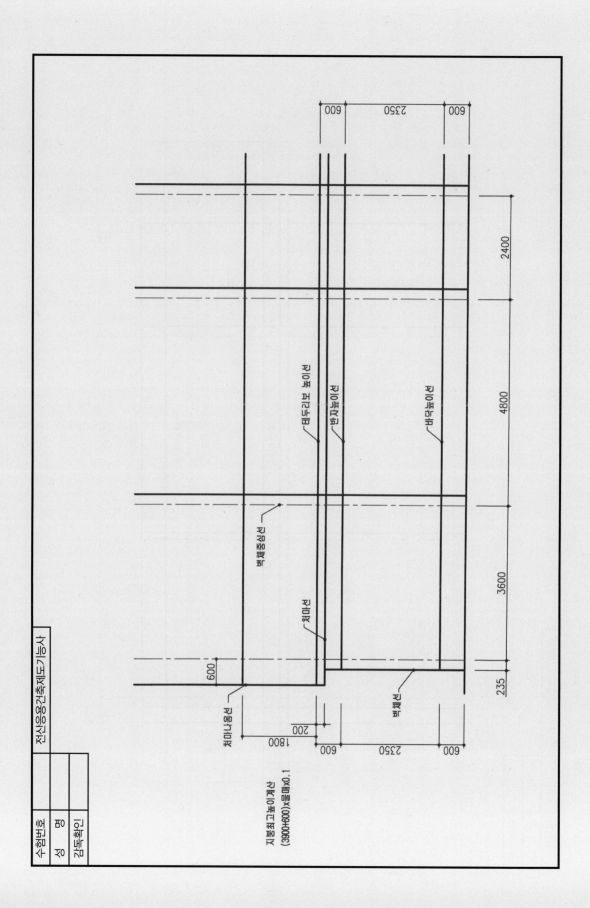

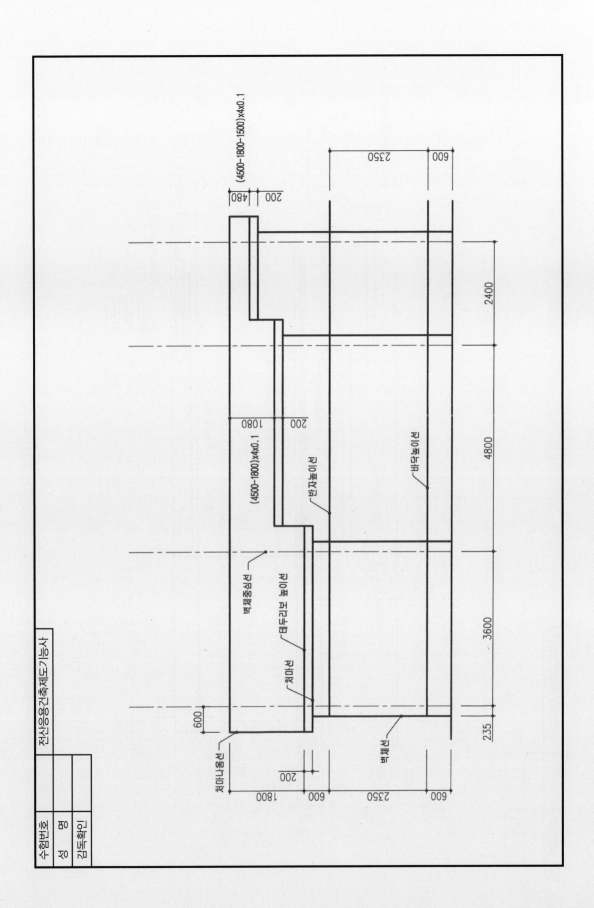

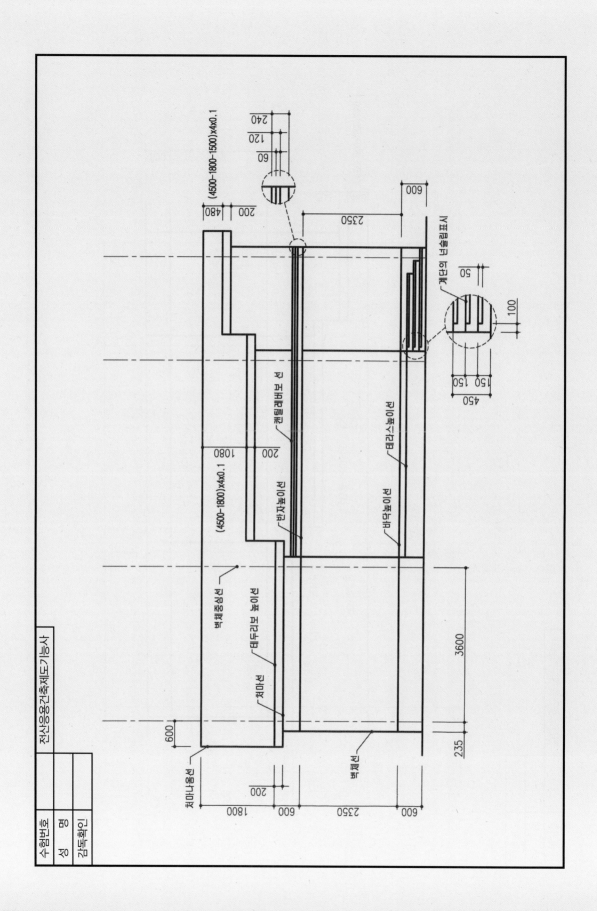

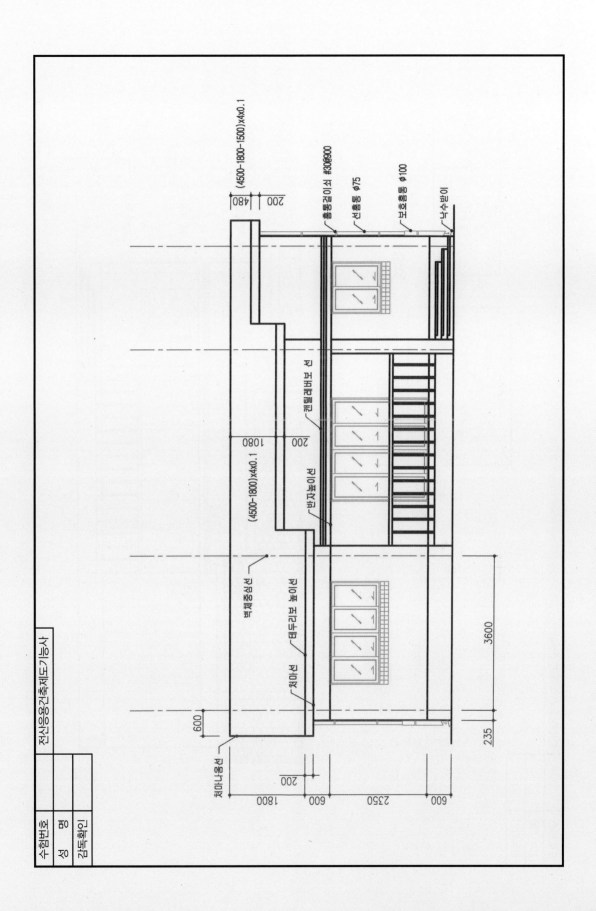

전산응용건축제도기능사

수험번호

성 명

감독확인

(4500-1800-1500)x4x0.1

480

200

통통걸이선 #30@900

선홈통 φ75

보호홈통 φ100

낙수받이

켄틸레버보 선

200

1080

(4500-1800)x4x0.1

반자돌이선

벽체중심선

처마선

테두리보 놓이선

3600

235

처마나옴선

600

200

600

1800

600

2350

009

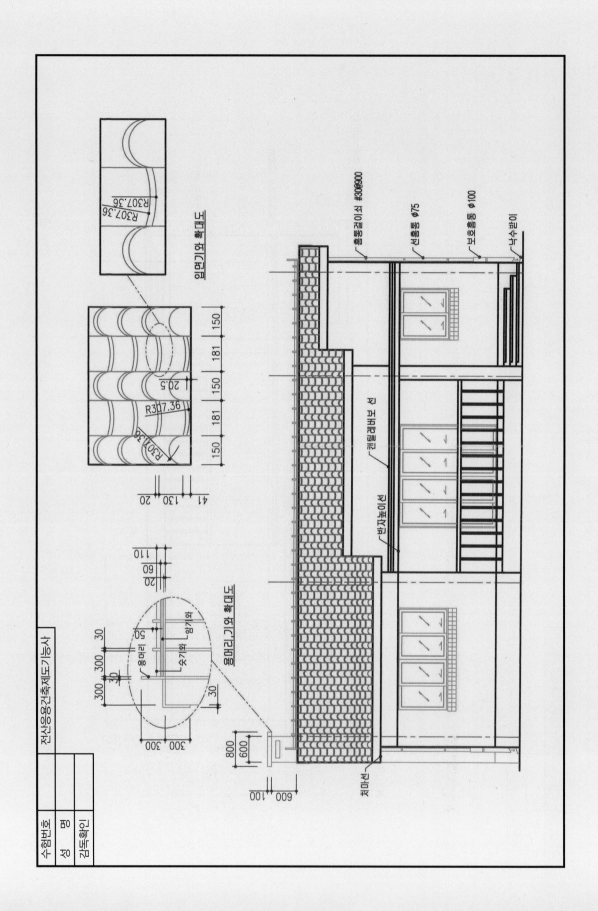

일면기와 확대도

R307.36
R307.36

R307.36

R307.36

150
181
150
181
150

20.5

41 130 20

용마루기와 확대도

110
20
60

암키와
숫기와
암키와

50
30
30
300 300
300 300

800
600

600
100

처마선

반자높이선

켄틸레바보 선

홍통걸이쇠 #306900
선홍통 ⌀75
보호홍통 ⌀100
낙수받이

전산응용건축제도기능사

수험번호	
성명	
감독확인	

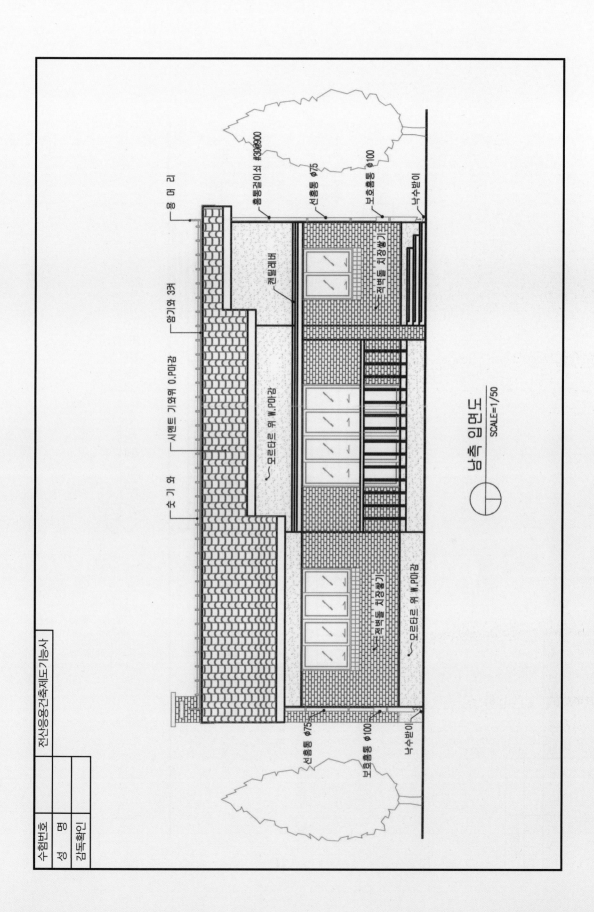

남측 입면도
SCALE=1/50

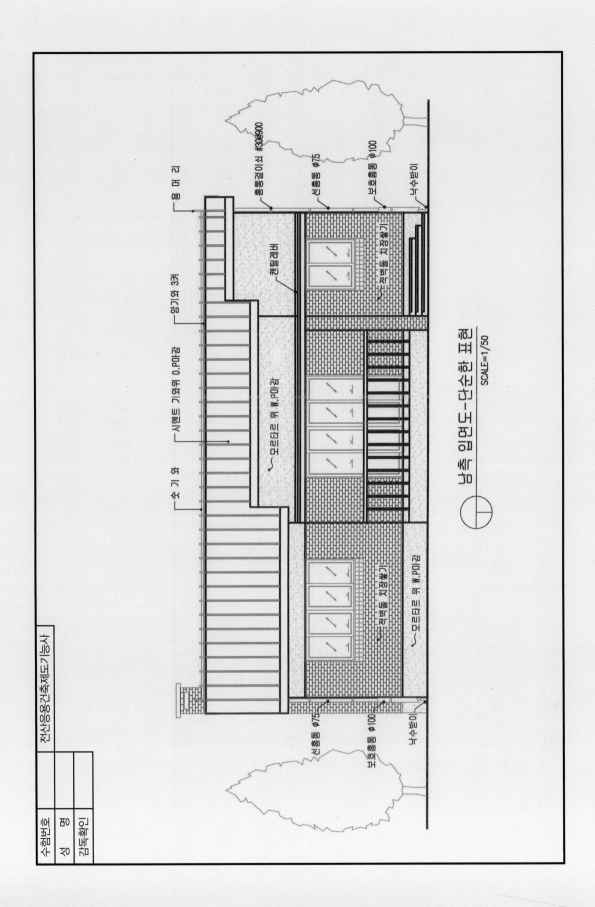

남측 입면도 – 단순한 표현

SCALE=1/50

홈통걸이쇠 #306900
선홈통 Φ75
보호홈통 Φ100
낙수받이

용 마 리
암기와 3켜
시멘트 기와위 0.P마감
숫 기 와

캔틸레버
모르타르 위 W.P마감
적벽돌 치장쌓기

선홈통 Φ75
보호홈통 Φ100
낙수받이

모르타르 위 W.P마감
적벽돌 치장쌓기

전산응용건축제도기능사	
수험번호	
성 명	
감독확인	

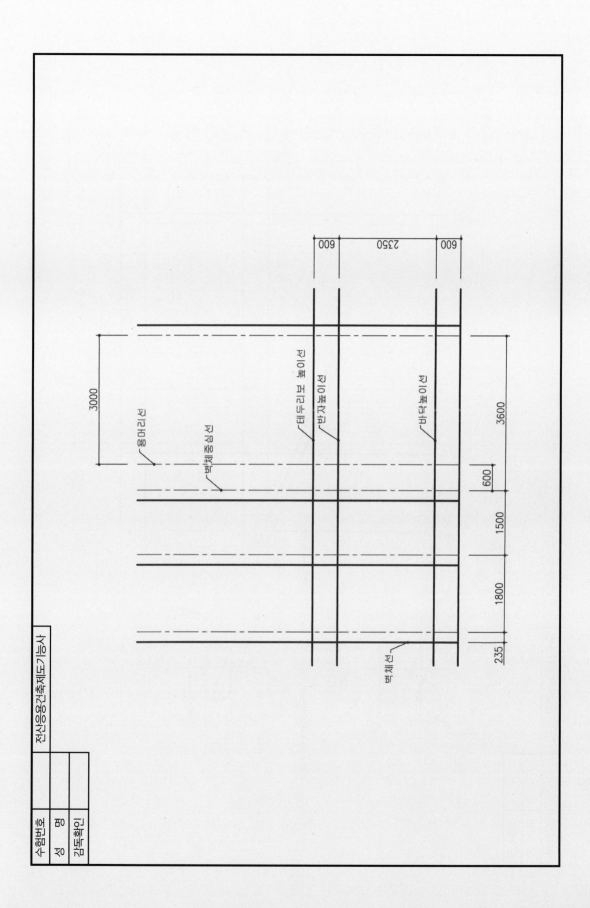

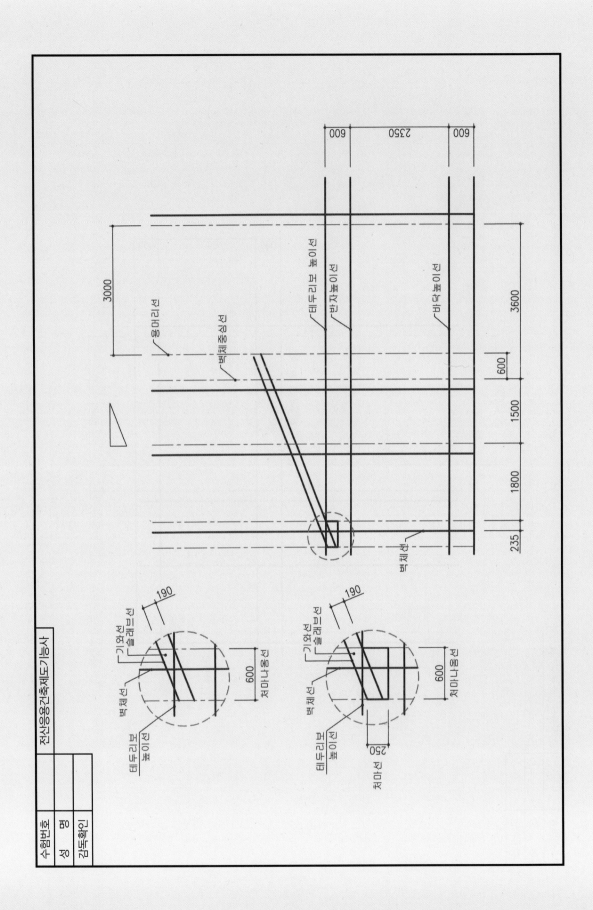

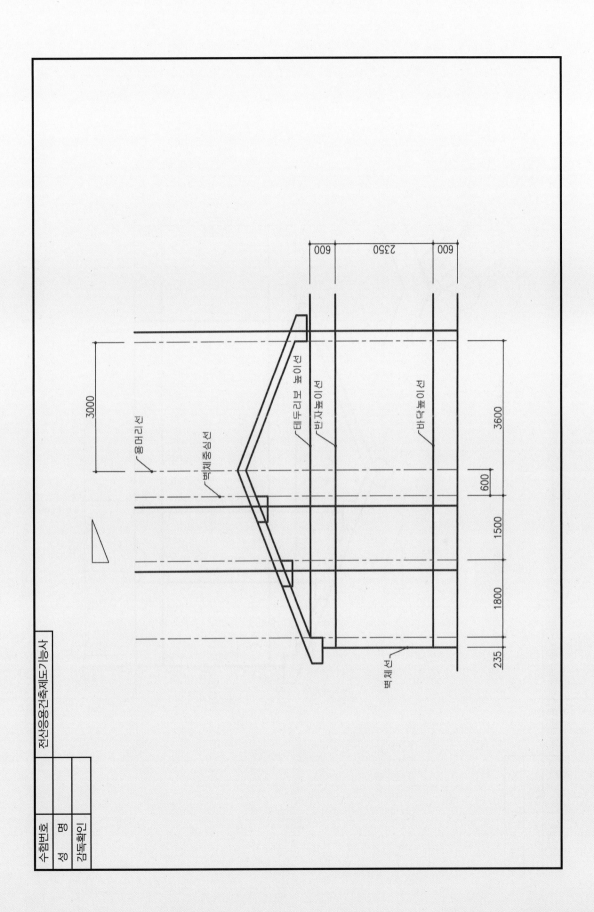

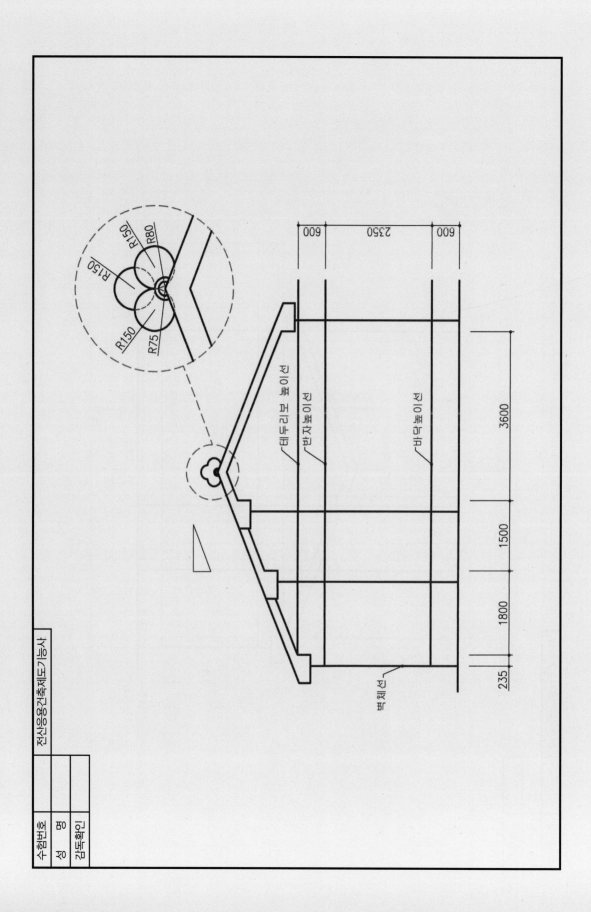

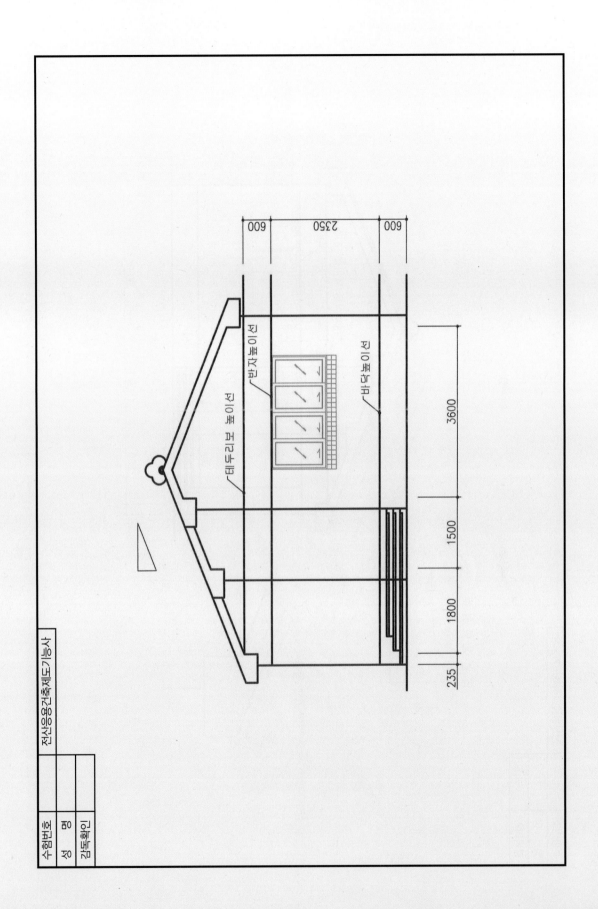

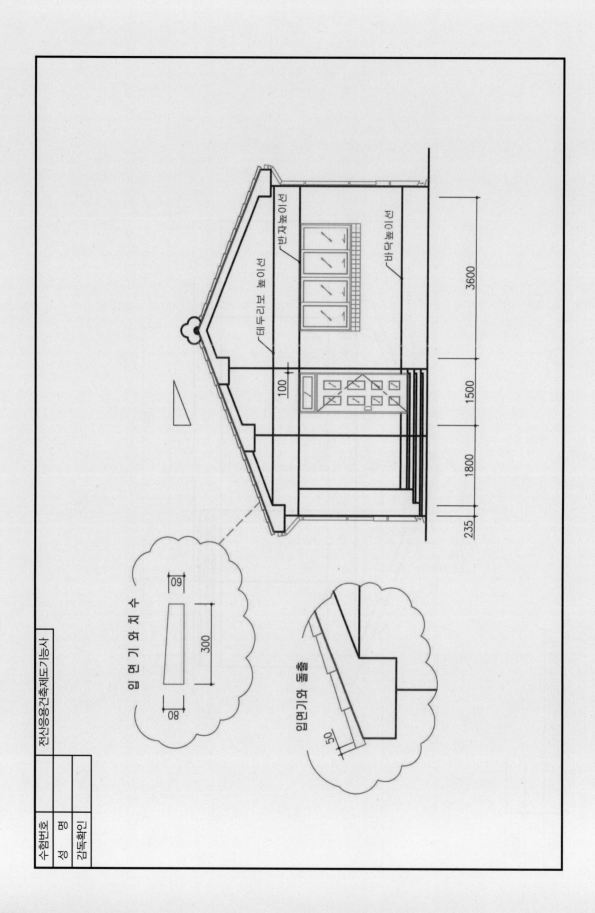

일 면 기 와 치 수

일면기와 돌출

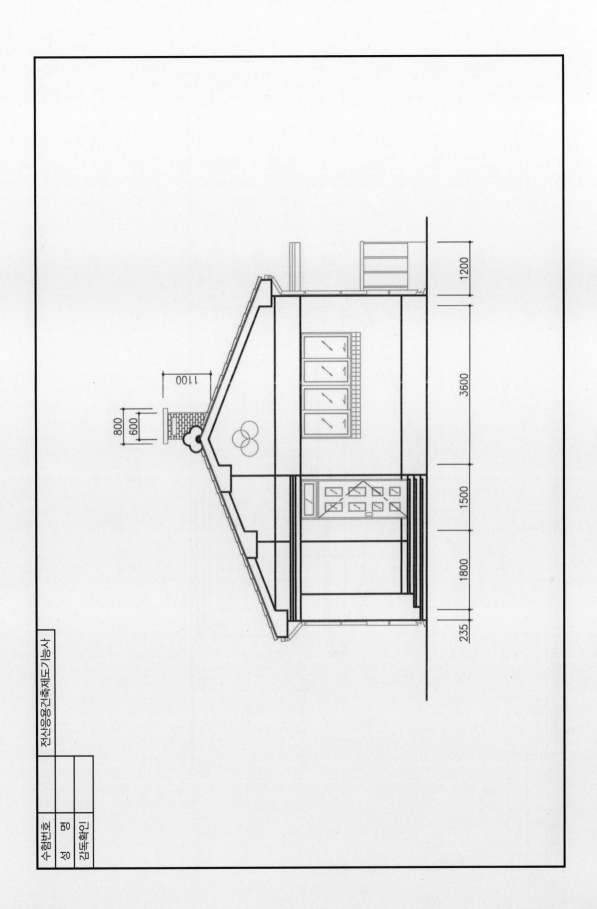

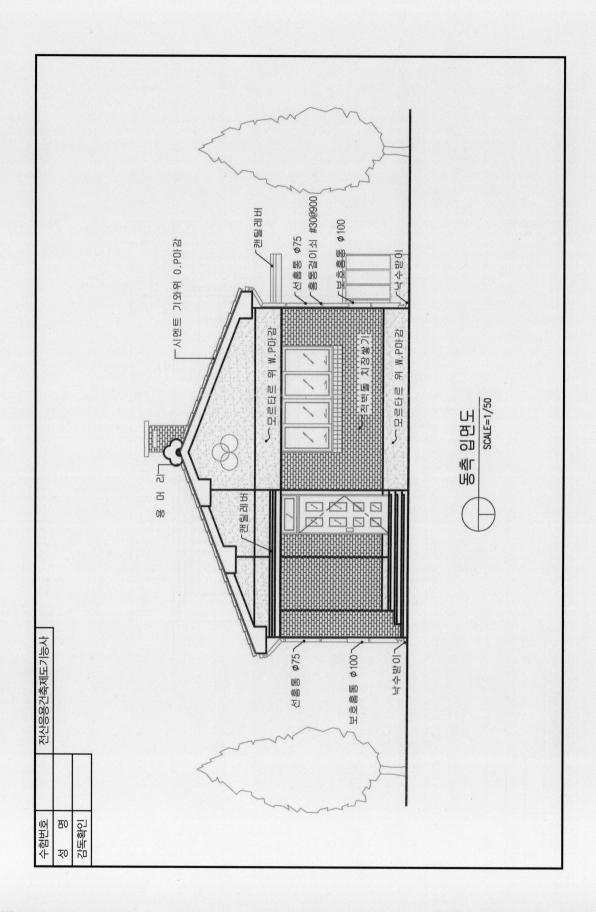

동측 입면도
SCALE=1/50

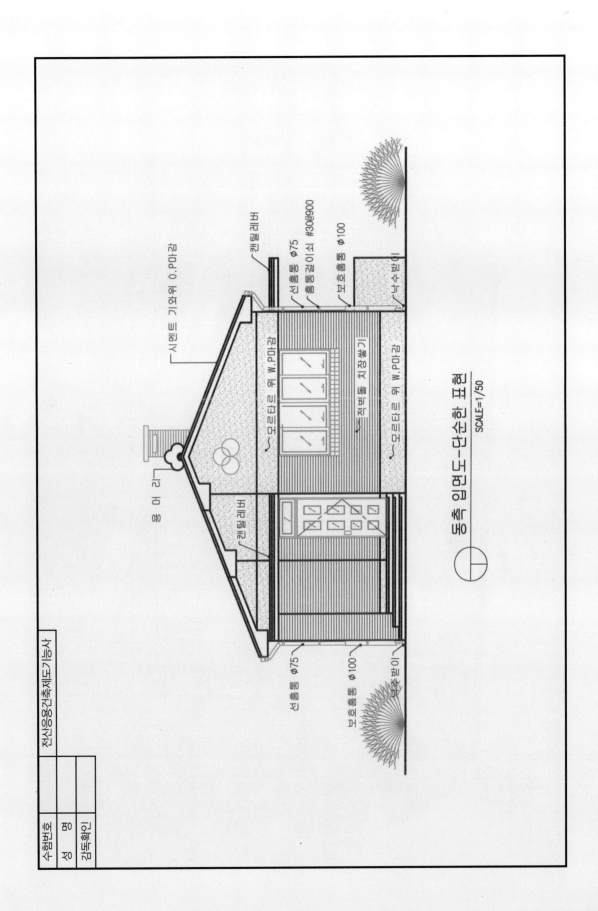

동측 입면도 - 단순한 표현
SCALE=1/50

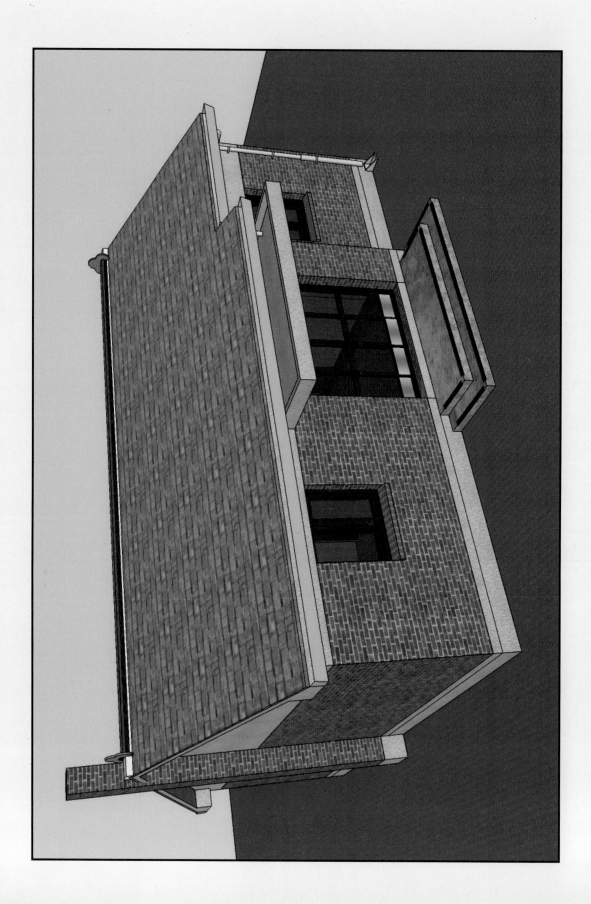

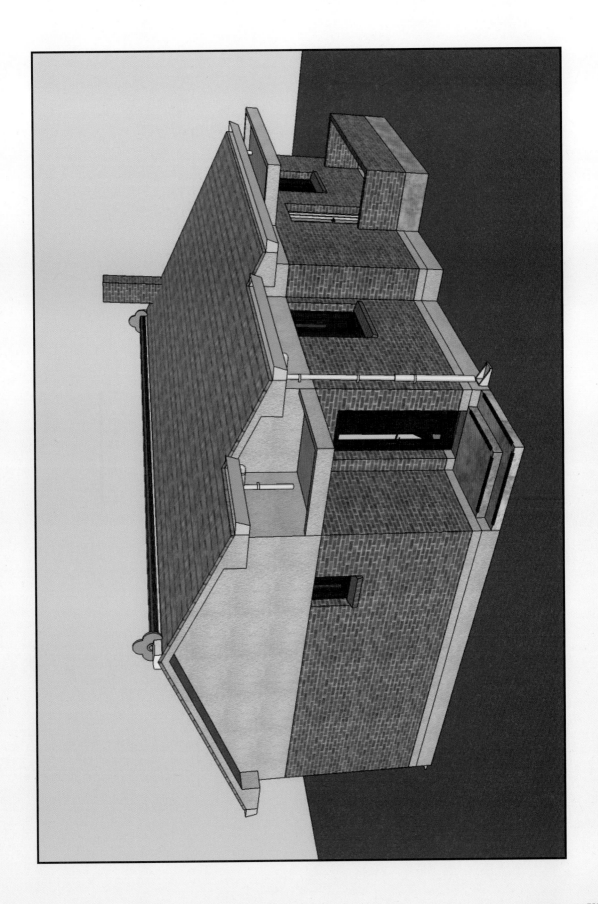

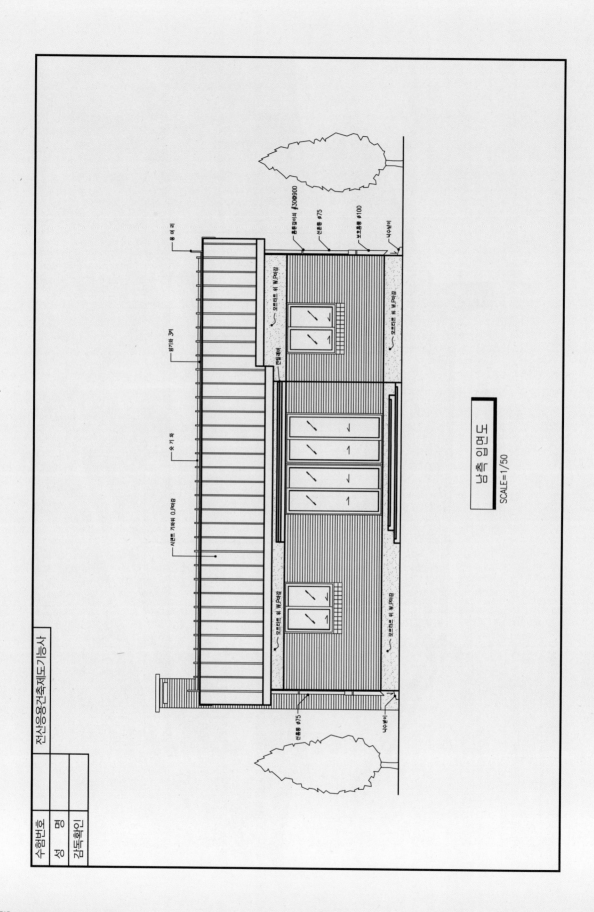

남측 입면도

SCALE=1/50

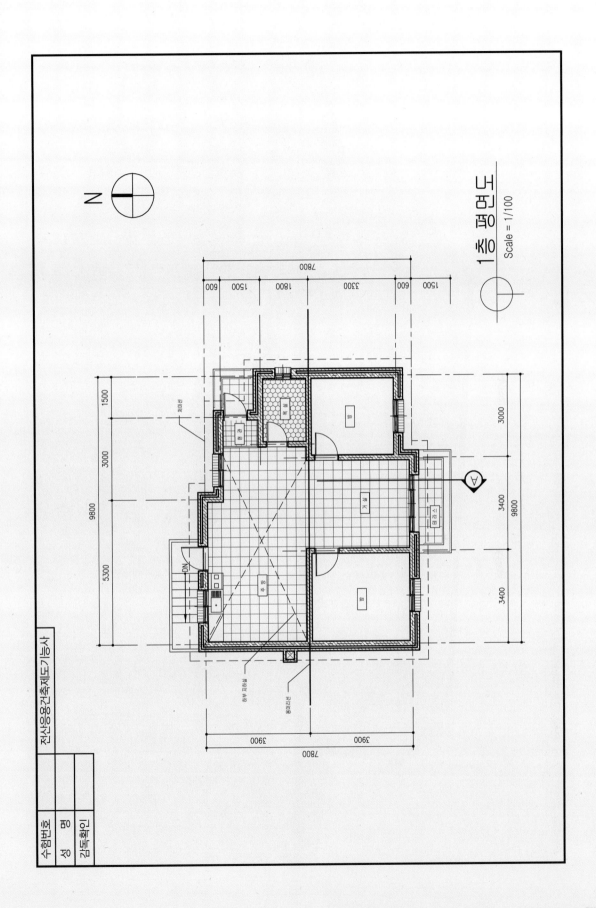

N

1층 평면도
Scale = 1/100

전선응용건축제도기능사

수험번호	
성 명	
감독확인	

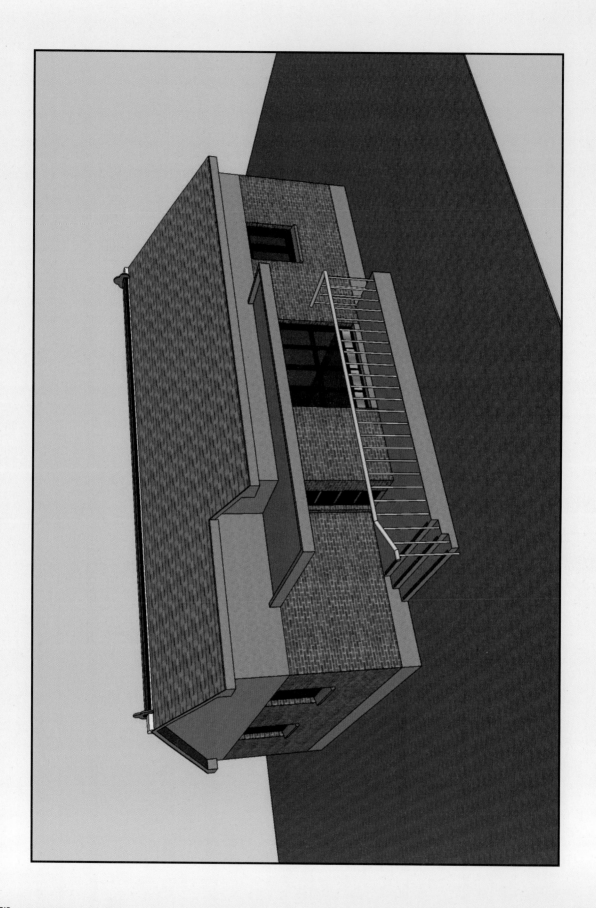

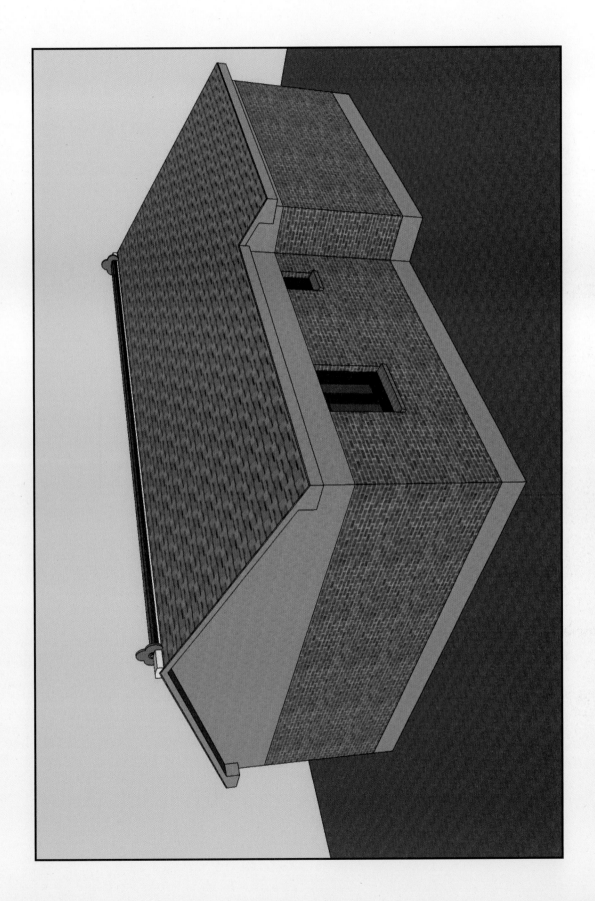

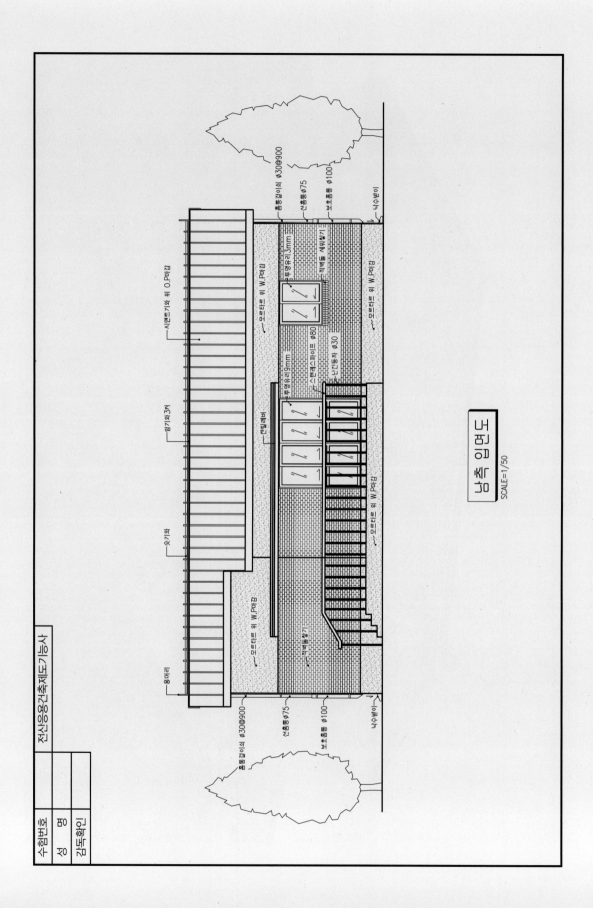

남측 입면도

SCALE=1/50

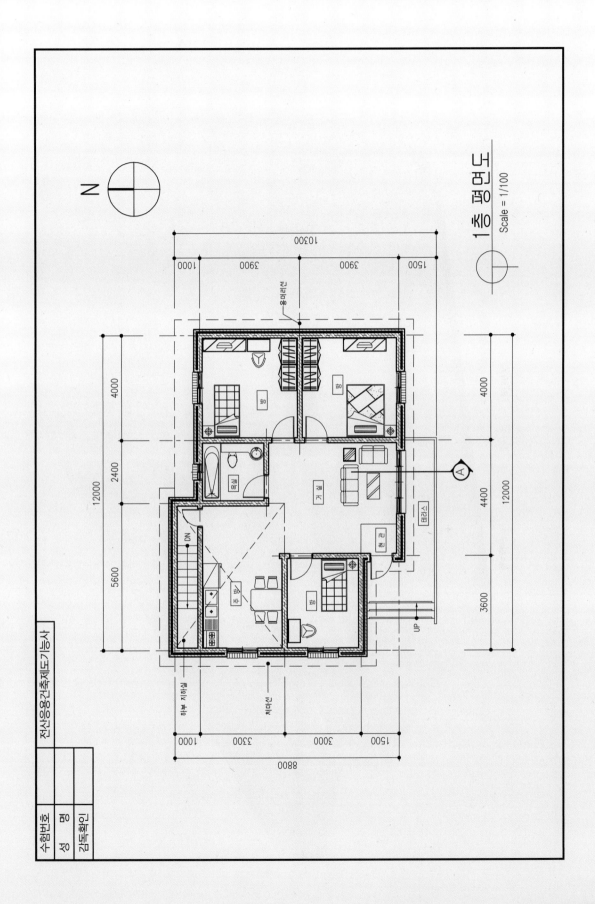

1층 평면도
Scale = 1/100

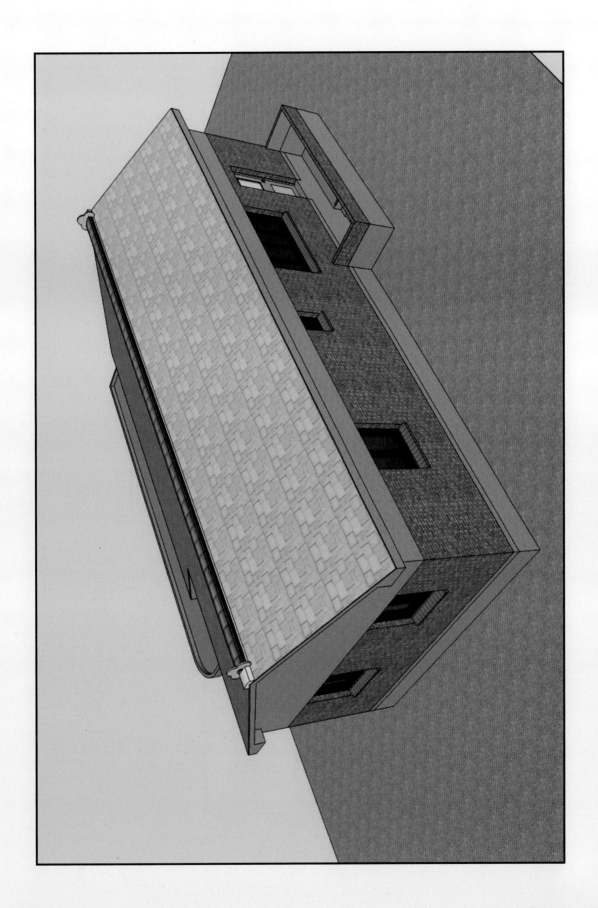

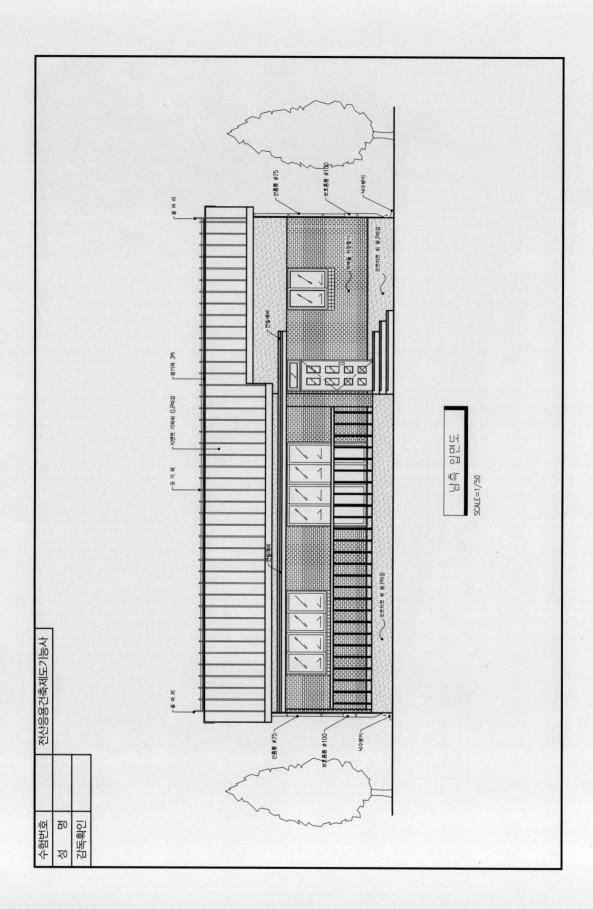

남측 입면도

SCALE=1/50

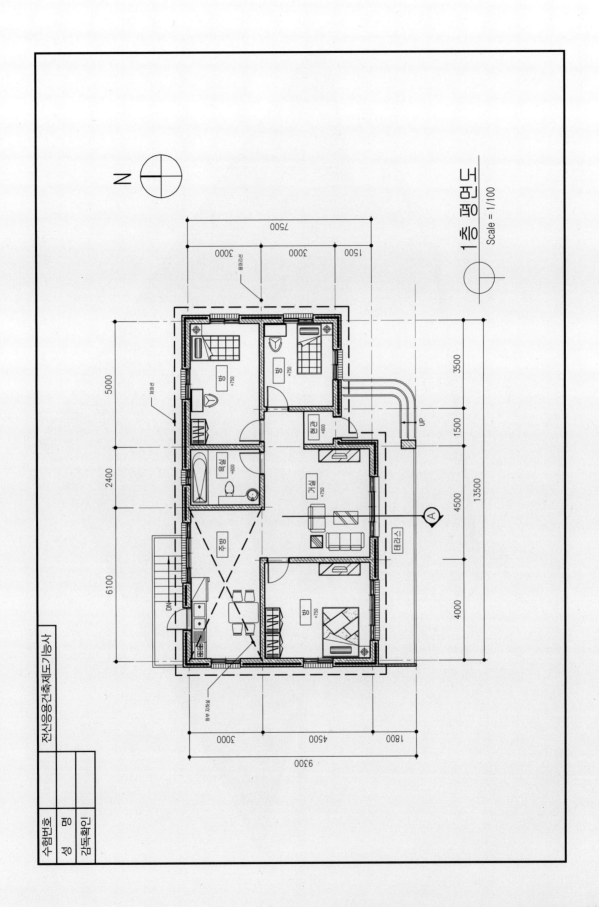

1층 평면도
Scale = 1/100

N

침실

방 +750
방 +750
현관 +600
욕실 +600
거실 +750
주방
방 +750
테라스

UP
DN

7500
3000 (외벽심)
3000
1500

5000
2400
6100

3500
1500
4500
4000
13500

3000
4500
1800
9300

수험번호	전산응용건축제도기능사
성명	
감독확인	

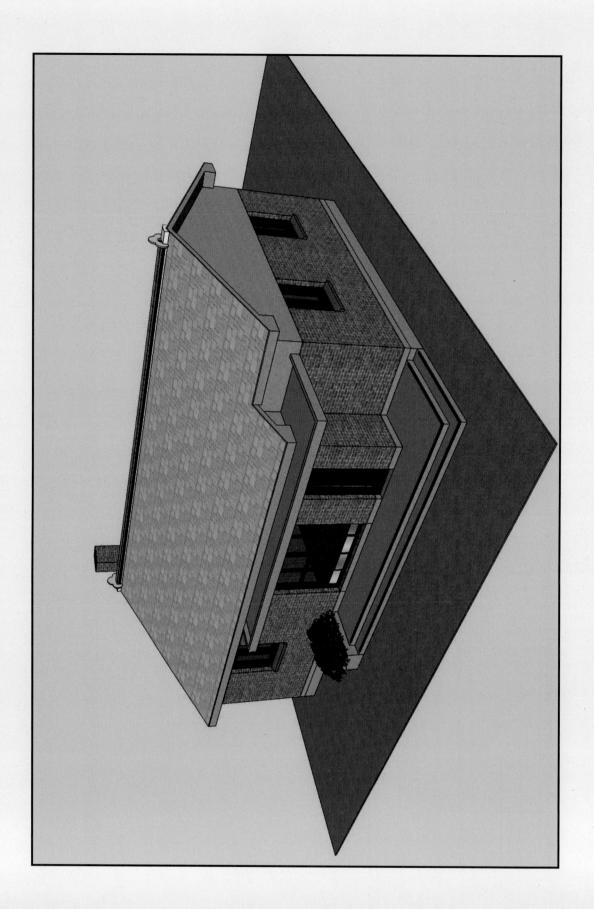

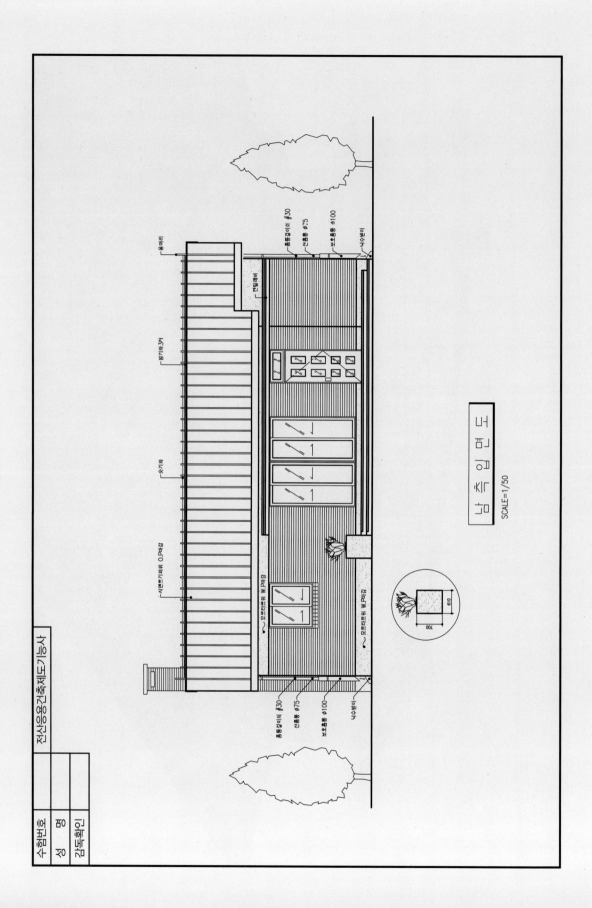

남측입면도

SCALE=1/50

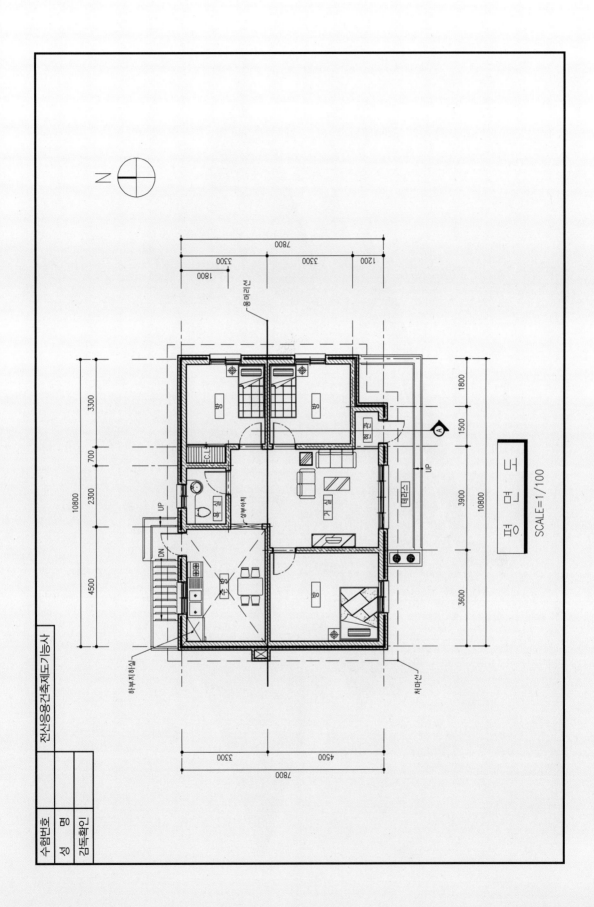

평 면 도

SCALE=1/100

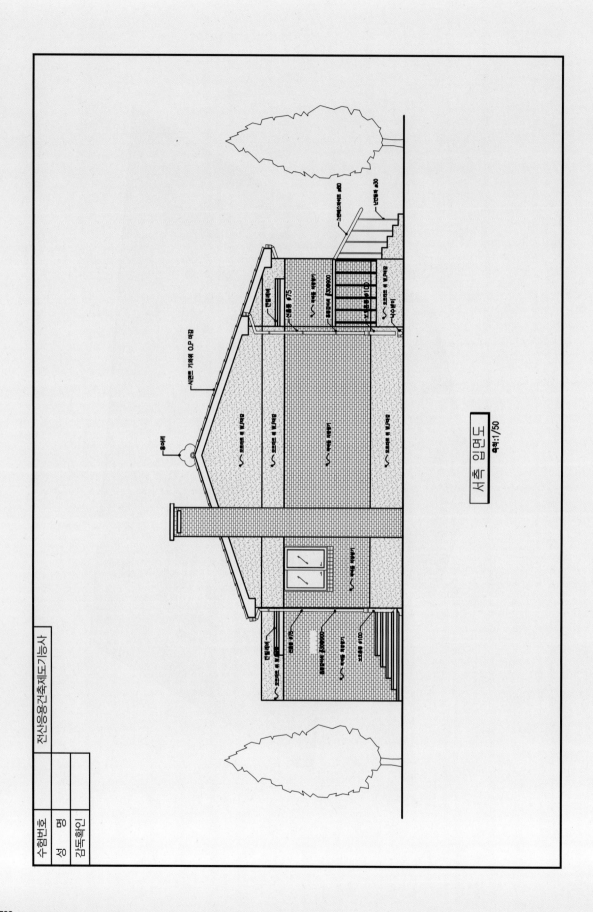

서측 입면도
축척:1/50

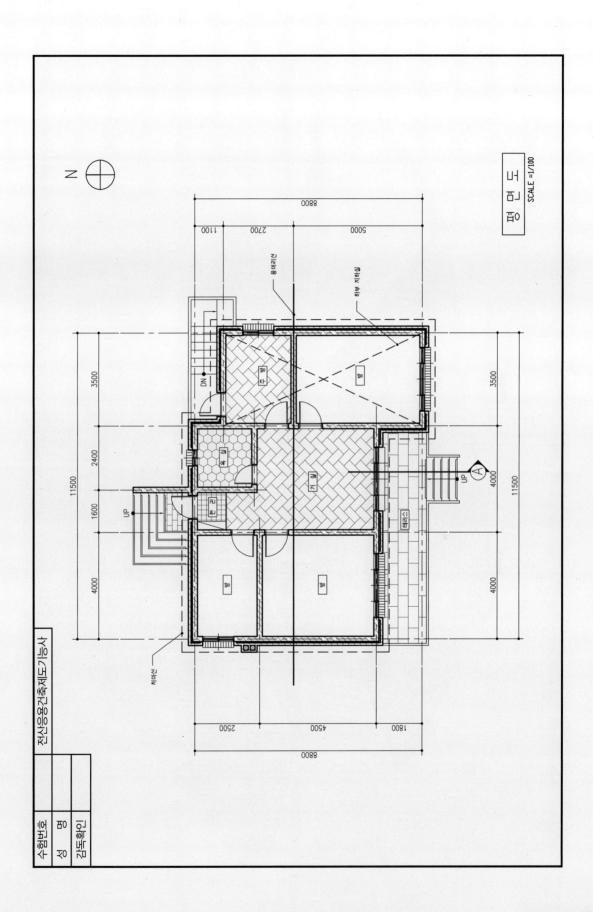

평 면 도
SCALE =1/100

전산응용건축제도기능사

수험번호	
성 명	
감독확인	

실습 예제 도면 **527**

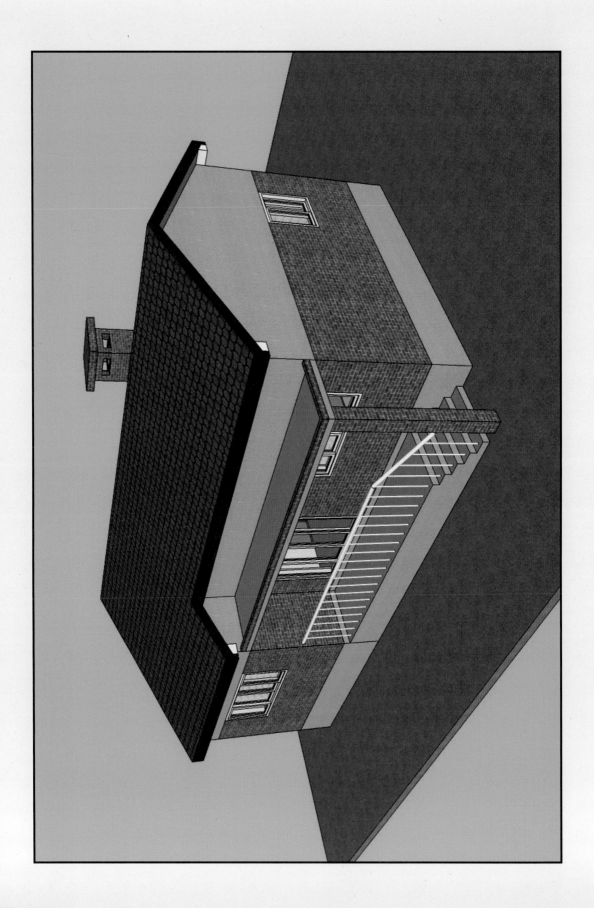

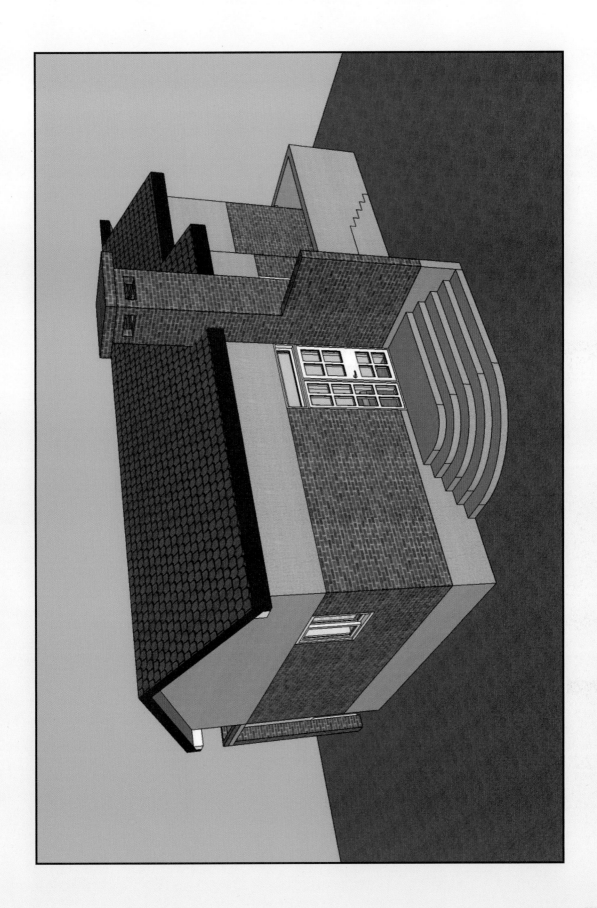

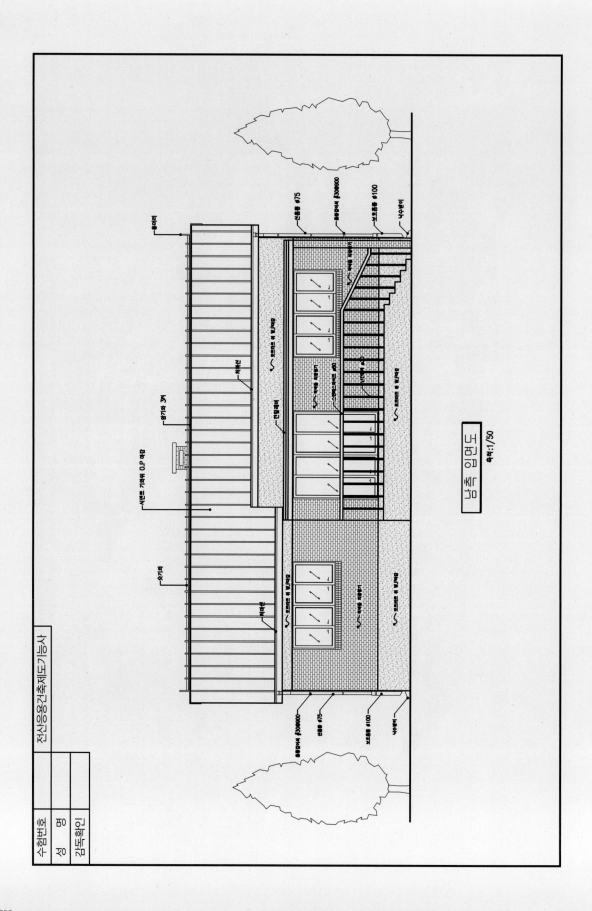

남측 입면도

축척:1/50

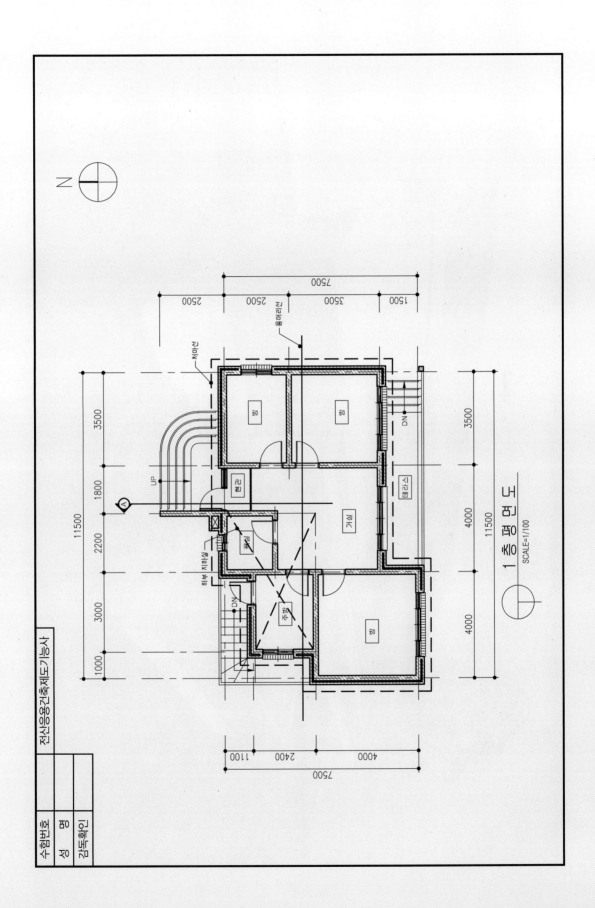

N

전산응용건축제도기능사

수험번호	
성 명	
감독확인	

7500

2500 2500 3500 1500

처마선

3500

1800 UP

11500

2200

3000

1000

침실

거실

안방

DN

테라스

방

방

욕실

주방

외부 지하실

DN

A

1100 2400 4000

7500

3500

4000

4000

11500

1 층 평 면 도
SCALE=1/100

실습 예제 도면 **531**

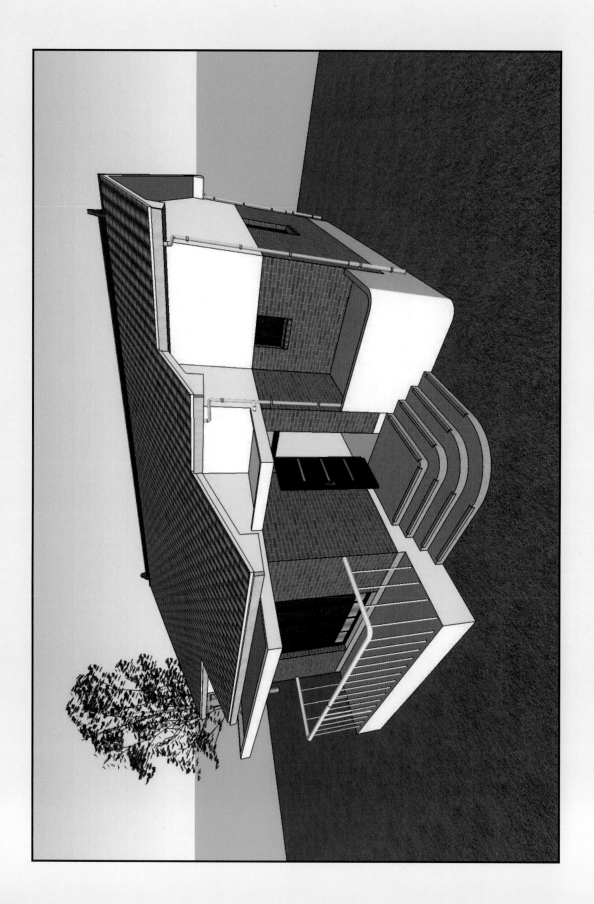

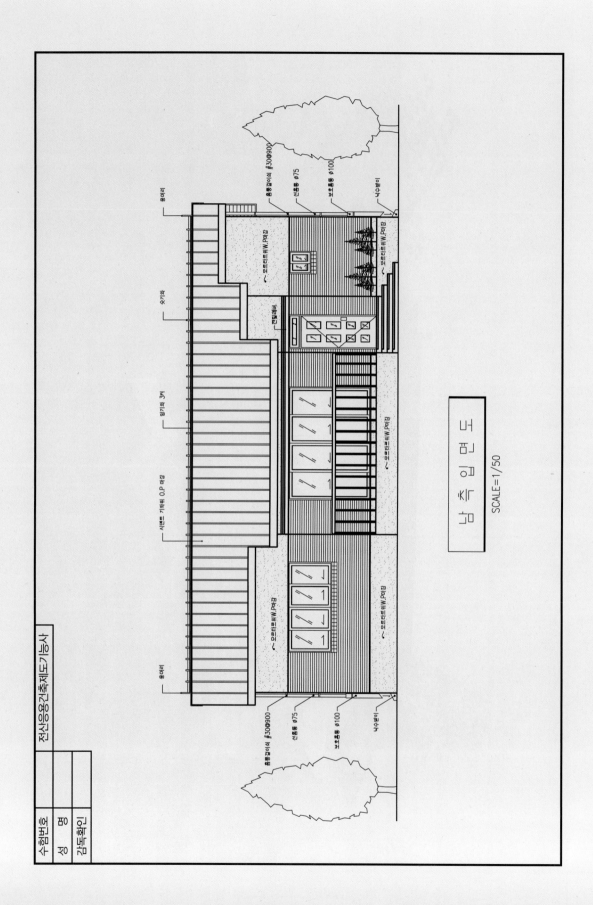

남측입면도

SCALE=1/50

수험번호	전산응용건축제도기능사	
성 명		
감독확인		

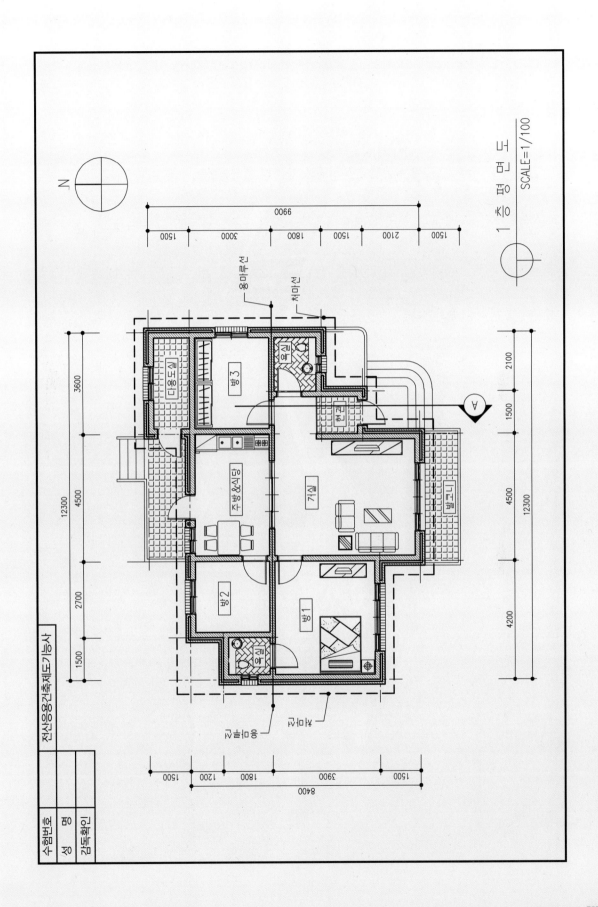

1 층 평 면 도
SCALE=1/100

수험번호
성 명 전산응용건축제도기능사
감독확인

실습 예제 도면 **535**

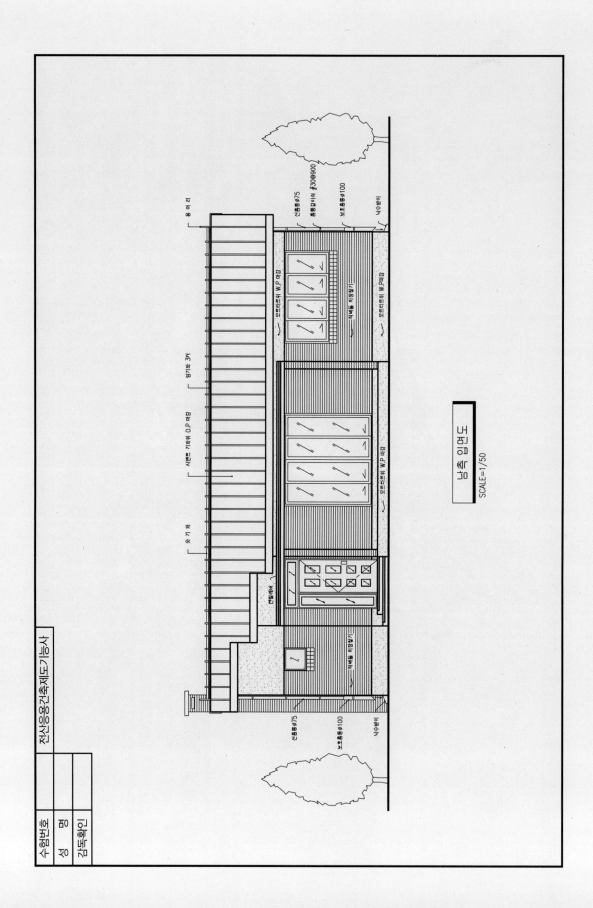

남측 입면도

SCALE=1/50

전산응용건축제도기능사

수험번호
성명
감독확인

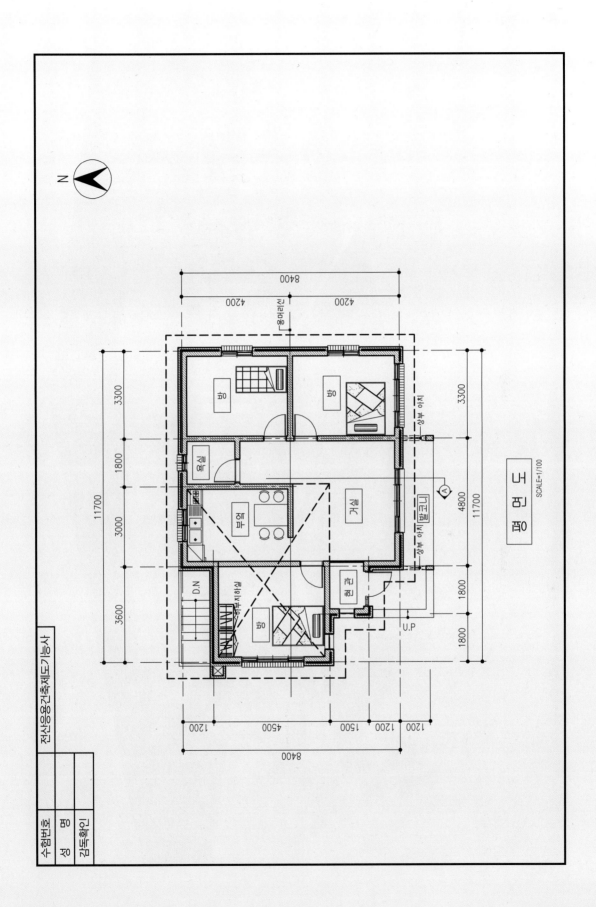

평 면 도

SCALE=1/100

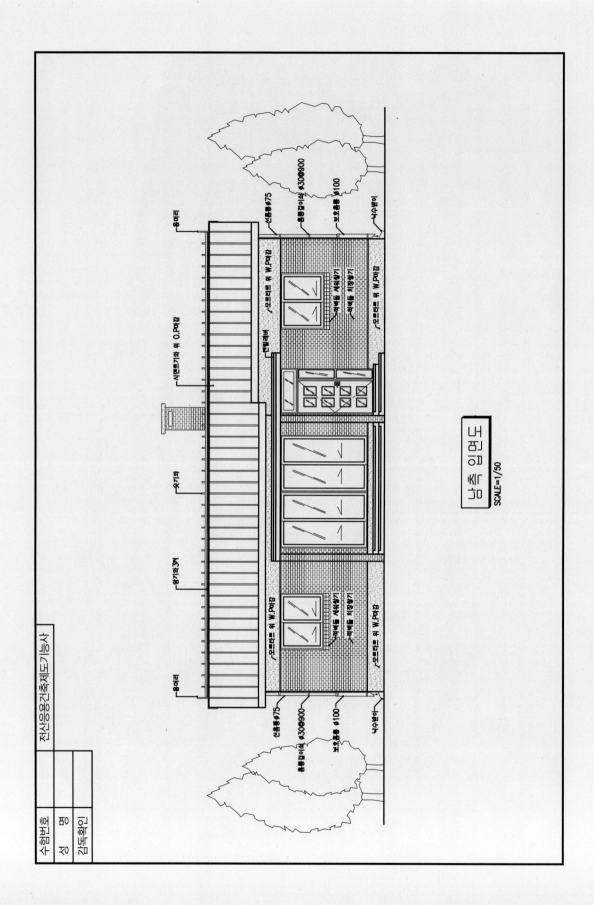

남측 입면도

SCALE=1/50

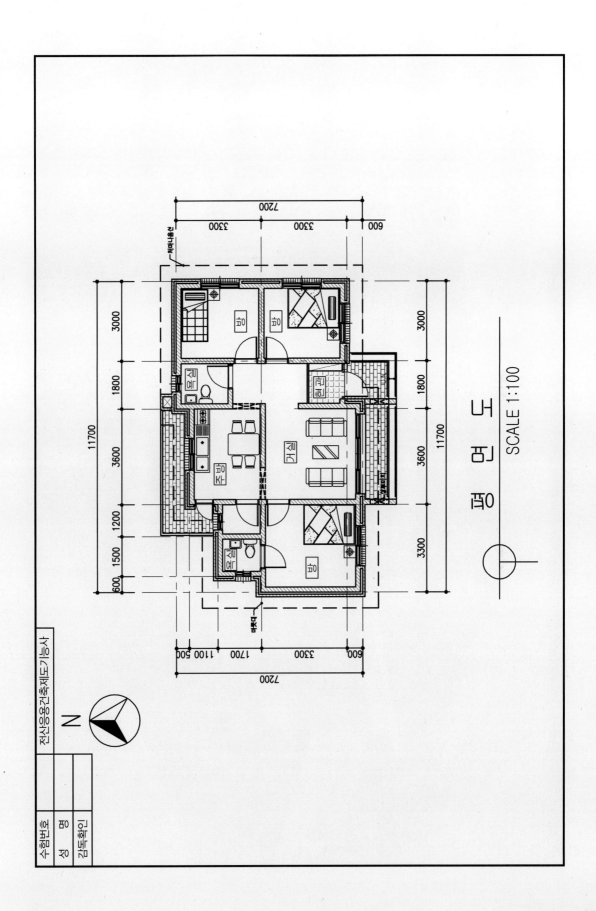

평 면 도

SCALE 1:100

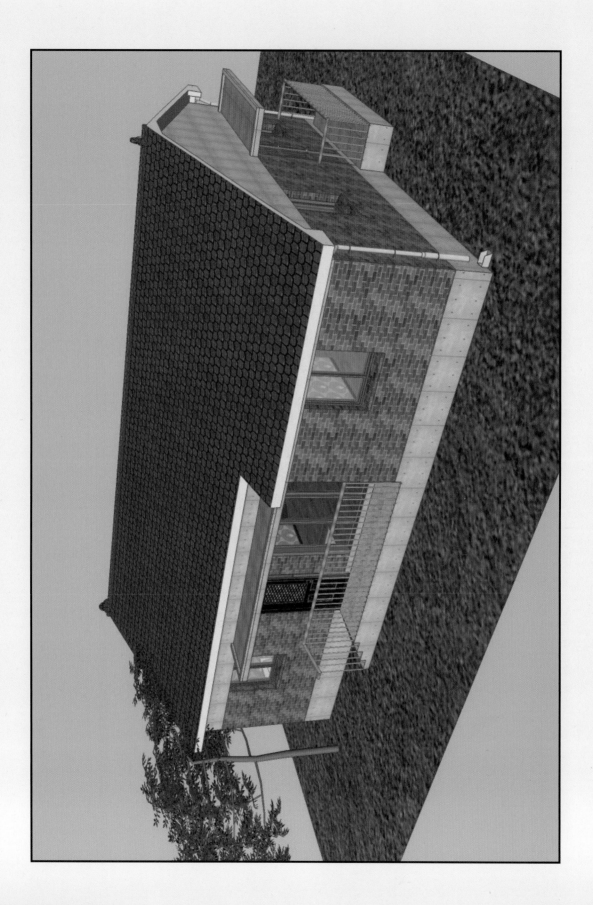

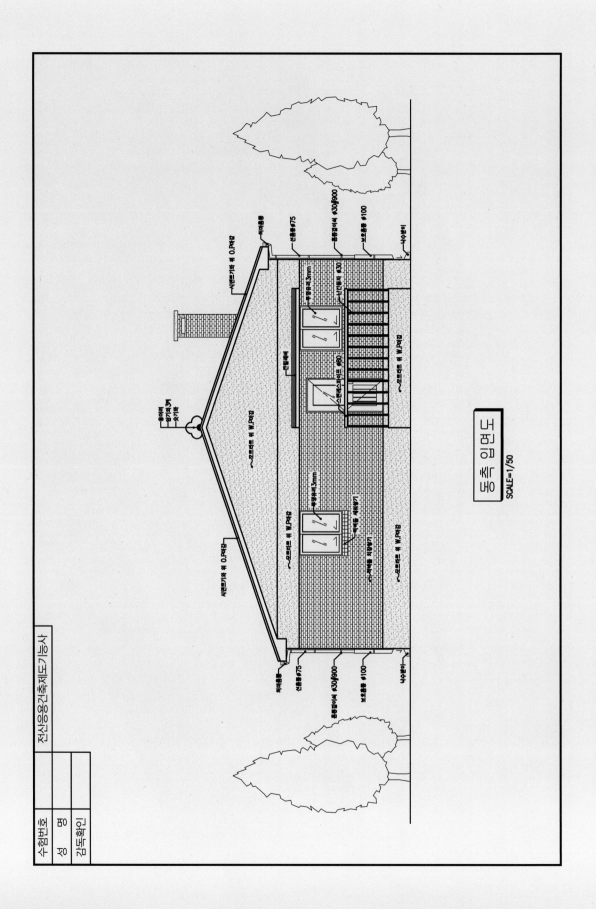

측 입면도

SCALE=1/50

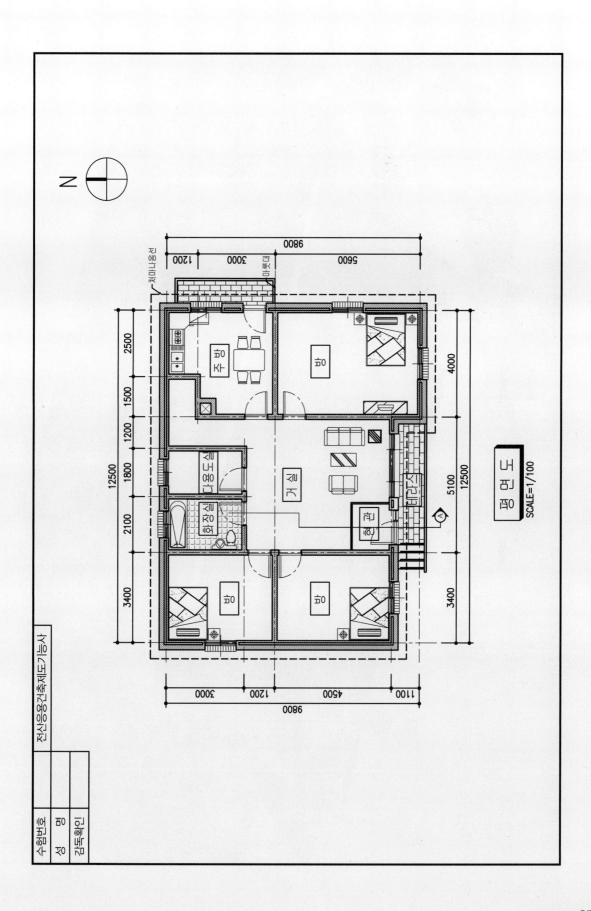

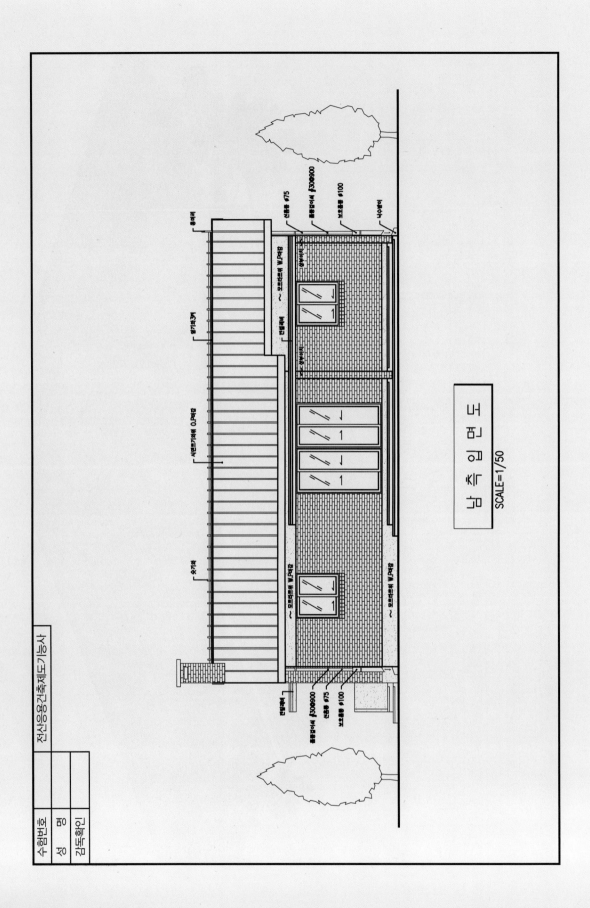

남측입면도

SCALE=1/50

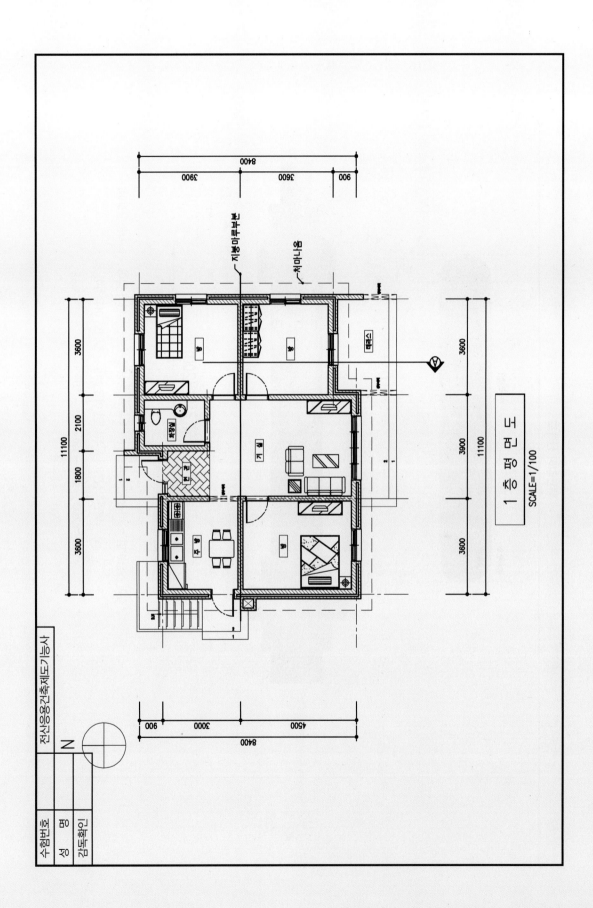

1 층 평 면 도

SCALE=1/100

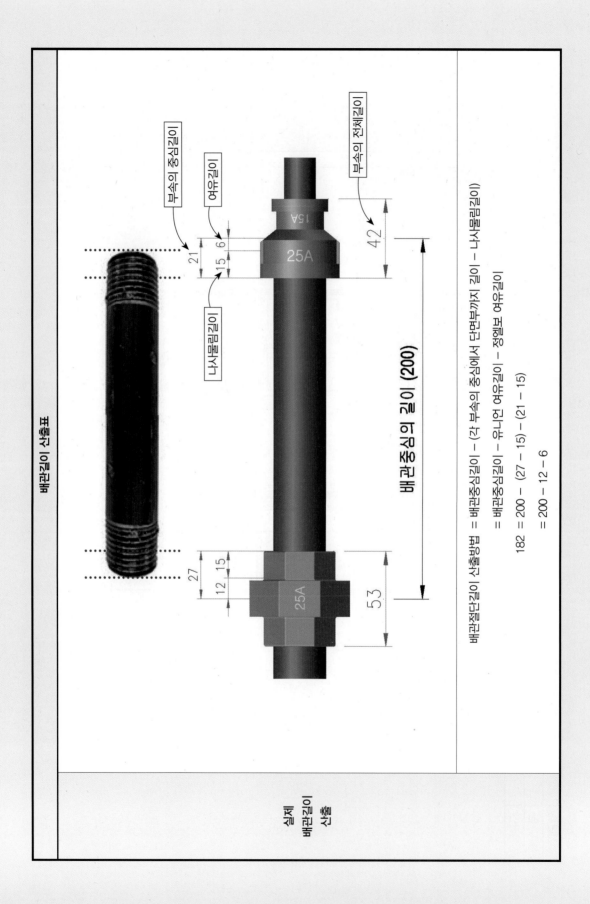

배관길이 산출표

부속의 중심길이
여유길이
부속의 전체길이
나사물림길이

15A

25A

25A

27 15
12

53

42

배관중심의 길이 (200)

배관절단길이 산출방법 = 배관중심길이 − (각 부속의 중심에서 단면부까지 길이 − 나사물림길이)

= 배관중심길이 − 유니언 여유길이 − 정렬보 여유길이

182 = 200 − (27 − 15) − (21 − 15)

= 200 − 12 − 6

실제
배관길이
산출

배관길이 산출표

나사 최소 물림 길이

관경	15A	20A	25A	32A	40A
치수	11mm	13mm	15mm	17mm	18mm

관경 / 부속명	15A	20A	25A	32A	40A
90° 엘보우	27 − 11 = 16	32 − 13 = 19	38 − 15 = 23	46 − 17 = 29	48 − 19 = 29
정티이	27 − 11 = 16	32 − 13 = 19	38 − 15 = 23	46 − 17 = 29	48 − 19 = 29
45° 엘보우	21 − 11 = 10	25 − 13 = 12	29 − 15 = 14	34 − 17 = 17	37 − 19 = 18
유니온	21 − 11 = 10	25 − 13 = 12	27 − 15 = 12	30 − 17 = 13	34 − 19 = 15
소켓	18 − 11 = 7	20 − 13 = 7	22 − 15 = 7	25 − 17 = 8	28 − 19 = 9

여유길이 치수

관경 / 부속명	20A×15A	25A×20A	25A×15A	32A×25A	32A×20A	32A×15A	40A×15A	40A×20A	40A×25A	40A×32A
이경티 / 이경엘보	20A : 29 − 13 = 16 / 15A : 30 − 11 = 19	25A : 34 − 15 = 19 / 20A : 35 − 13 = 22	25A : 32 − 15 = 17 / 15A : 33 − 11 = 22	32A : 40 − 17 = 23 / 25A : 42 − 15 = 27	32A : 38 − 17 = 21 / 20A : 40 − 13 = 27	32A : 34 − 17 = 17 / 15A : 38 − 11 = 27	40A : 35 − 19 = 16 / 15A : 42 − 11 = 31	40A : 38 − 19 = 19 / 20A : 43 − 13 = 30	40A : 41 − 19 = 22 / 25A : 45 − 15 = 30	40A : 45 − 19 = 26 / 32A : 48 − 17 = 31
레듀서	20A : 19 − 13 = 6 / 15A : 19 − 11 = 8	25A : 21 − 15 = 6 / 20A : 21 − 13 = 8	25A : 21 − 15 = 6 / 15A : 21 − 11 = 10	32A : 24 − 17 = 7 / 25A : 24 − 15 = 9	32A : 24 − 17 = 7 / 20A : 24 − 13 = 11	32A : 24 − 17 = 7 / 15A : 24 − 11 = 13	40A : 26 − 19 = 7 / 15A : 26 − 11 = 15	40A : 26 − 19 = 7 / 20A : 26 − 13 = 13	40A : 26 − 19 = 7 / 25A : 26 − 15 = 11	40A : 26 − 19 = 7 / 32A : 26 − 17 = 9

배관재료 파이프의 종류

파이프 이미지	품명	도시기호	규격/특징
	일반 배관용 탄소강관 파이프	SPP15A (Carbon steel pipes for ordinary piping)	• 파이프는 인치단위로 생산되고, A단위의 호칭을 사용 <table><tr><td>15A</td><td>1/2인치</td></tr><tr><td>20A</td><td>3/4인치</td></tr><tr><td>25A</td><td>1인치</td></tr><tr><td>32A</td><td>1 1/4인치</td></tr><tr><td>40A</td><td>1 1/2인치</td></tr><tr><td>50A</td><td>2인치</td></tr></table>• 종류 : 흑관(별도의 표면처리가 되지 않은 파이프), 백관(아연도금이 된 파이프) • 크기가 큰 배관과 특수 목적용 배관에 사용 • 가볍고 인장강도가 우수하여 가장 많이 사용 • 재질이 철이기 때문에 관 내부에 녹이 생기기 쉽고 볼트숙물이 발생하기 쉬움 • 50A 이하는 관 이음 적합(유니언)하고, 50A 이상은 플랜지 접합(관을 자주 해체하거나 교체 시 용이)으로 한다. • 사용압력이 상대적으로 낮은 곳에 사용되는 파이프(내압 0.1MPa 이하, 영하 15도 ~ 350도) • 상수도용을 제외한 물, 기름, 가스, 증기 등이 흐르는 용도로 사용 • 사용압력이 높은 경우 압력배관용 탄소강관 사용
	인탈산동관	DCuP15A	• 열 및 전기의 양도체 • 내식성 우수하고 가공하기 쉬움(유연성이 우수하여 굽힘가공 용이) • 마찰저항이 작음 • 열교환기용관, 냉난방기용관, 압력계관, 급수관, 급탕관, 급유관 • 저온취성에 강하여 냉동관으로 사용 • 접합방법은 납땜, 플레어 접합

배관재료 파이프의 종류

파이프 이미지	품명	도시기호	규격/특징
	XL PIPE	XL-PE20A	• 내열성, 내약품성, 전기절연성 우수 • 수명이 반영구적이고 열효율이 높음 • 경제적이고 시공이 간편 • 난방 배관용 　- 아파트, 주택, 호텔 등 　- 각종 축사 및 농업용 온실의 난방 배관 　- 도로, 주차장 등의 동결방지 • 수도 배관용 　- 아파트, 주택, 호텔 등의 온수 배관 　- 급수 및 간이 상수도 배관 　- 농업 및 공업용 배관
	경질 폴리염화 비닐관	PVC20A	• 내화학적(내산, 내알카리) • 열에 약하여 소화관 등에 부적함 • 마찰손실 적음 • 접합방법 　- 열간접합(열을 가하여 접합) 　- 냉간접합(접착제 사용)

강관용 관이음 배관부속

구분	부속이미지	품명	규격	도시기호	기능
		90도 정엘보	15A		동일 관경 파이프를 90도 수직방향으로 연결하는 부속
		90도 이경엘보	25A×15A		관경이 다른 파이프를 90도 수직방향으로 연결하는 부속
		정티이	25A		동일 관경 파이프를 90도 수직방향으로 분기 연결하는 부속
		이경티이	25A×15A		관경이 다른 파이프를 90도 수직방향 분기 연결하는 부속
		유니언	25A		동일 관경 파이프를 이을 경우 또는 분해하는 부분의 연결부속
		45도 정엘보	25A		동일 관경파이프를 45도 방향으로 이을 경우 연결부속
		레듀사	25A×15A		관경이 작아지는 경우 파이프를 연결하는 부속
		부싱	25A×15A		관경이 작아지는 경우 연결부품에 끼우는 부속

동관용 관이음 배관부속

구분	부속이미지	품명	규격	도시기호	기능
		동용정 90도 엘보	15A		동일 관경 동파이프를 90도 수직방향으로 연결하는 부속, 동관 연결은 용접
		동용정 45도 엘보	15A		동일 관경 동파이프를 45도 방향으로 연결하는 부속, 동관 연결은 용접
		동용정티이	15A		동일 관경 동파이프를 90도 수직방향으로 분기 연결하는 부속, 동관 연결은 용접
		동 CM 이담타	15A		동관과 강관을 연결하는 부속, 동관 연결은 용접, 강관부속은 수나사로 연결
		동 CF 이담타	15A		동관과 강관을 연결하는 부속, 동관 연결은 용접, 강관은 직접 암나사로 연결
		동 링 F밸브소켓	15A		동관과 강관을 연결하는 부속, 동관 연결은 압착링, 강관부속에 직접 암나사로 연결
		동 링 M밸브소켓	15A		동관과 강관을 연결하는 부속, 동관 연결은 압착링, 강관부속에 수나사로 연결
		암·수 링 유니언	15A		동일 관경 동파이프를 이을 경우, 분해하는 부분 연결부속 동관 연결은 압착링

XL관용 관이음 배관부속

구분							
부속 이미지	이미지	이미지	이미지	이미지	이미지	이미지	이미지
품명	XL 앙엘보	XL CF단엘보	XL M밸브소켓	XL F밸브소켓	XL 삼티이	XL 속티이	XL 앙볼밸브	XL 유니언
규격	20A	20A	20A	20A	20A	20A	20A	20A
도시기호	(기호)	(기호)	(기호)	(기호)	(기호)	(기호)	(기호)	(기호)
기능	XL관과 XL관을 수직방향 연결. XL관은 링으로 소켓방식의 연결	XL관과 강관을 수직방향 연결, XL관은 링으로 소켓방식의 연결. 강관식의 연결에 직접 암나사로 연결	XL관과 강관을 수직방향 연결하는 부속. XL관 연결은 링으로 연결. 강관의 연결은 강관속에 수나사로 연결	XL관과 강관을 연결하는 부속. XL관 연결은 링으로 연결. 강관의 연결은 강관에 직접 암나사로 연결	XL관을 90도 수직방향으로 분기 연결하는 부속. XL관 연결은 암직접 암나사로 연결	XL관과 강관을 90도 수직방향으로 분기 연결하는 부속. XL관 연결은 암직접 암나사로 연결	볼과 같이 생긴 둥근 재료에 구멍이 뚫려있어 그 구멍을 유체흐름방향으로 놓느냐, 직각으로 놓느냐에 따라 개폐를 하는 밸브로 개폐가 쉬움	동일 관경 XL관을 이을 경우, 분해되는 부분 연결부속. XL관 연결은 암직링

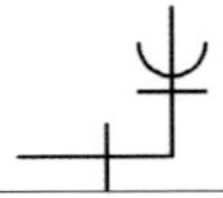

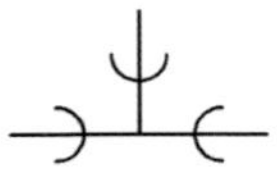

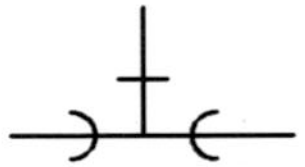

PVC관용 및 스테인레스 주름관 관이음 배관부속

구분							
부속 이미지	이미지	이미지	이미지	이미지	이미지	이미지	이미지
품명	PVC 레듀사	PVC 밸브소켓	PVC 90도 엘보	PVC 정티이	주름관 M밸브소켓	주름관 F밸브소켓	주름관 삼티이	주름관 유니언
규격	20A × 16A	20A	20A × 20A	16A × 16A	15A	15A	15A	15A
도시기호	(기호)	(기호)	(기호)	(기호)	(기호)	(기호)	(기호)	(기호)
기능	PVC 관경이 작아지는 경우 파이프를 연결하는 부속. 다른 크기의 배관을 맞댐 방향으로 연결하는 용도로 사용. PVC본드를 사용하여 연결	PVC관과 강관을 수직 방향으로 연결하는 부속. PVC본드로 조립하는 속. 강관부속에 수나사로 연결	동일 PVC관 파이프를 90도 수직방향으로 분기 연결하는 부속. PVC본드를 사용하여 연결	동일 PVC관 파이프를 90도 수직방향으로 분기 연결하는 부속. PVC본드를 사용하여 연결	주름관과 강관을 연결 방향으로 연결하는 부속. 주름관 연결은 암직링. 강관에 직접 암나사로 연결	주름관과 강관을 연결하는 부속. 주름관 연결은 암직링. 강관에 직접 암나사로 연결	주름관을 90도 수직방향으로 분기 연결하는 부속. 주름관 연결은 암직링	동일 관경 주름관을 이을 경우, 분해되는 부분 연결부속. 주름관 연결은 암직링

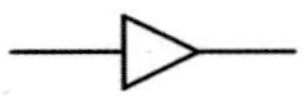

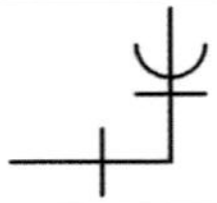

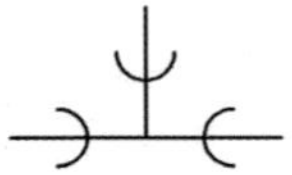

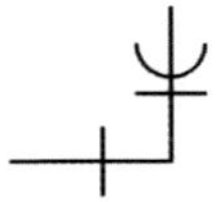

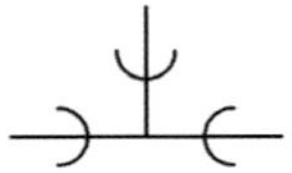

강관용 밸브부속

구분	부속이미지	품명/규격	도시기호	특징 및 기능
		청동게이트밸브 / 20A		유체 흐름에 밸브면이(Gate) 수직으로 내려오면서 유체의 통로를 막는 밸브. 유체의 흐름이 일직선 직선방향으로 흐르는 대표적인 개폐(on-off)용 밸브로 유량 조절용으로는 부적함. 마개도 물판트나 길이 큰 배관에 사용. 산업용 적합
		글로브밸브 / 20A	●	유체의 흐름이 위에서 아래로 흐르는 S자 모양이 되며, 이 경계면에서 디스크를 상하 운동시켜 유량을 조절하는 밸브. 유체의 정밀한 조절이 가능하여 유량, 압력의 조절이 필요한 곳에 사용
		황동 볼밸브 / 15A		열고 닫는 기능이 편리하며 핸들을 90도 회전시켜 개폐가 가능. 내부에 원형 모양의 소프트 밸브시트를 사용하고 밸브를 조금씩 열어 사용하면 밸브 시트에 일부분만이 힘을 받게 되어 변형이 발생하므로 유량조절용 부적함
		캡(파이프마개) / 20A	용접식 나사박음식	배관의 마지막 부분에 파이프를 막는데 사용(암나사 마감할 때 사용). 체결방식에 따라 용접캡, 나사캡
		버터플라이밸브 / 50A		구조 간단, 공간활용 우수, 가볍고 저비용, 빠른 작동 및 매우 큰 크기의 가용성으로 널리 사용
				회전하는 원판으로 관로를 열고 닫음으로써 유량이나 유량을 조절하는 밸브. 볼밸브 작동과 유사하여 빠른 차단이 가능

강관용 밸브부속

구분				
부속 이미지				
품명/규격	스윙체크밸브(플랜지형) / 20A	스윙체크밸브(나사형) / 20A	소화전 앵글밸브 / 65A	스턴 관붙이 앵글밸브(일체형)
도시기호				
특징 및 기능	유체가 한쪽 방향으로만 흐르게 하는 역류방지 장치용 밸브, 디스크가 힌지에 고정되어 유체의 흐름에 따라 열리고 유체의 흐름이 멈출 경우 닫히게 되어 역류가 방지되는 원리. 수평배관에 설치		볼 밸브와 함께 스톱 밸브라고도 하며, 유체의 흐름 방향을 직각으로 바꾸기 위해 유입구와 유출구가 90° 방향으로 되어있는 밸브	

구분		
부속 이미지		
품명/규격	플러그 / 20A	플랜지(RF) slip on type / 20A
도시기호		
특징 및 기능	숫나사 마감할 때 사용	용접된 2개의 플랜지를 볼트로 조여 접합. 기밀성이 높고 누설이 적어 고압배관에 적합, 관의 신축, 증축(관 교체)이 용이	파이프의 외경이 플랜지의 내경으로 삽입 되는 타입으로 파이프가 플랜지 내경이 안쪽으로 용접되기 때문에 강도 보장	배관이 긴 경우나 연결부위, 부품교체할 필요가 있는 부분. 조립과 해체를 요하는 부분에 사용

앵글밸브 닫힘 / 앵글밸브 열림

커버, 방지핀, 디스크, 시트링, 몸체

배관용 공구

구분				
공구 이미지				
품명	파이프바이스	탁상바이스	확관기	플레어링툴 세트
특징 및 기능	파이프 절단, 나사조립 등 파이프 가공 시 환봉이 흔들리거나 틀어지지 않도록 고정시킬 때 사용하는 공구	공작물을 손다듬질(톱질, 줄작업, 구멍내기, 리벳작업 등) 및 조립작업을 할 때에 공작물을 고정시키는 작업 공구	동관의 끝을 확관하는 공구	동관의 압축접합용 공구(동관 끝을 나팔형으로 성형하여 압축이음 시 사용하는 공구)
공구 이미지				
품명	파이프커터	쇠톱	동관튜브커터	동관튜브벤더
특징 및 기능	파이프 절단용 수공구. 압력에 의한 절단으로 360도 반복 회전하여 절단	파이프 절단용 수공구. 톱날을 끼우고 장력을 맞춤 소재를 바이스에서 150mm 정도 나오게 고정. 약 50~60회/분 왕복운동으로 절단	동관 절단용 공구	동관 굽힘용 공구(180도까지 성형 가능)

배관용 공구

구분					
공구 이미지					
품명	유압 파이프 벤딩머신	엑셀캇타	고속 숫돌 절단기	동력 나사절삭기	파이프 렌치
특징 및 기능	• 종류 : 랜서(유압식), 로타리식 • 곡률반지름 : 관경의 2.5배 이상	X관 절단용 공구	연삭원판을 고속 회전시켜 관을 절단하는 것으로 연삭 절단기라고 함	• 종류 : 오스터형, 호브형, 다이 헤드형 • 나사절삭, 관 절단, 리머(거스러미 제거) 작업이 가능	관 접속 시 부속이음쇠를 조이고 분해할 때 사용하는 공구
공구 이미지					
품명	몽키스패너	워터펌프 플라이어 (Water Pump Pliers)	플라이어 (PLIERS)	파이프 바이스그립 (바이스 플라이어)	볼반바이스 (드릴바이스)
특징 및 기능	단단한 몰립터 구조로 다양한 크기의 볼트와 너트의 회전 또는 고정작업 시 사용	배관작업에 둥근 모양의 통나부가 파이프, 볼트, 너트 등을 조이거나 풀거나 고정하는 파이프 작업 공수 공구	둥근 파이프나 볼트, 너트와 같은 각이진 물건을 자유롭게 잡을 수 있어 배관, 판금, 용접작업 등 쓰임새가 다양	스패너, 플라이어, 갓팅, 클램프 기능. 배관 및 환봉, 철판고정. 회전, 꼬기 작업에 용이	수평가공용으로 평면도, 정확한 직각도를 유지하므로 흔들림이 없음

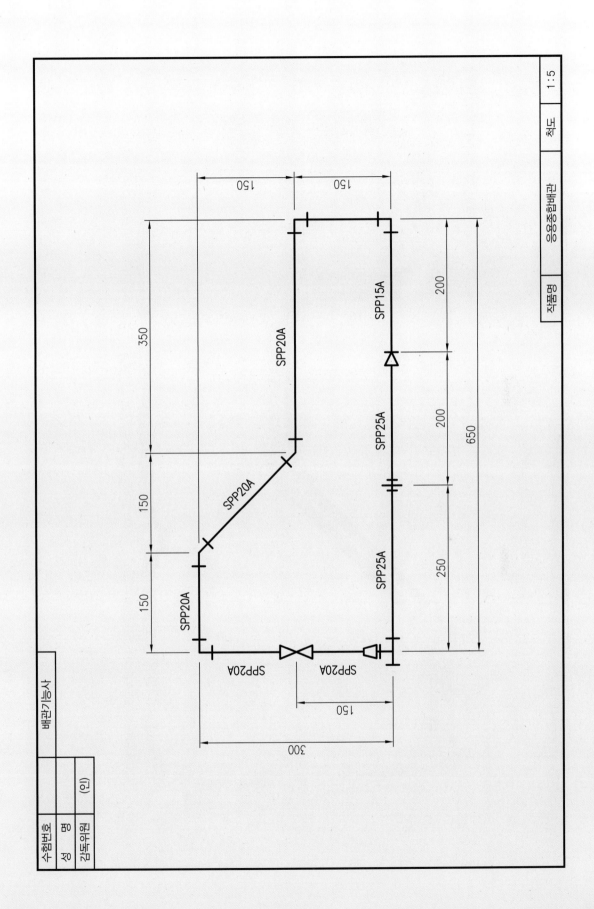

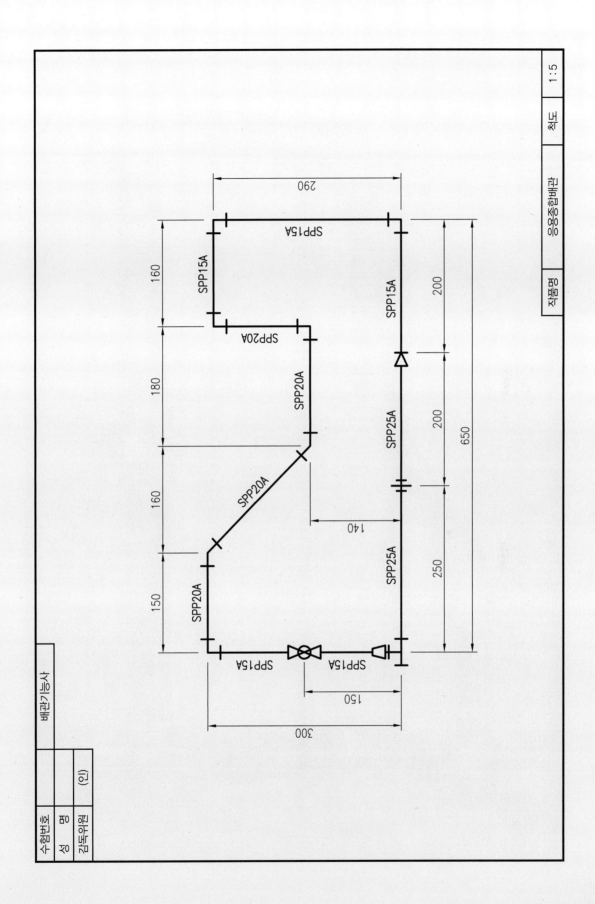

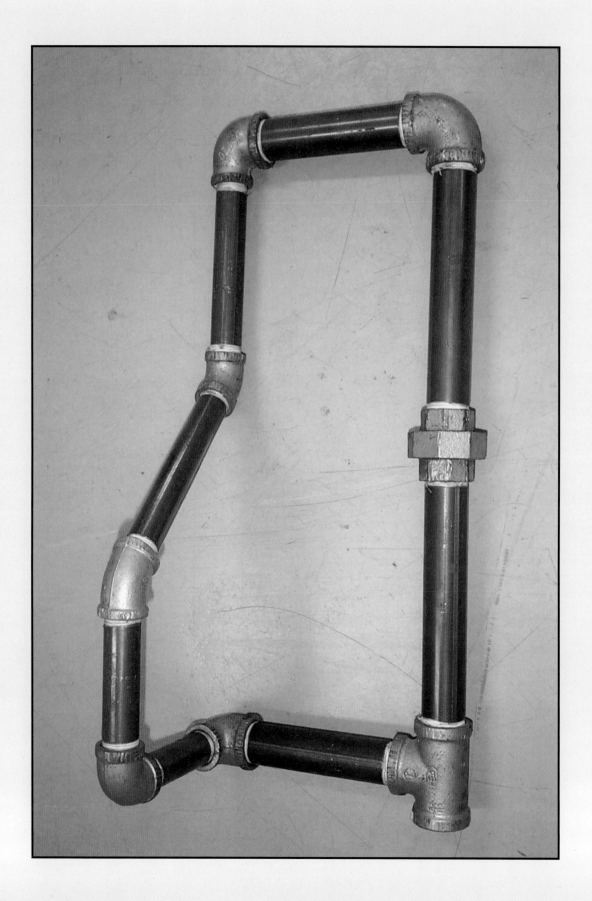

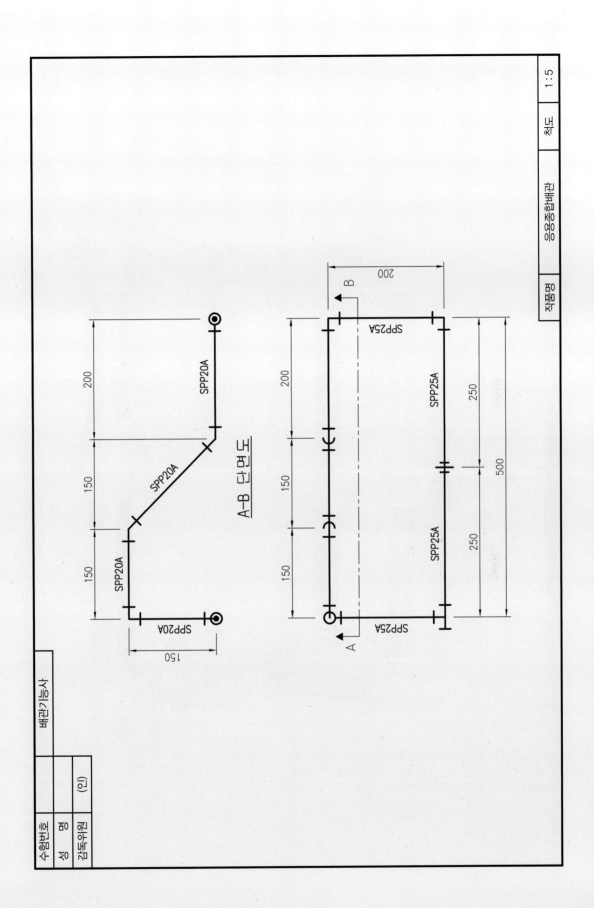

A-B 단면도

SPP20A
SPP20A
SPP20A
SPP20A

200
150
150
150

SPP25A
SPP25A
SPP25A
SPP25A

200
150
150
250
250
500

A
B

배관기능사

수험번호
성 명
감독위원 (인)

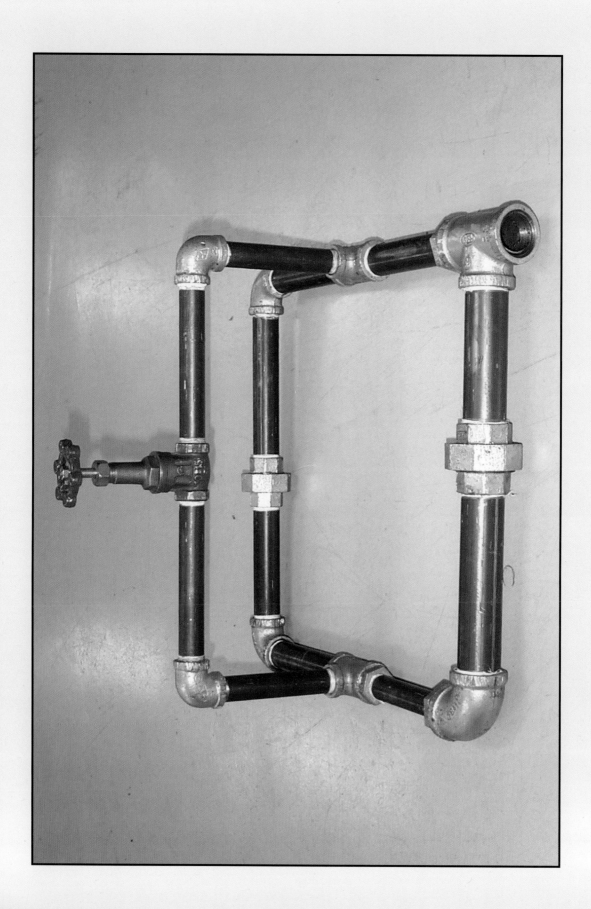

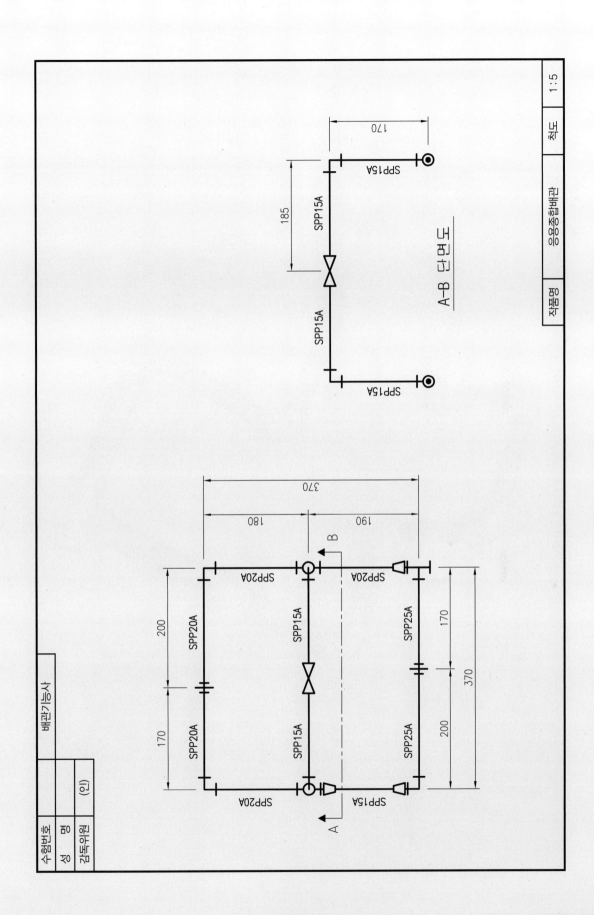

A-B 단면도

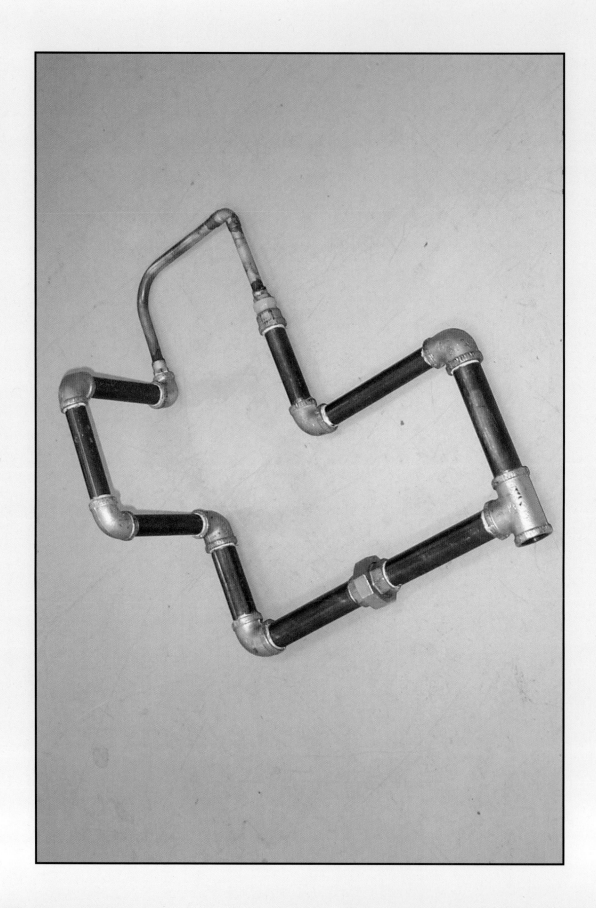

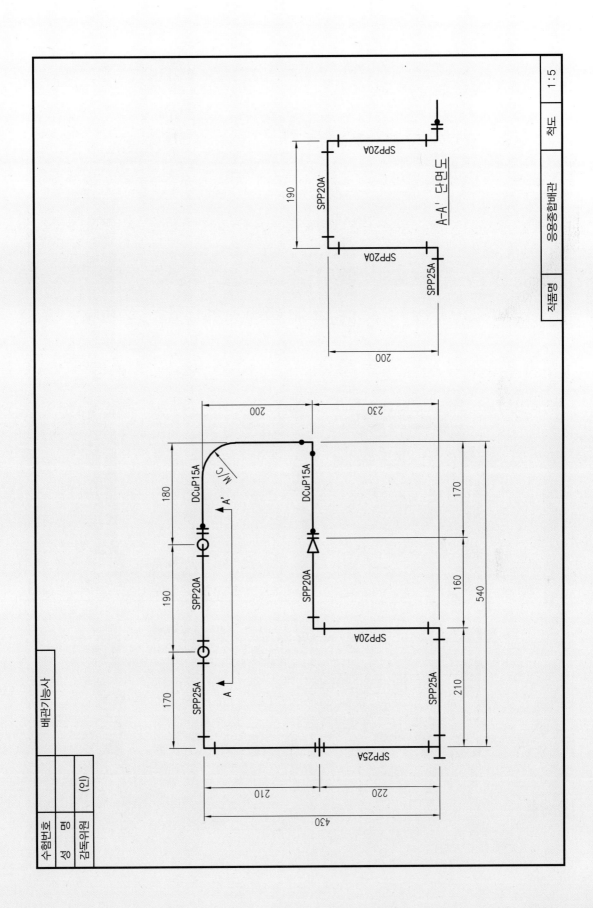

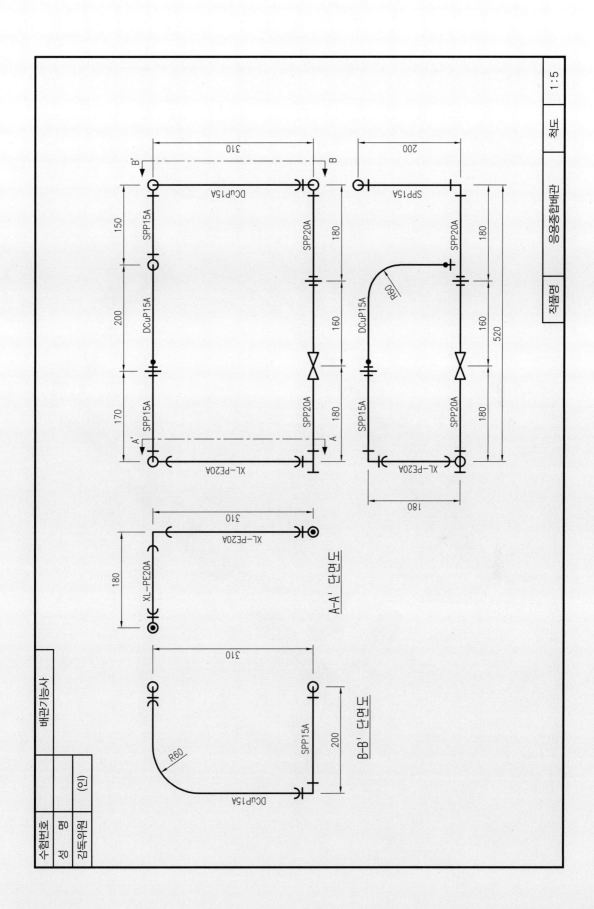

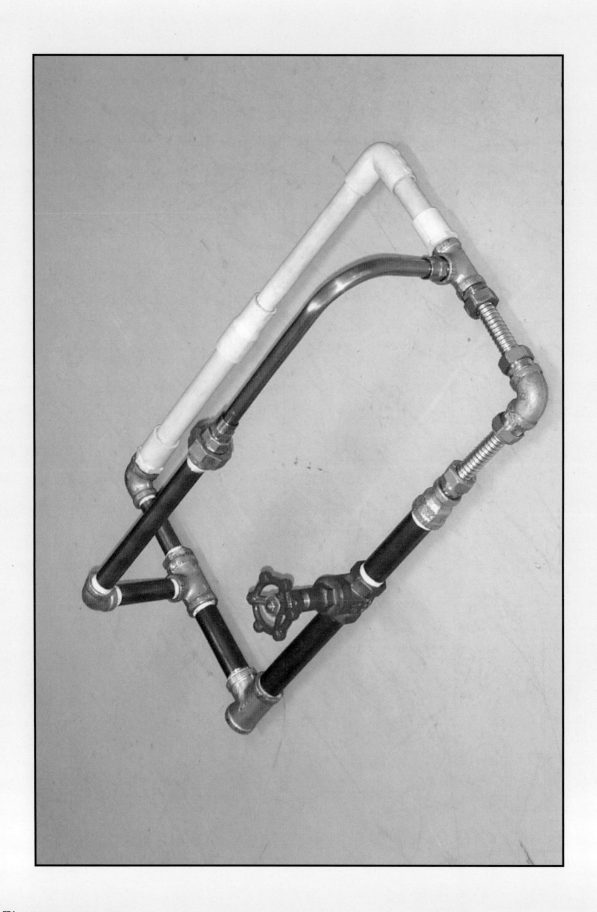

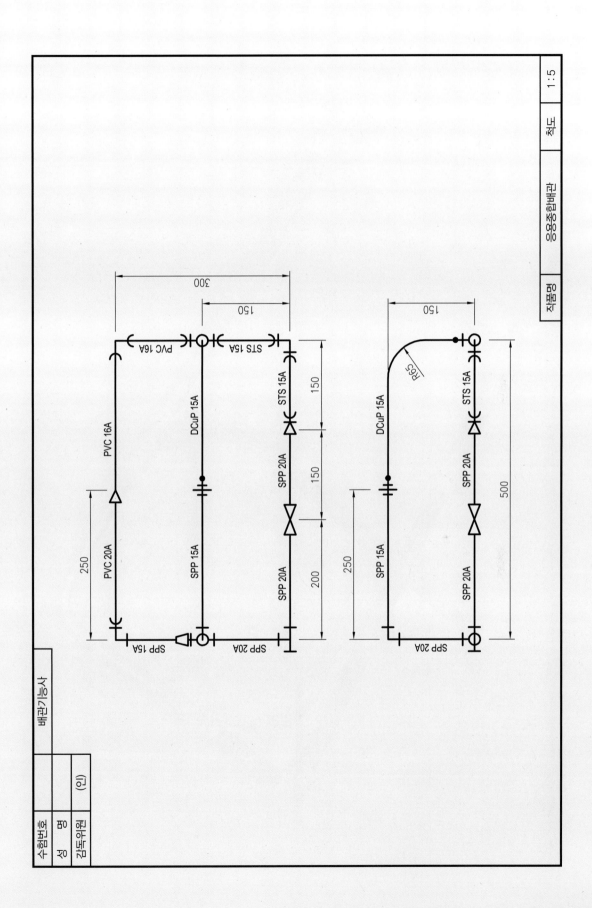

배관기능사

수험번호
성 명
감독위원 (인)

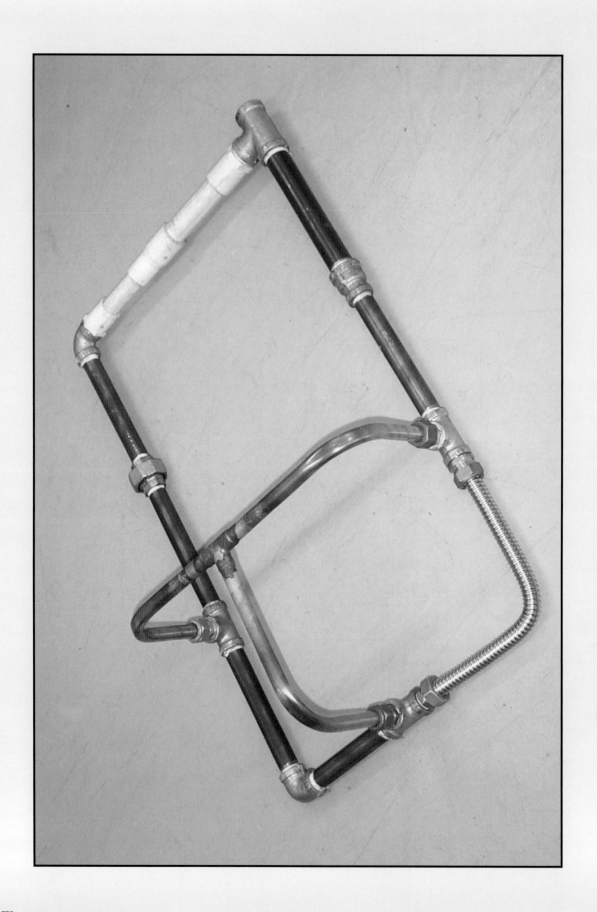

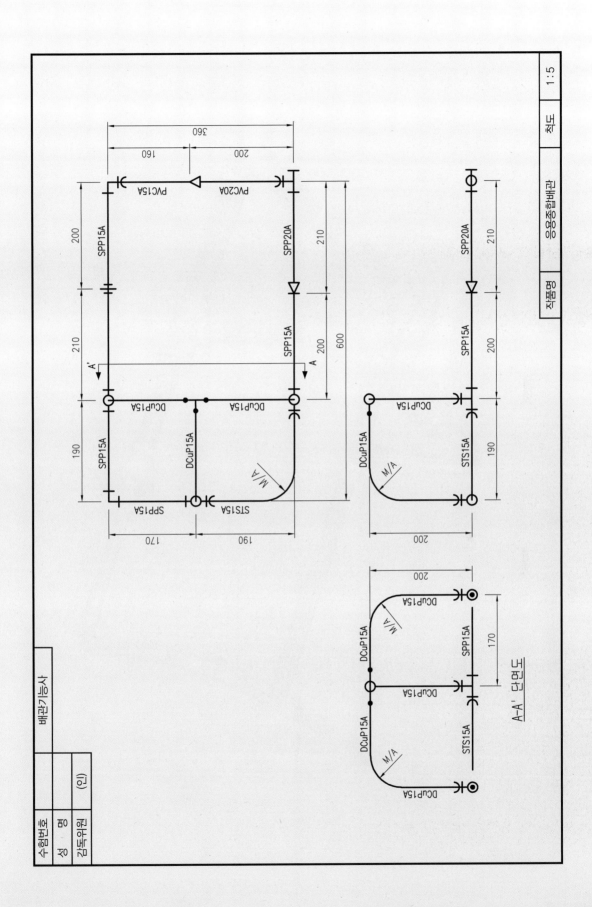

A-A' 단면도

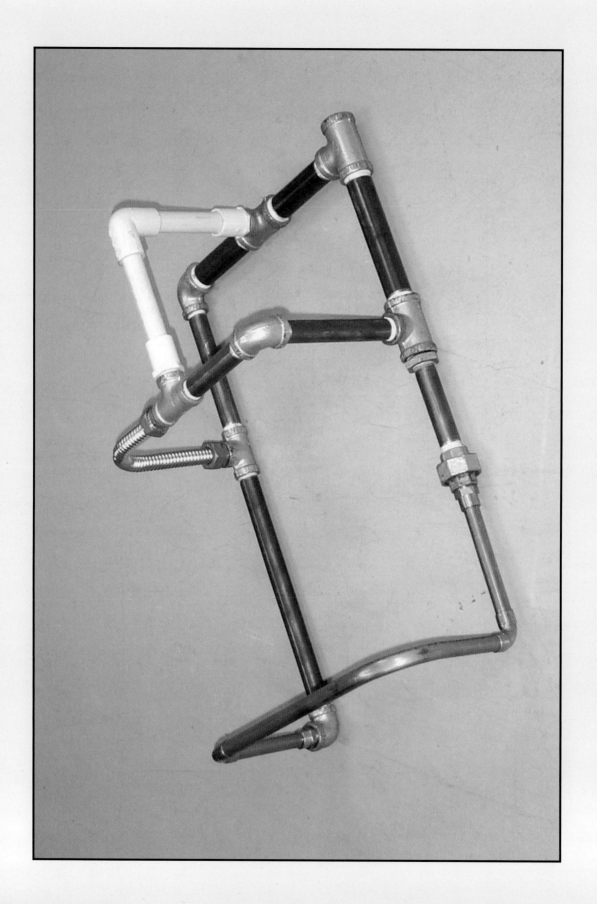

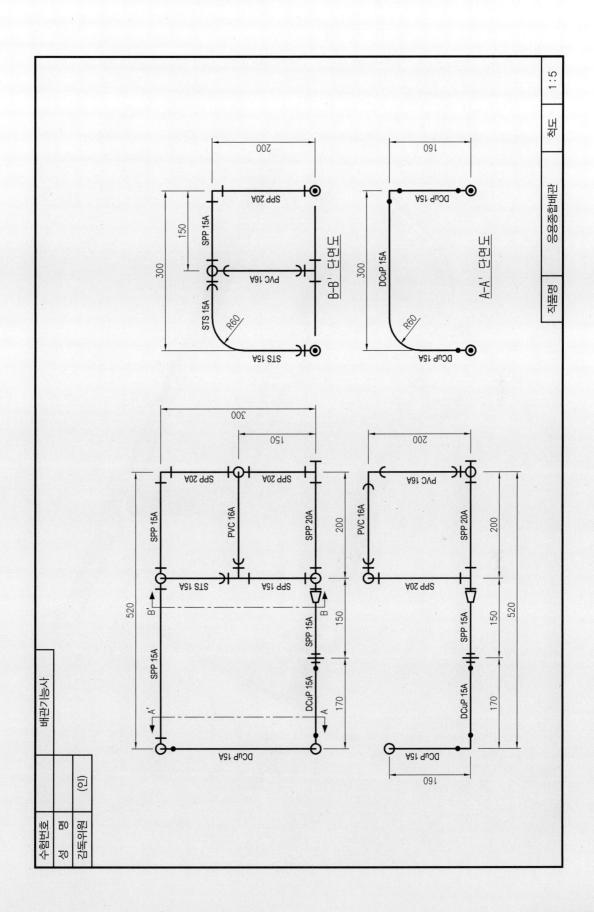

B-B' 단면도

A-A' 단면도

SPP 20A
SPP 15A
PVC 16A
STS 15A
R60
STS 15A
200
150
300

DCuP 15A
DCuP 15A
R60
DCuP 15A
160
300

SPP 20A
SPP 20A
PVC 16A
SPP 20A
SPP 15A
STS 15A
SPP 15A
SPP 15A
DCuP 15A
DCuP 15A
300
150
200
150
170
520
B'
B
A'
A

PVC 16A
SPP 20A
SPP 20A
SPP 15A
DCuP 15A
DCuP 15A
200
150
170
520
160

배관기능사

수험번호
성명
감독위원 (인)

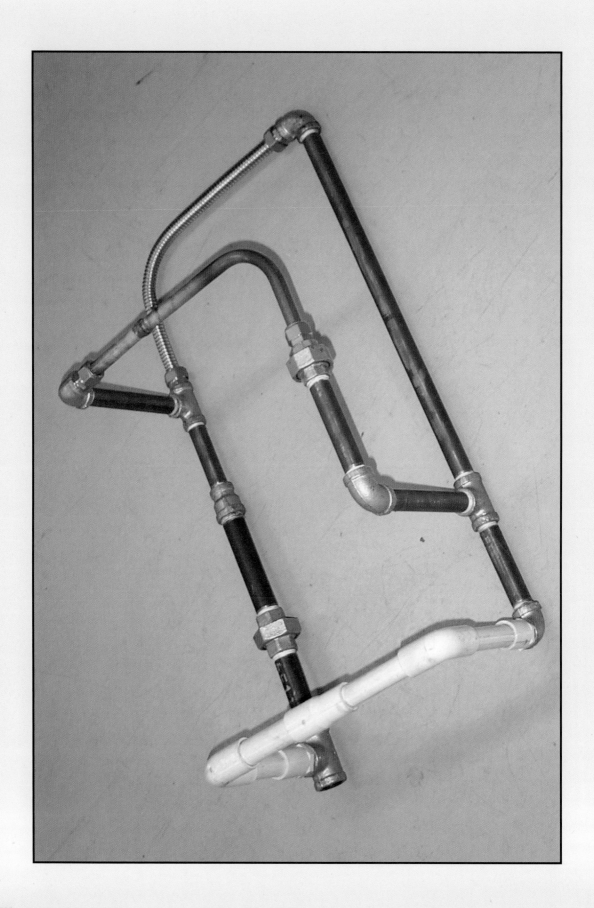

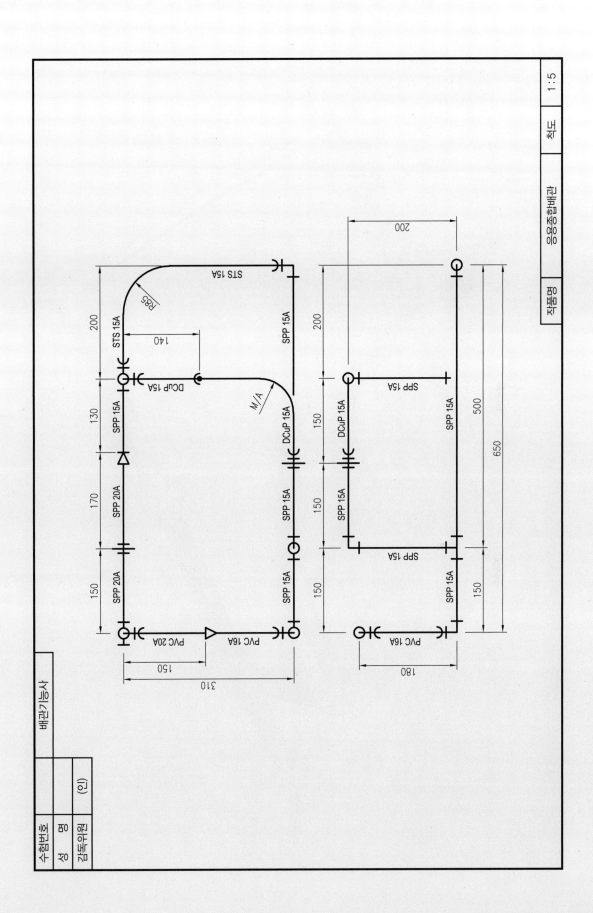

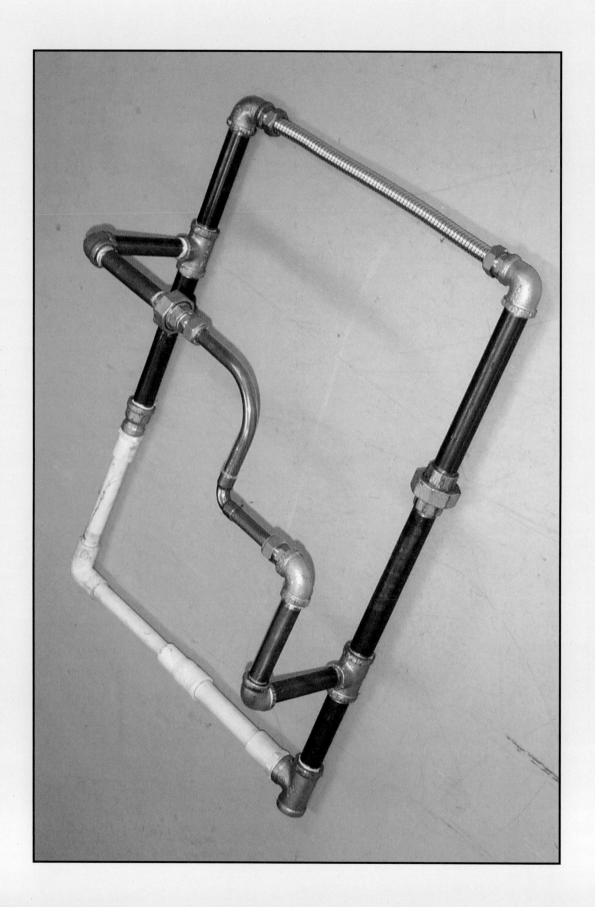

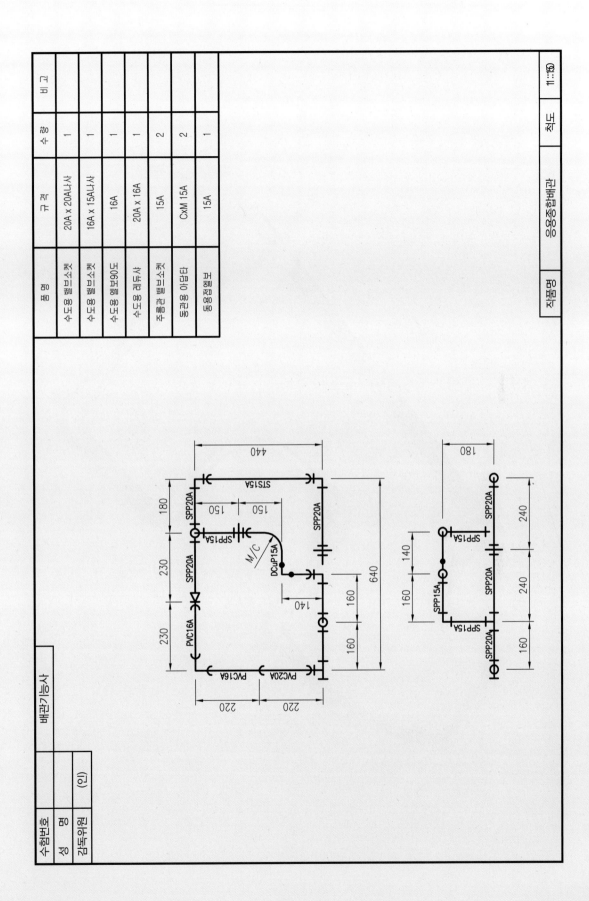

품 명	규 격	수 량	비 고
수도용 밸브소켓	20A x 20A나사	1	
수도용 밸브소켓	16A x 15A나사	1	
수도용 엘보90도	16A	1	
수도용 레듀사	20A x 16A	1	
주름관 밸브소켓	15A	2	
동관용 어댑타	CxM 15A	2	
동용접엘보	15A	1	

수험번호	배관기능사		
성 명			
감독위원	(인)		

| 작품명 | 응용종합배관 | 척도 | 1 : 1Ⓐ |

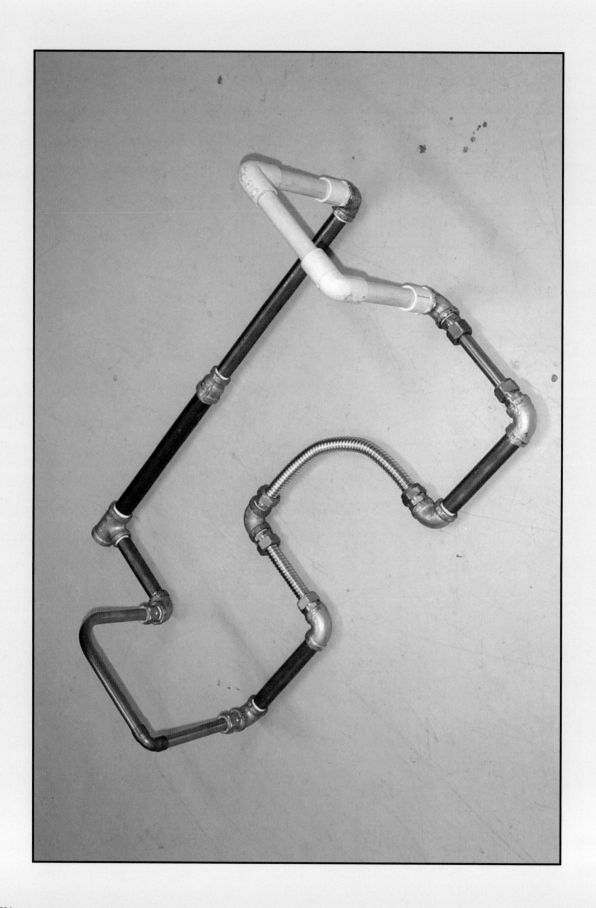

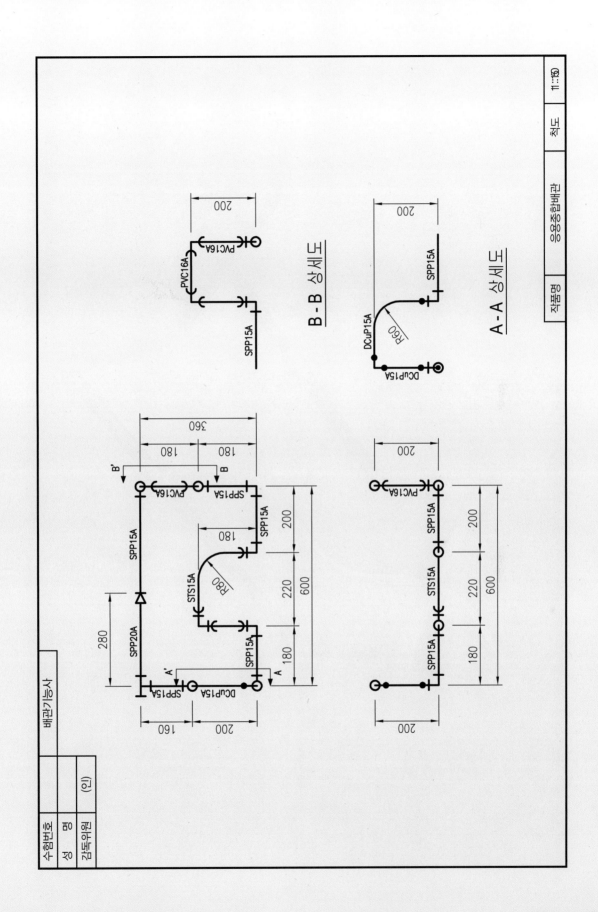

B - B 상세도

A - A 상세도

PVC16A

SPP15A

200

DCuP15A

R60

DCuP15A

SPP15A

200

360

180 180

B'

PVC16A SPP15A

B

SPP15A

SPP15A

180

200

R80

STS15A

220

600

280

SPP20A

180

SPP15A

SPP15A DCuP15A

A'

A

160 200

PVC16A

SPP15A

STS15A

SPP15A

200

220

600

180

200

배관기능사

수험번호

성 명

감독위원 (인)

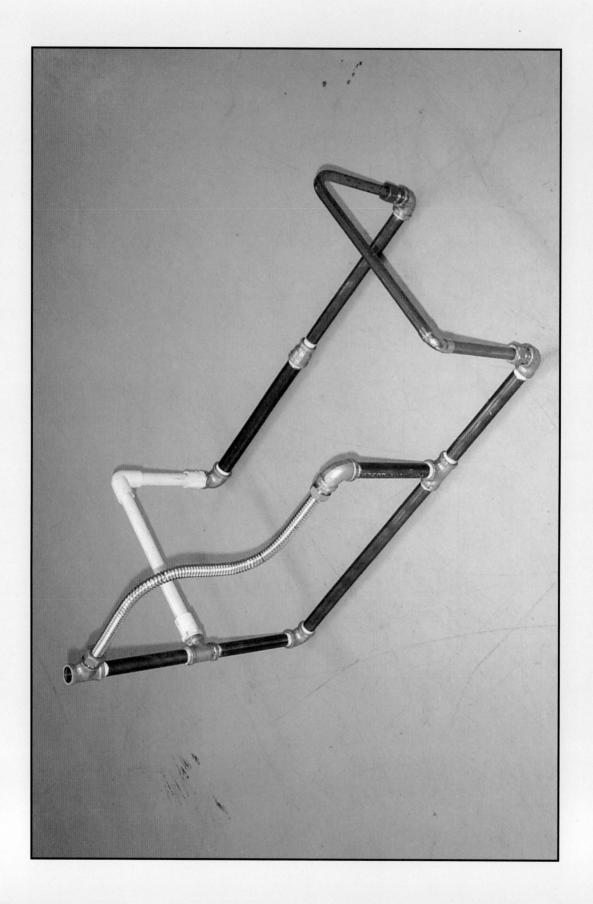

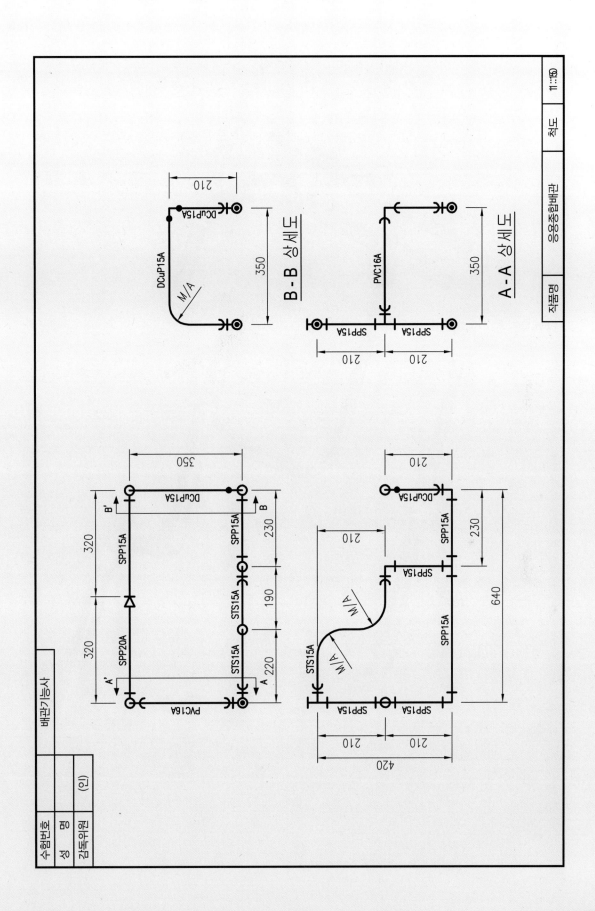

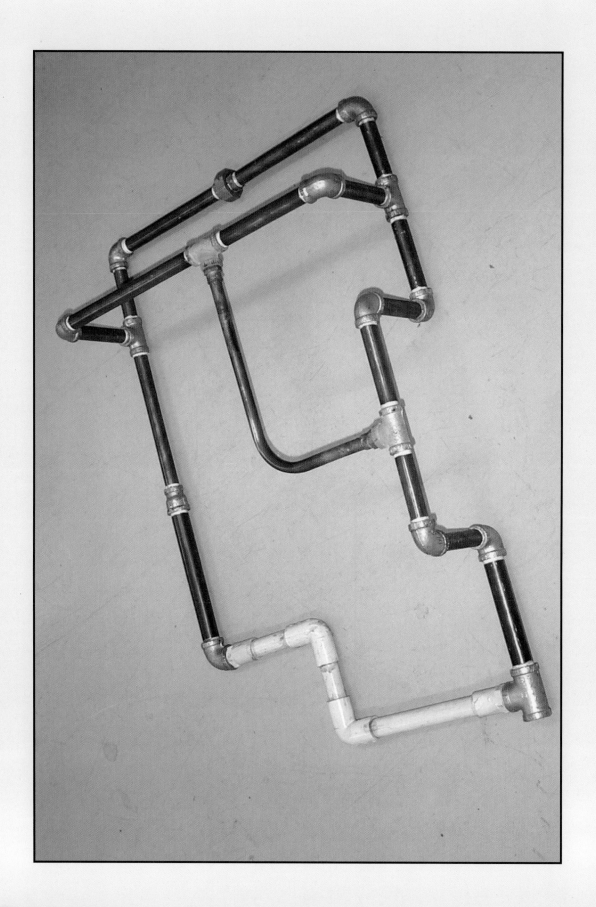

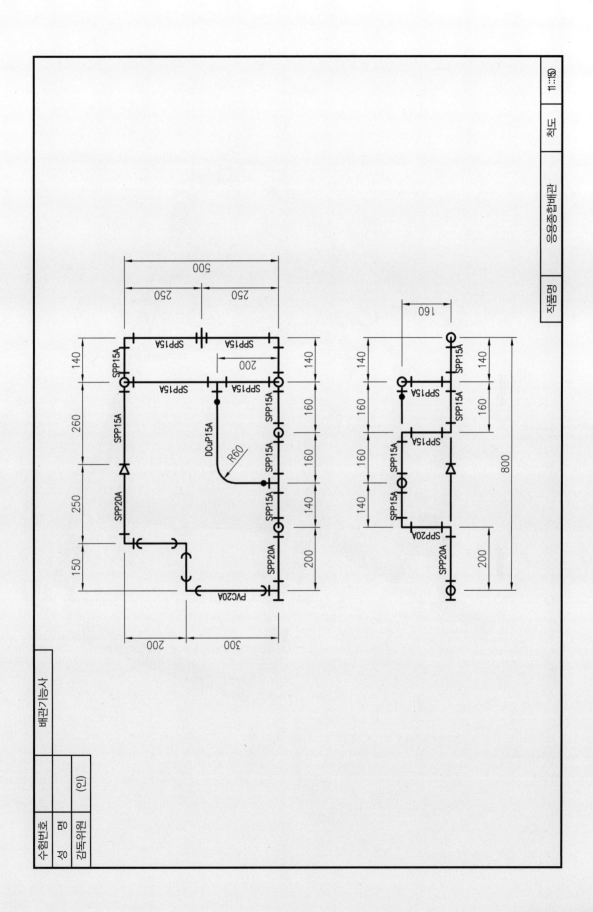

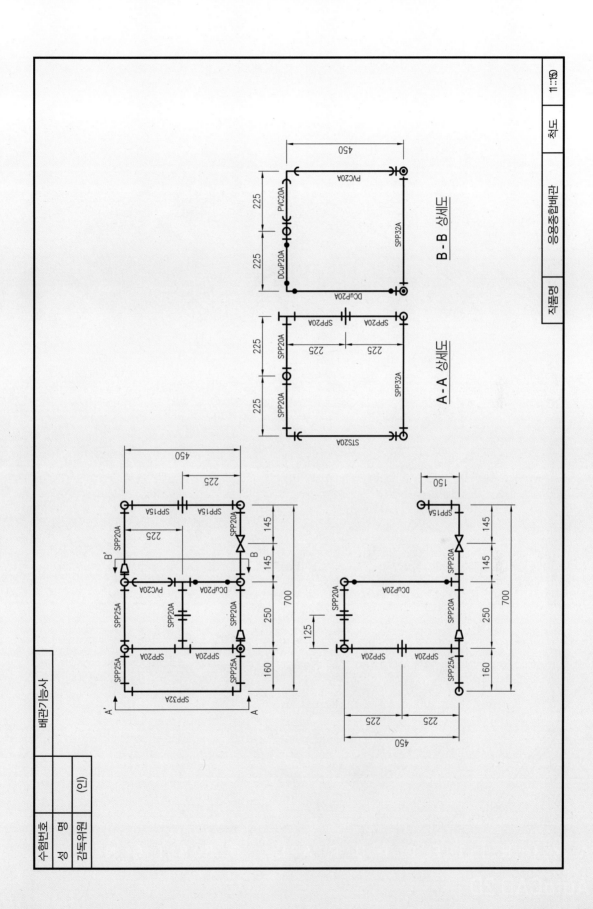

PART 3

건축설계 AutoCAD 2D 완결판

부록편

• 단독주택 건축물 모형

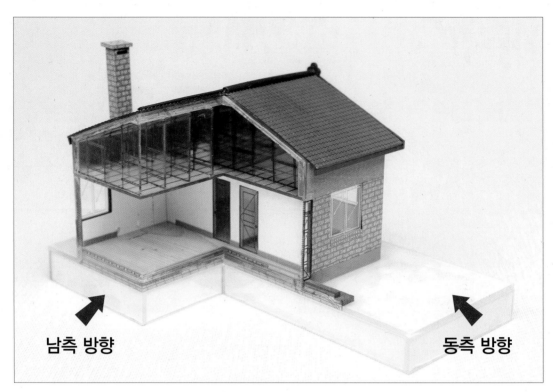

건축물 동남측 투시모형

건축물 투시모형

건축물 남측모형

건축물 동측모형

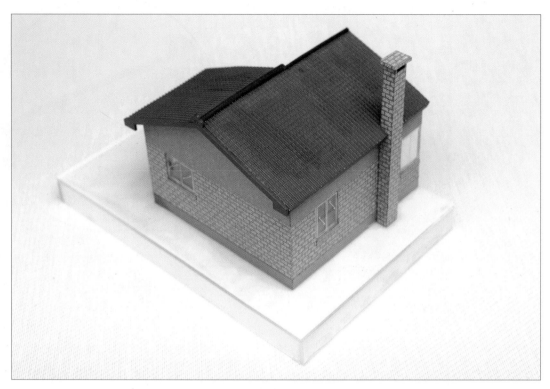

건축물 북서측 투시모형

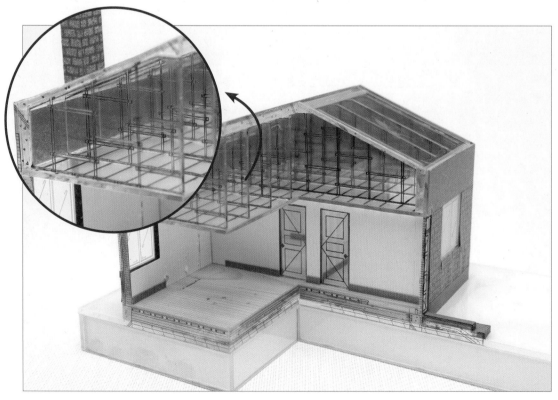

건축물 지붕모형

건축물 북측모형

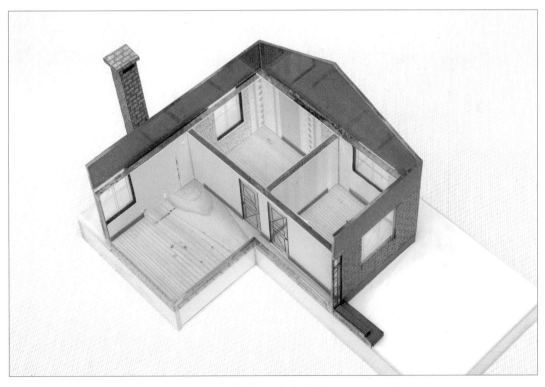

건축물 벽체모형

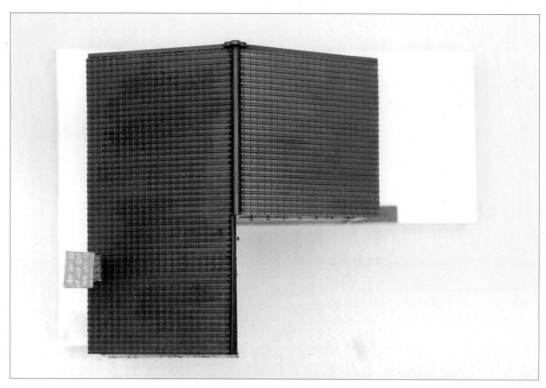

건축물 지붕평면모형

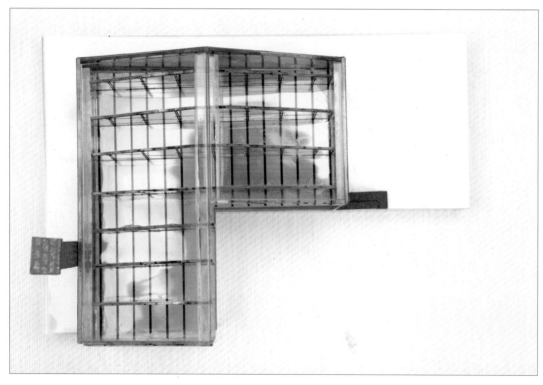

건축물 지붕평면모형

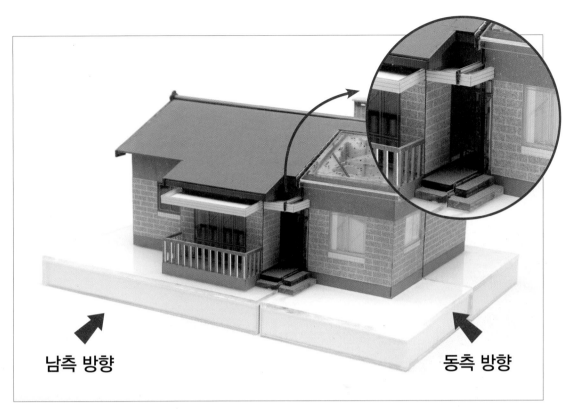

남측 방향

동측 방향

건축물 동남측 투시모형

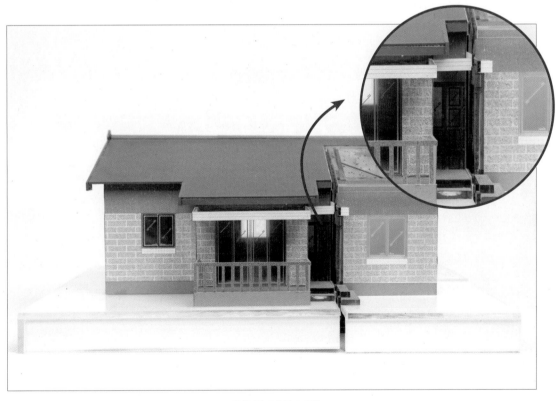

건축물 남측모형

건축물 동측모형

건축물 북측모형

건축물 서측모형

건축물 지붕평면모형

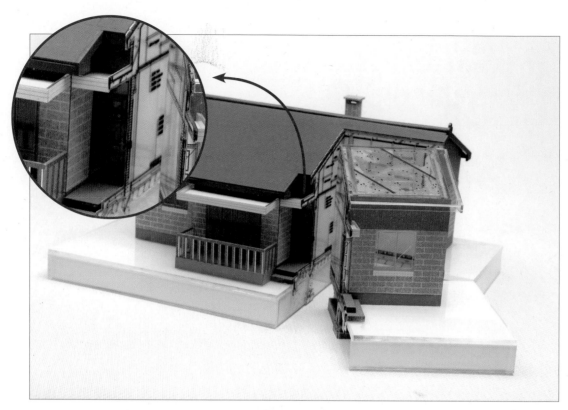

건축물 단면모형

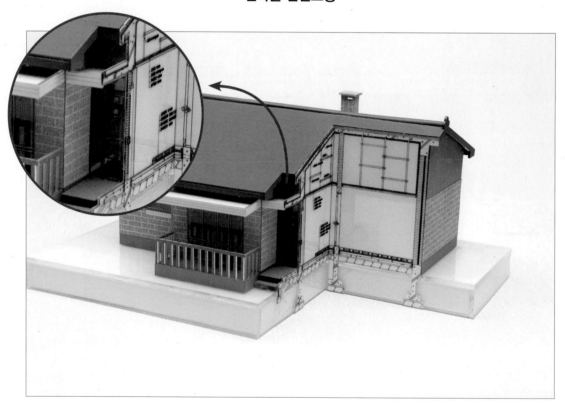

건축물 단면모형

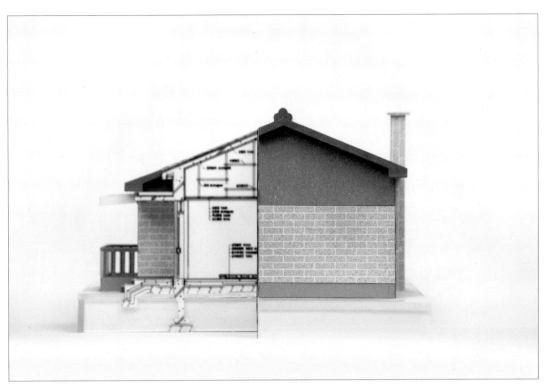

건축물 단면모형

건축물 단면모형

MEMO

MEMO

MEMO

건축설계
AutoCAD 2D 완결판

발 행 일	2016년	6월 01일	초판 발행
	2018년	3월 30일	개정1판1쇄
	2019년	5월 15일	개정1판2쇄
	2021년	1월 15일	개정2차
	2023년	11월 30일	개정3차

저　자　서인원 · 방종은 · 김영진

발 행 인　정용수

발 행 처　예문사

주　소　경기도 파주시 직지길 460(출판도시) 도서출판 예문사

T E L　031) 955−0550

F A X　031) 955−0660

등 록 번 호　11−76호

정가 : 27,000원

예문사 홈페이지 http : //www.yeamoonsa.com

ISBN 978−89−274−5241−6 13550

이 도서의 국립중앙도서관 출판예정도서목록(CIP)은 서지정보유통지원시스템 홈페이지(http://seoji.nl.go.kr)와 국가자료종합목록 구축시스템(http://kolis-net.nl.go.kr)에서 이용하실 수 있습니다. (CIP제어번호 : CIP2020054233)